반도체 공학

황호정 지음

생능출판

국립중앙도서관 출판시도서목록(CIP)

반도체 공학 / 황호정 지음. -- 파주 : 생능출판사, 2014
p. ; cm

ISBN 978-89-7050-796-5 93560 : ₩23000

반도체 공학[半導體工學]

569.4-KDC5
621.38152-DDC21 CIP2014002653

머리말

PREFACE

반도체공학은 전자소자 및 전자시스템을 연구 개발하는데 반드시 이해하고 알아야 할 기본 학문인 것이다. 사람들이 살아가는 데 필요한 각종 가전 · 통신 · 의료 · 제어 및 전자 · 전기 기기들 대부분이 반도체를 재료로 하는 소자들을 사용하고 있다. 본 반도체공학은 지난 30여 년간 중앙대학교에서 반도체공학을 강의하여 오던 중에 학부 학생들이 알아야 할 반도체 기초에 관한 것들을 정리한 것이다. 전자 혹은 전기공학을 전공하는 학생들이 한 학기 정도 공부하기에 적합한 분량을 발췌한 것으로서 반도체물성과 이를 기반으로 한 다이오드 및 바이폴라와 MOS트랜지스터에 관한 내용을 이해한 후 그 응용분야인 반도체 메모리, 태양광 및 촬상소자, 레이저 그리고 전력전자소자들을 이해할 수 있도록 기술하였다.

본 교재에서는 반도체기술 강국 중 한 나라로 발돋움한 우리나라의 젊은이들에게 반도체 기술발전의 역사성을 조금이라도 알게 하기 위하여 각 부분마다 해당 기술의 선구자적 역할을 감당하였던 최초 발명가나 주요 인물들을 간략히 소개하고 있다.

각 장의 말미에는 그 장의 내용을 정리하기 위하여 내용 이해 위주로 연습문제를 구성하였다. 따라서 주어진 연습문제들을 풀어나가면 본 교재에서 제시된 반도체공학 전반에 대한 기초지식을 충분히 정리하고 습득할 수 있으리라 생각된다. 또한, 중요한 식을 이해하고 응용하는데 도움이 되도록 하는 계산 위주의 문제들은 예제를 통하여 주어졌다.

본 반도체공학은 4년제 대학뿐만 아니라 2~3년제의 전문대학교에서 전자 · 전기공학을 전공하는 학생들도 교재로 사용하기에 불편함이 없도록 기술되어 있다. 반도체 물성분야는 가능한 한 간단하고 또 소자의 전기적 특성을 이해하는 데 도움이 되는 꼭 필요한 것들만 택하였다. 오늘날 전자소자로서는 거의 사용되지 않는 접합 전계효과 트랜지스터는 생략하였다.

2014년 2월
저자 황호정

PREFACE

차례

CONTENTS

CHAPTER 01 결정구조와 반도체물성

CHAPTER 02 반송자 이동과 재결합 현상

CONTENTS

CHAPTER 03 pn접합과 반도체-금속접촉

CHAPTER 04 반도체공정

CONTENTS

CONTENTS

CHAPTER

01 결정구조와 반도체물성

CHAPTER

01 결정구조와 반도체물성

1.1 결정구조

평면 또는 입체에 있어서 가로, 세로 혹은 높이가 각각 일정한 간격으로 규칙성 있게 반복된 무늬나 구조를 2차원 격자 혹은 3차원 격자라고 한다. 특히 3차원 격자를 일명 공간격자(Space lattice)라고 부르기도 한다.

격자의 각 점들을 격자점(Lattice point)이라고 하며, 이 격자점에 원자나 원자군들이 놓여져 결정을 이루게 되는 것이다.

2차원 격자를 예로 들면 [그림 1.1a]는 단순한 정방 격자이며 [그림 1.1b]는 격자점의 각 원자에 첨가하여 두 개의 다른 원자가 붙어 있는 것을 나타내고 있다. [그림 1.1b]에서는 점선 안에 포함된 한 덩어리의 원자군이 각 격자점에 배열되어 결정 구조를 이루는 것을 의미한다.

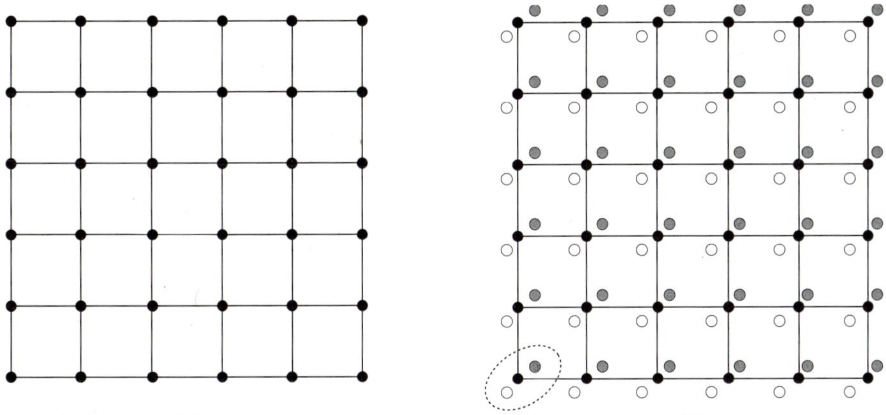

(a) (b)

[그림 1.1] 2차원 격자
(a) 단순 정방격자
(b) 두개의 다른 원자가 붙어있는 격자

단위정(Unit cell)은 전체 공간격자의 원래 모양이 그대로 유지되는 최소 부분을 말한다. 결정에 관한 중요한 기본 용어들을 정리하여 〈표 1.1〉에 열거하여 놓았다.

〈표 1.1〉 결정의 주요 기본 용어

용어	내용
격자(lattice)	일정한 간격으로 규칙성 있게 반복된 무늬나 구조
공간격자(space lattice)	3차원 격자
격자점(lattice point)	격자의 각 점
격자상수(lattice constant)	격자점 사이의 간격
단위정(unit cell), 단위세포, 단위격자	3차원 공간격자를 부분적인 조각으로 나누어 상, 하, 좌, 우로 연결하여 쌓을 때 전체 공간격자의 원래 모양이 나타나게 되는 최소 부분

1.1.1 원자 배열 상태 의존성

무기질의 고체 물질들은 원자배열 상태에 따라서 결정체(Crystal)와 비정질고체(Amorphous solid)로 나눌 수 있다. 결정체는 원자나 분자의 단위체가 공간에 규칙적으로 주기적인 배열을 하고 있으며, 일정한 결정형태를 갖게 된다. 따라서 결정체는 방향에 따라서 물리적 성질을 달리하게 되며 방향성(Anisotropy)을 갖게 된다. 그러나 비정질고체는 기하학적 배열을 갖고 있지 못하고 단순한 집합 상태이기 때문에 일정한 결정형태를 구성하지 못하며, 방향에 따른 물리적 성질변화가 없는 등방성(Isotropy)의 특성을 나타낸다.

결정체는 다시 전체가 규칙적인 배열로 이루어진 단결정(Single crystal)과 어느 일정 영역 내에서는 단결정을 이루지만 규칙성이 파괴된 경계를 갖고 결합하여 있을 때, 즉 미소 결정의 집합체를 이룰 때 다결정체(Polycrystalline substance)라고 한다. [그림 1.2]는 이와 같은 세 가지 형태를 나타내고 있다.

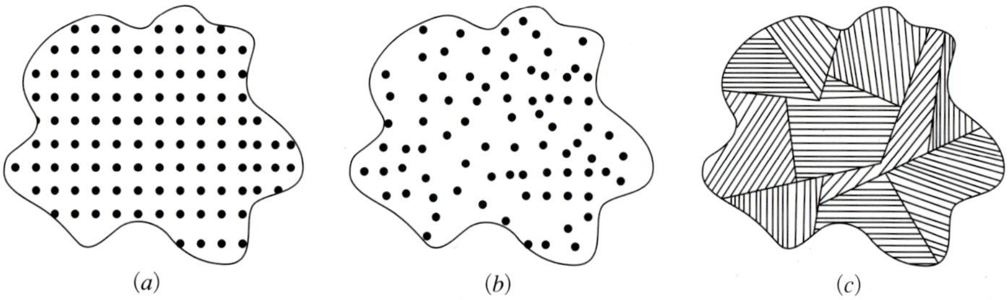

[그림 1.2] 원자 배열에 따른 결정의 종류
(a) 단결정
(b) 비정질
(c) 다결정

1.1.2 격자 구조의존성

[그림 1.3]은 단위세포를 구성하는 기본 모형을 나타내고 있다.

단위세포는 병진대칭(Transitional symmetry)적인 성질을 갖고 있으며 결정체의 임의 위치를 나타내는 격자점(Lattice point)은 결정축의 격자전이백터(Lattice transition vector) **a**, **b**, **c** 각각의 정수배 l, m, n으로 표현할 수 있다.

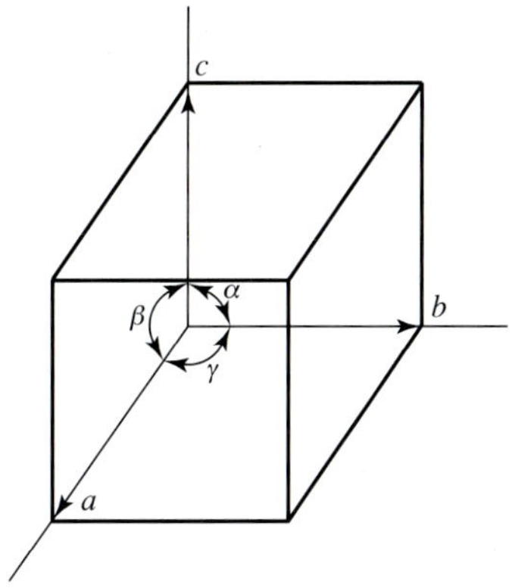

[그림 1.3] 결정축과 단위정

$$r = l\mathbf{a} + \mathrm{m}\mathbf{b} + \mathrm{n}\mathbf{c} \tag{1.1}$$

백터 **a**, **b**, **c**의 길이를 각 방향의 격자상수(Lattice constant)라고 하며, 이 백터들로 이루어진 평행 육면체가 바로 단위격자, 단위정 혹은 단위세포인 것이다. 격자전이벡터(일명 격자기본벡터) **a**, **b**, **c**와 상호간의 각도 α, β, γ로 단위세포가 7가지의 기본적으로 서로 다른 모양을 갖게 되며 이것을 결정계(結晶系)라 한다. 여기에 단순격자

〈표 1.2〉 결정계의 서로 다른 특성

결정계 (7가지)	단위격자 (14가지)	예
3사정(三斜晶)	3축이 모두 직각이 아니고 길이도 다르다. $a \neq b \neq c \quad \alpha \neq \beta \neq \gamma \neq 90°$	$B(OH)_3$, $K_2S_2O_3$ Al_2SiO_5, $NaAlSi_3O_3$
단사정(單斜晶)	한 쌍의 각은 직각이고 3축의 길이가 다르다. $a \neq b \neq c \quad \alpha = \gamma = 90° \neq \beta$	$C_{18}H_{24}$, KNO_3, $K_2S_4O_6$, As_4S_4, $KClO_3$
사방정(斜方晶)	3축이 직각이고 세 길이는 모두 다르다. $a \neq b \neq c \quad \alpha = \beta = \gamma = 90°$	I, Ga, Fe_2C, FeS_2, $BaSO_4$
정방정(正方晶)	3축이 직각이고 두 길이는 같다. $a = b \neq c \quad \alpha = \beta = \gamma = 90°$	In, TiO_3, $C_4H_{10}O_4$, KIO_4
입방정(立方晶)	3축이 직각이고 길이도 모두 같다. $a = b = c \quad \alpha = \beta = \gamma = 90°$	Cu, Ag, Ar, Si, Ni, NaCL, LiF
6방정(六方晶)	120°로 두 축이 같고 세 번째 축은 이들과 직각이다. $a = b \neq c \quad \alpha = \beta = 90° \quad \gamma = 120°$	Zn, Cd, Mg, NiAs
3방정(三方晶)	3축이 모두 90°가 아니면서 같은 각이고 길이는 모두 같다. $a = b = c \quad \alpha = \beta = \gamma \neq 90°$	Hg, Sb, Bi

(Simple lattice), 저심격자(Base-centered lattice), 면심격자(Face-centered lattice) 및 체심격자(Body-centered lattice)의 4종류로 세분하면, 모든 결정은 14가지의 단위 격자를 갖게 된다. 이 서로 다른 단위격자를 브라베격자(Bravais lattice)라 한다.

〈표 1.2〉는 결정계의 서로 다른 특성들을 보여주며, [그림 1.4]는 브라베격자 모양을 도시하고 있다.

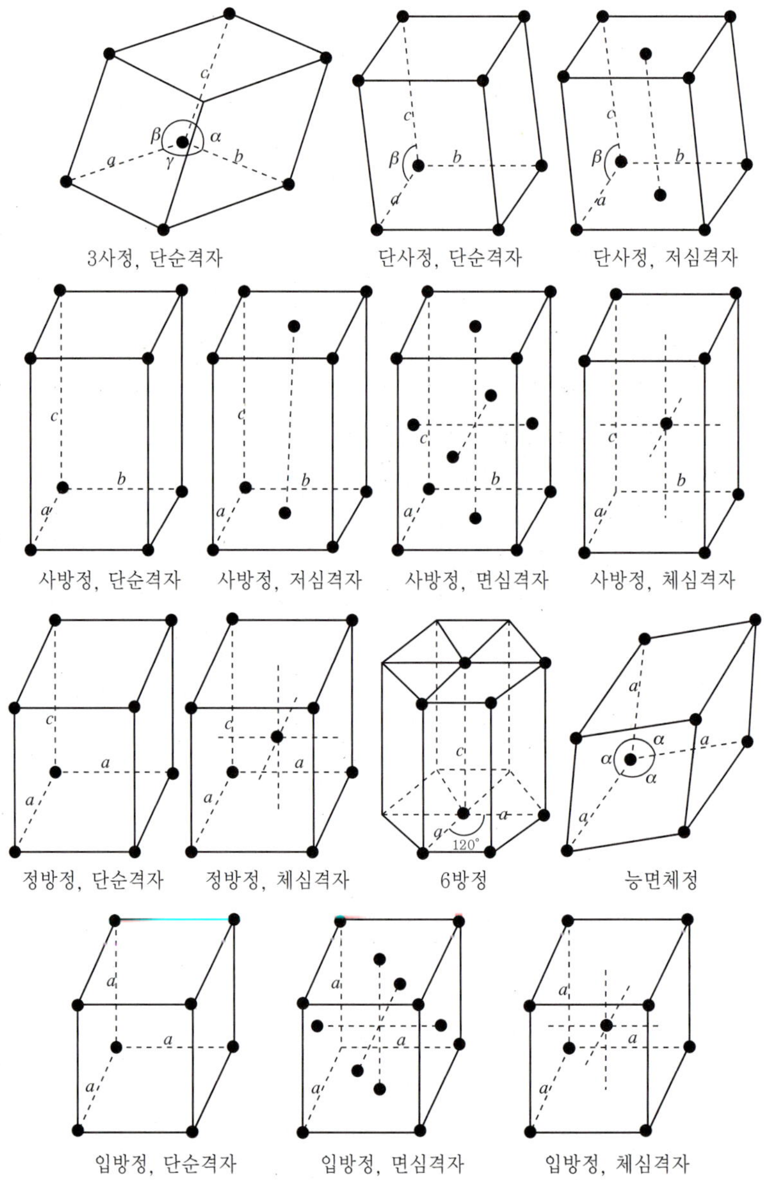

[그림 1.4] Bravais 격자

전자소자 중 능동소자로 많이 쓰이는 Si, Ge, GaAs 등은 앞에서 언급한 7가지 결정계의 한 부분인 입방정계(Cubic)에 속하지만 기본적인 14개의 브라베격자 중에서 약간 변형된 구조를 갖고 있다. 〈표 1.2〉에서와 같이 입방정계는 $a=b=c$ 및 $\alpha=\beta=\gamma=90°$이다.

예제 1-1

다음과 같은 3개의 점격자를 2차원 결정구조로 그려 보시오.

① 정방형 단순격자 ② 사방정 단순격자 ③ 입방정 면심격자

풀이

①
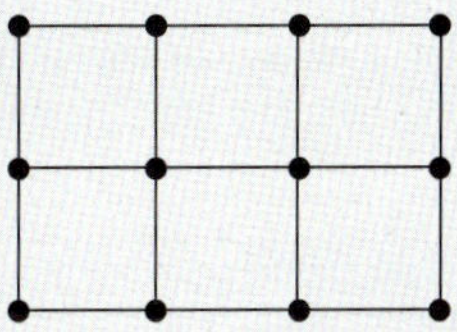

②
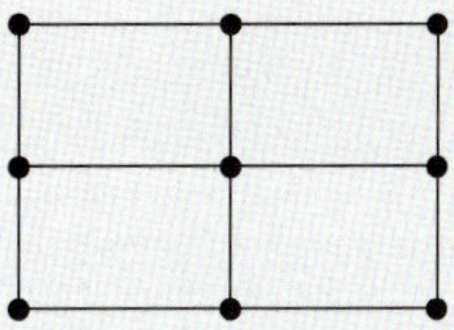

③
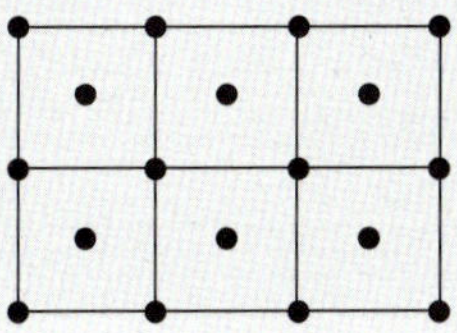

1) 다이아몬드 구조(Diamond structure)

집적회로 제작에 많이 쓰이는 실리콘이나 게르마늄 등은 입방정(Cubic) 가운데서 [그림 1.4]의 가장 아래 가운데 부분과 같은 면심격자의 구조를 하고 있는 면심입방(Face-centered cubic) 브라베격자를 갖고 있다. 여기에 각 원자 위치에서 결정축에 따라 ($\frac{1}{4}$, $\frac{1}{4}$, $\frac{1}{4}$) 되는 곳에 새로운 원자가 첨가되어 있을 때의 구조를 다이아몬드 구조라고 하며, [그림 1.5]와 같은 모양을 하고 있다.

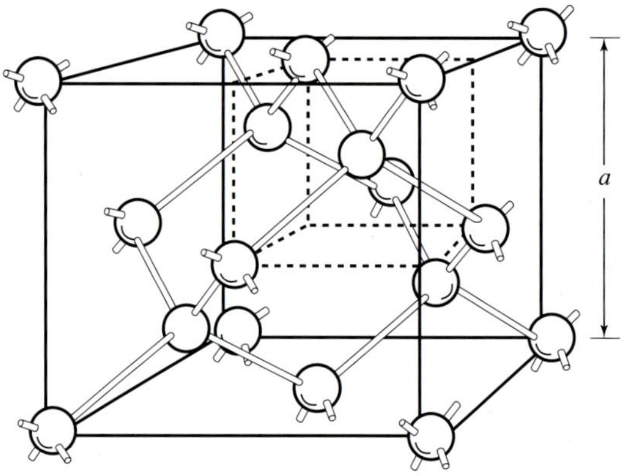

[그림 1.5] 다이아몬드 격자

이와 같은 결정 구조를 하고 있는 물질에는 Si, Ge, C, Sn 등이 있다.

예제 1-2

격자상수 a를 갖고 있는 면심 입방체에 관하여 다음 물음에 답하시오.

① 단위정의 부피는? ② 단위정의 원자수는?
③ 단위체적당 원자수는? ④ 원자충진율은?

풀이

① a^3

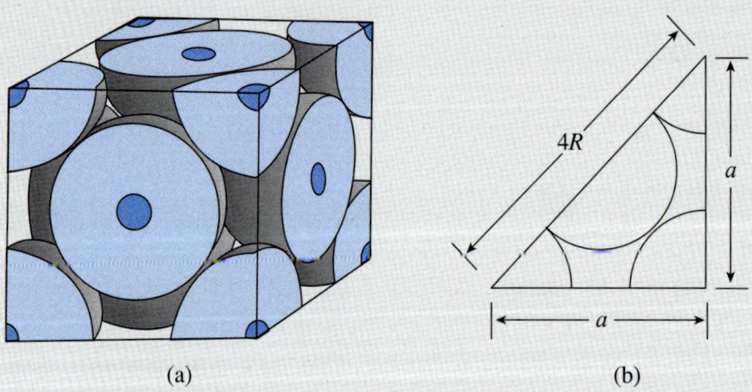

[그림 예1-2] 면심입방체의 단위정원자
(a) 원자배열
(b) 면의 대각선방향 원자반경 R과 격자상수 관계

② [그림 예1-2a]에서 각 면의 중심점에 $\frac{1}{2}$개의 원자가 있으므로, 전체 중심점에는 6 × $\frac{1}{2}$=3개의 원자가 있다. 각 모서리에 $\frac{1}{8}$개의 원자가 존재하므로, 전체 모서리에는 $8\times\frac{1}{8}=1$개의 원자가 있음

총 4개의 원자가 존재함

③ 단위정의 체적은 a^3이며 이 체적의 원자수는 4개 이므로 $\frac{4}{a^3}$

④ 한 원자의 체적: 원자의 반경을 R이라고 할 때, 원자의 체적은 $\frac{4}{3}\pi R^3$

단위정 속의 전체 원자체적: $4\times\frac{4}{3}\pi R^3$

단위정의 체적: a^3 이므로

원자충진율 $=4\times\frac{4}{3}\pi R^3/a^3=\frac{16\pi R^3}{3a^3}$ 임

[그림 예1-2b]에서 R과 a의 관계를 구할 수 있다.

$$(4R)^2=a^2+a^2,\ R^2=\frac{2a^2}{16}=\frac{a^2}{8},\ R=\frac{a}{2\sqrt{2}}$$

따라서 원자충진율 $=\frac{16\pi(a/2\sqrt{2})^3}{3a^3}=\frac{16\pi}{3\times8\times2\sqrt{2}}=0.74$

예제 1-3

Si 단결정에서 결정구조상 원자의 직경 $2R$이 체대각선의 $\frac{1}{4}$에 해당한다. 이 구조에서의 원자충전율을 계산하시오.

풀이

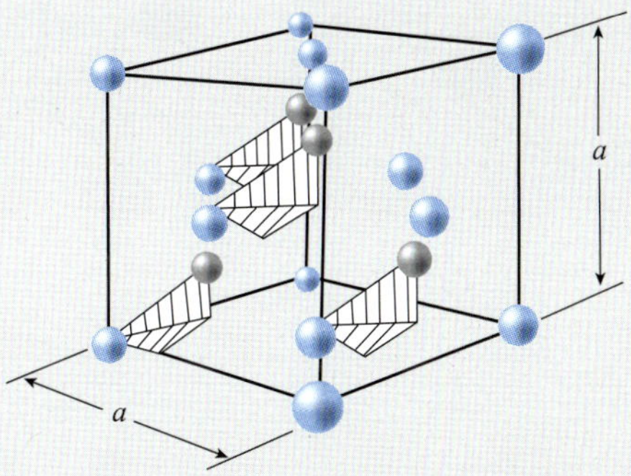

[그림 예1-3] 다이아몬드구조의 단위경 원자배열

단결정 실리콘은 다이아몬드 결정구조이므로 단위정 내에는 [그림 예1-3]과 같이 면심격자로 구성된 원자들 외에 각 원자로부터 $(\frac{1}{4}, \frac{1}{4}, \frac{1}{4})$씩 떨어진 곳에 새로운 원자 4개를 갖고 있다. 따라서 단위정 내에 포함되어지는 원자의 총 수는 예 1-2의 면심입방체의 단위정 원자와 새로운 원자 4개를 합친 것이므로 4+4=8개의 원자가 존재한다. 다이아몬드구조는 기하학적 구조 때문에 원자들이 [111]방향으로 위치한다.

$2R$이 체대각선의 $\frac{1}{4}$이므로 $2R = \frac{1}{4} \times \sqrt{3}\ a,\ R = \frac{\sqrt{3}\ a}{8}$의 관계가 성립된다.

따라서 원자충전율 : $8 \times \frac{4}{3}\pi R^3 / a^3 = \frac{32\pi \times 3\sqrt{3}\ a}{3 \times 512} = 0.336$

2) Zinc-blende 구조

다이아몬드형 격자의 결정을 이루는 원자들 중에서 면심입방 브라베격자를 구성하는 원자와 각 결정축 방향으로 $\frac{1}{4}$씩 이동한 위치$(\frac{1}{4}, \frac{1}{4}, \frac{1}{4})$, $(\frac{3}{4}, \frac{1}{4}, \frac{3}{4})$, $(\frac{3}{4}, \frac{3}{4}, \frac{1}{4})$ 및 $(\frac{1}{4}, \frac{3}{4}, \frac{3}{4})$에 해당되는 원자가 다른 종류일 때를 Zinc-blende 구조라고 한다. 여기에 속한 물질로서는 GaAs, GaP 등이 있으며, [그림 1.6]은 이와 같은 구조를 나타내고 있다.

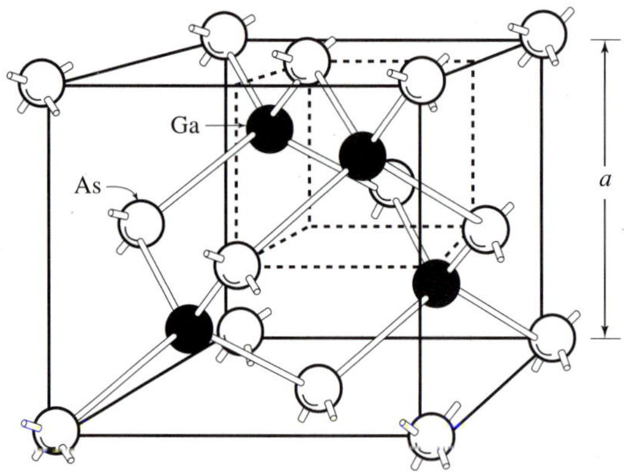

[그림 1.6] Zinc-blende 격자

1.2 결정면과 방향

결정성장 후 공정과정을 거쳐 전자소자로 사용되어지는 경우, 소자의 물리적, 전기적 특성은 결정면과 방향에 따라 다른 값을 갖게 된다. 따라서 결정체의 면과 방향에 관한 일반적인 표시 방법이 필요하다.

직각 좌표계를 단결정의 단위격자 결정축에 일치시키고, x, y, z 방향을 결정방향과 같게 하면 방향을 쉽게 표시할 수 있다. 어느 한 방향의 x, y, z 성분이 각각 격자상수 a, b, c의 u, v, w 배수라 할 때 $[u\ v\ w]$로 그 방향을 나타낸다. [그림 1.7]은 입방정계(Cubic system)에서의 방향을 나타내고 있다. 이 경우 $a=b=c$이다. 입방체인 경우엔 결정학적으로 등가인 방향이 존재하며 이때는 $\langle u\ v\ w\rangle$로 표기한다.

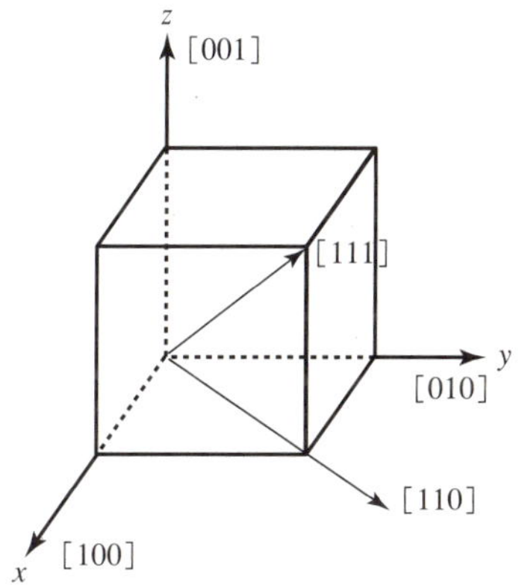

[그림 1.7] 입방정계 단위 정의 방향 표시

예를 들면 각 방향 [100], $[\bar{1}00]$, [010], $[0\bar{1}0]$, [001] 및 $[00\bar{1}]$는 결정학 측면에서 볼 때 등가이므로 $\langle 100\rangle$로 일반 방향을 표시할 수 있다. "–"표시는 반대 방향을 의미한다. 결정면이 서로 평행일 때 같은 물리적, 전기적 특성을 갖게 되므로, 평행인 결정면은 같은 표기를 갖도록 할 필요성이 있다. 세 결정축 pa, qb, rc를 지나는 점으로 연결된 평면인 경우 결정축을 지나는 점들을 각각 격자상수 a, b ,c로 나눈 p, q, r 값의 역수 $\frac{1}{p}$, $\frac{1}{q}$, $\frac{1}{r}$을 취하여 그들의 비를 정수로 나타낸 후 최대 공약수로 약분한 결과를 h, k, l이라 하고 이를 Miller지수(Miller indices)라고 한다. 결정면은 $(h\ k\ l)$로 나타낸다. [그림 1.8]은 Miller지수를 이용한 입방정계의 중요한 3가지 면을 나타내고 있다. 결정면도 입방정계의 경우 결정학적으로 등가성이 있으며 (100), (101), (001), ($\bar{1}$00), (0$\bar{1}$0) 및 (00$\bar{1}$)는 등가로서 일반적인 표기법인 {100}로 나타낸다.

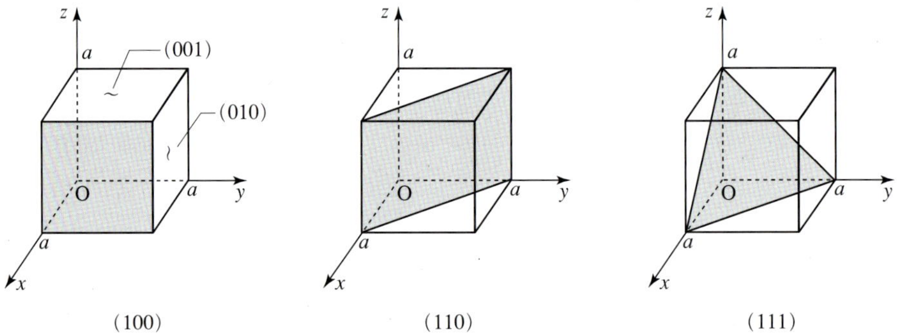

[그림 1.8] 입방정계에서의 중요한 Miller 지수와 그 면들

예제 1-4

아래 그림과 같이 세 결정축을 따라 3*a*, 2*b*, 2*c*를 교차하는 평면이 있을 때 이 평면을 Miller지수로 나타내시오.

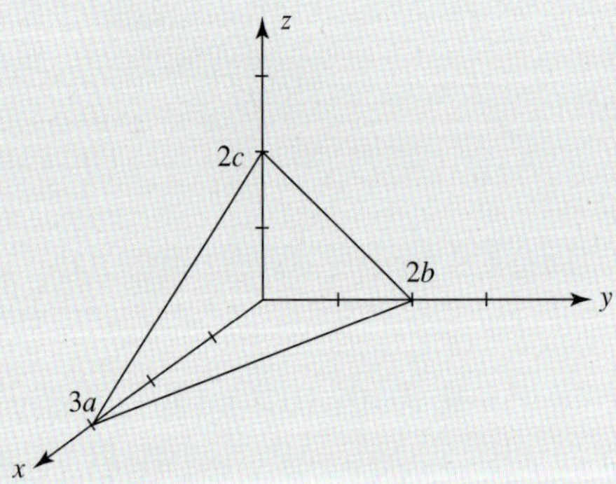

풀이

$$h, k, l = \frac{1}{\frac{3a}{a}}, \frac{1}{\frac{2b}{b}}, \frac{1}{\frac{2c}{c}} = \frac{1}{3}, \frac{1}{2}, \frac{1}{2} = \frac{2}{6}, \frac{3}{6}, \frac{3}{6} = 2, 3, 3$$

$(h\ k\ l) = (2\ 3\ 3)$

1.3 원자모델과 에너지밴드

1.3.1 원자의 전자 구조

양자론에 의하면 원자 및 고체 안에서의 전자상태는 4개의 양자수(Quantum number)에 의하여 정해진다.

(1) 주양자수(Principal quantum number) n; n은 0 아닌 양의정수 즉,

$$n = 1, 2, 3, \cdots \tag{1.2}$$

(2) 방위양자수(Orbital quantum number) l; l은 0 혹은 양의정수이며 다음과 같다.

$$0 \le l \le n-1 \tag{1.3}$$

(3) 자기양자수(Magnetic quantum number) m; m은 음, 양의 정수이며 다음과 같다.

$$-l \le m \le l \tag{1.4}$$

(4) 스핀양자수(Spin quantun number) s; s는 두 가지의 값만을 갖는다.

$$s = -\frac{1}{2} \text{ 혹은 } +\frac{1}{2} \tag{1.5}$$

전자의 에너지는 주양자수 n값에 의하여 거의 결정되며, 방위양자수 l에 의해서는 약간의 에너지 차이가 나타난다. 그러나 자기양자수인 m에 의해서는 극히 적은 에너지 변화가 나타나며, 스핀양자수 s는 에너지에 관계없이 단지 전자의 스핀이 위, 아래 중 어느 쪽을 향하는지 가리키는 양자수이다.

Bohr는 수소의 원자 스펙트럼을 Coulomb 인력이 작용하는 중심력장 안에서 전자

가 핵의 둘레를 원운동 한다는 생각하에 설명할 수 있었으며, 이를 통하여 Bohr의 원자모델을 제안했던 것이다. Sommerfeld는 Bohr의 이론을 중심력장 안에서 운동하는 물체는 마치 태양계에서 행성들의 운동과 같이 일반적으로 타원운동을 한다고 생각하였으며, 이때 전자가 원자핵 주위를 도는 궤도는 상기 언급한 4개의 양자수에 따라 다르게 됨을 나타내었다. [그림 1.9]는 n과 l의 값이 변할 경우 변경되는 전자궤도에 따른 원자구조이다.

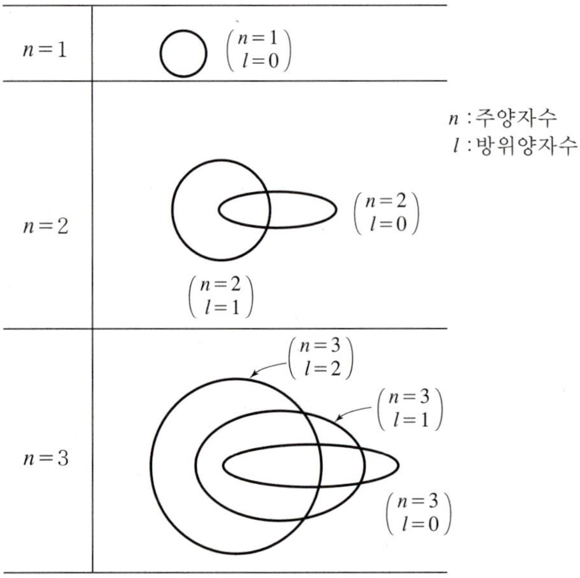

[그림 1.9] Sommerfeld의 원자모형

l값이 작으면 긴 모양의 원자가 되고, 커지면 원에 가까운 모양이 된다. 전자의 궤도를 결정하는 것은 이것만으로는 아직 부족하다. 왜냐하면, 전자의 회전운동은 자계를 발생하며 이것이 외부자장과 서로 작용하게 되어 궤도면의 외부자장에 대한 기울기를 규정짓게 되기 때문이다. 여기에 관여하는 것이 m이다([그림 1.10]). 또한 전자가 외부자장의 방향을 축으로 하여 시계방향 혹은 반시계방향으로 자전할 수 있다. 이것을 나타내는 양자수가 s이다.

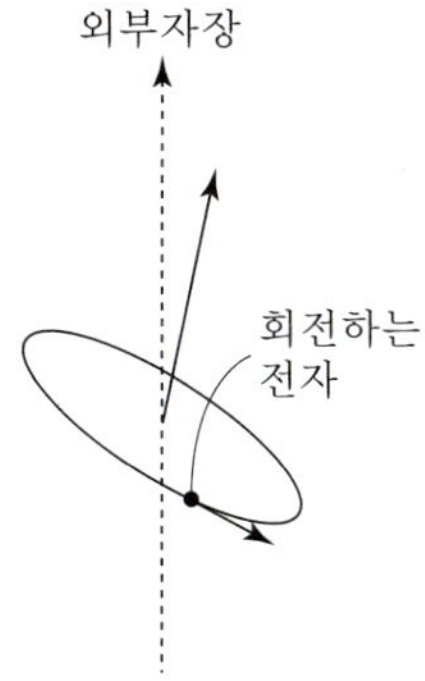

[그림 1.10] 외부자장과 궤도면의 기울기

식(1.2)–식(1.5)로써 전자에게 허용된 에너지의 양자상태 수는 〈표 1–3〉과 같이 된다. $n=1$일 때 $l=0$에서 $s=\pm\frac{1}{2}$이 되어 스핀을 달리하는 2개의 양자상태가 존재함을 알 수 있다. $n=2$일 때는 $l=0$에서 2개, $l=1$에서 6개의 상태가 나타나서, 총 8개의 양자상태가 있음을 알 수 있다. $n=3$일 때는 도합 18개의 양자상태가 있게 된다. 〈표 1–3〉의 상태명칭에서 숫자는 n의 값을 나타내고 s, p, d, f는 각각 0, 1, 2, 3일 때 해당하는 분광술어상의 술어 sharp, principle, diffuse 및 fundamental의 첫 글자를 따온 것이다. f 이상의 더 많은 상태가 표시되어야 하면, 영어 알파벳 순서대로 나타낸다. [그림 1.11]은 양자상태의 에너지준위를 정성적으로 나타낸 것인데, 에너지준위는 주로 n에 의하여 결정되고 연속이 아닌 불연속(Discrete)으로 존재함을 알 수 있다. 각 에너지 준위 사이의 간격은 불연속성이 가시적으로 보이도록 과장되게 그려진 것이다.

〈표 1.3〉 양자수와 양자상태

궤도	양자수				양자상태의 명칭	양자상태의 수효
	n	l	m	s		
K	1	0	0	±1/2	1s	2
L	2	0	0	±1/2	2s	2
		1	−1 0 +1	±1/2 ±1/2 ±1/2	2p	6
M	3	0	0	−1	3s	2
		1	−1 0 +1	±1/2 ±1/2 ±1/2	3p	6
		2	−2 −1 0 +1 +2	±1/2 ±1/2 ±1/2 ±1/2 ±1/2	3d	10

기저상태의 원자에서 전자들은 가장 낮은 에너지준위부터 채워져 존재하게 된다. 예를 들어, 전자 한 개를 가진 수소원자인 경우, 전자는 에너지가 가장 낮은 상태인 $n=1, l=0, m=0, s=\frac{1}{2}$이나 $n=1, l=0, m=0, s=-\frac{1}{2}$인 1s 상태에 있게 된다. 헬륨은 전자가 2개이므로, 한 에너지준위에 동일한 양자상태를 갖는 2개의 전자가 들어갈 수 없는 Pauli의 배타율에 의하여 $n=1, l=0, m=0, s=-\frac{1}{2}$와 $n=1, l=0, m=0, s=\frac{1}{2}$에 전자가 각각 하나씩 들어있게 된다. 이와 같은 기본적인 전자배치방법에 의하여 〈표 1-4〉와 같이 원소주기율표의 전자구조가 완성되었다.

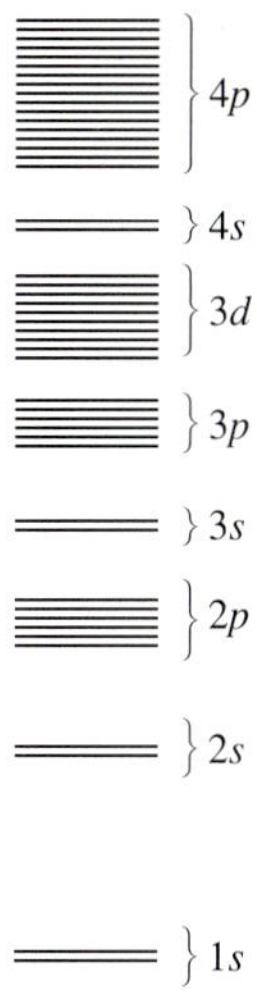

[그림 1.11] 에너지준위

〈표 1.4〉 원자의 전자구조

전자수	원소	1s	2s	2p	3s	3p	3d	4s	4p	전자상태 표기
1	H	1								$1s^1$
2	He	2								$1s^2$
3	Li	2	1							$1s^2 2s^1$
4	Be	2	2							$1s^2 2s^2$
5	B	2	2	1						$1s^2 2s^2 2p^1$
6	C	2	2	2						$1s^2 2s^2 2p^2$
7	N	2	2	3						$1s^2 2s^2 2p^3$
8	O	2	2	4						$1s^2 2s^2 2p^4$
9	F	2	2	5						$1s^2 2s^2 2p^5$
10	Ne	2	2	6						$A = 1s^2 2s^2 2p^6$
11	Na	2	2	6	1					$A3s^1$
12	Mg	2	2	6	2					$A3s^2$
13	Al	2	2	6	2	1				$A3s^2 3p^1$
14	Si	2	2	6	2	2				$A3s^2 3p^2$
15	P	2	2	6	2	3				$A3s^2 3p^3$
16	S	2	2	6	2	4				$A3s^2 3p^4$
17	Cl	2	2	6	2	5				$A3s^2 3p^5$
18	Ar	2	2	6	2	6				$B = A3s^2 3p^6$
19	K	2	2	6	2	6		1		$A3s^2 3p^6 4s^1$
20	Ca	2	2	6	2	6		2		$A3s^2 3p^6 4s^2$
21	Sc	2	2	6	2	6	1	2		$B3d^1 4s^2$
22	Ti	2	2	6	2	6	2	2		$B3d^2 4s^2$
23	V	2	2	6	2	6	3	2		$B3d^3 4s^2$
24	Cr	2	2	6	2	6	5	1		$B3d^5 4s^1$

25	Mn	2	2 6	2 6 5	2	$B3d^5 4s^2$
26	Fe	2	2 6	2 6 6	2	$B3d^6 4s^2$
27	Co	2	2 6	2 6 7	2	$B3d^7 4s^2$
28	Ni	2	2 6	2 6 8	2	$B3d^8 4s^2$
29	Cu	2	2 6	2 6 10	1	
30	Zn	2	2 6	2 6 10	2	
31	Ga	2	2 6	2 6 10	2 1	
32	Ge	2	2 6	2 6 10	2 2	
33	As	2	2 6	2 6 10	2 3	
34	Se	2	2 6	2 6 10	2 4	
35	Br	2	2 6	2 6 10	2 5	
36	Kr	2	2 6	2 6 10	2 6	

이 표에서 보면 18번 Ar까지는 에너지가 낮은 순서대로 채워졌지만 전자수가 19개인 K 부터는 이 방법이 그대로 적용되지 않는다. 이는 전자수가 많아지면 최외각 전자들의 파동함수가 중첩되어, 원자의 최외각에 있는 전자들이 존재하는 양자상태의 에너지준위에 변화가 발생하기 때문이다. K에서는 4s가 3d보다 에너지준위가 낮다. 주기율표에서 제일 오른쪽에 표시되어있는 He, Ne, Ar 및 Kr 등은 전자들이 대칭적인 분포로 핵을 둘러싸고 있기 때문에, 원자가 안정하게 되고 다른 원자와 화학적 결합이 잘 일어나지 않는다. 이런 원자들의 기체를 불활성기체라고 한다. 이들 원자들은 He과 Ne의 경우 각각의 최외각 상태들이 전자들로 모두 채워져 있어, 쉽게 이온화가 되지 않으므로 불활성 성질이 나타나지만, Ar이나 Kr의 경우 각각의 최외각 상태가 비록 전자들로 모두 채워져 있지 않아도 8개의 전자를 갖고 있어 8개의 전자가 최외각일 때 화학적으로 안정하다는 안정 Octet(일명 팔우설)를 형성하고 있는 것이다.

He의 경우엔 1s상태에 2개의 전자가 한 집단을 이루고 K각(K shell)을 형성하고 있으며 이를 $1s^2$로 표현한다. 첫 글자 1은 n=1인 K각을, 두 번째 글자 s는 l=0인 s 상태를 의미하고, s위의 2는 두 개의 전자를 뜻한다. 예를 들어 원자번호 14번인 Si는 $1s^2 2s^2 2p^6 3s^2 3p^2$로 표시된다. $3s^2 3p^2$로 되어있는 최외각에는 s상태와 p상태에 각각 2개씩 총 4개의 전자가 들어있음을 이 전자구조표현을 통하여 알 수 있다.

(2개의 전자가 3s에 들어있음)

$3s^2$

$(n = 3)$ $(l = 0)$

1.3.2 에너지밴드

앞 절에서는 고립된 원자에서 전자들에게 허용된 에너지준위 상태를 알아보았다. 많은 원자들이 모여서 결정을 이루고 있는 경우에는 양자역학에 의하여 밝혀진 결과들을 정성적으로 알기 쉽게 그림으로 나타내어 이해할 수 있다. 두 원자가 서로 영향을 미칠 수 있는 가까운 거리에 있게 되면, 한 원자핵에 속하는 전자의 운동 상태가 다른 쪽 원자핵의 영향을 받게 되는데, 이 영향력은 인접한 원자핵들이 만드는 위치에너지(Potential energy)에 의해 설명될 수 있다. [그림 1.12a]는 원자핵이 각각 A와 B에 위치해 있을 때의 위치에너지 분포이고, [그림 1.12b]는 보다 더 근접하여 있는 원자핵에 의해 형성된 위치에너지 분포이다. [그림 1.12a]처럼 핵과 핵 사이에 있는 에너지 장벽보다 낮은 위치에너지를 갖는 전자는 그 원자핵에 속박되어 있지만, 에너지 장벽보다 높은 위치에너지를 갖고 있는 전자들은 원래 속해 있던 원자핵과는 무관하게 자유롭게 움직일 수 있는 전자가 되는 것이다. [그림 1.12b]와 같이 핵들이 더 접근하여 있는 경우에는 에너지장벽이 낮아짐으로 자유로운 전자들이 더 증가된다. 이와 같은 환경에서는 멀리 떨어져 있어서 원래 하나의 같은 에너지준위에 있던 전자들이 새로 만들어진 서로 다른 두 개의 에너지준위에 나누어져 각각 존재하게 된다. 즉 원래의 한 에너지준위가 두 개의 에너지준위로 갈라졌음을 의미한다. 왜냐하면 Pauli의 배타율에 의하여 전자가 동일한 에너지를 갖은 같은 양자상태에 존재할 수 없기 때문이다.

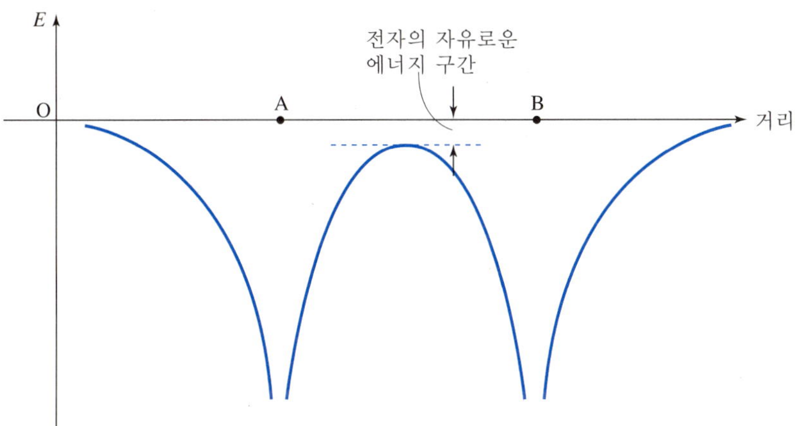

(a)

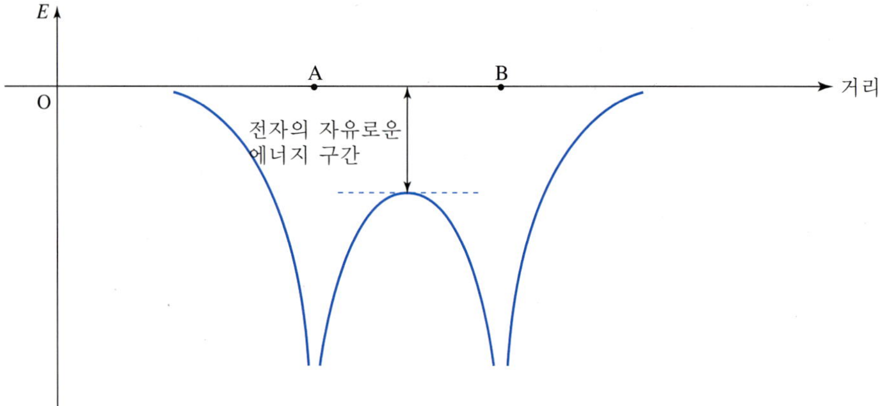

(b)

[그림 1.12] 원자의 전자위치에너지 분포

(a) A점과 B점에 있는 원자의 위치에너지 분포

(b) 보다 더 가까이 접근하여 있는 원자의 전자위치에너지 분포

예를 들어, N개의 원자가 결합된 원자계에서는 원자가 고립되어 단독으로 있을 때의 한 에너지준위가 N개로 갈라지게 되는 것이다. [그림 1.13]에서 알 수 있는 바와 같이, 6개의 $2p$상태가 $6 \times N$개의 $2p$상태로 갈라져 확장된다. 2개 상태였던 $2s$는 역시 $2 \times N$개의 상태로 확장된다. 원자 간격이 가까워지면 상위 에너지준위가 서로 먼저 작용하게 되기 때문에, $1s$ 보다는 $2s$가, $2s$ 보다는 $2p$가 일찍 상태변화를 일으킨다. 갈라진 에너지 준위사이의 간격이 대단히 작아 연속적으로 분포하고 있는 것처럼 보이므로, 이것을 에너지대(Energy band)라고 한다.

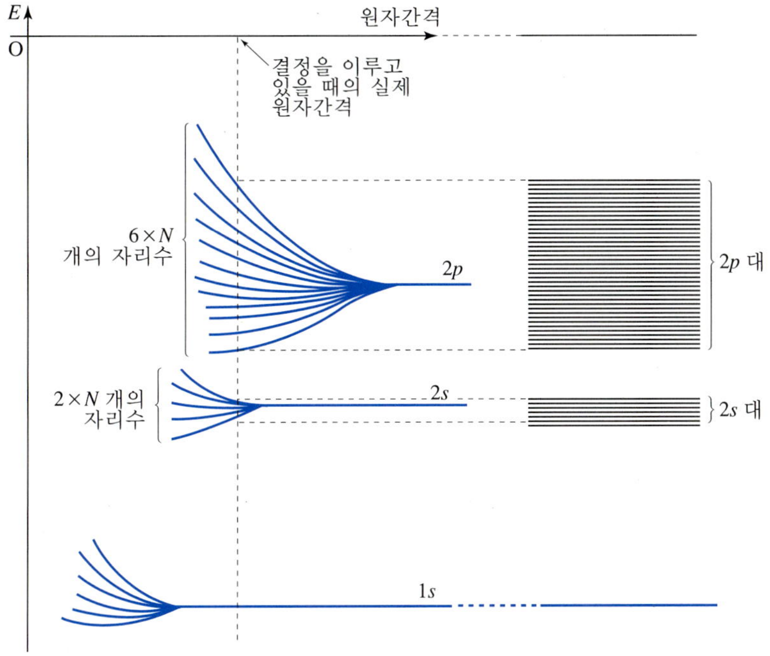

[그림 1.13] N개의 원자계에서 에너지대 형성

[그림 1.14]는 실리콘의 에너지대 모양을 정성적으로 나타낸 것이다. 실리콘은 $1s^2 2s^2 2p^6 3s^2 3p^2$의 전자배열을 갖고 있으므로 안정된 결정구조 원자 간격 R_0에서는 최외각인 3s와 3p가 서로 영향력을 끼쳐서 에너지준위 갈라짐 현상이 생긴다. 이때 N개의 실리콘 원자가 한 원자계를 이룬다면, 3s와 3p에서는 $2N+6N=8N$개의 전체 에너지상태가 만들어지고, 이것이 [그림 1.14]처럼 상위의 4N과 하위의 4N인 두 부분으로 갈라지게 된다. 3s와 3p 상태에 있는 전자는 총 4N인데, 낮은 에너지부터 채워지므로 0K에서는 4N개의 전자가 모두 낮은 에너지대에 채워지고, 높은 에너지대의 4N 자리는 비워있게 된다. 위의 에너지대를 전도대(Conduction band), 아래의 에너지대를 가전자대(Valance band)라고 하며, 가운데 전자가 허용되지 않는 영역을 금지대(Forbidden band)라고 한다. 일반적으로 금지대의 에너지 폭 크기에 따라 도체, 반도체, 부도체로 나눈다.

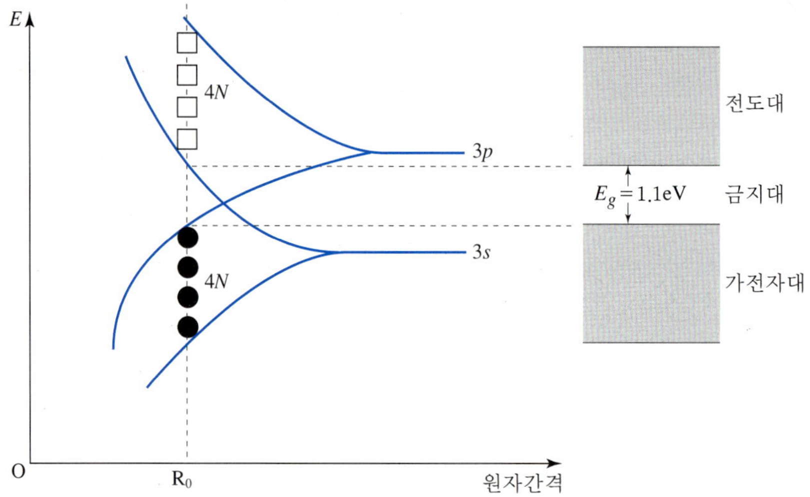

[그림 1.14] 실리콘의 에너지대

[그림 1.15]는 금지대역폭(혹은 Energy gap)에 따른 도체, 반도체, 부도체를 나타내고 있다. 반도체 소자로 많이 사용되는 Si는 금지대역폭인 E_g가 1.12eV이다. Ge와 GaAs는 각각 0.75와 1.43eV의 E_g를 갖고 있다. 이에 반해 부도체인 다이아몬드는 5.48eV, 이산화규소(SiO_2)는 8.9eV의 큰 E_g값을 갖는다. 도체는 가전자대와 전도대가 서로 중첩되어 있던지 서로 아주 가까워 $E_g \approx 0$ eV이다.

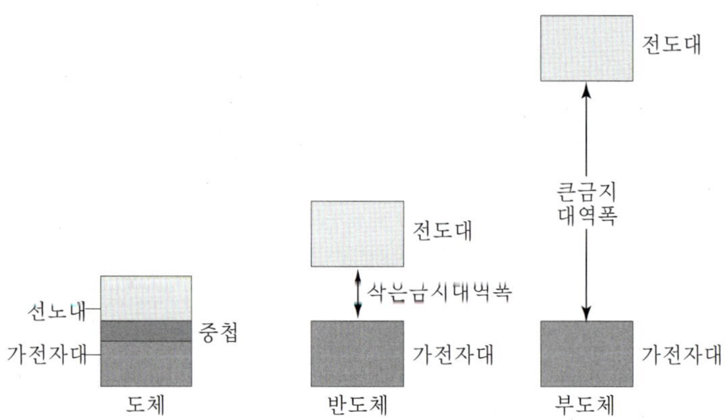

[그림 1.15] 금지대역폭에 따른 도체, 반도체, 부도체 구분

1.4 반도체의 반송자(Carrier)

엔리코 페르미(Enrico Fermi: 1901. 9. 29 ~ 1954. 11. 26)는 이탈리아계 미국인으로서 1938년 노벨 물리학상을 수상했다. 그는 이론 및 실험 물리학자로서 전자의 움직임에 파울리의 배타율을 적용하여 페르미 통계라는 새로운 통계역학을 만들었으며 같은 시기에 폴 디랙(Paul Dirac)도 동일한 결과를 도출했기 때문에 이를 페르미-디랙 통계(Fermi-Dirac statistics)라고도 한다. 전자 등 페르미 통계에 따라 행동하는 입자를 총칭해 페르미 입자 혹은 페르미온이라고 부른다. 전자가 존재할 수 있는 확률이 1/2이 되는 에너지준위를 페르미준위라고 부르며 페르미준위는 반도체공학에서 전자나 정공의 농도를 구하고 *pn*접합의 에너지밴드 모양을 파악하는데 매우 중요한 역할을 한다.

1.4.1 전자와 정공

반도체에서 전하를 띄고 움직이는 입자를 반송자(Carrier)라고 말하며 전자(Electron)와 정공(Hole) 두 가지가 있다. 전자는 음의 전하 $q = -1.60 \times 10^{-19}$ C을 가진 입자를 말하고, 정공은 이와 반대 부호이면서 같은 전하를 갖는 양의 전하를 말한다. [그림 1.16]과 같이 원자궤도상의 한 전자가 궤도 밖으로 떨어져 나와 원래의 원자에 속박되지 않고 내부 자계나 전계에 간섭받지 않을 때를 자유전자(Free electron)라고 한다. 즉 공기 중이나 진공 속에서의 전자는 자유전자인 것이다. 그러나 원자핵과는 상관없는 자유로운 상태이지만 고체 내에 존재하면서 자유로이 움직일 수 있는 경우를 준자유전자(Quasi-free electron)라고 한다. 편의상 이를 그냥 자유전자라고 부른다.

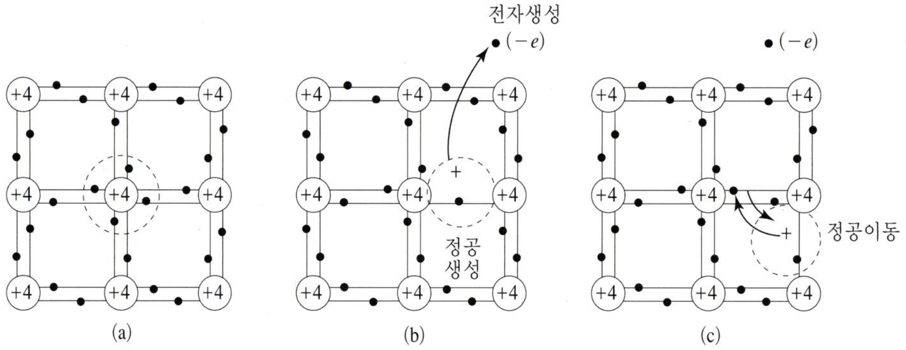

[그림 1.16] 전자와 정공

(a) 0K에서의 가전자결합 (b) 전도전자와 정공(hole)의 생성 (c) 정공(hole)의 열운동

반도체에는 금속에서 볼 수 없는 특이한 현상으로 원자와 원자 사이를 결합하고 있는 궤도전자가 빠져나간 곳에 전자와 같은 전하량을 가지면서 양(+)의 성질을 가진 자유전자와 같은 행동을 하는 [그림 1.16b]의 점선과 같은 가상적 입자가 있다. 이러한 가상적 입자를 정공(Hole)이라고 한다. 고체인 반도체 내에서 원자 자체는 이동하지 못한다. 이에 반하여 [그림 1.16c]와 같이 정공이 발생된 곳에 이웃하는 궤도상의 한 전자가 이곳으로 들어오게 되면, 본래 궤도는 전자로 다 채워지게 되고 전자가 공급된 이웃하는 궤도는 전자 결핍상태가 되므로 이곳에 새로운 정공이 만들어지게 되어서 전체적으로 보면 마치 양의 전하를 가진 정공이 이동한 것처럼 보여지게 된다. 자유전자와 정공은 서로 독립적으로 움직인다.

1.4.2 전자와 정공농도

단위체적당 들어있는 전자 혹은 정공수를 전자농도 혹은 정공농도라고 하며 일반적으로 cm^3당 존재하는 전자 또는 정공의 수를 말한다. 외부에서 불순물이 주입되지 않았을 경우, 반도체 내에 들어있는 전자수는 양자역학적 개념에 의해 양자화된 에너지 상태 밀도와 그 상태 속에 전자가 채워져 있을 확률에 의하여 계산될 수 있다.

1) 분포함수(Distribution function)

학교에 출석한 전체 학생수를 계산하는 한 가지 방법은 각 학년마다 재적 학생수에 출석률을 곱하여 각 학년의 출석 학생수를 계산하고, 전체 학년에 대하여 합치는 것이다. 반도체나 금속 내에 있는 자유전자농도를 구하는데 있어서도 이와 비슷한 방법을 사용할 수 있다. 즉 학생수 계산 때의 학급과 같이 에너지를 작은 구간 ΔE로 나누고 각 에너지범위에 있는 전자수를 계산한 다음, 전체를 합치면 전자의 총 수를 구할 수 있다.

작은 에너지범위 $E \sim (E+\Delta E)$(eV)에 단위체적당 전자가 들어갈 수 있는 자리수인 에너지 상태수를 $\Delta N'$라고 하면, 단위에너지당, 단위체적당, 전자로 채워져 있던지 비어 있던지 존재하는 상태수는

$$S(E) = \frac{\Delta N'}{\Delta E} \text{ (상태수/eV} \cdot \text{cm}^3\text{)} \tag{1.6}$$

이 되며, 이것을 상태의 에너지밀도 혹은 상태분포함수라고 한다. 에너지준위 E에서 임의 상태에 해당하는 에너지준위가 전자로 채워져 있을 확률을 $f(E)$라고 하면, $E \sim (E+\Delta E)$(eV) 안에 있는 전자수는 다음과 같이 나타낼 수 있다.

$$\Delta N = f(E)\,\Delta N' = f(E)\,S(E)\,\Delta E \tag{1.7}$$

작은 에너지 구간 ΔE에 있는 전자수가 ΔN(전자수/cm^3)이므로, 단위체적당 단위에너지폭에 포함되어 있는 전자수, 즉 전자의 에너지밀도는 다음식과 같이 된다.

$$\rho(E) = \frac{\Delta N}{\Delta E} \text{ (전자수/eV} \cdot \text{cm}^3\text{)} \tag{1.8}$$

$\Delta E \to 0$일 때, $\rho(E) = dN/dE$가 되고 [그림 1.17]과 같이 에너지준위 E의 함수로 될 것이며, 이것을 전자의 에너지분포함수(Electron energy distribution function)라고 부른다.

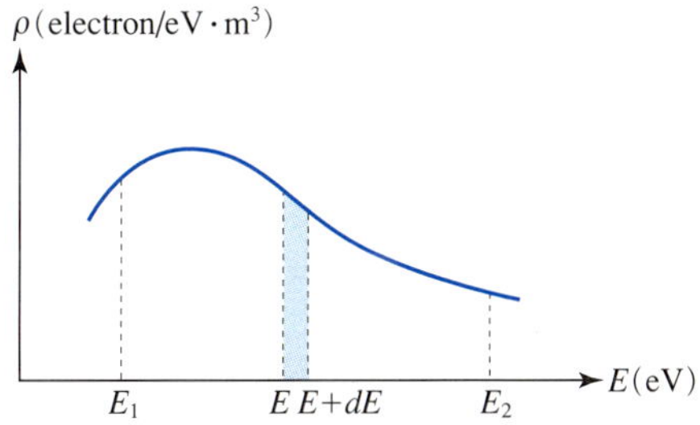

[그림 1.17] 전자의 에너지분포함수

만일 분포함수 $\rho(E)$가 주어져 있다면, 임의의 작은 에너지범위 $E \sim E + dE$(eV) 안에 있는 전자수는 다음과 같이 구할 수 있다.

$$dN = \rho(E)\,dE \text{ (전자수/cm}^3\text{)} \tag{1.9}$$

임의의 에너지범위 $E_1 \sim E_2$에 있는 전자수 N은 식(1.7) 및 식(1.9)에 의하여 식(1.10)과 같이 dN을 E_1에서 E_2까지 적분하여 구하면 된다.

$$N = \int_{E_1}^{E_2} S(E) f(E)\,dE \text{ (전자수/cm}^3\text{)} \tag{1.10}$$

상태분포함수 $S(E)$는 반도체나 금속의 에너지밴드 구조에 따라 다르며 양자물리학으로부터 구해질 수 있다. 확률함수 $f(E)$는 Fermi-Dirac 통계에 의하여 식(1.11)과 같이 표현되며, 이를 또한 페르미디랙(Fermi-Dirac) 분포함수라고 한다.

$$f(E) = \frac{1}{1 + e^{\frac{E - E_f}{kT}}} \tag{1.11}$$

여기서 k는 Boltzmann 상수($1.381 \times 10^{-23} J/K$)), T는 절대온도 K이며, E_f를 페르미에너지(Fermi energy) 혹은 페르미준위(Fermi level)라고 한다. [그림 1.18]은 에너지준위에 따른 페르미디랙 분포함수를 나타내고 있다. 파라미터는 온도이다. $E = E_f$일 때는 온도에 관계없이 $f(E) = 1/2$이므로, 페르미준위에서는 전자로 채워질 확률이 50%가 되는 것이다.

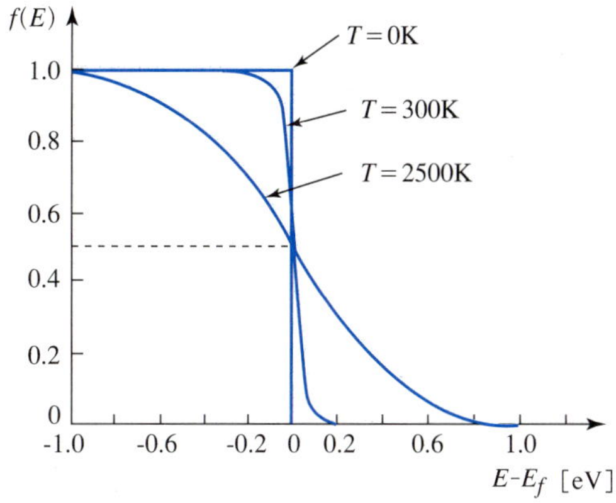

[그림 1.18] 페르미디랙 분포함수

T=0K일 때 페르미준위보다 낮은 에너지 $E < E_f$에서는 확률함수 $f(E) = 1$인 반면, 페르미준위보다 높은 에너지 $E > E_f$에서는 $f(E) = 0$이다. 즉 0K에서는 페르미준위보다 낮은 에너지준위는 모두 전자로 채워져 있으며, 반대로 높은 에너지준위는 전부 비어있게 되는 것이다. 온도가 높아짐에 따라 페르미준위 이상의 에너지준위에서는 전자가 있을 확률이 높아진다. [그림 1.18]은 0K, 300K 및 2,500K에서의 확률함수 $f(E)$를 나타내고 있다.

2) 진성반도체(Intrinsic semiconductor)

진성반도체(Intrinsic semiconductor)는 반도체결정의 가전자대에서 에너지를 받아 전도대로 올라간 자유전자 및 전자가 빠져나간 자리에 남게 되는 정공에 의하여 전기전도도가 나타나는 반도체이다. 이때는 주입된 불순물 원자의 영향이 무시될 수 있다. 불순물이 전혀 없는 반도체나 모체재료의 원자 10^{10}개에 대하여 불순물원자 1개 이하인 높은 순도를 가진 경우에도 실질적으로 진성반도체라고 말할 수 있다. 일반적으로 전자소자로 사용되는 대부분의 반도체는 진성반도체가 아니라, 매우 순수한 반도체 재료에 약간의 불순물을 넣어 전기적 성질이 불순물의 종류 및 농도로 결정되어지는 외인성반도체(Extrinsic semiconductor)이다. [그림 1.19]는 진성반도체의 에너지대 구조, 상태분포함수 및 허용에너지대에서의 반송자 농도를 보여주고 있다.

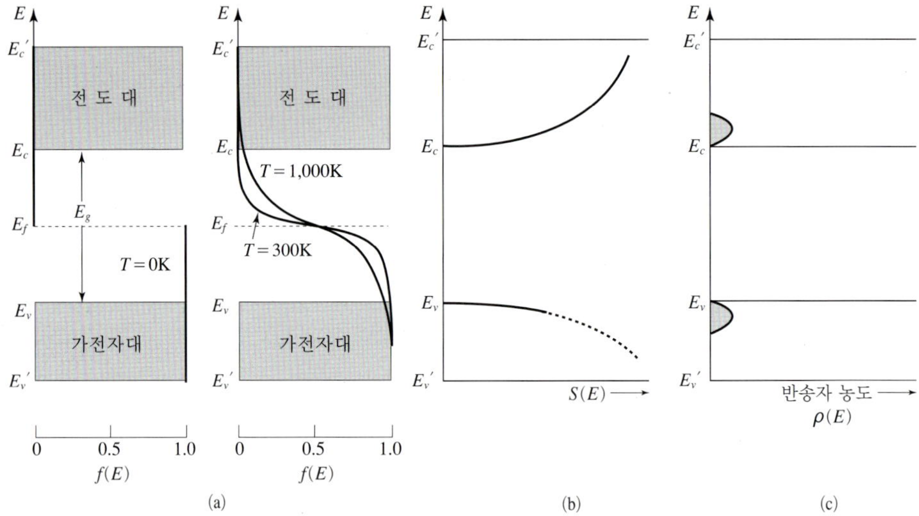

[그림 1.19] 진성반도체의 에너지대 구조, 상태분포함수 및 반송자 농도

(a) 서로 다른 온도에서의 $f(E)$

(b) 허용에너지대에서의 상태분포함수 $S(E)$

(c) 허용에너지대에서의 반송자 농도 $\rho(E)$

전도대에서의 상태분포함수는 에너지대구조에 관한 양자이론으로부터 다음과 같이 주어진다.

$$S(E) = \frac{4\pi}{h^3}(2m_n^* e)^{3/2}(E - E_f)^{1/2} \tag{1.12}$$

여기서 m_n^*은 전자의 유효질량이다. 유효질량은 자유전자의 질량과 다르게 전자가 고체형태의 격자 내에서 주기적인 격자전장의 영향을 받음으로써 외부 전장에 의하여 움직일 때 나타내는 질량인 것이다. 이에 관한 자세한 내용은 2.1절에서 다루게 될 것이다.

전자 · 정공농도

진성반도체에서 전도대 내에 존재하는 전자의 총 수는 식(1.10)으로부터 다음식과 같이 나타낼 수 있다.

$$n_0 = \int_{E_c}^{E'_c} f(E)\, s(E)\, dE = \frac{4\pi}{h^3}(2m_n^*)^{3/2}\int_{E_c}^{\infty}\frac{(E - E_c)^{1/2}}{1 + e^{(E - E_f)/kT}}\, dE \tag{1.13}$$

전자가 존재할 확률함수 $f(E)$는 에너지가 높으면 0에 가까워지므로 식(1.13)에서와 같이 적분경계 E'_c을 ∞로 변경하여도 무방하다. 따라서 $E-E_f \gg kT$인 일반적인 경우 식(1.13)을 다음과 같이 간략하게 표현할 수 있다.

$$n_0 = N_c e^{-(E_c - E_f)/kT} \tag{1.14}$$

여기서
$$N_c = 2\left(\frac{2\pi m_n^* ekT}{h^2}\right)^{3/2} \tag{1.15}$$

이며, 이것을 전도대의 유효상태밀도(The effective density of states in the conduction band)라고 한다. 식(1.14)에서 알 수 있는바와 같이 페르미준위가 전도대에 가까이 갈수록 전자의 농도가 증가하게 된다.

진성($n_0=n_i$)이 되면 진성에너지준위는 $E_i=E_f$가 되므로 식(1.14)에서 $n_i=N_c e^{-(E_c-E_i)/kT}$가 되어 $N_c=n_i e^{(E_c-E_i)/kT}$를 식(1.14)에 대입하면, 열평형상태에서 전자의 농도를 다음식과 같이 페르미에너지준위와 진성에너지준위의 차이로 표현할 수 있다.

$$n_0 = n_i e^{(E_f - E_i)/kT} \tag{1.16}$$

정공은 가전자대에서 전자가 빠져나가 비어있는 자리이므로 $1-f(E)$가 바로 정공이 있을 확률인 것이다. 따라서 정공의 수 p_0는 식(1.17)과 같이 계산된다.

$$p_0 = \int_{E'_v}^{E_v} [1-f(E)]S(E)\,dE \tag{1.17}$$

여기서 E_v 및 E'_v은 [그림 1.19]와 같이 각각 가전자대의 최고 및 최저에너지준위이다. 또한 $E_f - E \gg kT$이므로

$$1-f(E) = 1 - \frac{1}{1+e^{(E-E_f)/kT}} \approx e^{-(E_f-E)/kT} \tag{1.18}$$

이 된다. 가전자대의 상태분포함수 $S(E)$는 전자의 경우를 나타내는 식(1.12)와 유사하게 가전자대에서 다음식과 같이 된다.

$$S(E)=\frac{4\pi}{h^3}\left(2m_p^*e\right)^{3/2}(E_V-E)^{1/2} \tag{1.19}$$

여기서 m_p^*는 정공의 유효질량이다. 또한 에너지가 낮을수록 전자가 채워질 확률이 1에 가까워지므로 $1-f(E)$는 0이 되기 때문에 식(1.17)의 적분하한 경계를 $-\infty$로 대체하여도 무방하다. 따라서 가전자대의 정공농도는

$$p_0=\frac{4\pi}{h^3}\left(2m_p^*e\right)^{3/2}\int_{-\infty}^{E_V}(E_v-E)^{1/2}e^{-(Ef-E)/kT}dE=N_v e^{-(Ef-E_V)/kT} \tag{1.20}$$

가 된다. 여기서

$$N_v=2\left(\frac{2\pi m_p^* ekT}{h^2}\right)^{3/2} \tag{1.21}$$

이며, 이것을 가전자대의 유효상태밀도(The effective density of states in the valence band)라고 한다. 식(1.20)에서 알 수 있는바와 같이 페르미준위가 가전자대에 가까이 갈수록 정공의 수가 증가하게 된다.

전자농도 계산 때와 마찬가지로 진성이 되면 진성에너지준위는 $E_i=E_f$가 된다. 식(1.20)은 $p_i=N_v e^{-(E_i-E_v)/kT}$가 되어 $N_v=p_i e^{(E_i-E_f)/kT}$를 식(1.20)에 대입하면 열평형상태에서 정공의 농도를 다음식과 같이 진성에너지준위와 페르미에너지준위 차이로 표현할 수 있다.

$$p_0=n_i e^{(Ei-Ef)/kT} \tag{1.22}$$

진성반송자농도(Intrinsic carrier density)

진성반도체에서의 캐리어농도 n_i를 진성반송자농도라고 하며 $n_i=n_0=p_0$이다. 따라서 식(1.14)와 (1.20)으로부터

$$\begin{aligned}n_0p_0&=(N_c e^{-(Ec-Ef)/kT})(N_v e^{-(Ef-Ev)/kT})\\&=N_cN_v e^{-(Ec-Ev)/kT}=N_cN_c e^{-Eg/kT}=n_i^2\end{aligned} \tag{1.23}$$

이 얻어진다. 여기서 E_g는 전도대와 가전자대 에너지준위차인 반도체대역폭(Semiconductor band gap)이다. 이 식으로부터 진성반송자농도는 식(1.24)와 같이 됨을 알 수 있다.

$$n_i = \sqrt{N_c N_v}\, e^{-E_g/2kT} \tag{1.24}$$

상온(300K)에서 Si와 Ge의 진성반송자농도는 각각 $1.5\times10^{10}\text{cm}^{-3}$와 $2.4\times10^{13}\text{cm}^{-3}$이다. Si 경우 상온에서 원자밀도가 $5\times10^{22}\text{cm}^{-3}$이므로 Si원자 3.3×10^{12}개당 1개의 전자와 정공이 생성되는 셈이다.

3) 외인성반도체(Extrinsic semiconductor)

기본 모체 원자의 가전자대 전자들이 전도대로 올라가서 만들어지는 전자와 정공을 생성시키는 진성반도체와는 다르게 외부에서 주입된 불순물 원자로부터 만들어진 전자나 정공들에 의하여 전도성을 갖는 반도체를 외인성 반도체라고 한다. 진성반도체의 반송자농도를 표현하는 식(1.14)와 식(1.20)을 유도할 때의 가정이 $(E_c - E_f) \gg kT$ 및 $(E_f - E_v) \gg kT$이었으며, 이것은 외인성반도체에서도 반송자농도가 매우 크지 않으면 그대로 성립된다고 할 수 있어서 진성 때의 식(1.14), (1.16), (1.20), (1.22) 등이 그대로 사용될 수 있다.

n형 반도체

[그림 1.20]과 같이 Si 및 Ge의 경우 최외각 전자가 4개 있으므로 인(P)과 같은 5가 불순물을 넣으면, 이웃하는 4개의 Si 모체원자들과 공유결합을 하는데 필요한 4개의 전자를 제외한 나머지 1개의 전자는 전도대보다 약간 낮은 에너지 상태에서 도너 준위를 갖게 된다. 이 전자는 상온에서 쉽게 최외각 궤도를 떨어져 나가 자유로운 전자가 된다. 이와 같이 불순물이 반도체 모체에 들어가서 전자를 생성시키는 역할을 할 때 이 불순물을 도너(Donor)라고 한다. 도너는 자유전자를 만들고 나면 고체내의 고정된 위치에서 양전하로 이온화 된 상태로 남아있게 된다. 도너가 반도체 내의 주된 반송자인 다수반송자(Majority carrier)가 될 때 이 반도체를 n형 반도체라고 한다. 이때 정공은 소수반송자(Minority carrier)라고 한다.

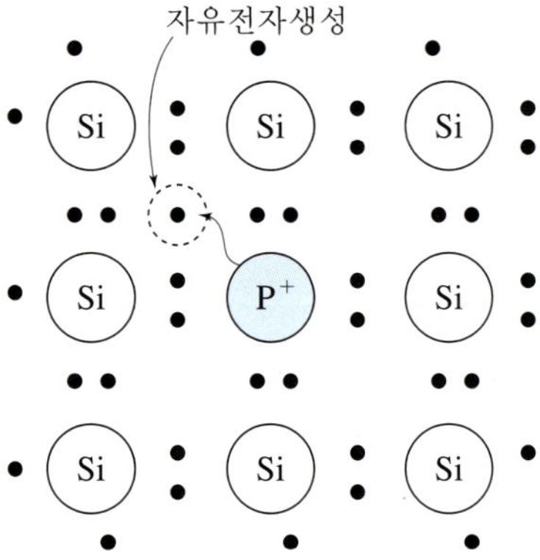

[그림 1.20] Si의 n형 반도체

예제 1-5

10^{17} atoms/cm^{3}의 인(P)으로 도핑된 Si가 있다.

a) 300K에서 열평형상태농도 n_0는 얼마인가?

b) 이때의 열평형상태농도 p_0는 얼마인가?

c) E_f는 E_i에서 얼마나 떨어져 있는지 계산하고 그림으로 나타내시오.

풀이

a) $N_d \gg n_i$이므로 $n_0 = N_d = 10^{18}\,\text{cm}^{-3}$

b) $p_0 = \dfrac{n_i^2}{n_0} = \dfrac{2.25 \times 10^{20}}{10^{18}} = 2.25 \times 10^3\,\text{cm}^{-3}$

c) 식(1.16)으로부터 $E_f - E_i = kT \ln \dfrac{n_0}{n_i} = 0.0259 \ln \dfrac{10^{18}}{1.5 \times 10^{10}} = 0.477\text{eV}$

결과는 에너지밴드다이어그램에서 다음과 같다.

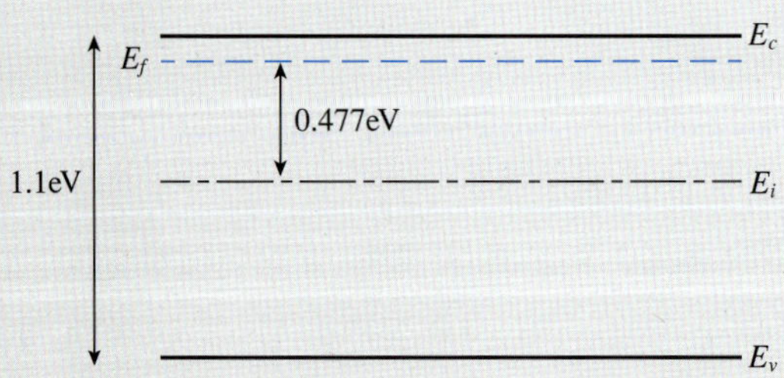

p형 반도체

Si에 붕소(B)와 같은 3가 불순물을 넣으면 공유결합을 하기위해 전자 하나가 더 필요해 진다. 따라서 [그림 1.21]과 같이 이웃하는 전자를 1개 받아들임으로써 자신은 음전하를 띠고 전자가 빠져나간 자리에 정공을 만들면서 공유결합을 완결시키는 불순물을 억셉터(Acceptor)라고 한다. 이와 같이 억셉터가 많이 들어가서 만들어진 정공이 다수반송자가 된 반도체를 p형 반도체라 한다. Si와 Ge에 도핑된 n 및 p형 불순물들의 에너지준위는 부록 1에 수록되어 있다.

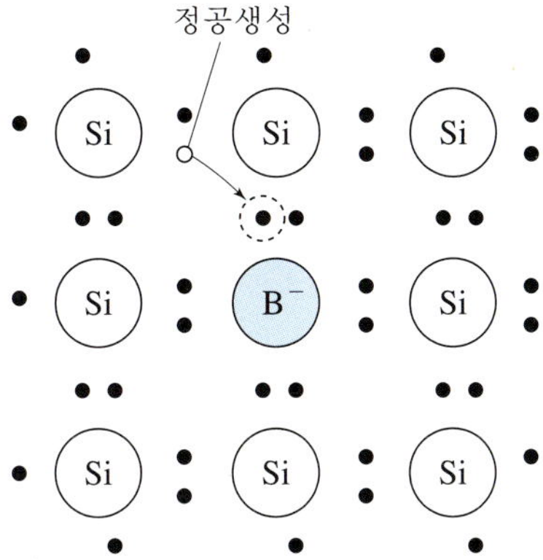

[그림 1.21] Si의 p형 반도체

4) 보상반도체(Compensated semiconductor)

일반적으로 반도체 내에는 n형과 p형을 만드는 불순물이 공존하게 되며 어느 쪽이 많이 도핑 되어있느냐에 따라 형이 결정된다. $N_d > N_a$일 때는 $N_d - N_a$의 전자농도를 갖는 n형 반도체가 되고, $N_a > N_d$일 때는 $N_a - N_d$의 정공농도를 갖는 p형 반도체가 된다. $N_a = N_d$일 때는 완전보상반도체이며, 이때는 외부에서 도핑 불순물에 의한 전자나 정공의 농도가 같으므로 진성반도체가 되는 것이다.

1.4.3 페르미준위

페르미준위는 진성반도체와 외인성반도체에서 구분되어 사용된다. 진성반도체에서는 자유전자와 정공이 한 쌍으로 발생 또는 소멸되기 때문에

$$n_0 = p_0 = n_i \tag{1.25}$$

이다. 따라서 식(1.14), (1.20) 및 (1.24)로부터 $N_c e^{-(E_c-E_f)/kT}=N_v e^{-(E_f-E_v)/kT}$가 되어 페르미준위 E_f에 관해 정리하면 다음과 같은 식이 얻어진다.

$$E_f=\frac{E_c+E_v}{2}-\frac{kT}{2}\ln\frac{N_c}{N_v}=\frac{E_c+E_v}{2}-\frac{kT}{2}\ln\left(\frac{m_n^*}{m_p^*}\right) \tag{1.26}$$

페르미 준위는 전자 및 정공의 유효질량이 다르면 전도대와 가전자대의 중앙에서 약간 벗어나게 되지만, $m_n^*=m_p^*$인 경우 전도대와 가전자대의 중앙인 $E_f=\frac{E_c+E_v}{2}$에 있음을 식(1.26)을 통하여 알 수 있다.

외인성반도체일 때는 도핑된 농도에 따라 페르미준위가 결정된다. n형 반도체에서 식(1.14)로 나타낸 자유전자의 농도 n_0는 전체 도너농도 N_d중에서 가전자대로 옮겨간 전자의 수이므로, N_d에다 전자자리가 비어있을 확률을 곱하여 구할 수 있다.

$$n_0=N_d(1-f(E_d)) \tag{1.27}$$

여기서 E_d는 도너가 에너지밴드 내에서 갖는 에너지준위이다. 전자농도를 구하는 식(1.13)의 적분영역은 전도대 E_c 이상이므로 $N_c>N_d$인 비축퇴형반도체(Nondegenerate semiconductor)[1]인 일반적인 경우 $E-E_f\gg kT$가 성립하므로 n_0는 식(1.14)가 되는 것이다. 따라서 식(1.11)과 식(1.27)을 이용하여 페르미준위에 대하여 정리하면

$$E_f=\frac{E_c+E_d}{2}-\frac{kT}{2}\ln\frac{N_c}{N_d} \tag{1.28}$$

이 된다. $T=0$K이면 외인성반도체의 페르미준위는 [그림 1.22]와 같이 전도대 E_c와 도너준위 E_d의 중앙에 위치한다. 매우 크게 도핑 되지 않은 일반적인 경우, 즉 비축퇴형반도체일 때는 식(1.28)에 의하여 온도가 증가함에 따라 페르미준위가 점점 더 낮아지게 됨을 알 수 있다. p형 반도체에서는 $p_0\approx N_a\gg n_i$이며, 비축퇴형일 경우 n형과 유사하게 페르미준위는 절대온도 0K에서 억셉터준위 E_a와 가전자대 E_v 사이

1) 도핑되는 불순물농도가 이미 존재하는 모체농도보다 훨씬 적어 불순물 원자끼리의 상호 반응이 없는 도너 혹은 억셉터 에너지 상태를 갖는 반도체를 말한다. 이를 경우 $N_c>N_d$, $N_v>N_a$이다.

에 존재하다가 온도가 증가함에 따라 밴드갭 중앙으로 이동함을 알 수 있다.

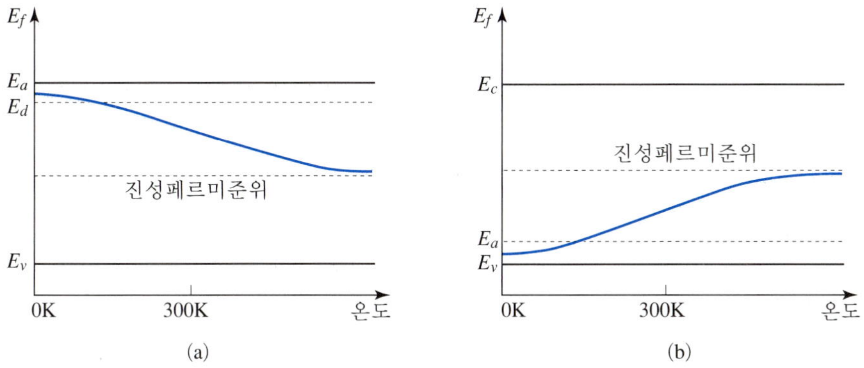

[그림 1.22] 온도 변화에 따른 페르미준위

(a) n형 반도체
(b) p형 반도체

연습문제

1. 단위정(Unit cell)이란 무엇인가?
2. 격자상수에 관하여 설명하시오.
3. 원자배열 상태에 따른 결정의 종류 3가지를 말하시오.
4. 다이아몬드 구조에 관하여 설명하고 도시하시오.
5. Zinc-blende 구조를 설명하고 대표되는 한 물질을 말하시오.
6. 입방정계 단위정에서 [110] 및 [111] 방향을 표시하시오.
7. Miller 지수란 무엇이며 왜 필요한지 말하시오.
8. 단순입방정계에서 Miller 지수로 표시된 (312) 평면을 도시하시오.
9. Ne은 원자번호 10이다. 가능한 양자수 n, l, m, s 등을 나타내고 이 원자를 양자 상태로 어떻게 표시할 수 있는가?(참조 He의 양자상태 표시: $1s^2$)
10. Pauli의 배타율이란 무엇인가?
11. 금지대(Forbidden band)란 무엇인가?
12. 정공이란 무엇을 의미하는가?
13. Fermi-Dirac 분포함수란 무엇이며 에너지 $E-E_f$에 따라 어떻게 변화되는지 온도 0, 300, 2500K 일 때를 계산하여 그리시오.
14. 에너지준위가 페르미에너지준위인 $E=E_f$인 곳의 전자존재확률은 얼마인가?
15. 진성반도체와 외인성반도체에 관하여 설명하시오.
16. 식(1.26)을 유도하시오.

CHAPTER

02 반송자 이동과 재결합 현상

CHAPTER

02 반송자 이동과 재결합 현상

2.1 유효질량

전자들이 결정체내에서 이동할 때는 자유공간에서 이동하는 것과는 다르게 행동한다. 외부에서 주어지는 전계에 의한 힘뿐만 아니라, 결정체 내에 존재하는 결정원자들의 주기적인 전위로부터 만들어지는 전계에 의하여 또 다른 힘들을 받게 된다. 따라서 결정체 내에서 이동하는 전자운동을 단지 외부에서 인가한 전계영향만으로 표현할 수는 없지만, 내부전계효과를 포함시켰을 때의 결정체 속의 전자를 자유공간에서의 질량 m이 아닌 새로운 질량 m^*을 가진 고전적인 입자로 바꾸면, 외부전장의 힘 $e\mathcal{E}$에 대한 뉴톤법칙을 그대로 적용하여 아래와 같이 간단하게 외부전계와 결정체 내의 전자가 받는 힘의 관계를 나타낼 수 있다. 즉 새로운 개념의 질량 m^*속에 내부전계효과가 들어 있으며 이 질량을 유효질량(Effective mass)이라고 한다.

$$F = m^* \alpha = - e\mathcal{E} \tag{2.1}$$

여기서 α는 외부전장 $\mathcal{E}$에 기인된 결정체 속 자유전자의 가속도이다. [그림 2.1]은 반도체 결정 내에서 움직이는 전자를 유효질량 개념을 도입했을 때로 변환하여 나타낸 그림이다.

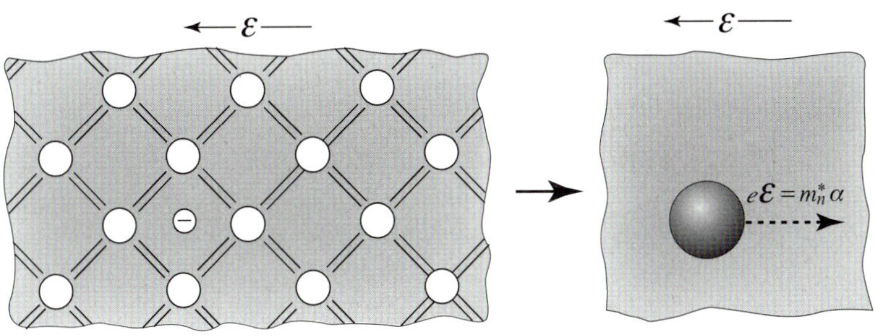

[그림 2.1] 반도체 내에서의 전자운동
(a) 결정체 내에서
(b) 유효질량도입 후 진공 속에서

이와 같이, 유효질량이란 결정원자들이 만들고 있는 주기적 격자전장 안에서 자유전자의 운동에 관한 양자역학적인 특징을 고전역학의 법칙으로 환산하는 기능을 가짐으로써, 자유전자가 외부전장에 의해서 운동할 때 얼마나 가속되기 쉬운가를 나타내는 양자역학적 파라미터(Parameter) 역할을 한다.

드브로이는 빛이 갖는 입자와 파동의 이중성에 기초하여 전자, 양자, 중성자 등의 입자가 움직일 때도 해당 입자의 에너지와 운동량에 따른 진동수와 파장을 갖는 물질파의 존재를 제안 했다. 이와 같은 물질파는 서로 다른 파장과 진동수를 갖는 여러 개의 파(Wave)들이 중첩된 것으로서 군속도(Group velocity) v_g를 갖고 있으며, 이 속도는 고전적인 하나의 단일 입자속도와 같다고 볼 수 있다. 즉 전자를 군속도 v_g를 갖고 움직이는 파로 볼 수 있는 것이다. 식(2.1)에서 α는 가속도 이므로

$$\alpha = \frac{dv_g}{dt} = \frac{F}{m^*} = -\frac{e}{m^*}\mathcal{E} \qquad (2.2)$$

가 성립함을 알 수 있다. 즉 전계와 반대방향으로 전자가 가속됨을 알 수 있다.

k-공간도에서의 유효질량

결정격자 내에서의 전자질량을 결정내부의 전계를 고려하여 m^*로 나타내었는데 이것은 에너지와 파수관계에서 구할 수 있다. 진폭 A를 갖고 x방향으로 이동하는 파동을 식(2.3)으로 표현할 수 있다.

$$\psi(x, t) = A\sin(kx - wt) \tag{2.3}$$

이때 k, w를 각각 파수 및 각주파수라 한다. 파수 k는 물리적으로 두 가지 의미를 갖는데, 첫째는 공간적으로 파장 λ를 갖는 파동이 반복되면서 진행할 때 단위 길이 당 파동이 몇 번 반복되는지를 나타내는 파동의 개수로써 $k = 1/\lambda$이다. 둘째는 한 파장에 해당하는 각도가 2π radian[1)]이기 때문에 파동이 진행하면서 변화되는 라디안위상차가

$$k = \frac{2\pi}{\lambda}\ [\text{radian/m}] \tag{2.4}$$

가 되는 단위 길이 당 진행된 파의 위상천이를 의미하는 것이다. 즉 식(2.3)에서 알 수 있는바와 같이 출발점인 $x = 0$에서는 위상차가 0이 되고, 반파$\left(x = 1/2\ \lambda\right)$만큼 움직여 갔다면 $kx = \pi$ 라디안이 되어 180도의 위상차가 나타나게 된다. 전하입자인 전자의 움직임을 파군(Wave group)의 움직임으로 보는 입장에서는 k를 진행파의 단위 길이 당 라디안위상변화의 의미로 생각하면 된다. 각주파수 w는 $2\pi/T$ (T : 주기)로서 일반적으로 주파수 v를 사용하여 $w = 2\pi v$로 나타낸다.

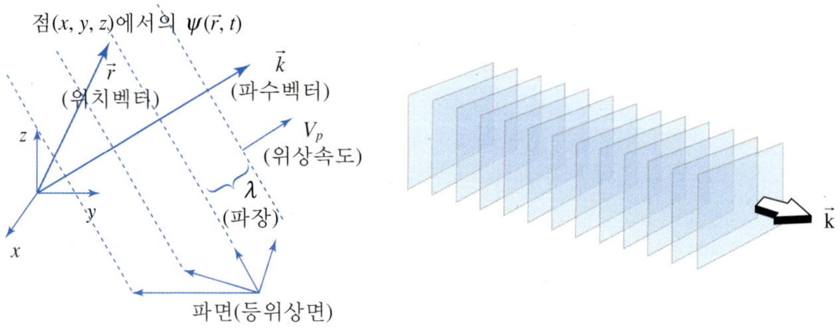

[그림 2.2] 파수와 파벡터(혹은 위상벡터)
(a) 위치, 파수, 파장 및 위상속도
(b) 위상벡터와 평면파

식(2.3)을 [그림 2.2]와 같이 기준원점에서 임의 점(x, y, z)까지의 공간벡터를 $\vec{r}$로 나타낼 때, 그 위치에서 파 $\psi(\vec{r}, t)$를 파면(등위상면)이 진행하는 방향으로의 파수벡

1) $1\,radian = 360^\circ \times r/2\pi r = 57.296^\circ$; 원호가 반지름 r일 때의 중심각도

터(Wave vector) $\vec{k}$가 포함된 식(2.5)와 같이 표현할 수 있다.

$$\psi(\vec{r}, t) = A_0 \sin(\vec{k} \cdot \vec{r} - wt)^{2)} \tag{2.5}$$

방향벡터 $\vec{r}$을 갖는 평면파(Plane wave)[3]의 $\vec{k}$를 파수벡터(Wave vector)라고 하며

$$|\vec{k}| = k = \frac{2\pi}{\lambda} \tag{2.6}$$

이 된다. 따라서 파수벡터 $\vec{k}$는 파수 k와 크기는 같지만 방향성을 갖는 벡터라는 차이점이 있다.

예제 2-1

x 방향으로 진행하는 $A\sin(kx-wt)$의 파가 있다. 이 파가 x축과 45°를 이루는 방향 임의점 $r=(x, 0, z)$에서는 어떻게 나타내어질 수 있는가?

풀이

x 방향으로 진행하는 파이므로 k의 방향은 x방향과 동일하다. y축이 0이고 x축과 45° 각도를 이룬 방향이므로 $\left|\vec{r}\right| = \sqrt{2}\,x$가 된다. 식(2.5)로부터 $\Psi = A\sin\left(\left|\vec{k}\right|\left|\vec{r}\right|\cos 45^\circ - wt\right)$ $= A\sin(k\sqrt{2}\,x \times 0.707 - wt) = A\sin(kx - wt)$가 됨을 알 수 있다. 이 결과를 통하여 식(2.5)는 파의 진행방향벡터인 파수벡터 $\vec{k}$를 3차원 공간 내에서 임의 방향 $\vec{r}$에서 나타낼 때 사용된다.

x방향으로 진행하는 파는 k와 x의 방향이 같으므로 $\vec{k} \cdot \vec{r} = kx$이 되어 식(2.3)과 식(2.4) 및 $w = 2\pi v$의 관계식으로부터 다음과 같이 나타낼 수 있다.

$$\psi(x, t) = A\sin(kx - wt) = A\sin 2\pi\left(\frac{x}{\lambda} - vt\right) \tag{2.7}$$

2) $\vec{k} \cdot \vec{r} = |\vec{k}| \times |\vec{r}| \cos\theta$, θ는 두 벡터 사이의 각도

3) 임의 위상에서 일정한 크기를 갖는 파가 진행방향과 직각 되는 면들로 구성된 파

만약 x가 일정하면 파는 그 위치에서 주파수 ν로써 시간 t에 따라 진동하는 것이 되는 반면, 일정한 시간 $t=t_0$에서는 거리 x에 따라 진동하는 것이 된다. 상기 거리 x에 따라 진동하는 파의 값이 0이 되는 x축의 값들 x_n은

$$2\pi\left(\frac{x_n}{\lambda}-\nu t\right)=n\pi, \quad n=0,\ 1,\ 2, \cdots$$

혹은

$$x_n=\frac{n\lambda}{2}+\nu\lambda t \tag{2.8}$$

이 됨을 알 수 있다. x_n점의 시간에 따른 변화가 바로 파의 위상속도가 되므로 위상속도 v_p는 식(2.8)과 식(2.6)에서

$$\frac{dx_n}{dt}=v_p=\nu\lambda=\frac{w}{k} \tag{2.9}$$

가 된다. 전자는 여러 개의 파가 중첩된 군속도를 갖는 파군으로 볼 수 있으므로 위상이 서로 약간 다른 두 파 ψ_1과 ψ_2의 경우

$$\begin{aligned}\psi_1&=\sin(kx-wt)\\ \psi_2&=\sin[(k+\Delta k)x-(w+\Delta w)t]\end{aligned} \tag{2.10}$$

로부터

$$\psi(x,\ t)=\psi_1+\psi_2=2\cos\left[\frac{\Delta k}{2}x-\frac{\Delta w}{2}t\right]\sin\left[\frac{2k+\Delta k}{2}-\frac{2w+\Delta w}{2}t\right] \tag{2.11}$$

을 얻을 수 있다. $\Delta k \ll k$, $\Delta w \ll w$이면 식(2.11)은 다음 식과 같이 간단히 된다.

$$\psi(x,\ t)=2\cos\left(\frac{\Delta k}{2}x-\frac{\Delta w}{2}t\right)\sin(kx-wt)=A_g\sin(kx-wt) \tag{2.12a}$$

$$A_g=2\cos\left(\frac{\Delta k}{2}x-\frac{\Delta w}{2}t\right) \tag{2.12b}$$

식(2.7)과 식(2.12a)를 비교하면 원래파와 중첩된 파는 진폭 A및 A_g를 제외하고

모두 같음을 알 수 있다. 즉 위상속도는 그대로 w/k가 되지만, 진폭 A는 이상 더 일정한 값이 아니고 식(2.12b) 및 [그림 2.3]과 같이 거리와 시간에 따라 변하는 변조된 값 A_g를 갖게 된다. 이 변조된 진폭의 이동속도를 군속도 v_g라고 한다.

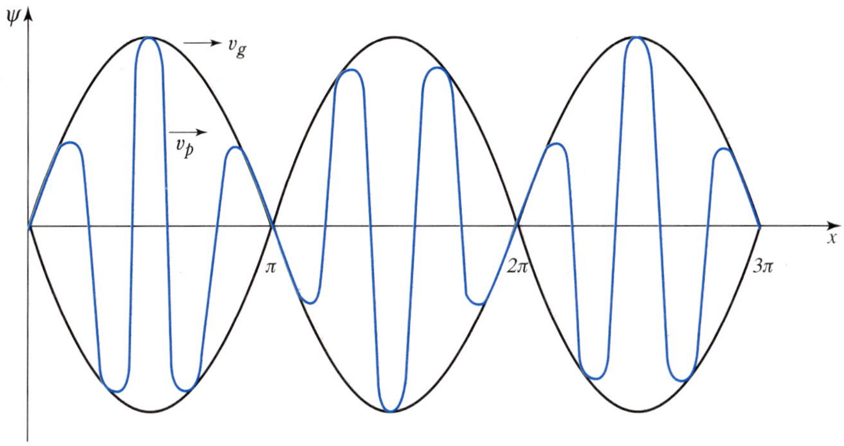

[그림 2.3] 서로 다른 주파수를 갖는 두 파의 간섭

군속도 v_g는 위상속도 v_p를 구할 때와 유사하게 변조된 진폭군을 이루는 0점들의 이동속도를 구하면 되므로, 식(2.12b)에서

$$\frac{\Delta k}{2}x_n - \frac{\Delta w}{2}t = \frac{(2n+1)\pi}{2}, \quad n = 0, 1, 2, \cdots \tag{2.13}$$

의 조건으로부터 x_n을 구하여 시간에 따라 미분하면 식(2.14)와 같이 군속도 v_g를 구할 수 있다.

$$\frac{dx_n}{dt} = \frac{\Delta w}{\Delta k} = \frac{dw}{dk} = v_g \tag{2.14}$$

$E = hv = \hbar w$이므로

$$v_g = \frac{1}{\hbar}\frac{dE}{dk} \tag{2.15}$$

가 된다.

이 식은 전자속도가 에너지 $E(k)$ 곡선의 기울기에 의존함을 보여주고 있다. 전자가 미소시간 dt동안 외부 전계 $\mathcal{E}$로부터 힘을 받아 거리 dl만큼 이동했다면 에너지 증가분 dE는

$$dE = Fdl = -e\mathcal{E}v_g dt \tag{2.16}$$

이 된다. 식(2.15)와 (2.16)으로부터 식(2.17)이 성립한다.

$$\frac{dk}{dt} = -\frac{e}{\hbar}\mathcal{E} \tag{2.17}$$

또한 식(2.15)의 시간에 따른 미분 $dv_g/dt = (dv_g/dk)(dk/dt)$와 식(2.17)로부터 외부전계 $\mathcal{E}$에 비례하는 다음과 같은 가속도에 관한 식이 얻어진다.

$$\frac{dv_g}{dt} = \frac{1}{\hbar}\frac{d^2E}{dk^2}\frac{dk}{dt} = -\frac{e}{\hbar^2}\frac{d^2E}{dk^2}\mathcal{E} \tag{2.18}$$

$dv_g/dt = \alpha$이므로 이 결과를 식(2.1)의 $F = m^*\alpha = -e\mathcal{E}$와 비교하면 주기적인 결정질 속에서 운동하는 전자의 질량 m^*은 아래 식과 같이 에너지 E를 파수(혹은 파수벡터) k로 2차 미분한 값에 반비례함을 알 수 있다.

$$m^* = \frac{\hbar^2}{\dfrac{d^2E}{dk^2}} \tag{2.19}$$

식(2.19)와 같이 에너지-파수벡터의 상호 관계에 따라 변화되는 값을 가진 결정체 속에서의 전자질량을 전자의 유효질량(Effective mass of electron)이라 한다.

[그림 2.4]는 간략화 한 GaAs 에너지밴드 그림이다. 전자들이 Γ벨리의 전도대에 있을 때는 L벨리의 전도대에 있을 때 보다 d^2E/dk^2이 더 크므로 식(2.19)를 통하여 전자의 유효질량이 작아짐을 알 수 있다. 유효질량이 작은 전자는 가볍기 때문에 Γ벨리 전자가 L벨리 전자보다 더욱 빠르게 이동할 수 있다.

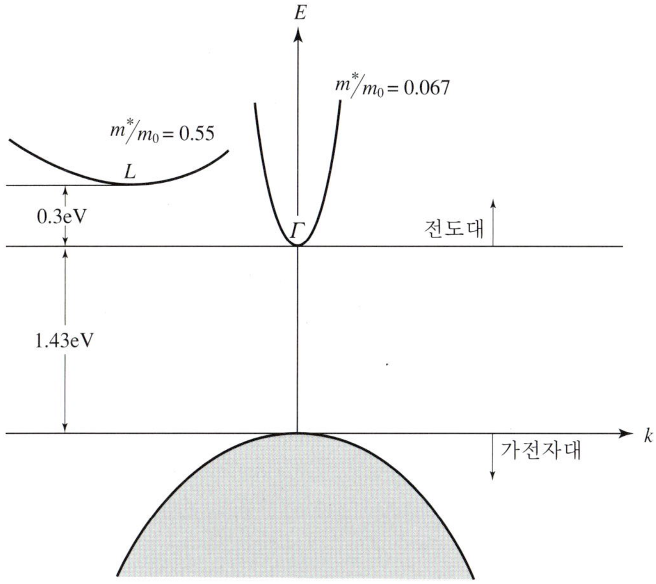

[그림 2.4] GaAs의 간략화한 에너지밴드 그림

2.2 표동운동(Drift motion)

반도체 내에서 전자들의 이동 경로는 외부에서 가한 전계의 영향을 받는다. [그림 2.5]는 외부에서 가한 전계가 없는 경우와 있는 두 경우를 정성적으로 묘사하고 있다. [그림 2.5a]는 외부전계가 없으므로 전자는 단지 열에너지에 의한 무질서운동(Random motion)을 하는 모양을 보여주고 있다. [그림 2.5b]는 외부전계가 가해졌을 때 전계 반대방향으로 이동된 전자의 움직임을 나타내고 있다.

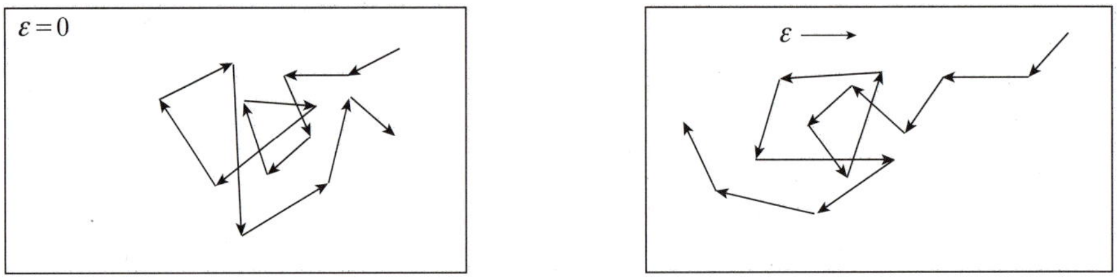

[그림 2.5] 전자의 운동궤적
(a) 외부전계가 없는 경우
(b) 외부 전계가 있는 경우

전계가 없을 때는 전체적으로 봤을 때 실질적인 전자의 이동이 없는 것으로 생각할 수 있다. 따라서 벡터로 표시되는 전자의 이동속도 값만 나타내는 스칼라로 표시하면 방향이 다른 두 속도는 부호가 서로 다르게 음, 양으로 바뀌게 되기 때문에 평균전자속도 $\langle v_x \rangle$를 0으로 볼 수 있다. 즉

$$< v_x >= 0 \tag{2.20}$$

이 된다. 그러나 전계 $\mathcal{E}$가 x방향으로 주어지면 전자의 평균운동은 뉴톤의 운동법칙을 따르게 되어 아래 식과 같이 된다.

$$m^* \frac{dv_x}{dt} = -e\mathcal{E}_x \tag{2.21}$$

식(2.21)을 시간에 따라 적분하면

$$v_x = -\int_0^t \frac{e\mathcal{E}_x}{m^*} dt + v_{x0} = -\frac{e\mathcal{E}_x}{m^*} t \tag{2.22}$$

가 된다. 여기서 v_{x0}는 전계가 가해지기 전의 초기속도 이므로 0으로 볼 수 있다. 속도 v_x는 전자의 이동 중 전자가 아무런 제제를 받지 않는다면 무한대로 증가할 수 있지만, 결정격자나 불순물, 결정결함 및 다른 전자들과의 충돌로 인하여 제한된 값을 갖게 된다. 따라서 충돌 사이의 평균충돌시간(Mean collision time)을 τ라고 하면 전자의 평균속도는

$$v_{xavge} = \langle v_x \rangle = -\frac{e\tau}{m^*}\mathcal{E}_x = -\mu_n \mathcal{E}_x \quad (2.23)$$

이 된다. 여기서

$$\mu_n = \frac{e\tau}{m^*}\,\text{cm}^2/V\,\text{sec} \quad (2.24)$$

의 관계가 성립하며 μ_n을 전자이동도(Electron mobility)라 한다.

표동운동에 의한 전류밀도는 전자 하나의 전하 $-e$와 단위시간당 단위면적을 통하여 전계에 의해 이동해가는 전자들의 수 $n \langle v_x \rangle$를 곱한 것이므로

$$\begin{aligned} J_x &= -en\langle v_x \rangle = en\mu_n \mathcal{E}_x \\ &= \sigma \mathcal{E}_x \end{aligned} \quad (2.25)$$

여기서

$$\sigma = \frac{1}{\rho} = en\mu_n = \frac{e^2 n\tau}{m^*} \quad (2.26)$$

을 전기전도도(Electrical conductivity)라 한다. 전도도 σ의 단위는 $(\Omega\text{cm})^{-1}$이며 그 역수인 ρ를 비저항 혹은 저항률이라고 한다. 비저항의 단위는 (Ωcm)이다.

식(2.25)에서 알 수 있는 바와 같이 전류밀도는 인가된 전계에 비례하며 비례상수가 σ인 것이다. 만약 반도체 내에 움직이는 반송자가 전자, 정공 모두 존재한다면 식(6.25)의 $n\mu_n$대신 $n\mu_n + p\mu_p$를 사용하여야 한다. 이때의 전류밀도 J와 전도도 σ는 아래식과 같이 된다.

$$J_x = e(n\mu_n + p\mu_p)\mathcal{E}_x = \sigma \mathcal{E}_x \quad (2.27a)$$

$$\sigma = e(n\mu_n + p\mu_p) \quad (2.27b)$$

예제 2-2

300°K에서 a) 순수 Si의 σ와 b) $10^{15}cm^{-3}$의 농도로 인(P)이 도핑된 n형 반도체의 σ를 구하시오. 단 $\mu_n = 1350cm^2/Vs$이고 $\mu_p = 480cm^2/Vs$이다.

풀이

a) 진성반도체이므로 $n = p = n_i$

$$\sigma = e(n\mu_n + p\mu_p) = (1.6\times10^{-19})\left[(1.5\times10^{15})1350 + (1.5\times10^{10})480\right]$$
$$= 4.39\times10^{-6}(\Omega cm)^{-1}$$

b) $n = 10^{15}cm^{-3}$이므로

$$p = \frac{n_i^2}{N_d} = \frac{2.25\times10^{20}}{10^{15}} = 2.25\times10^5 cm^{-3}$$
$$\sigma = e(n\mu_n + p\mu_p) = (1.6\times10^{-19})\left[10^{15}\times1350 + (2.25\times10^5)480\right]$$
$$= 0.135(\Omega cm)^{-1}$$

전자의 유효질량은 식(2.19)와 같이 파수벡터 k에 따라 변화되는 에너지 E의 변화 정도에 의해서 결정되며, 이 유효질량에 반비례하여 이동도 또한 변화되므로 전자의 이동도는 반도체 성질을 나타내는 물질들의 E, k 상호 관계에 의하여 달라짐을 알 수 있다. 같은 종류의 반도체 일지라도 방향에 따라 서로 상이한 전자이동도가 나타나는 것은 이와 같은 방향에 따라 다른 유효질량효과 때문인 것이다.

τ가 평균충돌시간이므로 시간 dt 동안에 일어날 산란확률은 dt/τ가 된다. 반도체 내의 산란 가운데 일어날 수 있는 가능성이 큰 산란은 이온화된 불순물 이온들에 의한 불순물이온 산란과 결정격자들과의 산란인 격자산란을 들 수 있다. 두 종류의 산란은 서로 독립적이므로 시간 dt 동안 산란이 일어날 전체 확률은 아래 식과 같이 각 사란확률의 합으로 계산할 수 있다.

$$\frac{dt}{\tau} = \frac{dt}{\tau_I} + \frac{dt}{\tau_L} \tag{2.28}$$

여기서 τ_I는 불순물이온 산란시간이고 τ_L은 격자 산란시간이다. 식(2.28)과 식(2.24)의 관계를 통하여 반도체 내에서 반송자인 전자나 정공이 갖는 입자의 이동도를 다음식과 같이 구할 수 있다.

$$\frac{1}{\mu} = \frac{1}{\mu_I} + \frac{1}{\mu_L} \tag{2.29}$$

여시서 μ_I는 불순물이온 산란에 의한 이동도이고, μ_L은 격자산란에 의한 이동도이다. [그림 2.6a]는 온도에 따른 전자이동도의 변화를 정성적으로 나타내고 있다. 낮은 온도에서는 이동도가 온도의 3/2승에 비례하고 높은 온도 영역에서는 온도의 −3/2승에 비례함을 알 수 있다.

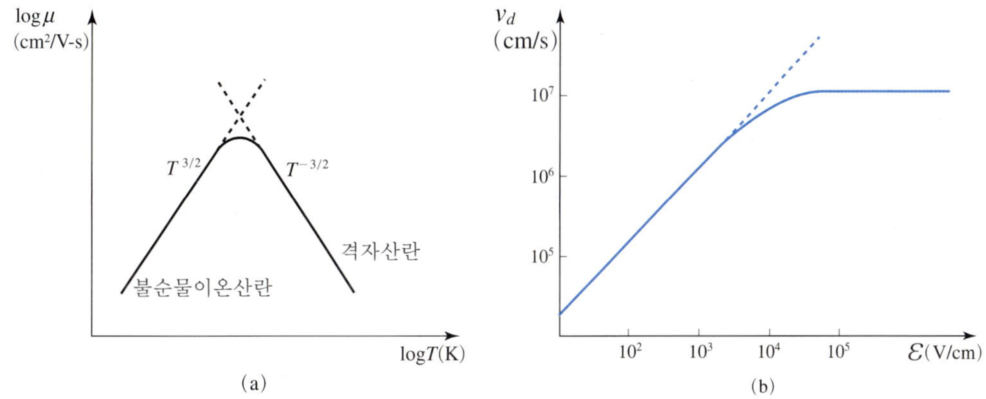

[그림 2.6] Si에서 온도에 따른 전자이동도 및 전계에 따른 전자표동속도
(a) 온도에 따른 이동도
(b) 전계에 따른 표동속도

전자의 평균속도는 전계가 일정한 영역 내에서는 인가된 전계에 비례하여 증가하지만 어느 일정영역을 넘어서면 이상더 증가하지 않고 [그림 2.6b]와 같이 포화상태에 도달된다. 이런 현상은 높은 전계(>10^3V/cm)가 가해지면 전계로부터 주어지는 에너지가 전자에 그대로 전달되지 않고 격자들을 진동시키는데 사용되어 전자의 평균충돌시간 τ를 감소시킨다. 이로 인하여 식(2.24)에서와 같이 이동도의 감소가 나타나게 되고, 이는 결과적으로 식(2.23)에 따라 전계의 증가에도 불구하고 전자의 평균 표동속도를 일정하게 한다. 이때의 전자속도는 열 속도 영역인 10^7cm/s이다.

2.3 확산(Diffusion)

앞 절에서는 전하를 띤 입자의 이동현상으로 전계에 의한 전자의 표동이동에 관하여 알아보았다. 전계 외에 입자의 이동을 가능케 하는 것이 확산이동인 것이다. 물위에 잉크를 한 방울 떨어뜨리면 잉크가 옆으로 퍼져나가는 현상을 볼 수 있는데, 이런 현상은 입자가 농도가 높은 곳에서 낮은 곳으로 이동하여 균일한 분포를 가지려는 자연현상 때문인 것이다. 이런 성질을 확산이라고 한다.

확산운동은 각 입자들이 무작위운동(Random motion)을 한 자연적인 결과인 것이다. 전자나 정공 같은 반도체 내에 있는 반송자들 역시 이와 같은 무작위 열확산운동을 하면서 농도감소영역을 향하여 이동해 가는 것이다. [그림 2.7a]와 같이 시간 $t=0$에서 $x=0$인 곳에 과잉전자가 펄스형태로 놓여 있다면, 시간이 경과함에 따라 전자는 전자농도 $n(x)$가 균일하게 될 때 까지 넓은 영역으로 확산되어진다. 확산운동에 관한 물리적 현상을 수식으로 표현하기 위하여 문제를 간단하게 생각하기로 하겠다. 전자들의 무작위 열운동은 x 방향을 향하는 일차원적이라고 가정하며, 다른 전자나 격자들과 충돌 후 앞과 뒤로 각각 이동하는 자유 행정과 자유 시간 모두 각각 동일한 Δl 및 Δt라 생각한다. [그림 2.7b]는 [그림 2.7a]의 임의 시간 t에 해당하는 x에 따른 분포 중 어느 위치 x_0를 중심으로 $x_0-\Delta l$과 $x_0+\Delta l$ 사이의 분포를 나타내고 있다. 단면적을 A라고 하면 $x_0-\Delta l$과 x_0 사이에 존재하는 전자 수는 $A\cdot\Delta l\cdot n(x_0-\Delta l/2)$이 되며, 이것의 1/2은 충돌시간 Δt 동안에 앞쪽 $+x$ 방향으로 이동하고 나머지 1/2은 뒤쪽 $-x$ 방향으로 이동하게 된다. 마찬가지로 x_0와 $x_0+\Delta l$ 사이에 있는 전자들 $A\cdot\Delta l\cdot n(x_0+\Delta l/2)$ 중의 1/2은 뒤쪽에 해당하는 x_0와 $x_0-\Delta l$쪽으로 이동하고 나머지 1/2은 앞쪽의 $+x$방향으로 이동하게 된다.

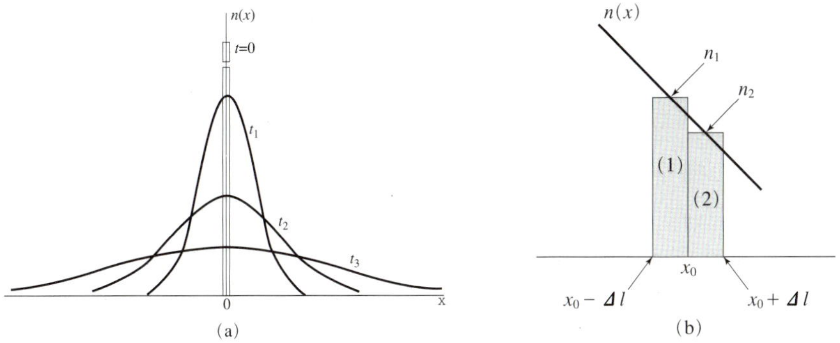

[그림 2.7] 확산운동에 의한 전자이동:
(a) 전자펄스의 이동
(b) x_0를 중심으로 한 미소영역내의 전자이동

이로 인해서 시간 Δt시간 동안 x_0를 중심으로 $+x$ 방향으로 이동하는 단위면적당 전체 전자 수(전자 플럭스 밀도 $\phi_n(x_0)$)는

$$\begin{aligned}\phi_n(x_0) &= \frac{\Delta l}{2}\frac{n(x_0-\Delta l/2)-n(x_0+\Delta l/2)}{\Delta t} \\ &= -\frac{(\Delta l)^2}{2\Delta t}\frac{n(x_0+\Delta l/2)-n(x_0-\Delta l/2)}{\Delta l}\end{aligned} \tag{2.30}$$

이 된다. Δl은 매우 작으며, 작은 구간을 $\Delta l=\Delta x$라 하고, Δx가 0으로 수렴할 때 위의 식은 다음과 같이 일반적인 형태로 표현될 수 있다.

$$\phi_n(x_0) = -\frac{(\Delta l)^2}{2\Delta t}\lim_{\Delta x\to 0}\frac{n(x_0+\Delta l/2)-n(x_0-\Delta l/2)}{\Delta x} = -D_n\frac{dn(x_0)}{dx} \tag{2.31}$$

여기서

$$D_n = \frac{(\Delta l)^2}{2\Delta t} \tag{2.32}$$

이며, D_n을 전자의 확산계수(Electron diffusion coefficient)라고 한다. 확산계수의 단위는 cm^2/sec이다. 식(2.32)는 $x=x_0$ 뿐만 아니라 임의의 위치 x에 관하여도 성립하므로

$$\phi_n(x) = -D_n \frac{dn(x)}{dx} \tag{2.33}$$

이 되며, 전자의 단위시간당, 단위면적당 흐름을 나타내는 플럭스 ϕ_n은 전자농도의 기울기에 비례하고 그 비례상수가 바로 확산계수가 되는 것임을 알 수 있다. 이와 같은 확산식은 전자뿐만 아니라 정공 및 모든 입자들에게도 그대로 적용된다.

2.4 아인슈타인 관계식(The Einstein Relation)

전계 $\mathcal{E}$와 전위 V의 정의로부터 에너지밴드 내에서 진성에너지 E_i와 전계 $\mathcal{E}(x)$ 사이에는 다음과 같은 식이 성립한다.

$$\mathcal{E}(x) = -\frac{dV(x)}{dx} = -\frac{d}{dx}\left[\frac{E_i}{(-e)}\right] = \frac{1}{e}\frac{dE_i}{dx} \tag{2.34}$$

전계에 의한 표동운동과 농도 차에 의한 확산운동이 동시에 존재할 때의 전자전류에 관한 식이 열평형상태에서 $J=0$이 되고[4], 식(1.16)의 $n = n_i e^{(E_f - E_i)/kT}$로부터 $dn/dx = -(n/kT)(dE_f/dx - dE_i/dx)$의 관계가 되어 열평형상태에서의 $dE_f/dx = 0$를 고려하면 식(2.35)가 성립한다.[5]

$$\mathcal{E}(x) = -\frac{D_n}{\mu_n}\frac{1}{n}\frac{dn}{dx} = \frac{D_n}{\mu_n}\frac{1}{kT}\frac{dE_i}{dx} \tag{2.35}$$

식(2.35)를 식(2.34)에 대입하면

$$\frac{D_n}{\mu_n} = \frac{kT}{e} \tag{2.36}$$

의 관계식이 성립함을 알 수 있다. 이 식을 아인슈타인 관계식이라 한다. 이 관계는

4) $J = en\mu_n \mathcal{E}(x) + eD_n \frac{dn}{dx} = 0$이며 우변의 첫 번째 항이 표동전류밀도이고 두 번째 항이 확산전류밀도이다. 5장의 식(5.45)를 참조하기 바람

5) 각주 4)로부터 $\mathcal{E}(x) = -\frac{D_n}{\mu_n}\frac{1}{n}\frac{dn}{dx}$가 되며 $\frac{dn}{dx}$를 대입하면 식(2.35)가 얻어진다.

전자뿐만 아니라 정공에서도 그대로 성립한다. 〈표 2-1〉은 300K일 때 Si, Ge 및 GaAs의 진성반도체 내에서 전자와 정공이 갖는 확산계수와 이동도를 보여주고 있다.

〈표 2.1〉 300K에서 진성반도체의 확산계수와 이동도

	$D_n(\text{cm}^2/s)$	$D_p(\text{cm}^2/s)$	$\mu_n(\text{cm}^2/Vs)$	$\mu_p(\text{cm}^2/Vs)$
Ge	100	50	3900	1900
Si	35	12.5	1350	480
GaAs	220	10	8500	400

2.5 재결합(Recombination) 및 반송자 수명

2.5.1 열생성과 재결합

반도체 안에 있는 전자와 정공들은 서로 마주쳐서 다시 결합하는 일이 발생된다. 이러한 현상을 재결합(Recombination)이라고 한다. 단위시간당 단위체적 내에서 재결합되는 전자와 정공 쌍을 재결합률 R이라고 한다. 재결합률은 결합에 참여하는 입자들인 전자와 정공의 농도에 비례한다. 비례상수를 r이라고 하면 재결합률은 다음과 같은 식이 된다.

$$R = rnp \quad [\text{쌍/cm}^3 \cdot \text{sec}] \tag{2.37}$$

이와는 반대로 반도체의 가전자대에 있던 전자가 에너지를 받아 전도대로 올라가면 자유롭게 움직일 수 있는 전자와 정공 한 쌍이 생성된다. 주어진 에너지가 열에너지 이면 열생성(Thermal generation) 현상이라고 한다. 단위시간당 단위체적 내에서 열생성 되는 전자-정공 쌍 G를 열생성률(Thermal generation rate)이라 한다. [그림 2.8]은 열생성과 재결합이 일어나는 현상을 보여주고 있다.

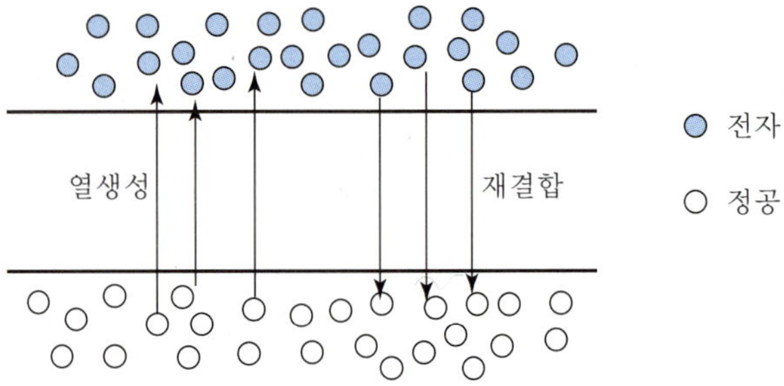

[그림 2.8] 열생성과 재결합

온도가 증가하면 더 많은 전자가 가전자대에서 전도대로 이동하므로 당연히 열생성률 G가 증가한다. 시간에 따라 변화되는 반송자(Carrier) 농도는 이와 같은 생성과 재결합률인 G와 R값에 의하여 조절되어진다. [그림 2.9]는 시간에 따라 변화되는 G와 R의 상대적 크기에 따른 반송자들의 수를 보여주고 있다. 만약 어느 순간에 $G > R$이면 전체의 반송자수가 증가하고, 반대로 $G < R$이면 감소한다. $G = R$이 되면 그 순간의 반송자 농도가 변함이 없이 지속되어짐을 알 수 있다.

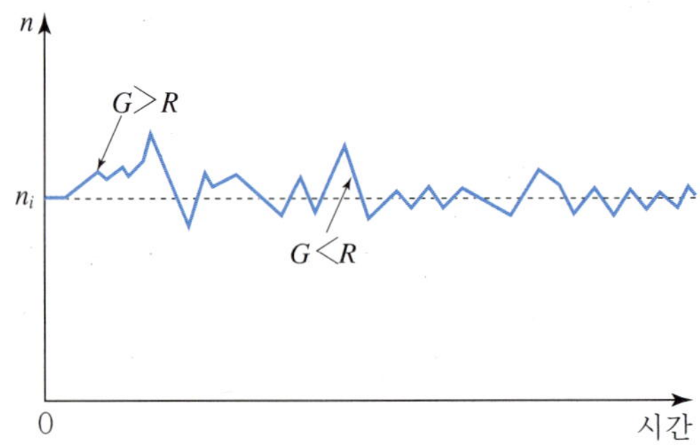

[그림 2.9] G와 R값에 따라 변화되는 반송자 수

열평형상태(Thermal equilibrium)가 되면 반송자는 변동이 없이 일정하게 되므로

$$G = R = rnp \tag{2.38}$$

가 성립한다. 반도체에 일정한 전계를 가하면 전류밀도($J = qn\mu\mathcal{E}$)는 반송자 농도 n에 비례한다. 그런데 n이 일정하지 않고 위에 언급한 바와 같이 반도체 내·외부 상

황에 따라 평균값을 중심으로 [그림 2.9]처럼 미소한 진동을 나타내게 되면 이것이 잡음(noise)의 원인이 된다. 이런 잡음을 생성-재결합 잡음이라고 한다.

2.5.2 직접재결합(Direct recombination)과 간접재결합(Indirect recombination)

1) 직접재결합

전도대의 전자들은 가전자대의 정공들과 직접 혹은 간접적으로 재결합할 수 있다. [그림 2.10]과 같이 전도대의 전자들이 밴드갭 내의 중간단계를 거치지 않고 바로 가전자대로 내려가 정공과 같이 재결합하는 것을 직접재결합이라고 한다.

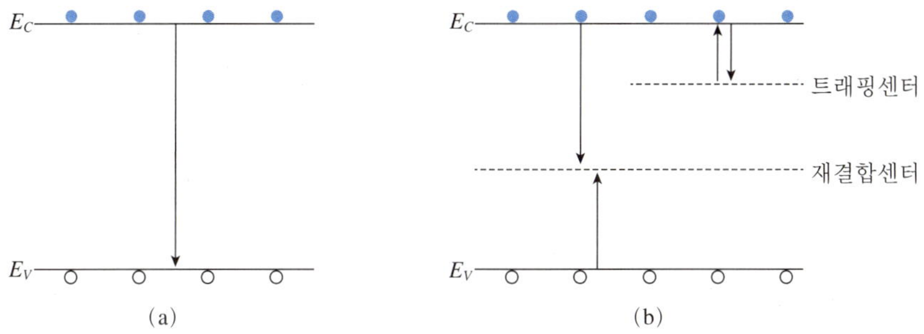

[그림 2.10] 전자 및 정공의 재결합

(a) 직접재결합
(b) 간접재결합

2) 간접재결합

간접재결합은 전자가 전도대에서 가전자대로 바로 내려가서 정공과 결합하는 것이 아니고 밴드갭 내의 중간 에너지 준위를 거쳐 가전자대의 정공과 재결합하는 현상을 말한다. 이 재결합 과정을 밴드갭 내의 중간 에너지 준위에 존재하는 재결합 센터에서 전자와 정공이 들어와서 서로 결합하는 것으로 바꾸어 생각할 수 있다. 즉 [그림 2.10b]에서와 같이 재결합이 일어나는 위치에 먼저 가전자대의 정공이 옮겨오고 난 뒤에 전도대의 전자가 그 곳으로 내려와서 결합과정이 완료되는 것이다. 재결합 과정에서 전자나 정공 중 한 반송자가 일시적으로 에너지 밴드갭 내의 한 준위에 포획되고 난 뒤에, 다시 여기되어 원상태의 전도대나 가전자대에 옮겨지는 과정을 반복하여 많은 시간이 지연된 후에 완전 재결합이 이루어지는 경우도 있다. 이 경우 순간적으로 포획되어지는 곳을 트랩(Trap) 혹은 일시적 트래핑센터(Temporary trapping center)라고 하며, 최종적으로 완전 재결합이 이루어지는 곳을 재결합센터(Recombination center)라고 한다. 트랩은 주로 불순물이나 결정결함이 있는 곳에서 많이 발생하며, 결합해야할 상대 반송자가 도달하는 시간보다 빨리 여기 되어 나타나는 현상이어서 전도대나 가전자대에 가까운 에너지 준위에 존재할 확률이 높다. 이에 반하여 재결합센터는 먼저(혹은 동시에) 포획된 반송자가 여기되기 전에 상대 반송자가 들어와서 재결합이 이루어지기 때문에 에너지 밴드갭 중심 부근에 주로 위치하고 있다.

2.5.3 반송자 수명

열평형상태에서는 반도체 자체의 진성전자농도 n_i만큼 가전자대에 정공 p_i가 생성되어 있으므로 $n_i = p_i$가 된다. 따라서 열평형상태에서는 식(2.38)과 같이 $rnp = rn_i^2$ 만큼의 전자가 반도체에 도핑된 불순물에 관계없이 항상 발생한다. 임의의 시간 t에서 재결합 현상으로 인하여 변화되는 전자농도는 생성되는 전자농도에서 재결합하는 전자농도를 빼어주면 되므로 아래 식과 같이 표현될 수 있다.

$$\frac{dn(t)}{dt} = rn_i^2 - rn(t)p(t) \tag{2.39}$$

만약 펄스형태의 빛에 의하여 어느 순간에 전자 δn과 정공 δp가 추가로 생성되어 진다면, 식(2.39)에서 전자 및 정공은 원래 있던 전자 n_0와 정공 p_0에 추가로 생성된 전자와 정공($\delta n = \delta p$)들이 더하여 지게 되어

$$\begin{aligned} \frac{d[n_0 + \delta n(t)]}{dt} = \frac{d\delta n(t)}{dt} &= rn_i^2 - r[n_0 + \delta n(t)][p_0 + \delta p(t)] \\ &= -r[(n_0 + p_0)\delta n(t) + \delta n^2(t)] \end{aligned} \tag{2.40}$$

의 식이 성립된다. p형 반도체에서는 $p_0 \gg n_0$이며, δn은 작은 값이어서 $\delta n^2(t) \approx 0$로 생각할 수 있으므로, 소수반송자인 과잉전자농도의 시간적인 변화를 의미하는 식(2.40)은 $r = r_n$이 되어

$$\frac{d\delta n(t)}{dt} = -r_n p_0 \delta n(t) \tag{2.41}$$

과 같이 간략화된다. 이 식은 최초의 과잉농도 $\delta n(0) = \Delta n$이 시간에 따라 지수 함수적으로 감소하는 아래와 같은 해를 갖는다.

$$\delta n(t) = \Delta n e^{-t/\tau_n} \tag{2.42}$$

여기서 $\tau_n = 1/r_n p_0$를 소수반송자인 전자의 재결합수명(Recombination lifetime)이라고 한다. n형 반도체인 경우 소수반송자는 정공이므로 정공의 재결합수명 역시 같은 방법으로 구하면 $\tau_p = 1/r_p n_0$가 된다. Si 단결정에서는 τ_n이 10~50μsec 정도이며, Ge 단결정에서는 1~10msec 정도 된다.

2.5.4 홀효과(Hall Effect)

헨드릭 안톤 로렌즈(Hendrik Anton Lorentz : 1853. 7. 18-1928. 2. 4)는 네덜란드의 수학 및 물리학자이다. 그는 상대성이론에 관한 많은 수학적 체계를 잡았으며 후일 아인슈타인이 특수 상대성이론을 완성하는데 길잡이 역할을 한 큰 공헌을 세웠다. 특히 그가 만든 로렌즈힘에 관한 원리는 반도체를 포함한 고체 내에서 움직이는 전하를 띤 입자인 전자와 정공들의 동작에 관한 기초를 제공하고 있다. 1902년 네덜란드 물리학자인 Pieter-Zeeman과 공동으로 노벨 물리학상을 받았다.

전하를 띤 입자(정공: $+e$, 전자: $-e$)는 전계 $\vec{\mathcal{E}}$와 자계 $\vec{B}$를 통하여 속도 $\vec{v}$로 이동할 때 식(2.43)과 같은 힘을 받게 되는데 이 힘을 로렌즈힘(Lorenz force)이라고 한다.

$$\vec{F} = \pm e(\vec{\mathcal{E}} + \vec{v} \times \vec{B}) \tag{2.43}$$

여기서 $\vec{v} \times \vec{B} = vB\sin\theta$로 정의되며 방향은 v를 B로 돌릴 때 오른손 나사 운동방향을 갖는다. [그림 2.11a], [그림 2.11b]와 같이 z방향의 자계 B_z가 있는 곳에서 x방향으로 일정한 전류밀도 J_x가 흐르게 하면 정공은 $+x$방향으로 v_x의 속도로, 음전하인 전자는 $-v_x$의 속도로 이동하면서 로렌즈힘을 받아 $-y$방향으로 휘어지게 될 것이다. 이 힘에 의하여 끌림을 받은 정공과 전자들로 인하여 y방향의 반도체 양 단면에는 전압 V_H가 나타나게 되는데 이 전압을 홀전압(Hall Voltage)이라고 하며 이런 현상을 홀효과라고 한다.

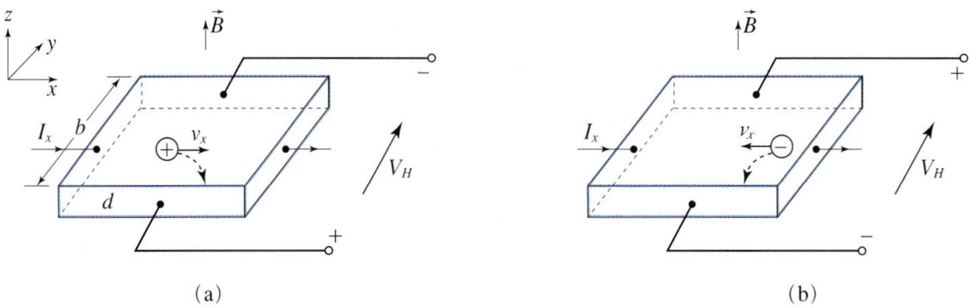

[그림 2.11] 홀효과
(a) p형 반도체
(b) n형 반도체

홀전압을 반도체폭 b로 나누면 홀전계 $\mathcal{E}_y = V_H / b$가 된다. 따라서 식(2.43)은 정공과 전자에 관하여 각각 다음과 같이 된다.

$$F_y = \pm e(\pm \mathcal{E}_y \mp v_x B_z) \tag{2.44}$$

전류가 계속 x방향으로 흐르기 위해서는 자계에 의해 받는 힘과 홀전압으로 인하여 y방향으로 발생되는 전계에 의한 힘이 같은 값으로 균형을 이루어야만 하므로, 실질적인 로렌즈힘 $F_y = 0$이 되어야만 한다. 따라서 식(2.44)로부터 정공이나 전자에 무관하게

$$\mathcal{E}_y = \frac{V_H}{b} = v_x B_z = \frac{J_x}{en} B_z \tag{2.45}$$

가 성립한다. 위의 식으로부터

$$V_H = \frac{1}{en} b J_x B_z = R_H \frac{I_x}{d} B_z \tag{2.46}$$

이 되며, R_H (=1/*en* 혹은 1/*ep*)를 홀상수라고 한다. 홀상수는 반도체의 도핑 농도에 반비례함을 알 수 있다. 이와 같은 홀효과를 이용한 홀전압 측정은 아래와 같은 반도체물성 연구에 중요한 역할을 담당한다.

- 전자나 정공의 다수 반송자 농도를 알 수 있다.
- 홀상수의 부호 혹은 홀전압의 부호에 의하여 n 혹은 p형인지를 판단할 수 있다.
- 인가한 전압과 흐르는 전류 값들로부터 구한 σ(x방향 인가한 전압 V, 전류 I, 길이 L, 단면적 A이면 $I = JA = en\mu\mathcal{E}A = \sigma \frac{V}{L} A$)와 홀측정을 통한 R_H의 곱으로 전자나 정공의 다수 반송자 이동도 $\mu_{n,\,p}$($\sigma = en\mu$, $R_H\sigma = \mu$)를 구할 수 있다.

연습문제

1. 유효질량이란 무엇인가?

2. 결정체내의 전자가 받는 가속도와 외부전계 및 유효질량과의 관계식이 $\alpha = -e\varepsilon / m^*$임을 증명하시오.

3. 위상속도 v_p와 군속도 v_g의 차이점을 기술하시오.

4. v_p와 v_g를 파의 기본식 $\psi(x, t) = A\sin(kx - wt)$로부터 유도하시오.

5. 유효질량 m^*과 에너지 E 사이에는 다음과 같은 관계가 성립함을 유도하시오.

   $$m^* = \frac{\hbar_h}{\frac{d^2E}{dk^2}}$$

6. 전자의 확산계수는 $D_n = \frac{(\Delta l)^2}{2\Delta t}$임을 증명하시오.

7. 아인슈타인 관계식 $\frac{D_n}{\mu_n} = \frac{kT}{e}$를 유도하시오.

8. 재결합의 종류 2가지를 말하고 각각을 설명하시오

9. 그림 2.11과 같은 홀효과 측정 시험편이 있다. $V_H = -2.5\text{mV}$이고 좌측에서 우측으로 전압 170mV가 인가될 때 흐르는 전류는 4mA이다. $B = 5\text{kG} = 5 \times 10^{-5}\,\text{Wb/cm}^2$이며 폭 $b = 0.25\text{mm}$, 두께 $d = 50\mu\text{m}$이고 길이는 2.5mm이다. 다음 물음에 답하시오.

   1) n, p중 어떤 형의 반도체 인가?
   2) 이 반도체 반송자의 농도는 얼마인가?
   3) 홀상수 R_H를 구하시오.
   4) 반송자의 이동도 μ를 구하시오.

CHAPTER

03 *pn*접합과 반도체-금속접촉

3.1 열평형상태에서의 *pn*접합

3.2 바이어스 된 다이오드특성

3.3 금속-반도체 접합

CHAPTER 03 *pn*접합과 반도체-금속접촉

러셀 세메이커 올(Russell Shoemaker Ohl: 1898. 1 - 1987. 3)은 미국인으로 1930년대에 AT&T의 Bell Telephone Labs에서 전기화학자로 일했다. 그는 1939년 최초로 pn접합을 발명한 뛰어난 반도체 연구가였다. 그 당시에는 결정체 속에서 불순물들의 작용에 관한 것을 알지 못했고 그의 연구 결과들은 극소수의 사람들만 이해했으며 그 중 한 사람이 후일 게르마늄 트랜지스터(1947년)를 발명하여 노벨 물리학상을 받은 월터 브래튼(Walter Brattain)이다. 1954년 그는 오늘날 태양광소자(Solar cell)라고 불리는 광전력효과(photovoltaic effect)를 발견했으며 윌리엄 쇼클리(William Shockley)가 1948년 발명한 바이폴라 접합트랜지스터 개념 역시 그로부터 얻어진 것이다.

p형 반도체와 n형 반도체를 서로 접합시킨 것을 pn접합(pn junction)이라 한다. 이 접합을 통하여 다이오드(Diode)가 만들어지고 다이오드가 연결되어 바이폴라 트랜지스터가 형성된다. 이렇게 만들어진 다이오드나 트랜지스터에 전원이나 신호 선들을 연결하기위해 반드시 반도체와 금속들과의 접촉(Contacts)이 필요하다. [그림 3.1]은 $x=0$을 중심으로 계단형 농도분포를 갖는 p와 n형 반도체로써 만들어진 접합이다.

3.1 열평형상태에서의 pn접합

열평형상태라 함은 온도가 균일하고 빛이나 바이어스(Bias) 전압 등과 같은 전자나 정공농도를 변화시키는 외부요인들이 없을 때를 말한다. 이때는 전자의 운동으로 인한 전자전류 및 정공의 운동으로 인한 정공전류가 반도체 내의 각 점에서 0이 된다. 금속학적 접합(Metallurgical junction)에서 충분히 멀리 떨어져 있는 p및 n영역의 정공과 전자농도들은 온도가 매우 높지 않아 가전자대의 전자가 전도대로 이동함으로써 만들어지는 정공이나 전자농도인 n_i가 크지 않다면 각각 도핑 농도인 N_a나 N_d와 같다고 볼 수 있다.

3.1.1 공간전하영역(Space charge region)

[그림 3.1a]와 같이 pn접합이 이루어지면 금속학적 접합면 부근에서는 p 및 n영역으로부터 다수반송자인 정공과 전자들이 각각 반대편 쪽으로 확산·이동을 하게 된다. 이러한 이동은 페르미에너지준위가 같은 위치에 올 때까지 지속되어진다. p영역에서 정공들이 n영역으로 빠져나가면 그 자리에는 움직이지 못하는 이온화된 음전하가 공간전하로 남아있게 된다. 이와는 반대로 n영역의 전자들은 p영역으로 이동하고 그 자리에 양의 전하가 공간전하로서 남아있게 된다. 공간전하영역 내에서는 움직일 수 있는 자유전자나 정공농도가 0이라고 하여도 무방할 정도로 적기 때문에 이 영역을 공핍층(Depletion layer)이라고도 한다. 양측의 전체 공간전하들은 부호가 다르고 양은 같아서 전체적으로 전기적 중성법칙을 충족시킨다.

$$N_a x_{p0} = N_d x_{n0} \tag{3.1}$$

여기서, N_a와 N_d는 각각 억셉터와 도너의 도핑 농도이며, x_{p0}와 x_{n0}는 각각 p 및 n영역의 공핍층 폭이다. 도핑 농도가 큰 쪽은 공핍층의 폭이 작아지고 도핑 농도가 작은 쪽은 공핍층의 폭이 커진다. 공간전하영역의 n측에는 양의 전하가, 반대로 p측에는 음의 전하가 있으므로 인하여 n에서 p쪽으로 전계가 만들어져 농도차이에 의한 확산과는 반대방향으로 전자나 정공들이 끌림을 받게 되어 확산과는 반대방향으로 전류성분을 일으켜서 전체적인 전류가 0이 되어지는 것이다.

(a)

(b)

(c)

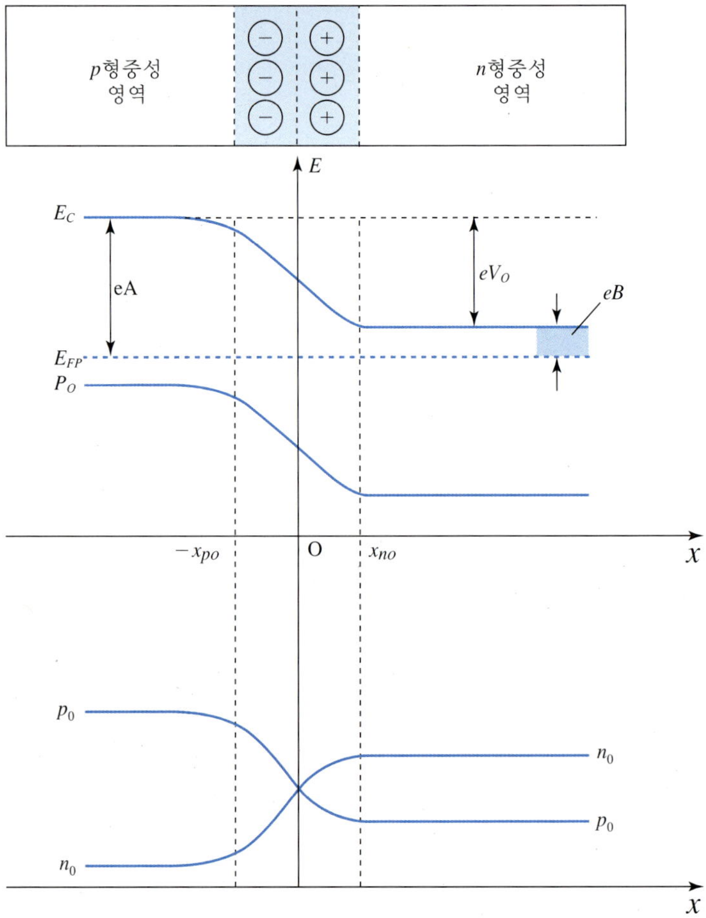

[그림 3.1] 상온에서의 *pn*접합

(a) *pn*접합의 중성, 공간전하영역

(b) 열평형상태에서의 에너지밴드 다이어그램

(c) 열평형상태에서의 정공, 전자농도

3.1.2 내부전위(Built-in voltage)

[그림 3.1b]에서 알 수 있는 바와 같이 *pn*접합면을 중심으로 정공과 전자들의 확산이동을 통하여 페르미준위의 이동이 나타나서 열평형상태에 도달하면 eV_0의 에너지 차이가 *p*형의 전도대와 *n*형의 전도대 사이에 만들어 진다. 이 에너지차이에 의한 전위차 V_0를 내부전위(Built-in voltage) 혹은 확산전위(Diffusion voltage)라 한다. 전자농도에 관한 식(1.14)를 적용하면

$$\begin{aligned} &p\text{ 영역} \qquad n=\frac{n_i^2}{N_a}=N_c e^{-\frac{eA}{kT}} \rightarrow A=\frac{kT}{e}\ln\frac{N_c N_a}{n_i^2} \\ &n\text{ 영역} \qquad n=N_d=N_c e^{-\frac{eB}{kT}} \rightarrow B=\frac{kT}{e}\ln\frac{N_c}{N_d} \end{aligned} \tag{3.2}$$

식이 성립한다. 위의 식에서 내부전위 V_0를 구하면 아래와 같이 된다.

$$V_0=A-B=\frac{kT}{e}\left(\ln\frac{N_c N_a}{n_i^2}-\ln\frac{N_c}{N_d}\right)=\frac{kT}{e}\ln\frac{N_a N_d}{n_i^2} \tag{3.3}$$

내부전위 V_0는 식(3.3)과 같이 도핑농도 N_a 및 N_d에 의하여 결정된다. 도핑 농도가 증가하면 내부전위는 더욱 커짐을 알 수 있다.

3.1.3 공핍층의 전계 및 전위(The electric field and potential of depletion layer)

공간전하영역에서의 전계분포 및 전위분포 등을 알기위해서는 공핍층에 관한 포아송방정식(Poisson' s equation)을 풀어야 한다. [그림 3.1]에서 1차원의 x방향만 고려하고서 공핍층 내에 포아송방정식을 적용시키면

$$\frac{d\mathcal{E}}{dx}=\frac{\rho}{\varepsilon}=\frac{e}{\varepsilon}(p-n+N_d^+-N_a^-) \tag{3.4}$$

가 된다. 공핍층 내에서는 움직이는 전자와 정공이 거의 0에 가까우므로 p와 n을 무시할 수 있다. 도너와 억셉터는 완전히 이온화 되어 $N_d^+=N_d$와 $N_a^-=N_a$이 되므로 식(3.4)는 다음과 같이 매우 간단한 식으로 정리된다.

$$\frac{d\mathcal{E}}{dx}=\frac{e}{\varepsilon}N_d \qquad 0\le x\le x_{n0} \tag{3.5a}$$

$$\frac{d\mathcal{E}}{dx}=-\frac{e}{\varepsilon}N_a \qquad -x_{p0}\le x\le 0 \tag{3.5b}$$

식(3.5)를 적분하면 적분상수 C가 포함된 아래와 같은 식들이 각 구간에 성립되며, $-x_{p0}$와 x_{n0}에서의 전계는 0이 되므로 이를 통하여 적분상수 C를 알아 전 구간

에서의 전계를 구할 수 있다.

즉 구간 $0 \leq x \leq x_{n0}$에서는

$$\mathcal{E}(x) = \int \frac{eN_d}{\varepsilon} dx + C = \frac{eN_d}{\varepsilon} x + C \text{ 이며, } \mathcal{E}(x_{no}) = \frac{eN_d}{\varepsilon} x_{no} + C = 0$$

가 되므로, 여기서 구한 $C = -\frac{eN_d}{\varepsilon} x_{no}$를 위의 식에 대입하면 전계가 얻어진다.

$$\mathcal{E}(x) = \frac{eN_d}{\varepsilon}(x - x_{no}) \tag{3.6a}$$

또한 구간 $-x_{p0} \leq x \leq 0$에서는

$$\mathcal{E}(x) = -\int \frac{eN_a}{\varepsilon} dx + C = \frac{-eN_a}{\varepsilon} x + C \text{ 이며, } \mathcal{E}(-x_{po}) = \frac{eN_a}{\varepsilon} x_{po} + C = 0$$

가 되어 $C = -\frac{eN_a}{\varepsilon} x_{po}$를 위의 식에 대입하면 p영역 공핍층에서의 전계가 얻어진다.

$$\mathcal{E}(x) = -\frac{eN_a}{\varepsilon}(x + x_{po}) \tag{3.6b}$$

$x = 0$ 점에서의 전계 $\mathcal{E}_0$는 두 영역 모두에서 성립되는 공통점이므로

$$\mathcal{E}_0 = -\frac{e}{\varepsilon} N_d x_{n0} = -\frac{e}{\varepsilon} N_a x_{p0} \tag{3.7}$$

이 됨을 알 수 있다. 전계가 -인 것은 전계가 우측에서 좌측으로 향하는 것을 의미한다. 이 식으로부터도

$$N_a x_{p0} = N_d x_{n0} \tag{3.8}$$

이 성립된다. 식(3.1)에서 이미 전하중성법칙에 의하여 이 관계가 성립함을 언급했다. 식(3.7)에 의하여 공간전하영역에서 위치 x에 따른 전계 $\mathcal{E}(x)$를 [그림 3.2a]에 도시하였다.

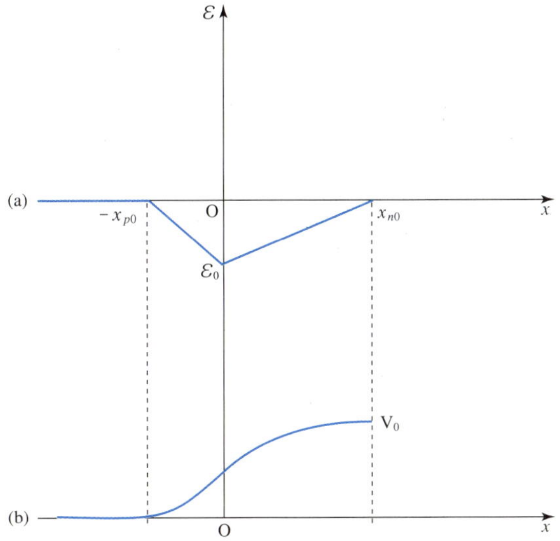

[그림 3.2] pn접합에서의 전계 및 전위
(a) 전계분포
(b) 전위분포

$\mathcal{E} = -dV/dx$이므로 식(3.6a), (3.6b)의 전계를 적분하면 전위 V를 구할 수 있다.

$$V(x) = V_0 - \frac{eN_d}{2\mathcal{E}}(x - x_{n0})^2 \qquad 0 \le x \le x_{n0} \tag{3.9}$$

$$V(x) = \frac{eN_a}{2\mathcal{E}}(x + x_{p0})^2 \qquad -x_{p0} \le x \le 0 \tag{3.10}$$

[그림 3.2b]는 공핍층 내에서 전위분포인 식(3.9) 및 식(3.10)을 나타내고 있다. pn 접합에서는 열평형상태에서 항상 이와 같은 확산전위가 형성된다.

예제 3-1

[그림 3.2]에서 위치 x에 따른 전위 V에 관한 식(3.9–3.10)을 유도하시오.

풀이

식(3.6)을 적용하면 $0 \le x \le x_{n0}$에서

$$\mathcal{E} = -dV/dx \rightarrow V = -\int \mathcal{E}\,dx + C_1 = -\int \frac{eN_d}{\epsilon}(x - x_{n0})\,dx + C_1$$
$$= -\frac{eN_d}{2\varepsilon}x^2 + \frac{eN_d}{\varepsilon}x_{n0}x + C_1$$
$$V(x_{n0}) = V_0 = -\frac{eN_d}{2\varepsilon}x_{n0}^2 + \frac{eN_d}{\varepsilon}x_{n0}^2 + C_1 \longrightarrow C_1 = -\frac{eN_d}{2\varepsilon}x_{n0}^2 + V_0$$
$$V(x) = -\frac{eN_d}{2\varepsilon}x^2 + \frac{eN_d}{\varepsilon}x_{n0}x - \frac{eN_d}{2\varepsilon}x_{n0}^2 + V_0$$
$$= V_0 - \frac{eN_d}{2\varepsilon}(x - x_{n0})^2$$

마찬가지로 $-x_{p0} \leq x \leq 0$영역에서도 전계를 거리 x에 따라 적분하면

$$V = -\int \mathcal{E}\,dx + C_1 = \int \frac{eN_a}{\varepsilon}(x + x_{p0})\,dx + C_2$$

$$V(x) = \frac{eN_a}{2\varepsilon}x^2 + \frac{eN_a}{\varepsilon}x_{p0}x + C_2 \longrightarrow V(-x_{p0}) = 0 = \frac{eN_a}{2\varepsilon}x_{p0}^2 - \frac{eN_a}{\varepsilon}x_{p0}^2 + C_2$$
$$\longrightarrow C_2 = -\frac{eN_a}{2\varepsilon}x_{p0}^2 + \frac{eN_a}{\varepsilon}x_{p0}^2 \text{ 따라서}$$
$$V(x) = \frac{eN_a}{2\varepsilon}x^2 + \frac{eN_a}{\varepsilon}x_{p0}x - \frac{eN_a}{2\varepsilon}x_{p0}^2 + \frac{eN_a}{\varepsilon}x_{p0}^2$$
$$= \frac{eN_a}{2\varepsilon}x^2 + \frac{eN_a}{\varepsilon}x_{p0}x + \frac{eN_a}{2\varepsilon}x_{p0}^2$$
$$= \frac{eN_a}{2\varepsilon}(x + x_{p0})^2$$

3.1.4 공핍층폭(Depletion-layer width)

[그림 3.2a]와 $V = -\int \mathcal{E}\,dx$의 관계로부터 전계를 x축에 따라 공핍영역 전체에 적분하여 내부전위 V_0를 구할 수 있다. 즉 [그림 3.2a]에 표시된 삼각형 면적이 바로 내부전위가 되는 것이다.

$$V_0 = -\int_{-x_{p0}}^{x_{n0}} \mathcal{E}\,dx = -\frac{1}{2}\mathcal{E}_0 W_D = \frac{e}{2\varepsilon}N_d x_{n0} W_D \tag{3.11}$$

식(3.8)과 $W_D = x_{p0} + x_{n0}$의 관계에서 구한 x_{n0}를 식(3.11)에 대입하여 W_D를 구하면

$$W_D=\left[\frac{2\varepsilon V_0}{e}\left(\frac{N_a+N_d}{N_aN_d}\right)\right]^{1/2}=\left[\frac{2\varepsilon V_0}{e}\left(\frac{1}{N_a}+\frac{1}{N_d}\right)\right]^{1/2} \tag{3.12}$$

의 전체 공핍층폭이 얻어진다. 만약 p영역을 매우 높게 도핑 시키면 $N_a \gg N_d$가 되어 $W_D \approx \sqrt{2\varepsilon V_0/eN_d}$가 되고 반대로 n영역이 매우 높게 도핑 되면 $N_a \ll N_d$가 되어 $W_D \approx \sqrt{2\varepsilon V_0/eN_a}$가 된다.

또한 식(3.8)의 $N_a x_{p0}=N_d x_{n0}$와 $W_D=x_{p0}+x_{n0}$를 통하여 n영역과 p영역으로 확장되어 들어가는 각 영역의 공핍층폭 x_{n0}와 x_{p0}를 구할 수 있다.

$$x_{n0}=\frac{W_D N_a}{N_a+N_d}=\sqrt{\frac{2\varepsilon V_0}{e}}\left[\frac{1}{N_d(1+N_d/N_a)}\right]^{1/2} \tag{3.13a}$$

$$x_{p0}=\frac{W_D N_d}{N_a+N_d}=\sqrt{\frac{2\varepsilon V_0}{e}}\left[\frac{1}{N_a(1+N_a/N_d)}\right]^{1/2} \tag{3.13b}$$

식(3.13a)에서 $N_a \gg N_d$이면 $x_{n0} \approx W_D$, 식(3.13b)에서 $N_a \ll N_d$이면 $x_{p0} \approx W_D$가 됨을 알 수 있다. 즉 p형으로 매우 높게 도핑된 경우엔 공핍층이 대부분 n형 쪽에, 반대로 n형이 매우 높게 도핑 된 경우엔 대부분의 공핍층이 p형 쪽에 만들어지게 되는 것이다. 이와 같이 공핍층의 전체폭과 각 영역으로 침투되는 폭들은 도핑농도에 민감한 함수관계를 갖고 있는 것이다.

예제 3-2

$N_d=10^{16}\,\text{cm}^{-3}$으로 도핑된 n형 Si반도체 위에 $N_a=4\times10^{18}\,\text{cm}^{-3}$으로 억셉터를 도핑시켜 pn접합다이오드를 만들었다($\varepsilon=11.8\times8.85\times10^{-14}\,\text{F/cm}$). 다음 물음에 답하시오.

a) 내부전위 V_0를 계산하시오.

b) 전체의 공핍층폭은 얼마인가?

c) x_{n0}및 x_{p0}를 구하시오.

풀이

a) 식(3.3)에서 $V_0=\frac{kT}{q}\ln\frac{N_aN_d}{n_i^2}$이므로

$$V_0 = 0.0259 \ln \frac{4\times10^{34}}{2.25\times10^{20}} = 0.85\text{V}$$

b) 식(3.12)로부터 $W_D = \left[\frac{2\varepsilon V_0}{e}\left(\frac{1}{N_a}+\frac{1}{N_d}\right)\right]^{1/2}$ 가 됨을 알 수 있다.

$$W_D = \left[\frac{2\times(11.8\times8.85\times10^{-14})\times0.85}{1.6\times10^{-19}}\left(\frac{1}{10^{16}}+\frac{1}{4\times10^{18}}\right)\right]^{1/2} = 0.334\mu\text{m}$$

c) 식(3.13)으로부터 $x_{n0} = \frac{W_D N_a}{N_a + N_d} = \frac{3.34\times10^{-5}\times4\times10^{18}}{4\times10^{18}+10^{16}} = 0.334\mu\text{m}$

$$x_{p0} = \frac{W_D N_d}{N_a + N_d} = \frac{3.34\times10^{-5}\times10^{16}}{4\times10^{18}+10^{16}} = 0.83\text{nm} = 8.3\text{Å}$$

3.2 바이어스된 다이오드특성

앞 절에서는 열평형상태에서 pn접합된 다이오드에 관하여 알아보았지만 본 절에서는 다이오드 양단에 바이어스 전압이 인가되었을 때 흐르는 전류와 전압, 공핍층의 변화, 제너다이오드, 소신호 모델 등 다이오드의 동작 특성들에 관한 것을 알아보려고 한다.

3.2.1 정상상태 다이오드(Diode in steady state conditions)

열평형상태와는 달리 pn접합다이오드 양단에 일정한 전압을 인가하고 시간에 따라 더 이상 반송자 농도 변화가 일어나지 않는 정상상태에서 pn접합부근의 전위, 전계와 공핍층 폭 등을 해석하고자 한다. 열평형상태 때에 1차원인 x축 한 방향만을 다루었으며, p와 n접합도 계단형 접합이라고 가정하고 모든 문제를 생각했었다. 이러한 것은 3차원 형상이면서 위치에 따라 다른 도핑 농도를 갖고 있는 실제 다이오드와 차이가 있으나 해석하기 쉽고 다이오드의 전기적 특성을 이해하기에 편리하여 여기서도 그대로 취급하기로 한다. 다이오드에 인가한 바이어스전압에 따라 나타나는 특성을 살펴보겠다.

1) 순방향 바이어스전압 인가

[그림 3.3a]와 같이 n형의 반도체 단자에 비하여 p형의 반도체 단자에 더 높은 전압이 연결되어 있을 때를 순방향 바이어스(Forward bias)전압이 인가되었다라고 한다. 에너지벤드 다이어그램은 전자의 에너지에 관한 것이므로, 전위가 높으면 에너지가 더 낮아져서 [그림 3.3b]와 같이 p영역의 페르미에너지준위는 n영역의 페르미준위에 비하여 eV만큼 아래로 이동하게 된다. n영역에 있는 전자들은 더 쉽게 p영역으로 이동할 수 있으며, 마찬가지로 p영역의 정공들 역시 쉽게 n영역으로 이동할 수 있게 된다.

소수반송자 농도

열평형상태에서는 전자나 정공이 이동하는데 필요한 에너지장벽이 높아서 이들의 이동이 극히 적을 뿐만 아니라, 일단 이동되었던 반송자들이 공핍층 내에 생성된 전계에 의하여 끌림을 받게 되어 다시 원상태로 복귀됨으로 말미암아 전체적인 전류가 0이 됨을 이미 3.1절에서 설명한 바 있다. 그러나 순방향으로 바이어스전압이 인가되면 공핍층 사이에는 eV만큼 에너지장벽의 감소로 더 많은 전자와 정공이 반대편으로 확산 이동된다. 이와는 반대로 낮아진 에너지장벽 eV_0-eV 때문에 공핍층 양단의 전위차는 V_0-V로 오히려 줄어들어 전계 감소를 일으킨다. 이것은 확산에 의하여 이동해 갔던 전자와 정공들이 다시 돌아오는 힘을 약하게 받게 하여, 결과적으로 열평형상태 때에 비하여 더 많은 전자가 n에서 p로, 또한 더 많은 정공이 p에서 n으로 실질적인 이동을 하게함으로써 전류가 0이 아니고 p영역에서 n영역으로 흐르게 되는 것이다. 즉 순방향으로 전류가 흐르게 되는 것이다.

외부전압이 가해지지 않았을 때의 내부전위는 식(3.3)에 $n_i^2 = n_{no}\,p_{no} = n_{p0}\,p_{p0}$ 및 $N_a = p_{p0}$, $N_d = n_{n0}$를 대입하면 다음과 같이 표시된다.

$$V_0 = \frac{kT}{e}\ln\frac{N_a N_d}{n_i^2} = \frac{kT}{e}\ln\frac{n_{n0}}{n_{p0}} = \frac{kT}{e}\ln\frac{p_{p0}}{p_{n0}} \tag{3.14}$$

외부전압 V가 인가되면 공핍층의 내부전위는 V_0에서 V_0-V로 된다. 이때 [그림 3.3c]에서와 같이 중성영역과 공핍층의 경계면에서는 전자와 정공의 농도가 각각 $n_{n0} \to n_{nb}$, $p_{p0} \to p_{pb}$ 및 $n_{p0} \to n_{pb}$, $p_{n0} \to p_{nb}$ 로 변화되므로 인하여 식(3.14)로부터

$$V_0 - V = \frac{kT}{e}\ln\frac{p_{pb}}{p_{nb}} \quad \rightarrow \quad p_{nb} = p_{pb}\, e^{-\frac{e(V_o - V)}{kT}} \tag{3.15a}$$

$$V_0 - V = \frac{kT}{e}\ln\frac{n_{nb}}{n_{pb}} \quad \rightarrow \quad n_{pb} = n_{nb}\, e^{-\frac{e(V_o - V)}{kT}} \tag{3.15b}$$

이 성립된다. 두 경계면에서는 전기적 중성조건이 항상 성립하기 때문에 정공과 전자의 증가분은 같게 된다. 따라서 p영역에서는 $p_{pb} - p_{po} = n_{pb} - n_{po} = \Delta n_p$, n영역에서는 $n_{nb} - n_{no} = p_{nb} - p_{no} = \Delta p_n$의 소수반송자 증가가 나타난다. 그런데 각 영역의 다수반송자는 소수반송자보다 매우 큰 값이므로 $p_{po} \gg n_{pb} - n_{po} = \Delta n_p$, $n_{no} \gg p_{nb} - p_{no} = \Delta p_n$이 되어 공핍층과 중성영역 경계들에서의 다수반송자수는 열평형상태에서 각 영역의 도핑농도와 같은 $p_{pb} \approx p_{po}$, $n_{nb} \approx n_{no}$가 된다. 이 관계와 식(3.14) 및 식(3.15a), (3.15b)로부터

$$p_{nb} = p_{po}\, e^{-\frac{e(V_o - V)}{kT}} = p_{po}\, e^{-\frac{eV_o}{kT}} e^{\frac{eV}{kT}} = p_{no}\, e^{\frac{eV}{kT}} \tag{3.16a}$$

$$n_{pb} = n_{no}\, e^{-\frac{e(V_o - V)}{kT}} = n_{no}\, e^{-\frac{eV_o}{kT}} e^{\frac{eV}{kT}} = n_{po}\, e^{\frac{eV}{kT}} \tag{3.16b}$$

이 얻어진다. 공핍층의 양 끝이 n형 및 p형 반도체의 중성영역과 만나는 경계면 소수반송자농도 p_{nb}와 n_{pb}는 식(3.16)에서 알 수 있는 바와 같이 순방향 바이어스 전압 V에 따라 기하급수적으로 증가하며, [그림 3.3c]에 도시되어 있다.

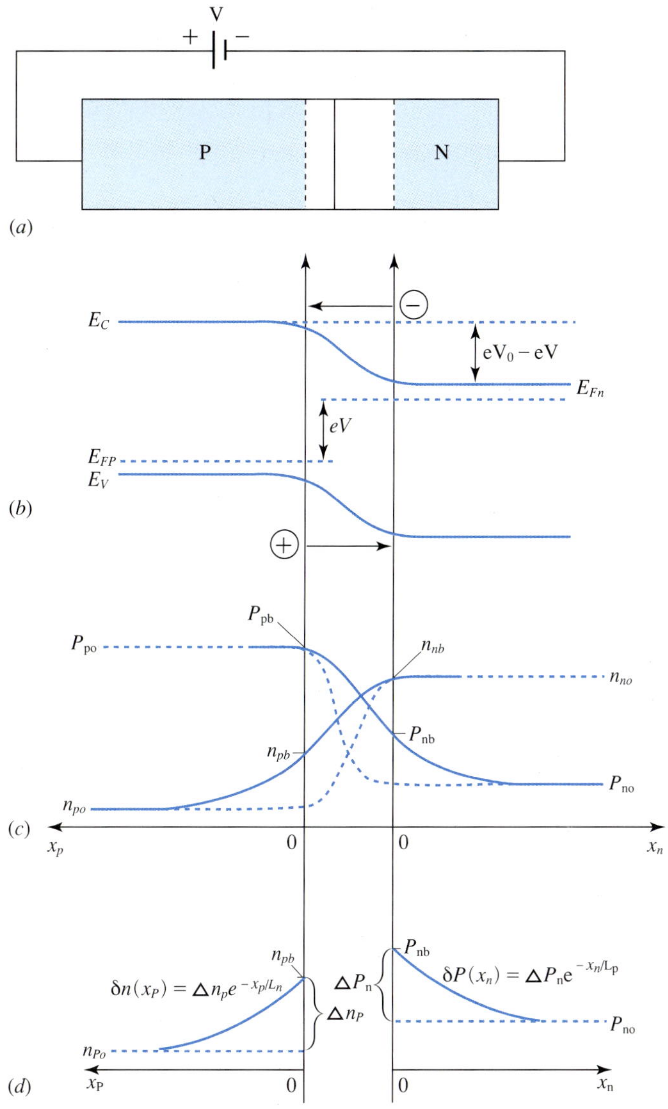

[그림 3.3] 순방향 바이어스 된 pn접합다이오드

(a) 순방향 전압인가
(b) 에너지밴드 다이어그램
(c) 다수 및 소수 반송자 분포
(d) 확산에 의한 과잉소수 반송자 분포

과잉소수반송자 분포와 확산전류

[그림 3.3d]는 순방향 바이어스 전압이 인가되었을 때 공핍층과 중성영역의 경계

면에서 증가된 소수반송자(Minority carrier)가 2.3절에서 설명한 확산과정에 의하여 n과 p의 중성영역으로 이동하여갈 때 재결합으로 인하여 농도가 줄어들면서 나타내어지는 분포를 보여주고 있다. 이와 같은 현상은 반송자의 연속방정식(Continuity equation)과 정상상태방정식(Steady state equation)을 통하여 알 수 있다. [그림 3.4]에서와 같이 위치 x에서 단면 A를 통하여 유입하는 정공의 전류밀도 $J_p(x)$와 $x+\Delta x$에서 유출되는 정공의 전류밀도 $J_p(x+\Delta x)$와의 차이는 구간 Δx에서 정공의 재결합 때문에 생겨난다. 즉 구간 Δx에서 단위시간당 변화되는 정공농도는 유입되는 정공농도에서 유출되는 정공농도를 빼고 재결합하는 정공농도를 감하여 주면 되므로 아래와 같은 식이 성립된다.

$$\frac{\partial p}{\partial t}=\frac{\partial \delta p}{\partial t}=\lim_{\Delta x\to 0}\frac{1}{q}\frac{J_p(x)-J_p(x+\Delta x)}{\Delta x}-\frac{\delta p}{\tau_p}=-\frac{1}{e}\frac{\partial J_p}{\partial x}-\frac{\delta p}{\tau_p} \qquad (3.17)$$

여기서, δp는 [그림 3.3d]의 과잉 정공농도이며 전하 q는 정공일 때는 $+e$, 전자일 때는 $-e$이다. τ_p는 N 영역에서의 정공 재결합수명이다.

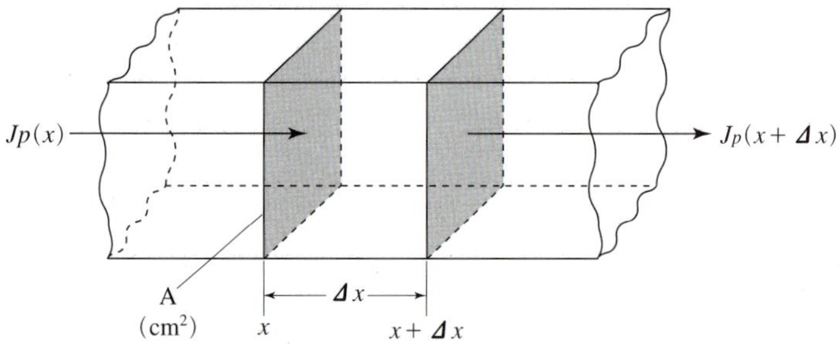

[그림 3.4] 체적 $A\cdot\Delta x$에 유입되고 유출되는 전류밀도

[그림 3.3d]에서 알 수 있는 바와 같이 $p=p_{no}+\delta p$이며, p_{no}는 거리와 시간에 관계없이 일정하기 때문에 $\partial p/\partial t=\partial \delta p/\partial t$로 쓸 수 있다. 전자에 관하여도 같은 방법으로 식을 정리하면

$$\frac{\partial \delta n}{\partial t}=\frac{1}{e}\frac{\partial J_n}{\partial x}-\frac{\delta n}{\tau_n} \qquad (3.18)$$

이 된다. 식(3.17), (3.18)을 정공과 전자에 관한 연속방정식이라 한다.

정공과 전자의 확산전류는 식(2.33)에 의하여 각각 다음과 같이 나타낼 수 있다.

$$J_p(x) = q\phi_p(x) = (+e)\left(-D_p\frac{dp(x)}{dx}\right) = -eD_p\frac{dp(x)}{dx} \tag{3.19a}$$

$$J_n(x) = q\phi_n(x) = (-e)\left(-D_n\frac{dn(x)}{dx}\right) = eD_n\frac{dn(x)}{dx} \tag{3.19b}$$

식(3.19b)를 식(3.18)에, 식(3.19a)를 식(3.17)에 대입하여 정리하면

$$\frac{\partial \delta n}{\partial t} = D_n\frac{\partial^2 \delta n}{\partial x^2} - \frac{\delta n}{\tau_n} \tag{3.20a}$$

$$\frac{\partial \delta p}{\partial t} = D_p\frac{\partial^2 \delta p}{\partial x^2} - \frac{\delta p}{\tau_p} \tag{3.20b}$$

가 된다. 시간에 따라 변화되지 않는 정상상태(Steady state)에서는 $\partial\delta n/\partial t = \partial\delta p/\partial t = 0$가 되므로, 위의 식(3.20)은 아래와 같이 x축에 대한 2차 미분방정식이 된다.

$$\frac{d^2\delta n}{dx^2} = \frac{\delta n}{D_n\tau_n} = \frac{\delta n}{L_n^2} \tag{3.21a}$$

$$\frac{d^2\delta p}{dx^2} = \frac{\delta p}{D_p\tau_p} = \frac{\delta p}{L_p^2} \tag{3.21b}$$

여기서 $L_{n,p} = \sqrt{D_{n,p}\tau_{n,p}}$이며 각각 전자 및 정공의 확산길이(Diffusion length)라고 한다. 확산길이 $L_{n,p}$는 주입된 소수반송자가 확산에 의하여 이동하여 가는 동안 재결합으로 인하여 점차 줄어들면서 최초 주입된 값의 $1/e$에 해당하는 크기로 감소될 때까지의 거리를 말한다. 이 거리는 재결합이 일어나기 전까지 소수반송자가 확산하는 평균거리에 해당한다. n영역에 주입된 정공들의 거리에 따른 확산분포는 식(3.21b)를 풀면 얻을 수 있다. x를 x_n으로 바꾸고 식(3.21b)의 일반해를 구하면

$$\delta p(x_n) = C_1 e^{\frac{x_n}{L_p}} + C_2 e^{-\frac{x_n}{L_p}} \tag{3.22}$$

가 된다. C_1과 C_2는 계수이며 경계조건에 의하여 구할 수 있다. $x_n = \infty$이면 $\delta p = 0$이 되어야 하기 때문에 $C_1 = 0$가 된다. 또한 $x_n = 0$이면 $\delta p = \Delta p_n$이므로 $C_2 = \Delta p_n$이 되어 식(3.22)는

$$\delta p(x_n) = \Delta p_n e^{-\frac{x_n}{L_p}} \tag{3.23}$$

이 된다. 이와 같이 거리 x_n에 따라서 기하급수적으로 감소하는 식(3.23)과 같은 과잉정공의 분포가 [그림 3.3d]에 그려져 있다. P 영역에서 확산하는 전자도 같은 방법으로 해를 구하면 거리에 따라 감소하는 결과를 얻을 수 있다. 정공의 확산 전류는 식(3.19a)의 전류밀도에 전류가 흐르는 단면적 A를 곱하면 된다. 식(3.19a)의 $dp/dx = d\delta p/dx_n$이므로 식(3.23)을 x_n으로 미분하고 $\Delta p_n = p_{nb} - p_{no}$와 식(3.16a)를 이용하면 $x_n = 0$ 위치에서 흐르는 정공의 확산전류는 식(3.19a)로부터 아래식과 같이 된다.

$$I_p(x_n = 0) = \frac{eAD_p}{L_p} \Delta p_n = \frac{eAD_p}{L_p} p_{no}\left(e^{\frac{eV}{kT}} - 1\right) \tag{3.24}$$

마찬가지 방법으로 전자에 의해 흐르는 확산전류를 구하면 식(3.25)와 같이 된다.

$$I_n(x_p = 0) = -\frac{eAD_n}{L_n} \Delta n_p = -\frac{eAD_n}{L_n} n_{po}\left(e^{\frac{eV}{kT}} - 1\right) \tag{3.25}$$

이상적인 다이오드 경우 공간전하영역에서의 반송자의 열생성과 재결합은 없는 것으로 가정할 수 있으므로, $x_p = 0$에서 유입된 정공은 공간전하영역을 거쳐 그대로 $x_n = 0$에 도달된 후 확산되는 것이다. 또한 전자역시 $x_n = 0$에서 유입된 것이 그대로 공간전하영역을 그쳐 $x_p = 0$에 도달된 후 계속해서 확산되어지는 것이다. 따라서 다이오드를 흐르는 전체 전류는

$$\begin{aligned} I &= I_p(x_n = 0) - I_n(x_p = 0) = eA\left(\frac{D_p}{L_p} p_{no} + \frac{D_n}{L_n} n_{po}\right)(e^{\frac{eV}{kT}} - 1) \\ &= I_0(e^{\frac{eV}{kT}} - 1) \end{aligned} \tag{3.26}$$

이 된다. 여기서

$$I_o = eA\left(\frac{D_p}{L_p}p_{no} + \frac{D_n}{L_n}n_{po}\right) \tag{3.27}$$

이며 이를 다이오드의 역 포화전류(Reverse saturation current)라고 부른다.

2) 역방향 바이어스전압 인가

pn접합다이오드에 [그림 3.5a]와 같이 $V = -V_r$의 역방향 바이어스 전압이 인가

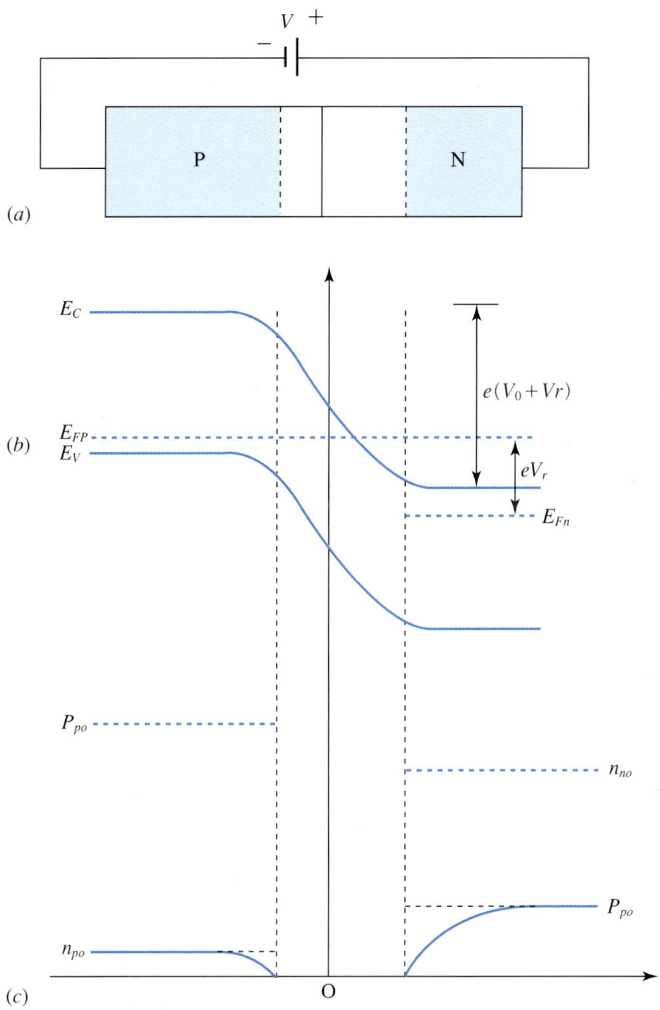

[그림 3.5] 역방향 바이어스 된 pn접합 다이오드

(a) 역방향 바이어스 전압
(b) 에너지밴드 다이어그램
(c) 소수반송자 분포

되면 [그림 3.5b]와 같이 n영역의 다수반송자인 전자가 p영역으로 이동하기 매우 어려운 큰 에너지 장벽을 갖게 되며 p영역의 다수반송자인 정공역시 n영역으로 이동하기 어려운 큰 에너지 장벽에 부딪히게 된다.

소수 및 다수반송자 농도

공핍층 부근에 존재하던 소수반송자 들은 전계에 의한 이끌림을 받아 반대방향으로 이동하게 된다. 이로 인하여 충분히 큰 역방향 바이어스 일 때, 즉 $|V|=|-V_r|\gg V_o$에서는 공핍층경계의 소수반송자 농도가 [그림 3.5c]와 같이 0이 된다. 다수반송자인 p_{po}와 n_{no}는 공핍층경계에서 전하중성법칙을 성립시키기 위하여 각각 n_{po} 및 p_{no}만큼 줄어들지만 소수반송자에 비하여 매우 큰 값이므로 [그림 3.5c]에서 거의 변하지 않고 그대로 나타내어져 있다.

역방향바이스 때의 전류

공핍층경계 n 쪽에서 p 쪽을 향하여 전계가 형성되므로 p와 n중성영역의 공핍층경계 부근에서 열생성으로 만들어진 소수반송자인 전자와 정공은 공핍층을 거쳐 전자는 n 쪽으로, 반대로 정공은 p 쪽으로 이동하여 순방향 바이어스 때와는 반대방향인 n영역에서 p영역으로 전류가 흐르게 된다. 이 전류는 열적생성으로 만들어진 매우적은 양의 소수반송자들이 이동함으로써 형성되기 때문에 일명 열생성전류(Thermally generated current)라고도 한다. 역방향 바이어스 전압 $V=-V_r$이 인가되면 다이오드 전류는 식(3.26)에 의하여

$$I=I_0(e^{-\frac{eV_r}{kT}}-1) \tag{3.28}$$

이 된다. 매우 큰 역방향의 바이어스 전압이 인가되면 $I\approx-I_0$가 된다. 즉 이때는 식(3.27)에서 알 수 있는 바와 같이 소수반송자 농도인 p_{no}와 n_{po}에 비례하는 매우 적은 량의 역포화 전류가 흐름을 알 수 있다.

3) pn접합다이오드 전류–전압특성

[그림 3.6]은 다이오드에 관한 전류–전압 특성곡선을 나타내고 있다. 순방향전압이 인가되면 식(3.26)과 같이 전압에 따라 기하급수적으로 전류가 증가하고, 반대로

역방향전압이 인가되면 식(3.28)과 같이 역포화전류 I_o가 흐르게 된다.

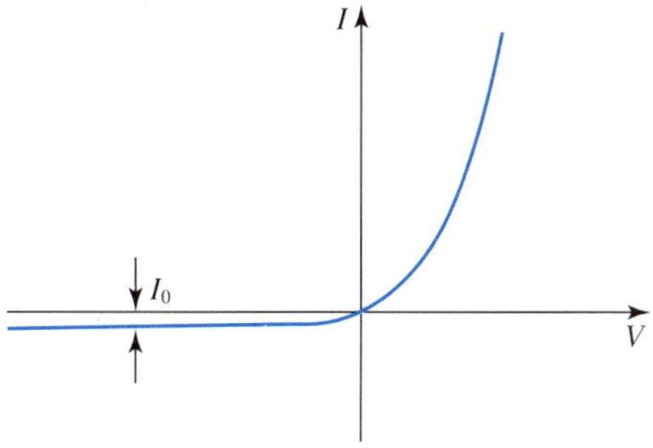

[그림 3.6] pn접합다이오드 전류-전압특성곡선

순방향바이어스 전압이 인가되었을 때 pn접합다이오드를 통하여 흐르는 전류는 식(3.26)에 주어져 있다. [그림 3.7]에는 순방향 바이어스 된 다이오드의 전류구성 성분이 다이오드의 위치에 따라 표시되어있다. p중성영역과 공핍층의 경계인 $-x_{po}$에 주입된 정공들에 의한 전류(①)는 공핍층에서 재결합 없이 그대로 모두 통과하여 n 중성영역의 시작점인 x_{no}에 도달한다(②). 여기서부터 n영역으로 확산이동하면서 정공들이 전자들과 재결합하고 확산전류 $I_p(x_n)$을 흐르게 한다. 정공의 확산으로 인한 전류는 ③에서 끝나게 된다. 확산과정의 정공전류는 거리에 따라 지수함수로 감소하는 정공에 의하여 지수함수적으로 감소하게 된다. 즉 식(3.23) 및 식(3.24)를 사용하여 [그림 3.3d]에서 같이 정공의 확산전류를 식(3.30)과 같이 표현할 수 있다.

$$I_p(x_n) = \frac{eAD_p}{L_p} \Delta p_n e^{-\frac{x_n}{L_p}} = \frac{eAD_p}{L_p} p_{no}(e^{\frac{eV}{kT}} - 1) e^{-\frac{x_n}{L_p}} \tag{3.30}$$

마찬가지로 ④인 n영역에서 주입된 전자에 의한 전자전류는 공간전하층을 재결합 없이 통과하여 $-x_{po}$에서 ④와 동일한 전류(⑤)가 되며, 여기서부터 p영역으로 계속 확산되어 들어가면서 정공들과 재결합하여 줄어들고 전자 확산전류로 흐르다가 소멸된다(⑥). 이때의 전자전류는 다음과 같다.

$$I_n(x_p) = \frac{eAD_n}{L_n} \Delta n_p e^{-\frac{x_p}{L_n}} = \frac{eAD_n}{L_n} n_{po}(e^{\frac{eV}{kT}} - 1) e^{-\frac{x_p}{L_n}} \tag{3.31}$$

다이오드 내의 어떤 위치에서도 전체전류 $I = I_p(x_n) + I_n(x_n)$는 일정하므로 소멸된 정공전류(③)위치에서는 $I_p(x_n) = 0$여서 전체가 전자전류(⑦: $I = I_n(x_n)$)만으로 이루어진다.

이 전류는 n영역에서 정공들과 재결합할 전자와 x_{no}에서 p영역으로 공급되어야 할 전자의 합으로써 만들어지는 전체 전자전류인 것이다. x_{no}에 가까워질수록 정공과 재결합해야 할 전자가 줄어들어 전자전류는 감소하게 된다. [그림 3.7]에서 사선을 친 부분은 [그림 3.3d]의 확산으로 축적된 정공 중에서 우측에서 유입되어오는 전자와 재결합해야 할 잔존하는 정공들을 표시한 것이다. x_{no}에 도달하면 이상 더 재결합해야할 정공이 없으므로 p영역으로 유입되는 전자전류성분만 남게 되는 것이다.

마찬가지로 ⑧은 $-x_{po}$에서 n영역으로 주입되야 할 정공전류 ①과 p중성영역에서 전자들과 재결합해야 할 정공들 모두를 공급하는 전체 정공전류인 것이다. $I_n(x_p) = 0$인 전자전류가 ⑥일 경우는 전류⑧과 같이 $I = I_p(x_p)$인 정공전류만으로 전체 다이오드 전류가 되는 것이다. 이와 같이 정공, 전자전류가 각각 최대가 되는

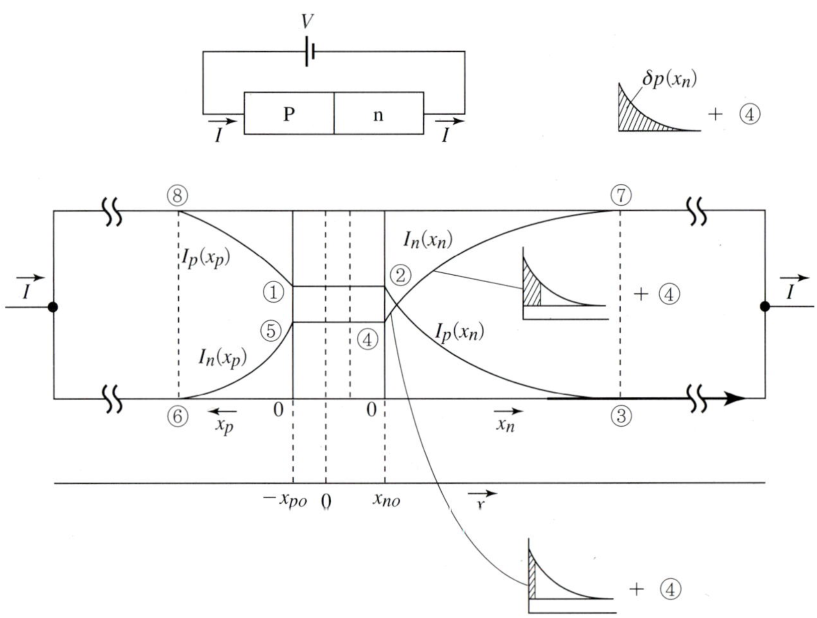

① $-x_{po}$에 주입된 정공들에 의한 전류
② n중성영역의 시작점인 x_{po}의 정공전류
③ 정공 확산이 끝난 소멸된 정공전류
④ n영역에서 주입된 전자전류
⑤ p 영역으로 계속 확산되는 정공전류
⑥ 전자확산이 끝난 소멸된 전자전류
⑦ 전체전자전류
⑧ 전체 정공전류

[그림 3.7] 순방향바이어스 된 다이오드의 전류구성성분

점에서는 전자, 정공전류가 각각 최소가 된다. ③과 ⑦우측에서는 전체가 전자전류로 되고, 이 전자전류는 전원의 음극에서 공급되어진다. 마찬가지로 ⑥과 ⑧좌측에서는 전체가 정공전류이며 이 정공들은 전원의 양극에서 공급되는 것이다.

3.2.2 과도상태 다이오드(Diodes in transient conditions)

다이오드 양단에 전압이 인가된 후 충분한 시간이 경과되지 않으면 다이오드내의 축적전하와 전류 등에서는 시간에 따른 변화가 나타나는 것과 같이, 스위칭 경우에 순방향(Forward)에서 역방향(Reverse)으로 전압이 인가되었을 때도 시간이 오래 경과되지 않아 정상상태에 도달되지 않으면 다이오드내의 축적전하와 전류 등에서 시간적인 변화가 일어나게 된다. 이런 다이오드상태를 과도상태라 한다. 여기서 고찰된 개념들은 다이오드 양단에 교류바이어스 전압이 인가될 때 나타나는 *pn*접합커패시턴스 계산에도 그대로 적용될 수 있다.

1) 축적전하(Stored charge)

다이오드 양단에 순방향 전압이 인가되었을 때 [그림 3.3d]와 같이 과잉소수반송자가 형성되는 데는 충분한 시간이 필요하게 된다. 이 시간 동안의 과도기에 나타나는 다이오드 전류와 전하의 변화는 다이오드가 스위칭 소자로 사용될 때 매우 중요한 다이오드 동작속도에 관한 정보를 제공하게 되는 것이다. 다이오드에 있어서 전류를 일으키는 전하와 시간과의 관계를 나타내는 식(3.17)을 변형하면

$$-\frac{\partial J_p(x,t)}{\partial x} = e\frac{\delta p(x,t)}{\tau_p} + e\frac{\partial p(x,t)}{\partial t} \tag{3.32}$$

가 된다. [그림 3.3d]와 같이 x축을 x_n으로 하고 양변을 거리 $x_n = 0$에서부터 $x_n = \infty$까지 적분하면 $dp/dt = d(\delta p + p_{no})/dt = d\delta p/dt$이므로 식(3.32)는 다음 식과 같이 된다.

$$-\int_0^{\infty} dJ_p(x_n,t) = e\int_0^{\infty}\frac{\delta p(x_n,t)}{\tau_p}dx_n + e\int_0^{\infty}\frac{\partial \delta p(x_n,t)}{\partial t}dx_n \tag{3.33}$$

좌변은 전류밀도를 거리에 따라 적분한 것으로서 [그림 3.3d]에서 알 수 있는 바와 같

이 $J_p(\infty,t)=0$이므로, $J_p(0,t)-J_p(\infty,t)=J_p(0,t)$가 되어 임의의 시간 t에서 $x_n=0$에서의 전류밀도를 뜻한다. 우변 첫째항은 n영역에 주입된 단위면적당 전체 과잉정공들을 정공수명으로 나눈 것이며, 두 번째 항은 단위면적당 과잉정공들의 시간에 따른 변화를 의미한다. 과잉정공이 공핍층과의 경계면 부근에서 약간 떨어진 곳을 벗어나면 0이 되므로, 적분경계를 임의의 값 x_n 대신 $x_n=\infty$로 하여도 무방하다. 만약 p^+n접합다이오드라면 p영역 내에서 확산되는 전자는 거의 0이며 이로 인한 전자의 확산전류가 0이 되어 실제 다이오드 전류는 n영역으로 확산되는 정공의 확산전류만으로 구성된다. 따라서 식(3.33)에 다이오드 단면적 A를 곱하여 정리하면 전류에 관한 식(3.34)가 된다.

$$i(t)=i_p(0,t)=\frac{Q_p(t)}{\tau_p}+\frac{dQ_p(t)}{dt} \tag{3.34}$$

여기서 $Q_p(t)$는 축적된 과잉정공이므로 우변 첫째항이 바로 과잉정공의 재결합으로 인한 전류성분이 되며, 둘째 항이 다이오드 내에서 축적된 과잉정공들의 시간에 따른 변화로 인한 전류성분이 됨을 뜻한다. 이 미분방정식의 해를 구하면 전류가 흐를 때 다이오드 내에 축적되는 과잉전하의 시간적인 변화를 알 수 있다. 정상상태에서는 시간적인 변화가 없으므로 $dQ_p/dt=0$이 되어 다이오드에는 흐르는 전류는 직류 I가 되며 과잉정공의 재결합성분만으로 형성됨을 알 수 있다.

$$I=\frac{Q_p}{\tau_p} \qquad \text{(정상상태)} \tag{3.35}$$

예제 3-3

p^+n접합다이오드에 [그림 예3-3a]와 같이 순방향으로 I의 직류전류가 흐르다가 $t\geq 0$에서 $I=0$이 되었다. $t>0$에서 시간에 따른 축적전하 $Q_p(t)$를 구하는 식을 유도하고 그래프에 정성적으로 나타내시오.

풀이

식(3.34)는 다이오드의 전류와 축적전하 관계를 나타내고 있다. $t\geq 0$에서 전류가 0이 되므로 $i(t>0)=0$가 된다. 스위칭이 일어나기전의 전류는 일정한 정상상태의 전류 I

가 흐르기 때문에 식(3.35)로부터 $Q_p(0)=I\tau_p$ 가 됨을 또한 알 수 있다. 따라서 식(3.34)를 Laplace transform하면 아래와 같이 된다.

$$0=\frac{1}{\tau_p}Q_p(s)+sQ_p(s)-I\tau_p$$

이것을 정리하여 시간영역으로 다시 변환시키면 시간에 따른 축적전하식을 구할 수 있다.

$$Q_p(s)=\frac{I\tau_p}{s+1/\tau_p}$$

$$Q_p(t)=I\tau_p e^{-t/\tau_p}$$

[그림 예3-3a]는 스위칭전과 후의 전류, [그림 예3-3b]는 축적된 전하의 시간에 따른 변화의 정성적인 모양이다.

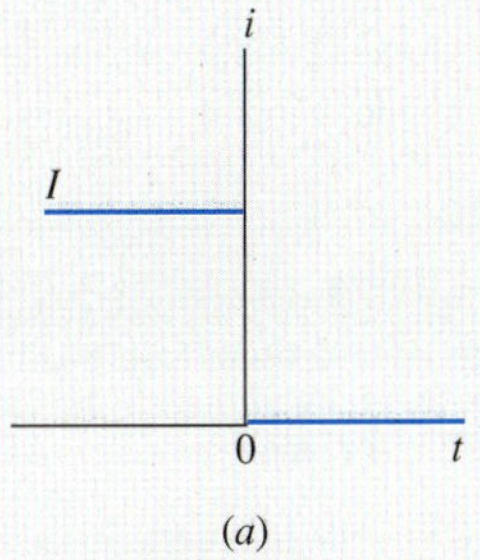

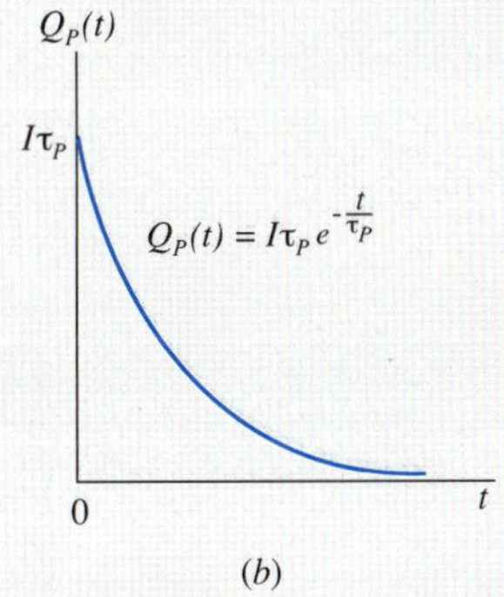

[그림 예3-3] p^+n 다이오드에서 계단형태의 급격한 전류공급의 차단이 일어났을 때의 축적전하
(a) 다이오드 전류
(b) 영역 축적전하

2) pn접합커패시턴스(Capacitance of pn junction)

pn접합 양단에는 열평형상태에서 식(3.13)과 같이 n영역과 p영역으로 공핍층이 x_{no}, x_{po}의 폭으로 각각 만들어진다. [그림 3.8]과 같이 역방향으로 바이어스전압 V_r이 추가로 주어진다면, 공핍층 양단에는 V_o+V_r의 전압으로 인하여 공핍층이 증가하게 되며 x_{no}와 x_{po}는 아래식과 같이 변화된다.

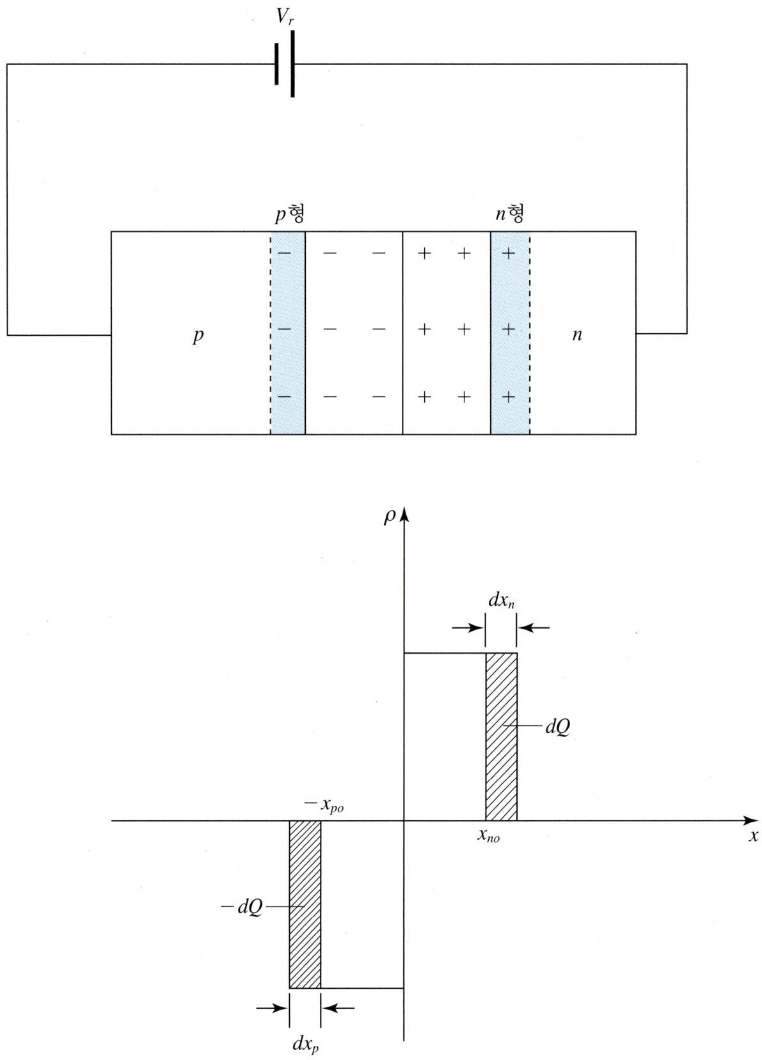

[그림 3.8] pn접합커패시턴스

$$x_n = \frac{W_D N_a}{N_a + N_d} = \sqrt{\frac{2\varepsilon(V_0 + V_r)}{e}} \left[\frac{1}{N_d(1 + N_d/N_a)}\right]^{1/2} \tag{3.36}$$

$$x_p = \frac{W_D N_d}{N_a + N_d} = \sqrt{\frac{2\varepsilon(V_0 + V_r)}{e}} \left[\frac{1}{N_a(1 + N_a/N_d)}\right]^{1/2} \tag{3.37}$$

역방향 전압으로 인하여 [그림 3.8]에서 사선으로 표시된 공핍층 부근의 중성영역에 있던 다수반송자들이 빠져나간 자리에는 움직이지 못하는 이온화된 +및 -의 전하들로 n형 반도체와 p형 반도체의 공핍층이 각각 dx_n 및 dx_p로 확장되는 것이다. 전압에 따라 전하가 변화되는 것을 커패시턴스라고 하며 전압과 전하가 선형적으로 변화될 때는 그냥 $C=Q/V$가 된다. 그러나 선형적인 관계가 아니고 비선형적인 전하와 전압과의 상호 관계가 성립할 경우는 커패시턴스의 일반적인 정의에 따라

$$C=\frac{dQ}{dV} \tag{3.38}$$

로 나타낸다. 이때의 커패시턴스를 일명 미분형 커패시턴스라고 하기도 한다. Q와 V가 선형적으로 되어 $C=Q/V$로써 커패시턴스를 나타낸다면 이것은 식(3.38)의 한 경우에 불과한 것이다. [그림 3.9]에서 면적이 A이면 인가된 역방향 전압으로 인하여 증가된 공핍층 전하는 아래와 같이 된다.

$$dQ=AeN_d\,dx_n=AeN_a\,dx_p \tag{3.39}$$

$V=V_o+V_r$ 및 식(3.36)과 식(3.39)로부터 커패시턴스식이 아래와 같이 얻어진다.

$$C=AeN_d\frac{dx_n}{dV}=A\left[\frac{e\varepsilon}{2(V_o+V_r)}\frac{N_aN_d}{N_a+N_d}\right]^{\frac{1}{2}} \tag{3.40}$$

외부전압이 없는 경우의 공핍층식 식(3.12)에서 역방향 전압이 인가된 때는 V_o는 V_o+V_r이 되므로, $W_D=[(2\varepsilon(V_o+V_r)/e)((N_a+N_d)/N_aN_d)]^{1/2}$가 되어 식(3.40)은 아래와 같이 공핍층의 폭 W_D로써 간략하게 나타낼 수 있다.

$$C=\frac{\varepsilon A}{W_D} \tag{3.41}$$

식(3.41)을 통하여 pn접합 다이오드는 양 단자에 역방향 전압이 인가될 때, 마치 두 전극이 간격 W_D를 갖고 서로 떨어져 있는 평판콘덴서와 같은 커패시턴스 값을 갖

는다는 것을 알 수 있다. 이와 같은 특성은 집적회로 내에서 커패시터를 만들 때 유용하게 사용된다.

3.3 금속-반도체 접합

반도체로 만들어진 *pn*접합다이오드에 외부 전압을 인가한다든지 트랜지스터의 각 단자에 전원이나 신호선 들과 같은 전극을 연결할 경우 금속과 반도체의 접촉을 통한 금속-반도체 접합이 필요하다. 이와 같은 금속-반도체 접합은 크게 두 가지 종류로 대별할 수 있다. 접합이 *pn*접합처럼 정류성 특성을 갖는 쇼트키다이오드(Schottky diode)와 매우 작은 저항 값을 갖는 옴성접촉(Ohmic contacts)이다.

발트 헤르만 쇼트키(Walter Hermann Schottky : 1886. 7. 23 - 1976. 3. 4)는 스위스 취리히에서 태어났으며 독일의 마울부르그와 베를린에서 성장했다. 막스 플랑크(Max Planck)의 지도 아래 아인슈타인보다 단지 7년 늦게 특수상대성이론으로 박사학위를 받았으며 그 후 1924년에 리본 마이크로폰(영구자석 사이에 얇은 리본모양의 알미늄을 놓고 소리를 통해 알미늄이 움직이면 전압이 생성됨)을 발명했으며 마이크로폰과 반대 개념의 스피커도 발명했다. 1938년 그는 금속-반도체 접촉에서 나타는 정류작용에 대한 이론을 만들어냈고 후일 이 이론은 쇼트키 배리어 다이오드(SBD: Schottky Barrier Diode)의 기초가 되었다. 금속 음극으로부터 진공속으로의 전자방출에 관한 쇼트키 효과(Schottky effect) 발견으로도 유명하다.

3.3.1 쇼트키 다이오드(Schottky diode)

[그림 3.9]는 금속-반도체 접합에 관한 에너지 다이어그램이다. 금속과 반도체의 에너지준위가 서로 영향을 미치지 않을 정도로 떼어놓으면 [그림 3.9a]와 같이 된다. $q\Phi_m$은 금속의 일함수(Work function)로서 금속 페르미에너지준위와 진공준위사이의 에너지 차이인 것이다. $q\Phi_s$는 반도체의 일함수이며, $q\chi$는 반도체의 전자친화력(Electron affinity)으로서 진공준위와 반도체의 전도대 에너지준위(Conduction band energy level)사이의 에너지 차이이다.

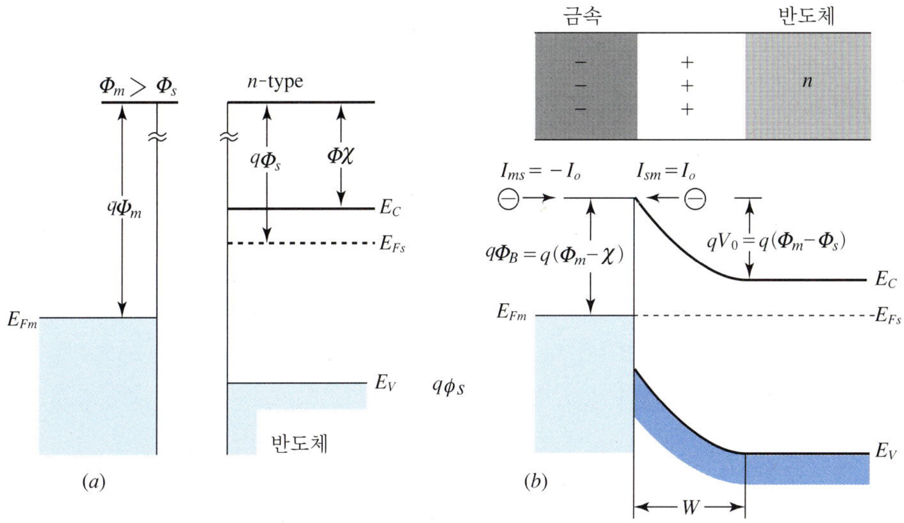

[그림 3.9] 금속–n형 반도체접합($\Phi_m > \Phi_s$)의 에너지밴드 다이어그램
(a) 서로 멀리 떨어져 있을 때
(b) 접촉이 이루어졌을 때

금속과 반도체를 접촉시켜 접합을 만들면 [그림 3.9b]와 같이 된다. 접촉과정을 통하여 열평형상태가 만들어지므로 반도체의 페르미에너지준위가 아래로 내려와서 금속의 페르미에너지준위와 같게 된다. 이때 에너지준위가 높은 n형 반도체의 전도대에 있던 전자들이 에너지준위가 낮은 금속의 전도대 쪽으로 이동하여 가므로 금속–반도체 접합면 부근의 전도대와 페르미준위 사이의 에너지 차이는 증가하게 된다(참조 식(1.14)). 안정된 열평형상태에 도달되면 금속 쪽으로 빠져나간 전자들로 인하여 접촉면 근처에는 폭 W의 공핍층인 공간전하영역이 나타난다. 금속과 반도체의 전도대 사이에는 에너지장벽 $q\Phi_B$가 만들어지는데 이 장벽을 쇼트키장벽(Schottky barrier)이라고 한다. 금속의 전도대에 있는 전자가 반도체 쪽으로 가려면 쇼트키장벽에 해당하는 에너지를 극복해야 한다.

$$q\Phi_B = q(\Phi_m - \chi) \tag{3.42}$$

열에너지에 의하여 이 에너지장벽을 극복하고 금속에서 반도체 쪽으로 이동하는

전자전류를 $I_{ms} = -I_o$라고 할 때, 반도체의 중성영역 전도대에 있는 전자들이

$$qV_o = q(\Phi_m - \Phi_s) \tag{3.43}$$

의 에너지를 극복하고 반도체에서 금속으로 이동하는 전자전류는 $I_{sm} = I_o$가 되어 전체적으로 전류가 흐르지 않는 열평형상태가 유지되는 것이다. n형 반도체에 대하여 금속 쪽에 $+V$ 전압을 인가하면 쇼트키장벽은 그대로이지만 반도체의 전도대는 qV 만큼 위로 이동하므로 접촉면과 중성영역사이의 에너지준위차이인 식(3.43)은 qV_o에서 $q(V_o - V)$로 줄어들게 되어 n형의 반도체 쪽에서 열평형상태때 보다 더 많은 전자가 금속 쪽으로 이동하여 간다. 따라서 금속에서 반도체로 이동하는 전자전류는 $I_{ms} = -I_o$로 변함이 없지만 반도체에서 금속으로 이동하는 전자에 의한 전자전류는 인가한 전압에 기하급수적으로 증가하는 $I_{sm} = I_o e^{qV/kT}$가 되어 전체전류는 아래와 같이 되며, 결과적으로 금속 쪽에서 반도체 쪽으로 큰 전류가 흐르게 되는 것이다.

$$I = I_{ms} + I_{sm} = I_o(e^{\frac{qV}{kT}} - 1) \tag{3.44}$$

마치 pn접합다이오드에 순방향 전압을 인가했을 때 순방향으로 전류가 전압에 기하급수적으로 증가하여 흐르는 것과 같다. 여기서 I_o는 쇼트키다이오드의 역포화 전류이며, 실리콘일 경우 전형적인 pn접합다이오드보다 약 $10^3 \sim 10^8$배가 된다. 이것은 사용된 금속에 따라 다른 Φ_B를 나타내기 때문이다. 이와 반대로 n형 반도체에 비하여 금속에 $-V_r$ 전압을 인가하면 반도체 측의 전위가 내려가서 반도체에는 $q(V_o + V_r)$의 큰 에너지장벽이 나타나서 전도대의 전자가 금속 쪽으로 이동하기 매우 어려워 전류가 거의 흐르지 않게 된다. 이때는 단지 쇼트키장벽을 극복한 극히 적은 전자들이 금속에서 반도체 쪽으로 이동하여 적은 역방향포화전류 I_o만이 흐르게 한다. [그림 3.10]은 순방향과 역방향바이어스가 인가되있을 때의 에너지밴드 다이어그램이다.

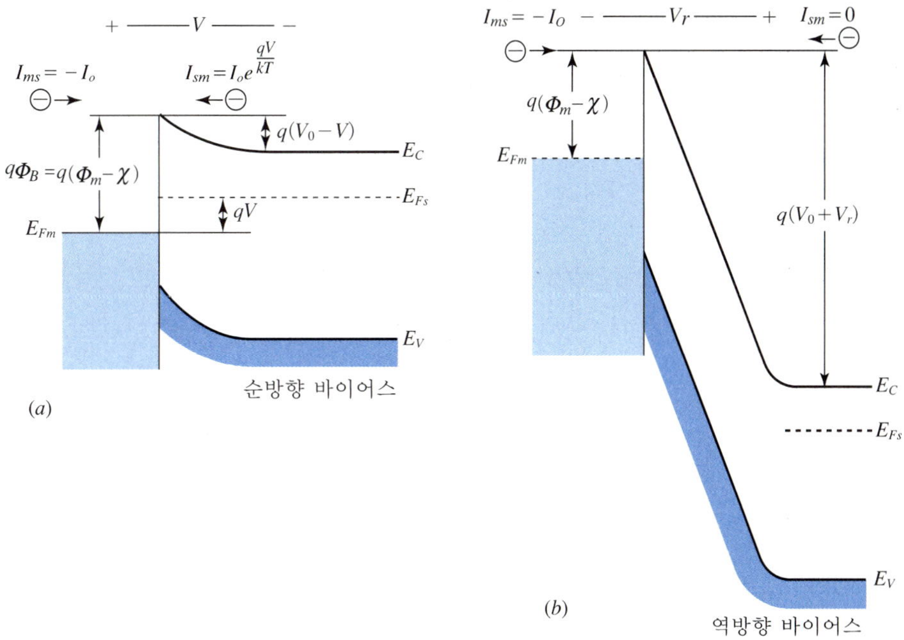

[그림 3.10] 바이어스전압이 인가된 금속-n형 반도체접합 에너지밴드 다이어그램
(a) 순방향 바이어스
(b) 역방향 바이어스

$I_o \propto e^{-\Phi_B}$이므로 Φ_B가 작을수록 I_o가 크게 증가한다. 이로 인하여 어느 일정 다이오드 전류를 위해 인가되는 순방향 전압은 일반 pn접합 다이오드에 비하여 크게 감소하여 [그림 3.11]과 같이 다이오드 문턱전압이 감소하게 된다. 쇼트키 다이오드에서는 전류가 다수반송자에 의하여 흐르므로 소수반송자의 축적이나 제거가 필요 없어 스위칭 속도가 일반 pn접합 다이오드보다 훨씬 빠른 특성이 있다.

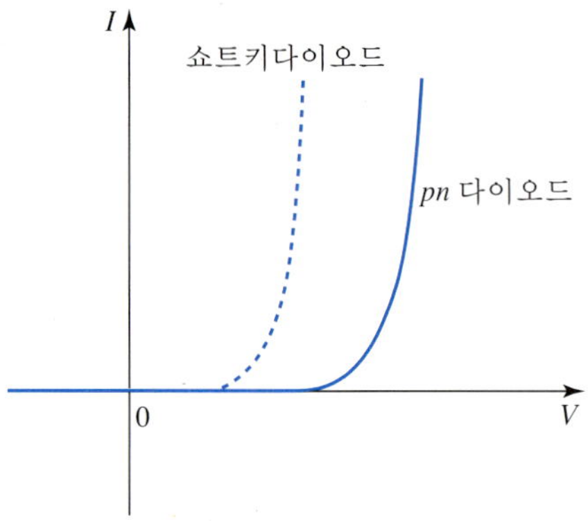

[그림 3.11] 쇼트키 다이오드와 pn접합 다이오드의 I–V 특성곡선

$\Phi_m < \Phi_s$인 금속–p형 반도체의 접합일 때 이루어지는 에너지밴드 다이어그램이 [그림 3.12]이다. n형과 마찬가지로 공핍층이 형성되고 반도체로부터 금속으로 정공이 이동하기위해서는 에너지장벽 qV_o가 필요하다. 금속과 반도체 사이에는 $q\Phi_B$의 에너지장벽이 존재한다. 전류를 흐르게 하기위해선 p형 반도체에 대하여 금속에 ─의 전압을 인가하면 반도체 쪽에 형성되었던 전도대의 장벽이 줄어들면서 정공이 금속 쪽으로 흘러들어가 음의 방향으로 전류가 흐르게 된다.

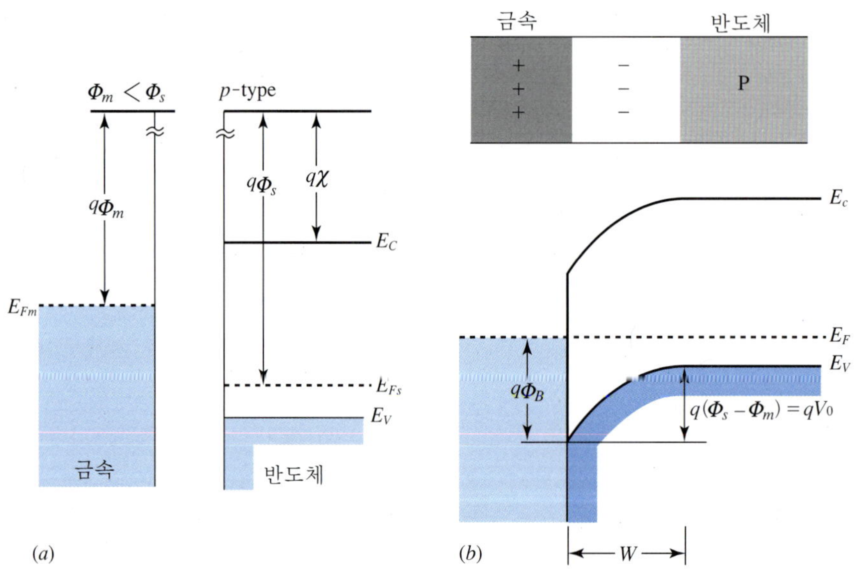

[그림 3.12] 금속–p형 반도체접합($\Phi_m < \Phi_S$)의 에너지밴드 다이어그램

(a) 서로 멀리 떨어져 있을 때

(b) 접촉이 이루어 졌을 때

3.3.2 저항성 접촉(Ohmic contacts)

반도체 소자들은 집적회로 내에서 금속들을 통하여 전기적으로 서로 연결되어있다. 이런 금속-반도체 접촉들은 소자기능을 저하시키지 않도록 충분이 작은 저항값을 가져야 한다. 이와 같이 작은 저항값을 갖는 접촉을 저항성 접촉(Ohmic contacts)이라고 한다. 저항성 접촉은 금속과 반도체의 적절한 일함수로 인해 작은 저항값을 갖는 경우와, 접촉된 공핍층의 폭이 매우 작아 터널링 현상에 의한 전자이동으로 낮은 저항값을 갖는 두 가지 형태로 대별할 수 있다.

1) 일함수에 의한 저항성 접촉

[그림 3.13a], [그림 3.13b]는 각각 $\boldsymbol{\Phi}_m < \boldsymbol{\Phi}_s$($n$형 반도체)와 $\boldsymbol{\Phi}_m > \boldsymbol{\Phi}_s$($p$형 반도체)인 경우의 금속-반도체 접합 때 나타나는 에너지밴드 다이어그램을 보여주고 있다. (a)의 경우 금속 측에 +전압이 인가되면 n형 반도체의 전도대가 더 높은 에너지준위로 이동하여 반도체에 있는 전자들이 더 쉽게 금속 쪽으로 이동하여 금속에서 반도체로, 즉 순방향으로 전류가 흐르게 된다. 이와 반대로 금속 측에 −전압을 인가하면 반도체의 에너지준위가 밑으로 내려가서 금속 쪽에 있는 전자가 더욱 쉽게 오른쪽의 반도체를 향하여 이동할 수 있어 전류가 역방향으로 더 많이 흐르게 되어 쇼트키 다이오드가 아닌 저항성 접촉이 이루어지게 된다. (b)의 금속-p형반도체 접합에서도 이와 같이 인가된 전압의 극성이 어떤 것이던지 관계없이 다수반송자의 이동에 의한 저항성 접촉이 나타나게 된다.

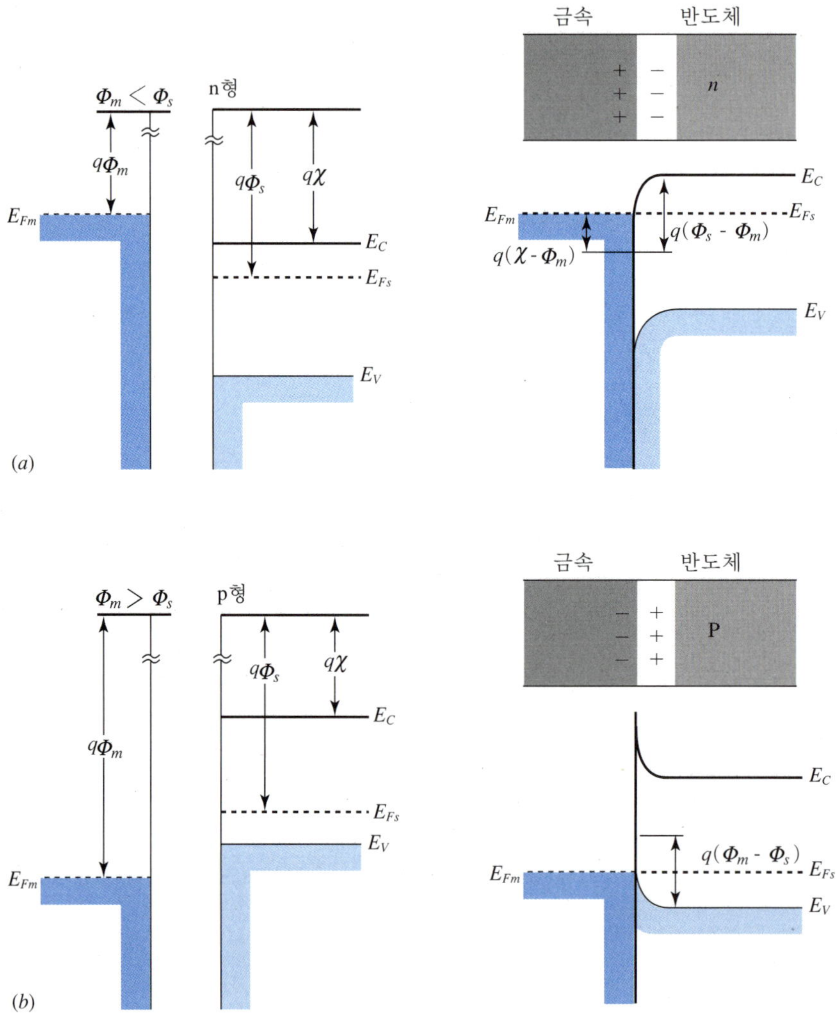

[그림 3.13] 저항성 금속-반도체 접합의 에너지밴드 다이어그램

(a) 금속-n형 반도체 접합

(b) 금속-p형 반도체 접합

2) 터널링에 의한 저항성 접촉

금속-반도체 접합이 상호간의 일함수 차이로 인하여 쇼트키다이오드와 같은 접촉이 이루어진다 할지라도, 반도체가 매우 높게 도핑 되어 있으면 공핍층의 폭이 작아져서 전자가 터널링할 확률이 증가하게 된다. 터널링 확률은 터널링해야 할 두께에 기하급수적으로 역비례한다. [그림 3.14]에서와 같이 n^+반도체에서는 전도대 E_C와

페르미에너지준위 E_{FS}가 거의 같아 $E_C \approx E_{FS}$가 되고 반도체에 대하여 금속에 $+V$ 전압을 인가하면 공핍층 양단은 $\Phi_B - V$ 전압이 되고 공핍층 자체가 좁아서 n형 반도체로부터 금속 쪽으로의 터널링이 일어난다. 이로 인하여 금속에서 반도체 쪽으로 전류가 흐르게 된다.

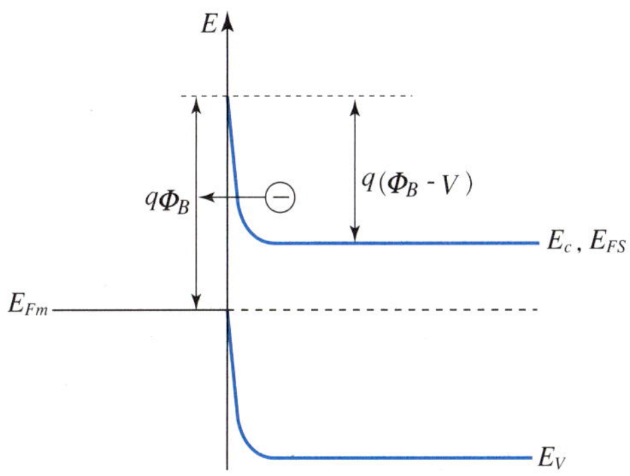

[그림 3.14] 금속-반도체 접합에서 금속에 인가한 전압 V에 따른 에너지밴드 다이어그램($E_C \approx E_{FS}$)

이와 같은 금속-n^+반도체 접합은 집적회로 제작 때에 반도체 표면에 정류성이 아닌 저항성 전기단자를 내어야 할 경우 사용될 수 있다.

3.3.3 *pn*접합항복(*pn* Junction breakdown)

*pn*접합에 일정 이상의 역방향 바이어스전압이 인가되면 전류가 순식간에 무한대로 흐르는 항복(Break down)현상이 일어난다. *pn*접합의 항복 원인으로 전하들의 터널링(Tunneling)과 사태(Avalanche)현상을 들 수 있다.

클라렌스 멜빈 제너(Clarence Melvin Zener: 1905. 12. 1 ~ 1993. 7. 2)는 미국 인디애나주 인디애나 폴리스에서 태어났다. 그는 스탠포드 대학에서 물리학을 전공했으며 1929년 하버드 대학에서 박사학위를 받았다. 윌리엄 B. 쇼클리(William B. Shockley) 등 벨 연구소의 여러 동료들과 1934 pn접합의 역 전류사태 현상에 관한 이론인 터널링을 발표했으며 이는 후일 실용적인 반도체 제너 다이오드로 구체화 되었다. 제너 다이오드는 1954년부터 미국에서 판매 되었다. 1935년부터 1951까지 그는 뉴욕시티 대학, 워싱턴 주립 대학, 세인트 루이스의 워싱턴 대학, 시카고 대학 등에서 교수로 제직했고 (주)웨스팅 하우스 전기 연구소에서 14년 동안 일한 후, 텍사스 A&M, 그리고 은퇴 때까지 카네기 멜론대학에서 물리학교수로 봉직했다.

1) 터널링항복(Tunneling breakdown)

p^+n^+접합을 만들면 식(3.12)에서와 같이 공핍층의 폭 W_D는 매우 작아진다. [그림 3.15a]는 외부 전압을 인가하지 않았을 때의 에너지밴드 다이어그램이다. [그림 3.15b]와 같이 접합에 큰 역방향전압을 가하면, n^+도핑된 반도체의 전도대가 아래로 충분히 내려가서 왼쪽 p^+로 도핑 된 반도체의 가전자대가 우측 반도체의 전도대보다 높은 에너지준위를 갖는 상태가 된다. 이와 같은 여건 속에서 매우 작은 W_D 양단에 전압 V_o+V_r이 주어져 있으므로 큰 전계가 생성된다. 이로 인하여 왼쪽 p형 반도체 가전자대에 있던 전자가 떨어져 나와 n형 반도체의 전도대로 공핍층을 뚫고 이동하는 터널링 현상이 발생하며 많은 전류가 n형 반도체에서 p형 반도체로 흐른다. 여기에 참여할 수 있는 전자는 p형 반도체의 가전자대(Valance band) 중에서 n형 반도체의 전도대보다 높은 에너지준위에 있는, 결정격자를 이루고 있는 반도체의 최외각 전자인 전자들이므로 많은 전자들이 공핍층의 터널링을 통하여 이동하여 많은 전류를 흘리는 항복현상이 발생한다. 이와 같은 항복을 터널링항복 혹은 제너항복(Zcncr breakdown)이라고 한다. 제너항복은 공간전하영역에서 반송자의 이온화 충돌현상과는 무관하므로 반송자의 자유행정 길이에 관계되지 않는다.

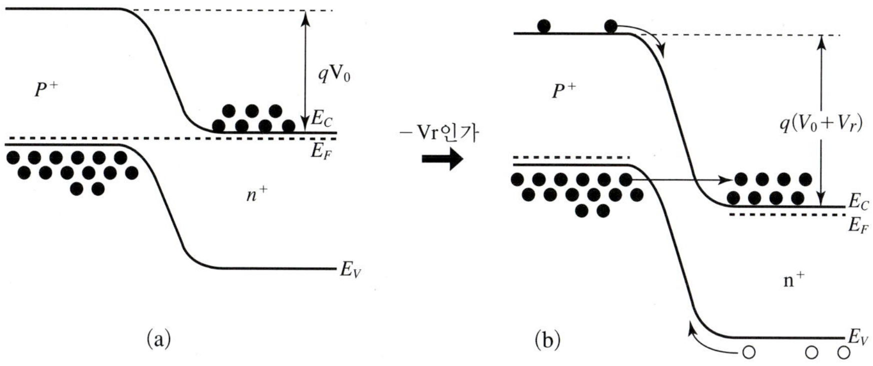

[그림 3.15] p^+n^+접합에서의 터널링
(a) p^+n^+접합 에너지 다이어그램
(b) p쪽에 $-V_r$전압을 인가했을 때의 터널링

터널링 항복을 이용한 제너다이오드는 [그림 3.16]과 같이 정전압을 공급하는 전압원으로 사용될 수 있다.

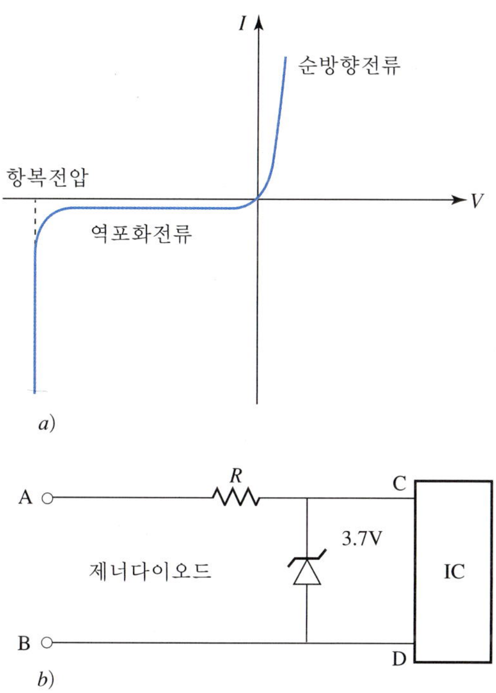

[그림 3.16] 터널링 다이오드의 I–V 특성과 정전압원
(a) I–V 특성
(b) 3.7V 정전압원 회로

2) 사태항복(Avalanche breakdown)

*pn*접합에서 역방향 바이어스전압이 증가하면 할수록 공핍층을 통과하는 전자들은 공핍층 내의 전계로부터 에너지를 더 받게 된다. 그들 중 일부는 [그림 3.17]과 같이 공핍층의 가전자대로부터 전도대로 전자를 여기 시킬 수 있을 정도의 충분한 에너지를 갖게 되어 전자–정공 쌍을 생성시킨다. 이와 같은 현상을 이온화 충돌(Impact ionization)이라고 하며 이 충돌로 인해 발생한 전자–정공 쌍 역시 이동하면서 전계로부터 에너지를 받아 전자–정공 쌍을 발생시키게 된다, 전자는 +극인 *n*형 반도체인 왼쪽으로 이동하고 정공은 −극인 *p*형 반도체 쪽으로 이동하여가서 순식간에 큰 역방향 전류를 흘리게 된다. 이와 같은 과정을 통하여 순식간에 수많은 전자와 정공들이 생성되어 이동하는 현상이 마치 눈사태를 닮았다 하여 사태항복이라고 한다. 큰 항복전압이 필요할 경우는 도핑농도를 낮추어 공핍층의 폭을 크게 함으로써 항복이 일어나는 일정전계까지 전압을 높일 수 있다. 가전자대의 전자가 전도대로 이동하여 전자–정공 쌍이 생성되므로 반도체의 밴드갭 E_g가 증가할수록 일정한 도핑농도 N_a와 N_d에서의 항복전압은 증가하게 된다. 즉 항복전압은 $Ge < Si < GaAs$ 순으로 됨을 알 수 있다.

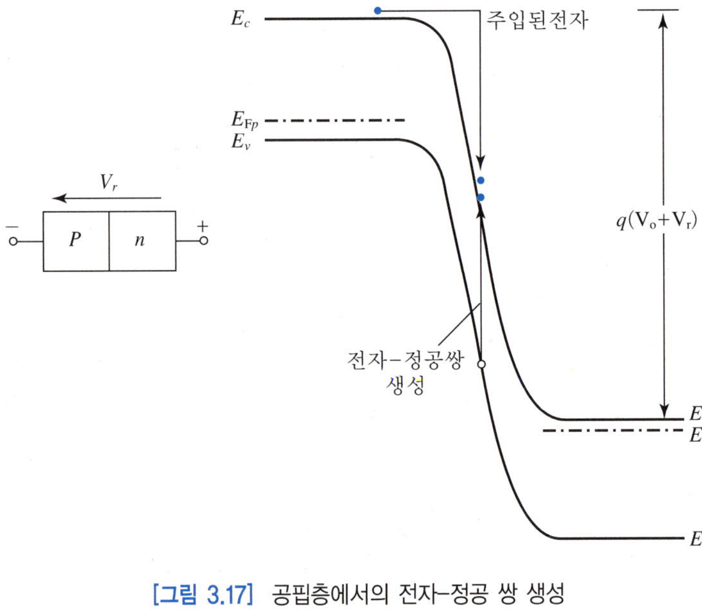

[그림 3.17] 공핍층에서의 전자–정공 쌍 생성

연습문제

1. 열평형상태란 무엇인가?

2. 내부전위 $V_0 = \frac{kT}{q} ln \frac{N_a N_d}{n_i^2}$이 됨을 증명하시오.

3. 식(3.27)과 같이 다이오드의 역포화전류는 $I_o = eA\left(\frac{D_p}{L_p} p_{no} + \frac{D_n}{L_n} n_{po}\right)$가 됨을 증명하시오.

4. pn다이오드 양단에 역방향 바이어스 전압 V_r을 인가했을 때 다이오드에 형성되는 에너지밴드 다이어그램과 소수반송자 분포를 정성적으로 그리시오.

5. 순방향 바이어스 된 다이오드의 전류구성성분을 정성적으로 그리시오.

6. p^+n 다이오드에서 순방향 바이어스 전압이 인가된 경우 전류 $i(t) = i_p(0, t) = \frac{Q_p(t)}{\tau_p} + \frac{dQ_p(t)}{dt}$됨을 유도하고 정상상태에서의 축적전하 Q_p는 어떻게 되는가?

7. pn접합 다이오드는 양 단자에 역방향 전압이 인가될 때 마치 공핍층의 폭 W_D를 갖고 서로 떨어져 있는 평판콘덴서와 같은 커패시턴스 값을 갖게 됨을 증명하시오.

8. $\Phi_m > \Phi_s$인 쇼트키 다이오드에 관하여 다음 물음에 답하시오.

   a) 접합면의 에너지밴드 다이어그램을 그리시오.
   b) 금속과 반도체에 순방향 바이어스 전압이 인가될 때 흐르는 pn전류가 접합다이오드 전류와 같음을 설명하시오.
   c) 순방향과 역방향 바이어스 전압이 인가될 때의 접합면의 에너지밴드 다이어그램을 그리시오.
   d) 쇼트키 다이오드와 pn접합다이오드의 $I-V$특성곡선을 정성적으로 그리시오.

9. 저항성접촉 2가지는 무엇이며 이들에 관하여 각각 설명하시오.

10. 터널링 항복(Tunneling breakdown)과 사태항복(Avalanche breakdown)에 관하여 설명하시오.

CHAPTER

04 반도체공정

CHAPTER

04 반도체공정

앞장들에서는 반도체 결정과 기본 물리적 성질들을 기초로 하여 p 및 n형 반도체에 관한 내용들을 다루었다. 또한 이들을 사용하여 소자를 형성할 때 기본이 되는 접합다이오드의 특성에 관하여도 공부하였다. 이 장에서는 이들 pn접합을 만드는데 필요한 기초공정들을 살펴보고 제작된 소자 칩(device chip)들을 패키징하는 기술들에 관해서도 알아보려고 한다.

4.1 열확산(Thermal diffusion)

반도체는 전기가 잘 통하는 금속과 같은 도체도 아니고 전기가 불통하는 부도체도 아닌 중간정도의 전기전도도를 갖는 물체인 것이다. 이런 반도체에 외부에서 의도적으로 불순물을 넣음으로써 전기전도도를 크게 개선시킬 수 있으며 제1장에서 이미 p형 반도체를 위해 억셉터, n형 반도체를 위해 도너를 주입시킨다고 말했다. 이와 같이 불순물을 주입시키는 가장 오래되고 쉬운 방법이 열확산인 것이다. [그림 4.1]은 실리콘 내에 불순물이 주입되어 들어가는 3가지 주요 이동 경로를 보여주고 있다. 도핑 되는 불순물 원자는 800~1100℃의 고온에서 열에너지를 받아 반도체 격자원자 자리에 있는 실리콘 원자와 자리를 바꾸는 치환을 통해서나, 자리가 비어있는 결공에 들어감으로써 확산이 일어날 수 있다. 또한 격자원자들 사이를 통하여 이동하거나 실리콘 원자가 떨어져 나와 비어있는 공간(틈새)에 존재하다가 주위의 격자위치에 있는 불순물을 쳐서 이동하기도 한다.

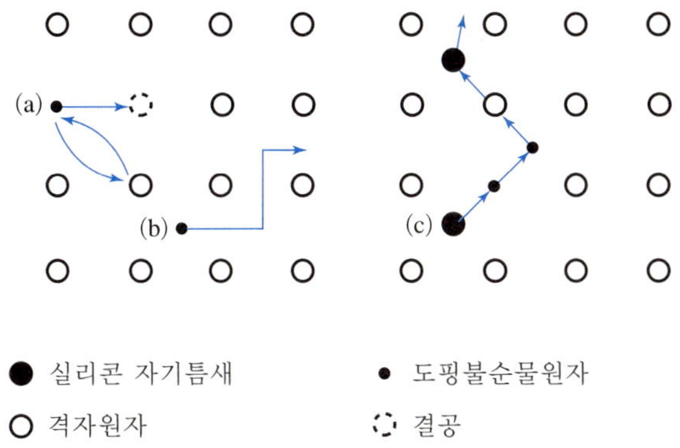

[그림 4.1] 반도체 내에서 확산에 의한 불순물 이동경로
(a) 치환에 의한 확산
(b) 틈새형 확산
(c) 틈새-치환형 불순물 확산

4.1.1 확산방정식

2.3절에서 이미 확산방정식에 관하여 알아보았다. 단위시간당 단위 면적을 통하여 확산에 의해 이동하는 입자수인 플럭스를 ϕ대신 F라 할 때, 확산시간 t와 깊이 x에 따라 나타나는 불순물 농도 C는 식(2.33)에 의하여 $F = -D \cdot \partial C / \partial x$로 표현될 수 있다. 이것을 Fick의 제1법칙이라 한다. 연속방정식 $\partial C / \partial t = -\partial F / \partial x$에 Fick의 제1법칙을 대입하여 다음과 같은 불순물 확산방정식을 얻을 수 있다. 이 식을 일명 Fick의 제2법칙이라고도 한다.

$$\frac{\partial C}{\partial t} = D \frac{\partial^2 C}{\partial x^2} \tag{4.1}$$

확산방정식의 보다 정확한 해는 컴퓨터에 의해 수치적으로 풀 수 있으나 간단히 해석적인 해를 구하면 다음과 같다.

1) 선확산(Pre-deposition)

선확산(Pre-deposition)은 불순물을 깊게 확산시키지 않고 표면 가까이 얕게 확산시키는 경우에 해당하며, 확산동안 불순물 소스가 계속 일정하게 공급되므로 표면은 일정한 도핑농도를 갖게 된다. 농도 $C(x,t)$는 보오차함수(Complementary error function)이며, [그림 4.2a]는 보오차함수, [그림 4.2b]는 확산된 농도분포를 나타내고 있다.

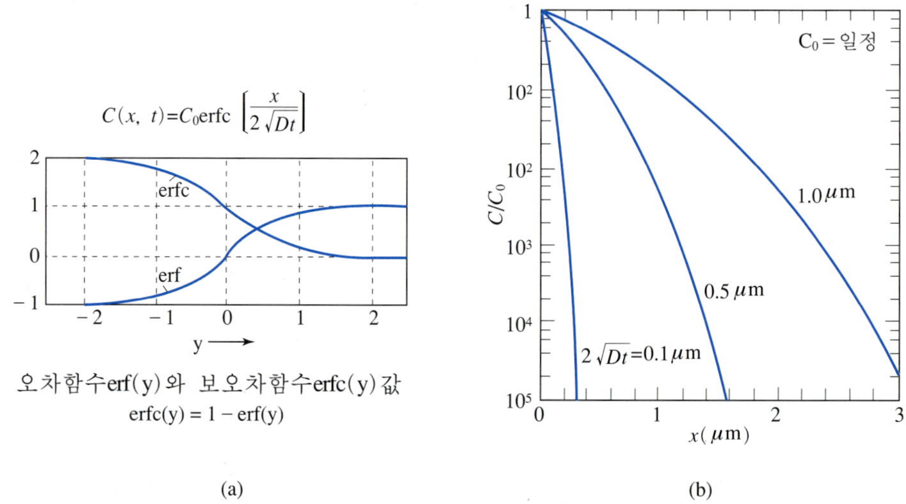

[그림 4.2] 선확산 시간과 표면에서부터의 거리에 따른 농도분포
(a) 보오차 함수
(b) 선확산 농도분포

2) 후확산(Drive-in diffusion)

선확산으로 표면에 유입된 불순물들을 더욱 깊숙이 확산시키는 것을 말한다. 이때는 불순물 소스의 유입을 차단시키고 이미 선확산을 통하여 주입된 일정량의 불순물들이 계속확산되어 반도체 내부로 들어가며 확산방정식 식(4.1)에서 다음과 같은 경계조건들을 사용하여 해를 구하면 식(4.2)가 되며 그 결과가 [그림 4.3]이다.

- 표면에서 불순물 유입과 유출이 없다,
- 표면에서 멀리 떨어져 있는 곳에는 불순물이 없다.
- 시작점에서는 선확산 분포해를 갖고 있으며 그 분포는 델타함수처럼 표면에 매우 가까이 있다.

$$C(x,t_2)=\frac{Q}{\sqrt{\pi D_2 t_2}}\exp\left[-\left(\frac{x}{2\sqrt{D_2 t_2}}\right)^2\right]$$
$$=\frac{2C_o}{\pi}\sqrt{\frac{D_1 t_1}{D_2 t_2}}\exp\left[-\frac{x^2}{4D_2 t_2}\right] \quad (4.2)$$

여기서 C_o는 확산온도에서의 불순물 용해도, Q는 선확산의 단위면적당 농도[1], D_1, D_2는 각각 선확산과 후확산 온도에서의 확산계수, t_1, t_2는 각각 선확산과 후확산 시간들이다. 확산 시간이 길어질수록 표면의 농도가 줄어들고 더 깊숙이 확산됨을 확인할 수 있다.

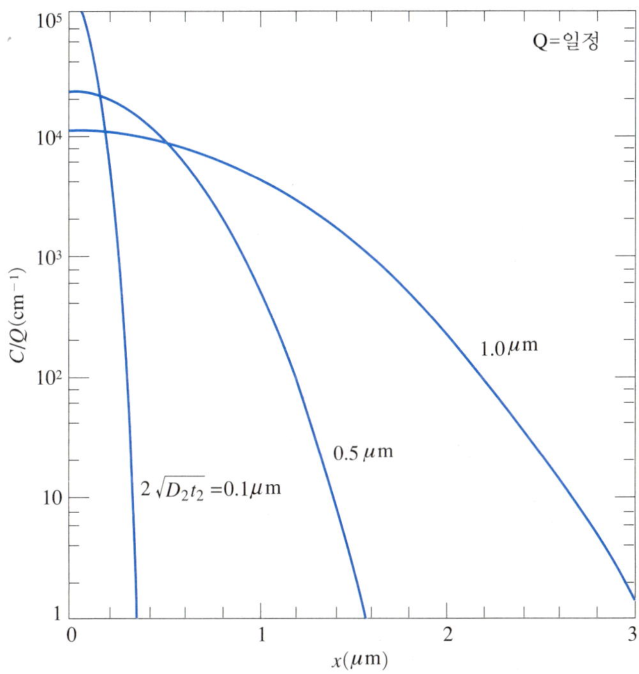

[그림 4.3] 후확산 공정의 불순물 분포

4.1.2 불순물 재료 및 확산시스템

도핑 물질을 선택할 때는 확산계수크기, 고용도, 산화층의 마스크 효과 등을 고려하여 선택하게 된다. 사용되는 도핑 물질은 다른 원자들과 결합된 형태로 존재하는

1) $Q=\int_0^\infty C_1(x,t)\,dx=\frac{2}{\sqrt{\pi}}\sqrt{D_1 T}\,C_0$

데, 결합된 원자들은 확산 과정에서 도핑시키고자 하는 물질과 분리되어 웨이퍼에 또 다른 도핑 불순물 원자로 작용하지 않아야 하고 웨이퍼 표면에 식각할 수 없는 물질을 만들지 않아야 한다. 뿐만 아니라, 충분한 순수도를 가질 수 있어야 하고, 반복 수행될 때에도 도핑되는 농도의 재현성이 있어야 한다.

일반적으로 도핑 불순물은 산소나 수소 혹은 할로겐 원소인 염소, 브롬 등과 결합된 상태로 존재하며 고체, 액체, 기체의 3가지 유형으로 구분되어진다.

1) 실리콘에서의 불순물 재료

액체와 기체재료는 모두 실리콘 표면에서 고체재료와 같은 산화물로 일단 변화되고 난 뒤, 다시 실리콘과 반응하여 SiO_2 및 불순물 원자로 분리되는 과정을 거쳐 불순물이 웨이퍼 속으로 확산되어 들어간다.

고체불순물 재료 ; B_2O_3, P_2O_5, Sb_2O_3, As_2O_3 등
액체불순물 재료 ; $PoCl_3$, PCl_3, BBr_3, $(CH_3O)_3B$, Sb_3Cl_5 등
기체불순물 재료 ; PH_3, PF_3, B_2H_6, BF_3, AsH_3, AsF_3, SbH_3 등

아래 식은 전형적인 두 고체 불순물 재료와 반응을 나타내고 있다.

$$2B_2O_3 + 3Si \rightarrow 4B + 3SiO_2$$

(BSG ; Boron Silicate Glass)

(4.3)

$$2P_2O_5 + 5Si \rightarrow 4P + 5SiO_2$$

(PSG ; Phosphorus Silicate Glass)

생성된 BSG나 PSG에 함유된 붕소나 인이 확산되는 것이다. 기체불순물 경우는 다음과 같은 반응이 일어난다.

$$2PH_3 + O_2 \rightarrow P_2O_5 + 3H_2O \tag{4.4}$$

$$B_2H_6 + 3O_2 \rightarrow B_2O_3 + 3H_2O \tag{4.5}$$

여기서 생성된 산화물들이 식(4.3)과 같이 실리콘과 반응하여 BSG나 PSG 등을 만들고 그 속에 함유되어 있는 도핑 불순물 원자들이 실리콘 내부로 열 확산된다. 기체 불순물 재료는 반도체 소자 제조 산업체에서 가장 많이 사용하는 불순물 재료이다. 운송이 용이하고 확산로로 유입되는 양을 정확히 측정할 수 있으며 부식성이 강한 액체 재료에 비하여 상대적으로 장시간 고 순수도를 유지하면서 보관할 수 있는 장점들이 있다.

2) GaAs에서의 불순물 재료

***p*형 불순물** ; Zn, $ZnAs_2$, Zn—Ga—As **합금**

2족 원소는 GaAs의 Ga 자리에 들어가서 전자 하나를 이웃 원자로부터 가져와서 자체는 음전하(Zn_s^-)를 띠고 정공(h^+)을 하나 생성하게 되어 억셉터로 작용함으로써 *p*형 불순물 재료가 된다. 즉 아연 증기 Zn(g)과 전하를 띠지 않고 갈륨이 비어있는 자리인 결공 V_{Ga}^0 사이에 이루어지는 반응은 다음과 같다.

$$Zn(g) + V_{Ga}^0 \leftrightarrow Zn_s^- + h^+ \tag{4.6}$$

여기서 Zn_s^-는 격자위치(Substitutional site)에서 음전하를 띠고 있는 아연이온이다.

SiO_2 박막층은 갈륨비소 내부로부터 증기압이 큰 비소의 배출을 방지하지만, 아연 증기의 통과가 잘 되기 때문에 약 6500 Å 정도의 SiO_2 박막을 GaAs 웨이퍼 위에 만들어 불순물 아연 확산이 일어나게 한다.

***n*형 불순물** ; Ga_2S

6족에 속한 S, Be, Te 등은 5족의 As 자리에 들어가서 결합에 사용되는 전자 외에 여분의 전자를 발생시켜 쉽게 이온화 된다. 유황을 포함한 $Ga_2S(g)$ 증기와 비소 결공과의 결합은 다음과 같다.

$$Ga_2S(g) + V_{As}^0 \rightarrow S_s^+ + 2Ga(g) + e \tag{4.7}$$

3) 확산시스템

열에 의한 선확산과 후확산 뿐만 아니라, 이온 주입후의 열처리 과정을 위해서도 사용되는 확산 시스템은 확산로의 구조에 따라 노의 끝이 밀봉된 밀봉관시스템, 개방된 개방관시스템, 개방관과 밀봉간을 합친 구조인 상자형시스템, 불순물을 포함한 액체의 산화실리콘막을 도포하여 확산시키는 페인트온시스템, 그리고 고속열처리를 하는 급속열공정시스템(RTP) 등이 있다.

[그림 4.4a], [그림 4.4b]는 각각 액체 불순물 재료와 기체 불순물 재료를 사용한 경우의 확산 시스템의 개략도를 보여주고 있다.

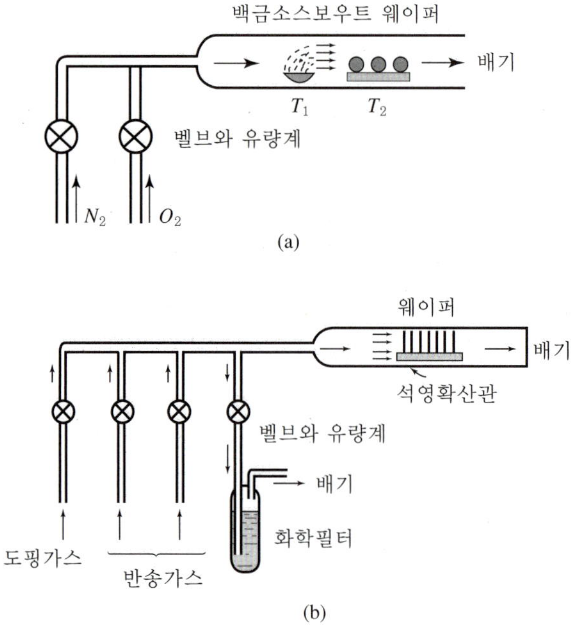

[그림 4.4] 확산시스템 개략도

(a) 고체 재류의 확산 시스템
(b) 기체 재료의 확산 시스템

4.2 산화(Oxidation)

산화층은 집적회로의 반도체 소자 내에서 여러 가지 용도로 사용된다. 반도체칩 전체의 표면보호를 위하여 사용되는가 하면, MOS 소자의 게이트 산화층, 능동소자나 수동소자를 포함하지 않는 비활성화 영역인 필드산화층(Field oxide), 소자들 사이의 전기적 격리(Electrical isolation), 커패시터의 유전막 뿐 아니라, 확산공정을 위한 마스크 등으로 사용된다. 실리콘 표면은 방금 생성시킨 실리콘이라 할지라도 공기 중으로 노출되면 즉시 몇 개의 SiO_2층으로 된 15~20Å 정도의 산화막이 형성된다. 이것을 자연발생산화(Native oxide)층이라고 한다. 산화층을 만드는 방법은 크게 열산화, 화학기상증착(CVD: Chemical vapor deposition), 양극산하 등의 방법 등이 있으나 집적회로 제작에 많이 사용되는 열산화와 화학기상증착(CVD)에 관하여 살펴보고자 한다.

4.2.1 열산화(Thermal oxidation)

실리콘을 산화족인 O_2나 H_2O 분위기에서 가열하면 실리콘산화물인 SiO_2가 만들어진다. 유입되는 산화족은 산화막을 통과하여 들어가 Si/SiO_2 경계면에서 화학반응을 일으켜 SiO_2가 생성된다. 이러한 열산화의 화학반응식은 건식과 습식산화의 경우 각각 식(4.8) 및 식(4.9)로 표현된다.

$$Si + O_2 \rightarrow SiO_2 \qquad \text{건식산화(Dry oxidation)} \tag{4.8}$$

$$Si + 2H_2O \rightarrow SiO_2 + 2H_2 \qquad \text{습식산화(Wet oxidation)} \tag{4.9}$$

산화 시에는 실리콘이 소모되며, 최종 SiO_2 두께의 44%가 소모된 실리콘 두께에 해당된다. [그림 4.5]는 열산화 장치이며, [그림 4.6]은 (100) 실리콘 면을 열 산화시킨 시간에 따른 산화막 두께를 보여주고 있다. 습식 산화막은 건식 산화막에 비하여 성장속도가 빠르지만 밀도가 높지 않아 산화막의 질이 좋지 않다. 산화공정 온도가 높을수록 산화막이 빠르게 성장하고 질도 향상된다.

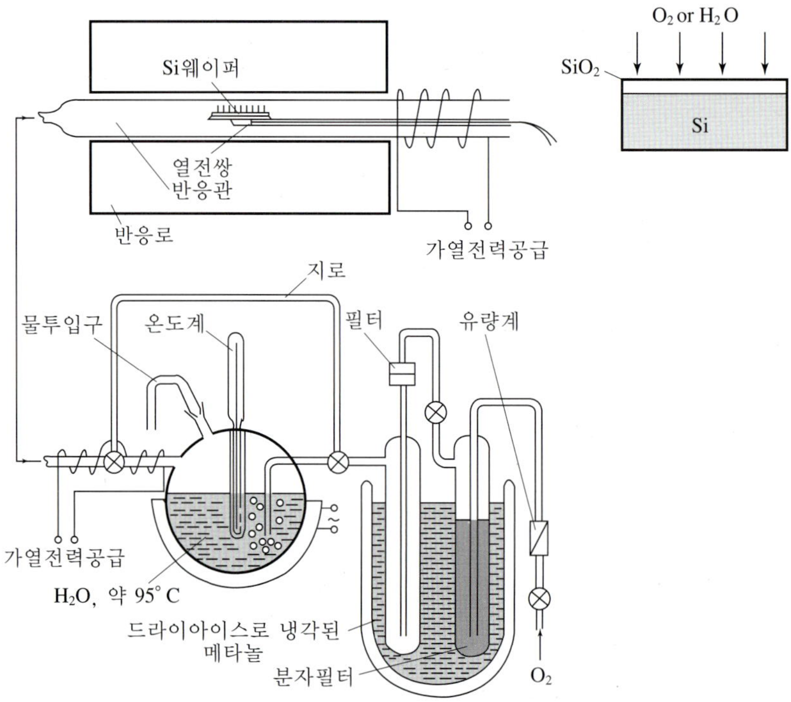

[그림 4.5] 열산화 장치의 개략도

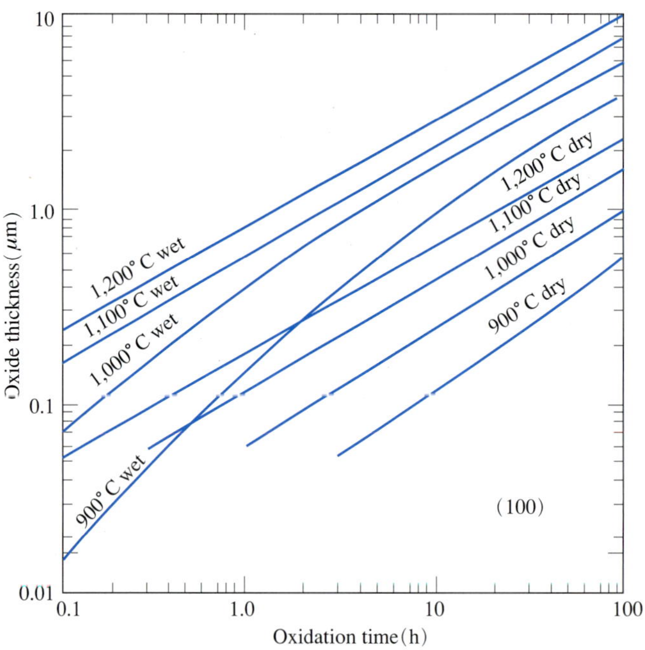

[그림 4.6] 열산화로 성장된 (100)실리콘 산화막의 두께

4.2.2 화학기상증착(CVD: Chemical vapor deposition)

CVD를 이용한 SiO_2박막층은 저온영역(300~450℃), 중온영역(450~800℃), 고온영역(900℃ 이상)으로 나눌 수 있다. 각 영역에서 일어나는 대표적인 화학반응식들은 아래와 같다.

$$SiH_4 + O_2 \rightarrow SiO_2 + 2H_2 \quad \text{(저온영역)} \tag{4.10a}$$

$$Si(C_2H_2O)_4 + 12O_2 \rightarrow SiO_2 + 8CO_2 + 10H_2O \quad \text{(중온영역)} \tag{4.10b}$$

$$SiH_2Cl_2 + 2N_2O \rightarrow SiO_2 + 2N_2 + 2HCl \quad \text{(고온영역)} \tag{4.10c}$$

CVD 장치는 사용하는 압력과 온도, 플라즈마발생기의 유무 등에 의하여 여러 가지 형태로 나누어지지만 일반적으로 저압 CVD(Low Pressure CVD) 장치들이 전 온도영역에 걸쳐 모두 사용되고 있다. 저압 CVD는 성장된 박막두께의 균일도, 입자불순물제거 등의 장점 외에도 반응 기체분자들의 확산도가 크게 증가하여 웨이퍼 간격을 좁게(보통 3~6mm 간격)하여 동시에 많은 양의 웨이퍼 박막성장이 가능한 장점을 또한 갖고 있다. 웨이퍼 표면에 요철이 있을지라도 전체가 산화막으로 잘 성장되는 높은 단차피복성(Step coverage) 특성역시 저압 CVD가 갖고 있는 특징이다. 그러나 증착률이 상대적으로 낮은 편이다.

4.3 이온주입(Ion implantation)

확산에 의한 불순물 주입은 열운동을 통한 입자이동이므로 수직방향 뿐만 아니라 수평방향으로의 이동이 동시에 일어나, 도핑 시키고자 하는 영역 외에 수평방향으로 추가적인 도핑범위가 이루어져 집적도를 증가시키는데 불이익을 주게 된다. 이온주입은 도핑 시키고자 하는 물질을 이온화시킨 후 가속시켜 수직으로 향한 운동에너지를 크게 증가시켜 웨이퍼표면에 강제주입 시키는 기술로서, [그림 4.7]과 같이 열확산에 비하여 수평방향(Lateral direction)으로의 도핑이 크게 감소하는 결과를 가져와 집적도향상에 기여한다.

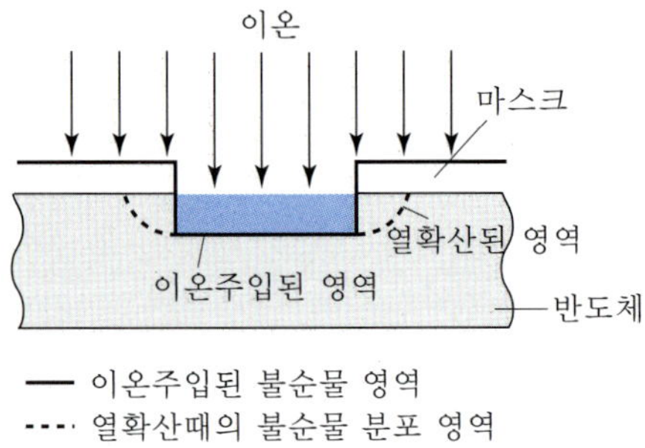

[그림 4.7] 이온주입을 통한 수평방향 불순물유입

4.3.1 이온주입장치

이온주입장치는 [그림 4.8]과 같이 이온소스, 가속기, 질량분석기, x-y 편향장치, 집속렌즈 및 웨이퍼 탑제실 등으로 되어있다.

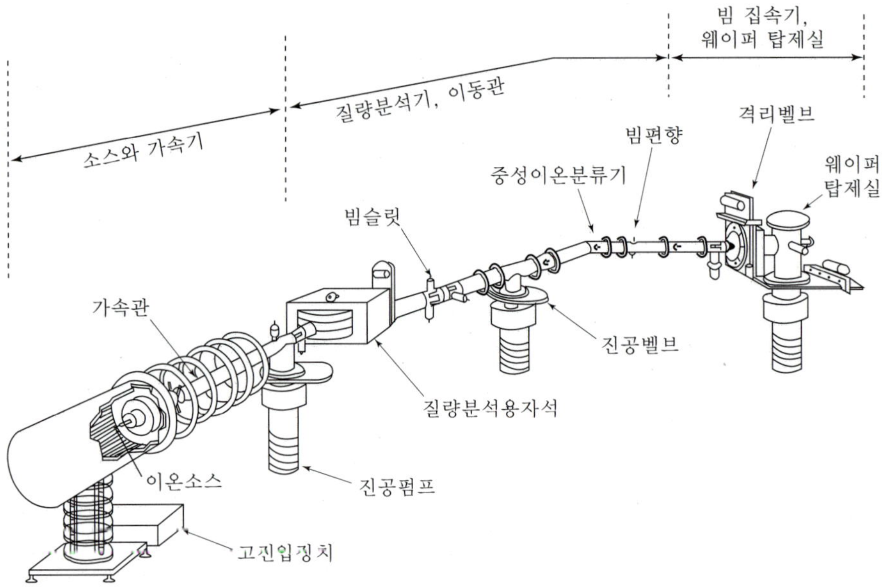

[그림 4.8] 이온주입장치의 개략도

이온소스는 주입시키고자하는 물질을 이온화시키는 곳이며, 발생된 이온은 전계에 의해 가속되고 질량분석기를 지나면서 주입시키고자 하는 이온만 분리된다. 웨이퍼위에 균일하게 이온빔을 주입시키기 위하여 편향기를 사용하며, 빔의 폭을 조절하는 집속렌즈, 웨이퍼가 탑제되는 웨이퍼 탑제실 등이 주요 구성요소인 것이다.

이온주입장치는 10^{-5}~10^{-7} Torr[2] 영역의 진공상태에서 동작된다. 주입된 단위면적당 이온수인 이온도즈는 식(4.11)과 같다.

$$N_{\square}=\frac{I}{q_i}\cdot\frac{t}{A} \qquad (\text{atoms/cm}^2) \tag{4.11}$$

여기서 $N_{\square}$는 이온도즈, t는 주입된 시간, A는 주입된 면적, q_i는 이온당 전하를 의미한다. 이온전류 I를 측정하고 주입된 시간 t를 알게 되면 이온도즈를 계산할 수 있다. 이와 같이 전류와 시간을 정확히 측정하면 주입되는 이온수를 정확히 알 수 있으므로 불순물의 양을 정확하게 조절할 수 있게 된다. 이온도즈는 일반적으로 10^{11}~10^{16} 영역에서 사용된다.

예제 4-1

이온도즈가 2×10^{14}atoms/cm^{2}가 되도록 B^+이온을 실리콘에 이온주입시키고자 한다. 웨이퍼의 면적이 324cm^{2}이고 이온전류는 1mA이다. 얼마 동안 이온을 주입시켜야 하는가?

풀이

식(4.11)에 의하여 $t=\dfrac{N_{\square}q_i A}{I}$이므로

$$t=\frac{2\times10^{14}\times1.6\times10^{-19}\times324}{10^{-3}}=10.36\,\text{sec}$$

4.3.2 이온분포

일정한 에너지를 갖고 반도체에 주입된 이온은 진행하면서 격자원자들의 핵과 핵 주위를 둘러싸고 있는 전자들과 충돌을 거듭하면서 갖고 있던 에너지를 잃어 결국 이상 더 진행하지 못하고 정지하게 된다. [그림 4.9]는 이온의 이동거리와 분포에 관한 개략도이다. R, R_p는 각각 이온이 이동해 간 전체이동 거리와 표면으로부터의 수

2) 1 Torr = 1.32 · 10^{-3}atm(기압)

직거리인 이온투사범위(Projected range)를 보여준다. R_p 위치에 주입된 이온 최대치가 나타난다. ΔR_p는 퍼짐을 나타내는 가우스분포의 표준편차(Implantation straggle)이다. [그림 4.9]는 이온이동 거리 및 분포를 보여주며 식(4.12)는 이온주입된 불순물들의 분포를 나타내고 있다.

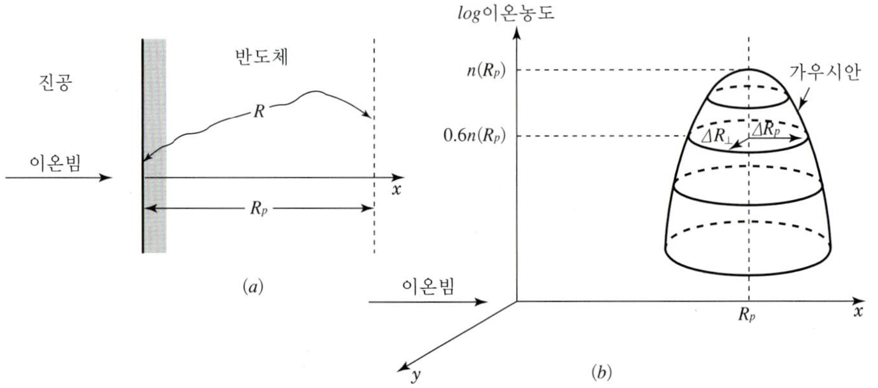

[그림 4.9] 이온이동 거리 및 분포
(a) 이동거리
(b) 이온분포

$$N(x) = \frac{N_{\square}}{\sqrt{2\pi}\,\Delta R_p} \exp\left[\frac{-(x-R_p)^2}{2\Delta R_p^2}\right] \tag{4.12}$$

상기 파라미터들은 주입된 이온의 종류와 웨이퍼물질에 따라 다르며, [그림 4.10]에서 알 수 있는바와 같이 이온에너지가 높을수록 R과 R_p는 증가한다. 이온주입은 웨이퍼의 격자손상을 일으키므로 주입 후 열처리(Annealing)를 하여야 한다.

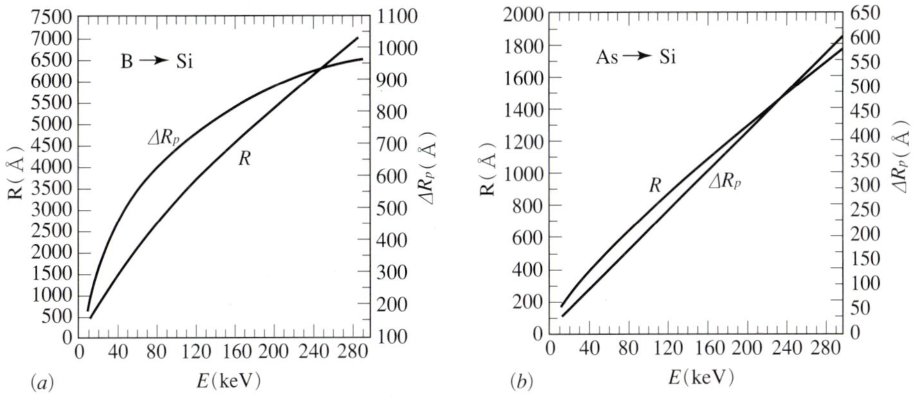

[그림 4.10] 실리콘에 주입된 붕소와 비소이온의 R과 ΔR_p

(a) 붕소(B)의 주입

(b) 비소(As)의 주입

[그림 4.11]은 깊숙한 곳까지 일정한 농도를 갖는 분포를 얻기 위해 여러 에너지를 중첩시켜 이온주입시킨 결과를 보여준다.

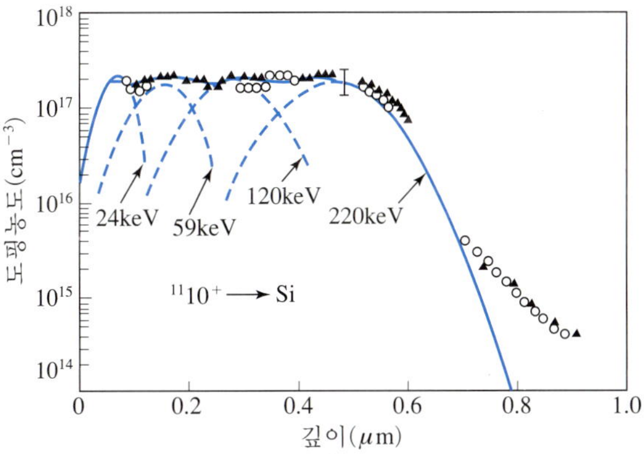

[그림 4.11] 실리콘에 이온 주입된 붕소의 1차원 분포

4.4 노광(Lithography)

광에 의하여 마스크(Mask)상의 모형(Pattern)들을 반도체 웨이퍼의 표면에 도포

되어 있는 얇은 감광재료(Photoresist)에 옮겨놓는 것을 말한다. 노광기술은 크게 자외선에 의한 광노광기술(Optical lithography), X-선이나 전자빔 혹은 이온빔 등에 의한 방사노광기술(Radiation lithography), 담금펜(Dip-pen)이나 나노각인(Nano imprint)에 의한 비광노광기술 등으로 나눌 수 있다.

4.4.1 노출방법

노출방법은 [그림 4.12] 및 [그림 4.13]과 같이 크게 음영인쇄법(Shadow printing)과 투사형인쇄법(Projection printing)으로 구분되는데, 음영인쇄법은 다시 [그림 4.12a]처럼 마스크와 웨이퍼가 서로 접촉되는 접촉인쇄법(Contact printing)과 [그림 4.12b]와 같이 약간의 간격을 가진 근접인쇄법(Proximity printing) 등으로 구분된다.

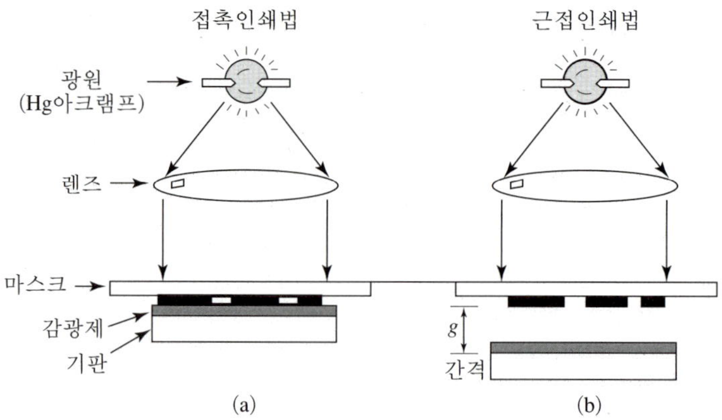

[그림 4.12] 음영인쇄법의 광노광기술 개략도
(a) 접촉인쇄법
(b) 근접인쇄법

접촉인쇄법은 해상도가 높지만 마스크가 먼지나 실리콘 입자들에 의해 손상될 수 있고 감광제(Photoresist)가 마스크에 부착되어 감광제의 모형이 일그러지는 단점이 있다. 이와 같은 단점들을 보완한 것이 근접인쇄법이다. 웨이퍼와 마스크 간격은 보통 10~50μm이며 마스크손상 문제가 발생하지 않는다. 이때는 마스크와 웨이퍼사이의 공간에서 회절(Diffraction)현상이 발생하여 마스크 가장자리(Edge)에서 빛이 통과하지 못하도록 되어있는 안쪽으로 상당량의 강도를 갖는 빛이 나타나서 해상도의 감소를 야기시킨다. 투사형 경우는 마스크가 웨이퍼로부터 멀리 떨어져 있어서 마스크 손상이 없음은 물론, 마스크를 작은 부분들로 스캔하거나 한 개의 칩에 해당하는 마스크 이미지를 웨이퍼위에 하나씩 만들어 나가는 스텝-반복(Step and repeat)법을 사용하여 해상도를 크게 향상시킬 수 있다.

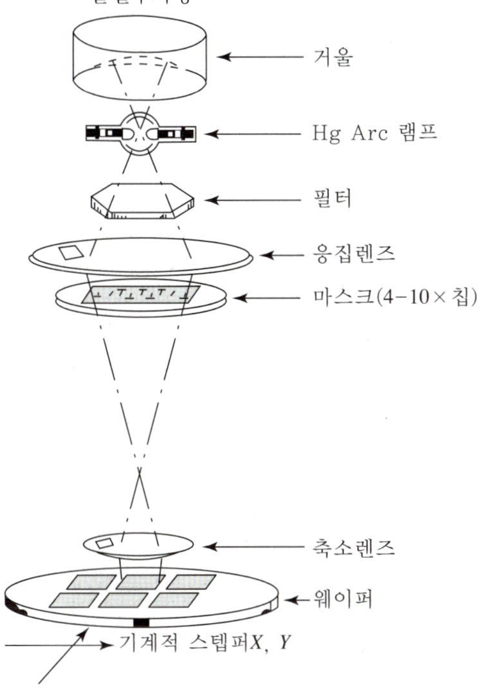

[그림 4.13] M:1의 투사형인쇄법 개략도

[그림 4.14]는 광노광 마스크를 통과하여 감광재료에 입사되는 빛의 강도분포이다. 이미 설명한 바와 같이 해상도는 접촉 > 투사 > 근접의 순서임을 확인할 수 있다.

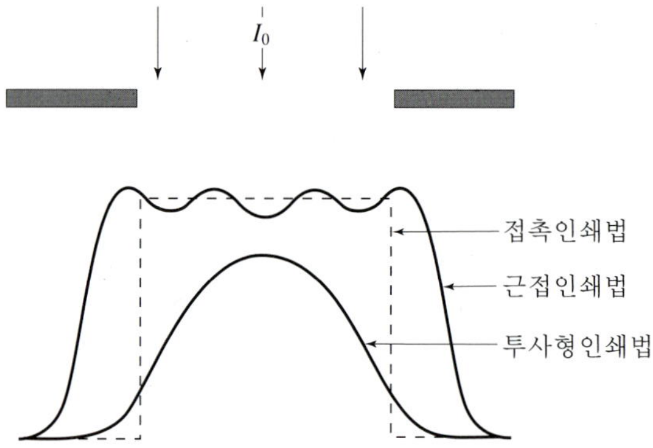

[그림 4.14] 마스크를 통과하여 감광재료에 입사되는 빛의 강도분포

4.4.2 광원

1) 광노광기술(Optical lithography)

근접인쇄법과 투사형 인쇄법을 통하여 얻을 수 있는 최소선폭 l_m을 해상도라 하며 다음과 같은 근사식으로 표현된다.

$$l_m = \sqrt{\lambda g} \qquad \text{(근접인쇄법)} \qquad (4.13)$$

$$l_m = k_1 \frac{\lambda}{NA} \qquad \text{(투사형인쇄법)} \qquad (4.14)$$

여기서 λ는 빛의 파장이며 g는 [그림 4.12b]와 같이 마스크와 웨이퍼 사이의 거리이다. k_1은 공정상수이며 사용된 파장 λ나 NA(사용된 렌즈의 크기 혹은 개구수)가 아닌 노광공정상의 모든 것이 고려된 것으로 시대에 따른 공정개선으로 인하여 $k_1 \approx 0.7$(1985–1995년), $k_1 \approx 0.5$(1999년) 등 그 값이 점점 작아지고 있다. NA는 투사형 시스템에서는 보통 0.16~0.40 사이의 값을 갖는다. 해상도를 높이기 위해 최소선폭을 작게 하려면 광원의 파장 λ가 작아야 한다. 이를 위해 원자외선 즉 UV(Ultraviolet) 영역의 광원들을 사용한다. 0.25~0.18μm 영역의 최소선폭을 위해 반도체 제조업체에서 가장 많이 사용하고 있는 광노광기의 광원은 파장이 248nm인 엑사이머 레이저이다. 파장이 193nm인 ArF 엑사이머 레이저를 0.18~0.10μm 영역의 양산용 스캐너시스템에 사용하고 있다. 최소선폭이 $\leq 0.10\mu$m에서는

$F_2(\lambda = 157nm)$ 엑사이머 레이저가 다른 차세대 노광기술을 사용하기 전까지 가장 유력한 광원이 될 것이다.

2) 방사노광기술(Radiation lithography)

감광막 노출을 위한 전통적인 방법은 전하를 띠지 않은 순수한 자외선 광자를 이용하는 것이지만, 회절이나 기타 미세구조에서 생겨나는 마스크 패턴의 충실한 웨이퍼로의 이전 저해요소들은 사용되는 주파수를 더욱 짧게 하고 에너지를 더욱 크게 하는 X-선, 전자빔, 이온빔 등의 새로운 노광기술 전환을 필요로 하게 되었다. 이들은 초기엔 마스크 제작이나 수리 등에 주로 사용되었지만, 점차적으로 투사나 스캐닝 노출장치에 적용되고 있다. 빔의 파장은 nm가 아닌 Å 영역이다. 일반적으로 파장이 100nm이하 되는 노출영역을 방사노광이라고 한다. 〈표 4.1〉은 방사노광기술의 종류를 보여주고 있다.

〈표 4.1〉 방사노광기술 종류

종류	keV	λ(Å)	노광영역
전자빔	2-100	1	5×5 mm
이온빔	10-300	1-5	1×1 mm
X-선	0.3-3	1-100	100 cm^2
감마선	1000	0.1	1000 cm^2

4.4.3 비광노광기술(Non-optical lithography)

자외선이나 방사노광 등이 아닌 광원 없이 마스크 패턴을 웨이퍼에 옮길 수 있는 모든 기술을 통칭하여 비광노광기술이라고 한다. [그림 4.15]는 원자력 현미경(AFM) 팁에 티올(Thiol)과 같은 유기물질을 잉크처럼 묻혀서 직접 글을 쓰듯이 패턴을 만들 수 있는 담금펜(DPN: Dip-pen non-optical lithography) 방법이다. 유기물 분자들은 화학흡착을 통해 기판에 잘 부착되어 안정된 패턴을 만들게 된다. 이와 같은 기술을 사용하여 선폭이 약 10nm, 선 간의 간격이 5nm되는 선을 만들 수 있다.

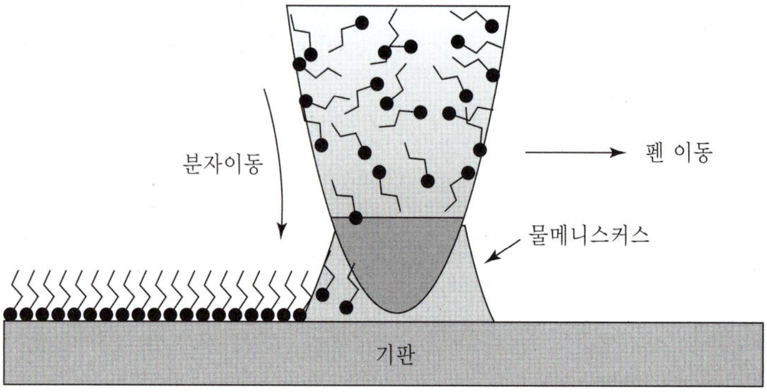

[그림 4.15] Dip-Pen 나노노광기술의 기본 개요도

[그림 4.16]은 마스크를 성형판으로 만들고 이를 웨이퍼위에 도포된 감광막에 압착하여 패턴을 옮겨놓는 나노각인 노광기술(NIL: Nano imprint lithography)이다. 이와 같은 방법을 사용하면 저렴하면서도 미세한 패턴을 만들 수 있어 NIL은 10nm 이하의 패턴형성을 위한 실용성 있는 기술로 평가받고 있다.

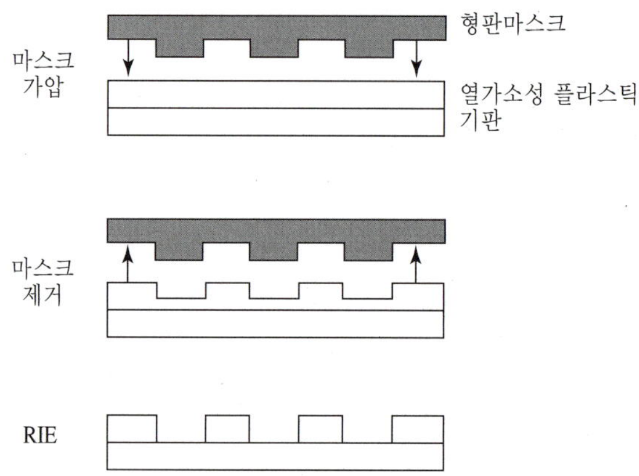

[그림 4.16] 나노 패터닝을 위한 나노각인 노광기술 개략도

4.5 식각(Etching)

노광공정을 통해 형성된 감광제패턴들을 마스크로 하여, 그 아래에 있는 부분(예를 들어 SiO_2, Si, Si_3N_4, Al)등과 외부로 노출된 부분들 사이에 화학 반응속도가 전혀 다르게 함으로써, 마스크로 보호되지 않는 부분들이 공정이 진행됨에 따라 떨어져 나가게 하는 것을 식각공정(Etching process)이라 한다. 식각공정에 의하여 확산이나 이온주입될 영역이 만들어지고 도선들의 연결 작업이 이루어지는 것이다. 식각공정은 크게 습식식각(Wet etching)과 건식식각(Dry etching)으로 구분할 수 있다.

4.5.1 습식식각(Wet etching)

습식식각은 일반적으로 [그림 4.17a]와 같이 모든 방향으로 식각속도가 균일하게 일어나는 등방성식각(Isotropic etching)과 [그림 4.17b]처럼 일정방향으로만 식각속도가 빠르게 일어나는 이방성식각(Anisotropic etching)이 있다. 반도체 공정 중 가장 많이 사용되는 식각공정이 등방성 습식식각 공정이며, 절단한 웨이퍼의 표면연마, 열 산화막이나 에피택시층 등을 성장하기 전의 웨이퍼 세척, 최소선폭 크기가 3μm 이상인 반도체소자 제작등과 같은 공정에 주로 사용된다.

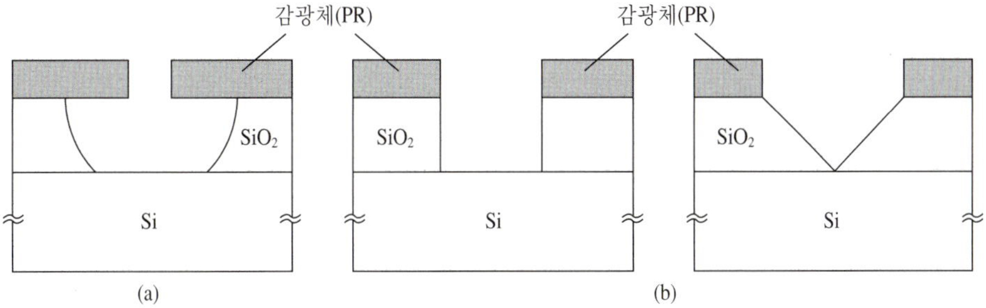

[그림 4.17] 등방성과 이방성 습식식각
(a) 등방성 습식식각
(b) 이방성 습식식각

실리콘을 등방식각 시킬 때는 식(4.15)~(4.17)과 같이 일차적으로 실리콘을 산화시킨 후 산화된 실리콘을 식각시키는 방법을 사용한다.

$$3Si + 4HNO_3 \rightarrow 3SiO_2 + 4NO + 2H_2O \quad (4.15)$$

$$3SiO_2 + 18HF \rightarrow 3H_2SiF_6 + 6H_2O \quad (4.16)$$

$$3Si + 4HNO_3 + 18HF \rightarrow 3H_2SiF_6 + 4NO + 8H_2O \quad (4.17)$$

H_2SiF_6는 물에 잘 녹는 물질이라서 물로 씻어버리면 된다. 식각속도는 산화제 HNO_3와 SiO_2를 직접 식각시키는 HF 농도에 크게 의존된다. 식각속도가 너무 빠르면 식각후 제거되어야 할 물질의 이동이 순식간에 이루어지지 않게 되고, 이로 인해 식각표면이 거칠게 될 수 있어 알맞은 속도로 제한해야 한다. 식(4.17)에서 식각속도 완급 조절을 위해 초산(CH_3COOH)과 물(H_2O)을 추가로 넣기도 한다. 초산은 질산의 분해를 감소시키며, 물은 HF 분해를 감소시켜 속도완급조절 기능을 하는 물질로 사용되는 것이다. SiO_2막은 식(4.16)과 같이 HF를 사용하여 식각시킨다.

4.5.2 건식식각(Dry etching)

반도체 공정에서 식각하고자 하는 대부분의 물질들은 SiO_2, Si_3N_4, 증착된 금속 등의 비정질이나 다결정 물질들이다. 이들을 습식식각하면 수평과 수직이 같은 비율로 식각되는 등방성식각이 되어 원하는 식각형상이 얻어지지 않는다. 이것이 습식식각의 가장 큰 단점인 [그림 4.17a]과 같이 마스크 아래가 식각되는 언더커팅(Undercutting)을 유발시켜, 집적도 저하를 일으키는 한 원인이 되는 것이다. 또한 습식식각 때에는 사용되는 화학물질 속에 포함될 수 있는 불순물들로 인한 추가적인 오염노출이 일어날 수 있고, 공정과정을 통한 폐수발생 문제도 야기될 수 있다. 이와 같은 문제 해결을 위한 것이 건식식각이다. 건식식각은 웨이퍼표면에서 이온충격에 의한 물리적 방법([그림 4.18a])이나, 플라즈마 속에서 발생된 반응물질들이 식각시킬 물질의 표면과 화학적 반응을 일으켜 휘발성물질을 생성시켜 식각시키는 방법([그림 4.18b]), 그리고 반응종과 식각시킬 물질의 화학적 반응이 동시주입 된 이온, 전자, 광자 등의 촉매작용 때문에 빠르게 일어나는 식각현상([그림 4.18c])들로 나눌 수 있다.

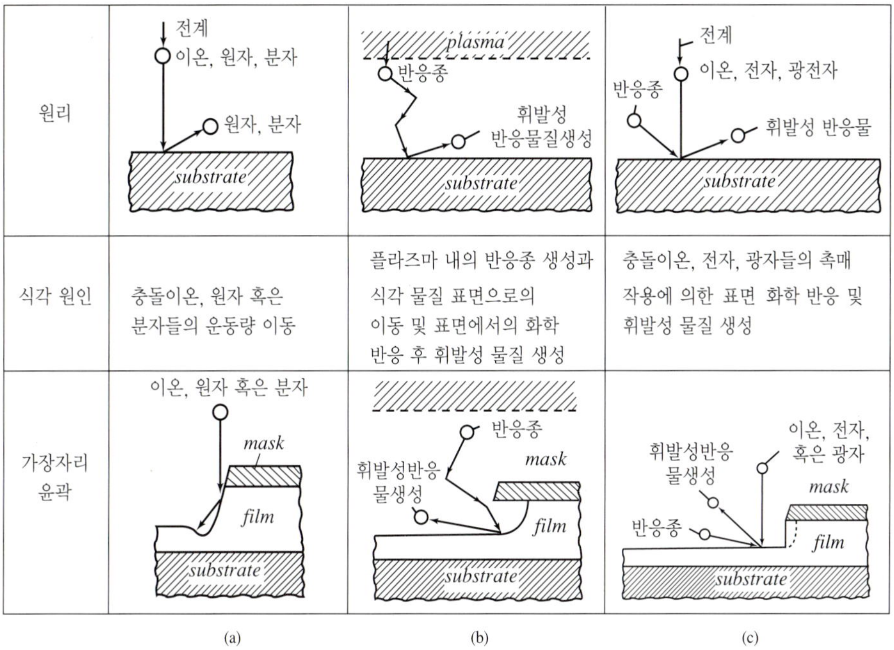

[그림 4.18] 건식식각 종류

(a) 물리적 이온건식식각
(b) 화학적 반응건식식각
(c) 물리화학적 반응건식식각(RIE; recative ion etching)

[그림 4.18b]의 화학적 반응건식식각에 속한 것으로서, Si나 SiO_2 및 기타 반도체 공정에 많이 사용되는 반응종인 F, CF_3 기(Radical)들은 아래식과 같이 CF_4 플라즈마에서 얻어진다.

$$e + CF_4 \rightarrow CF_3 + F + e \tag{4.18}$$

Si나 SiO_2 식각에서는 F기가 가장 활동적인 식각물질로 작용하며 화학적 반응식은 다음과 같다.

$$Si + 4F \rightarrow SiF_4(\text{휘발성}) \tag{4.19}$$

$$SiO_2 + 4F \rightarrow SiF_4(\text{휘발성}) + O_2 \tag{4.20}$$

[그림 4.19]는 건식식각 초창기부터 사용되고 있는 구조가 간단한 원통형 플라즈마 식각장치의 개략도이다. 석영관, *RF*공급을 위한 전극, 기체공급 및 배출관, 진공펌프 등으로 구성되어 있다. 웨이퍼를 탑재한 보우터는 석영관 내부에 위치하고 있으며, 식각균일도 개선을 위하여 석영관과 웨이퍼 보우터 사이에 첨공된 금속판을 설치한다. 플라즈마는 석영튜브 외곽에 있는 전극사이에서 공급된 *RF*에 의해 발생하여 웨이퍼가 장착된 석영튜브 내부로 첨공을 통하여 확산되어 들어가서 순순한 화학반응으로 식각작용을 일으킨다. 대부분 0.5~2.0Torr에서 작동한다. 수직방향성을 좋게 하기위해서는 [그림 4.18a], [그림 4.18c]가 적합하다.

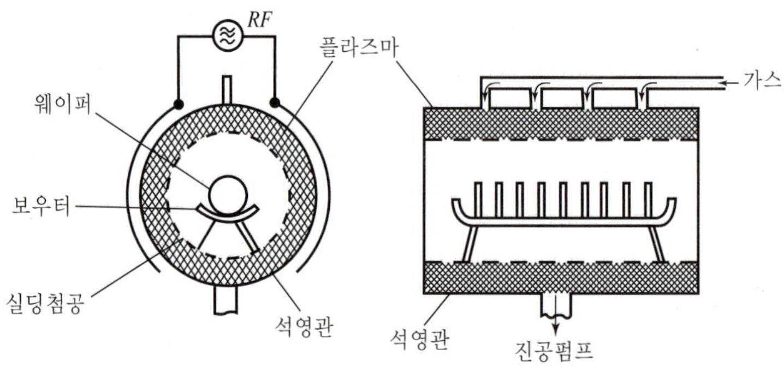

[그림 4.19] 원통형 플라즈마 식각장치 개략도

4.6 박막증착(Thin film deposition)

반도체소자 제작에 많이 사용되는 Si, SiO_2, Si_3N_4, Al 등 많은 종류의 박막들은 열성장이나 물리적 증착, 혹은 화학반응 증착 등에 의하여 형성된다. IC 공정용 박막은 구성성분과 두께 등이 서브마이크론(Submicron) 공정에 적합하도록 조절될 수 있어야 하고 핀홀(Pin hole)과 같은 결함이 없어야 한다. 박막제조의 4가지 대표적인 방법은 다음과 같다.

(1) 화학기상증착(CVD: Chemical capor deposition)

(2) 물리기상증착(PVD: Physical vapor deposition)

(3) 원자층 화학기상증착(ALCVD: Atomic layer chemical vapor deposition)

(4) 전기도금(EP: Electroplating)

본 절에서는 전기도금을 제외한 집적회로공정에 필수적인 (1)~(3)까지의 CVD에 관하여 간단히 알아보겠다.

4.6.1 화학기상증착(CVD: Chemical vapor deposition)

화학기상 증착법은 반도체 소자제작 과정에서 가장 중요한 공정 중의 하나이다. 비교적 낮은 온도에서 고순도와 결함이 없는 결정층뿐만 아니라, 비정질 물질도 얻을 수 있으며 다양한 종류의 박막 형성 및 물질조합을 쉽게 조절할 수 있는 장점을 갖고 있다.

반응로의 압력에 따라 상압 CVD(APCVD), 저압 CVD(LPCVD) 등으로 나누고, 온도에 따라 고온, 중온, 저온 등으로 구분하기도 한다. 저압 CVD는 4.2.2절에서 언급한 바와 같이 박막두께의 균일도, 입자불순물제거, 동시에 많은 양의 웨이퍼 박막성장, 높은 단차피복성(Step coverage) 등의 장점들이 있으며, 반응관 벽면이 가열되는 열벽수평관 LPCVD는 집적회로 제조공정에서 많이 사용되는 방법이다. 비교적 낮은 증착률(100~500 Å/min)에도 불구하고 한 공정에 200장 정도의 웨이퍼를 장착할 수 있어 큰 생산량을 나타낸다. [그림 4.20]은 열벽수평관 LPCVD반응장치를 보여주고 있다. [그림 4.20a]는 종단주입(End feed) 형태로써 반응관 입구 가까이의 가스밀도가 출구 쪽보다 높아 같은 온도에서는 박막성장률이 입구가 출구 쪽 보다 높다. 균일한 박막두께를 얻기 위해서는 출구 쪽으로 갈수록 온도를 증가시켜야 한다. [그림 4.20b]는 분산주입(Distributed feed) 반응장치이며, 가스를 반응로 전 영역에 분배하여 고르게 주입하므로 동일한 온도에서 균일한 성장률을 갖게 된다.

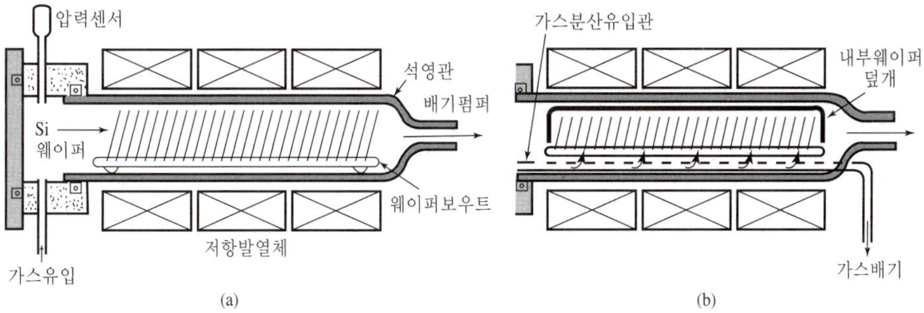

[그림 4.20] 열벽 수평관 저압기상증착 반응장치

(a) 종단주입
(b) 분산주입

4.6.2 물리기상증착(PVD: Physical vapor deposition)

원하는 박막물질의 기판이나 덩어리에 에너지를 가하여 운동에너지를 가지는 해당물질이 물리적으로 분리되어 다른 기판에 쌓이게 됨으로써 박막층이 만들어지는 것을 물리기상증착법이라고 한다. 스파터링(Sputtering)과 증발법(Evaporation)으로 나눌 수 있다.

1) 스파터링(Sputtering)

고 에너지의 입자를 원하는 박막과 동질인 물질로 이루어진 목표물(Target)에 충돌시켜, 그곳으로부터 원자와 분자가 떨어져 나와 기판에 박막을 만드는 방법을 말한다. 유전체나 금속박막 증착에 많이 사용되어진다. 넓은 면적에 균일한 두께의 박막증착이 가능하며, 두께조절과 정확한 합금성분조절이 가능하다. 또한 기판과 목표물(Target) 위치를 바꾸어서 기판 표면을 깨끗하게 식각하는 전처리 청결공정(Sputter-cleaning)을 할 수 있다. [그림 4.21]은 직류다이오드 스파터링 시스템의 개략도이다. 질량이 큰 아르곤(Ar) 기체를 주입한 후, 음극과 양극에 전압을 가하면 반응장치내의 아르곤이 이온화되어 플라즈마가 만들어진다. 양이온의 아르곤(Ar^+)이 음극쪽으로 끌려가면서 받은 큰 에너지를 충돌을 통하여 목표물에 주면, 목표물이 떨어져 나와 기판에 퇴적됨으로써 박막이 만들어진다. 부도체를 스파터링 시키기 위해서는 *RF* 전원주파수가 가해지는 *RF* 글로우방전 스파터링이 있다.

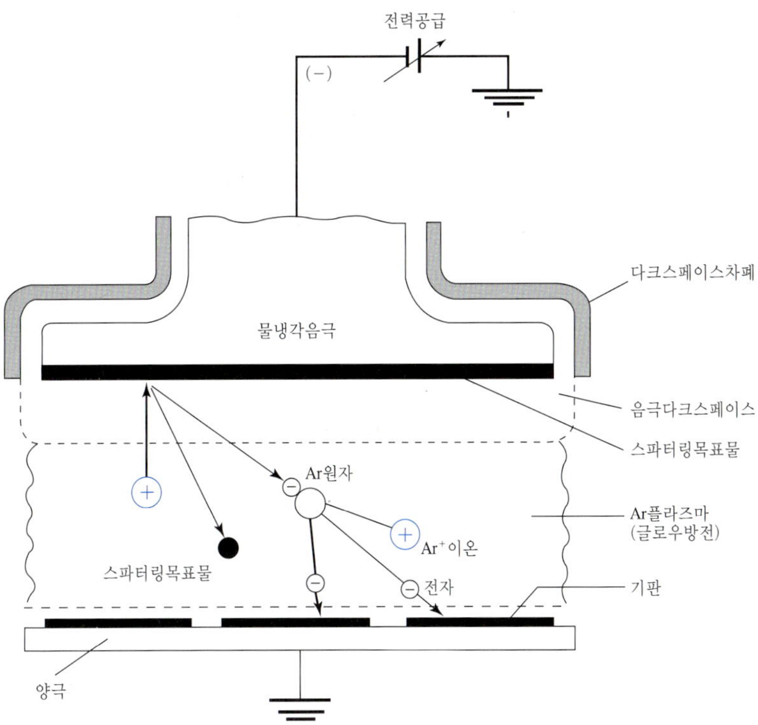

[그림 4.21] 직류다이오드 스파터링 시스템의 개략도

2) 진공증착(Vacuum evaporation)

[그림 4.22]는 진공증착의 기본 원리를 보여주고 있다. 진공으로 된 용기 내에서 증착하고자 하는 물질을 가열하여 소스에서 떨어져 나온 증기의 증기압을 상승시켜 기판 위에 증착되게 하는 방법이다. 증착률은 증기압에 비례하므로 충분히 큰 증기압을 갖는 상태에서 증착시켜야 한다. 보통 증기압은 10mTorr 이상 되도록 가열하여야 한다. 가열되어 증기상태로 기체화된 물질분자가 이동하여 기판에 도달하는 동안 용기내의 잔존하는 다른 물질분자들과 충돌하지 않고 바로 직진하기위해서는, 용기내의 평균자유행정(Mean free path)이 장치의 소스위치와 기판위치보다 훨씬 크게 하여 분자의 흐름이 자유롭게 되도록 해야 한다. VLSI 공정에서는 $5 \cdot 10^{-7}$Torr 정도에서 많이 사용된다. 진공증착은 고진공이므로 순수한 박막을 얻을 수 있고, 증착률을 크게 할 수 있으며(0.5μm/min) 0.1eV의 낮은 에너지로 기판에 손상을 주지 않는다.

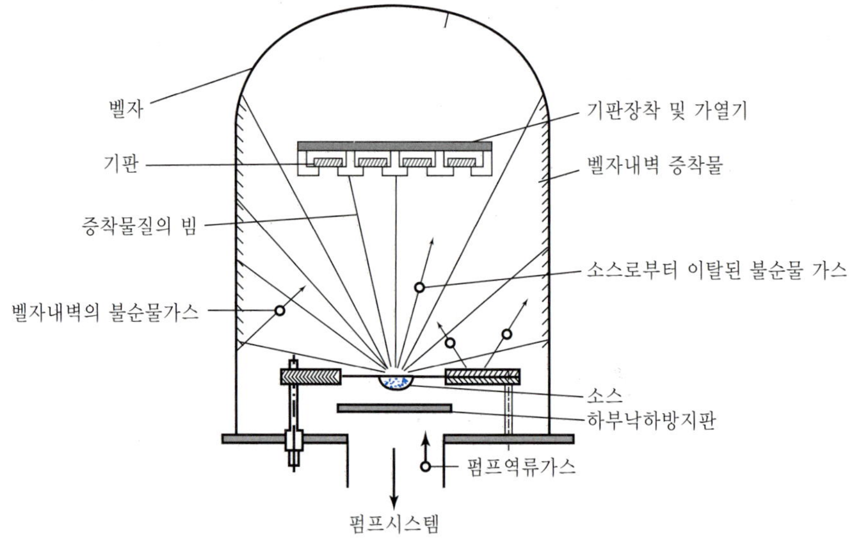

[그림 4.22] 진공증착장치의 기본구조

4.6.3 원자층 화학기상증착(ALCVD: Atomic layer chemical vapor deposition)

기상반응을 억제시키고 웨이퍼나 시료의 표면으로부터 한 원자층씩 순차적으로 부착되어 원하는 분자를 형성시키는 기술이다. 반응에 참여하는 분자인 프리커스 유입 후에는 반드시 불활성 기체를 유입시켜 모든 잔존하는 기체들을 반응기 밖으로 배기시킨다. 그 후에 표면에 부착된 앞의 분자와 화학반응을 일으키는 다른 프리커스를 유입시켜 표면에서만 반응이 일어나게 한다. 다시 불활성기체로 반응기 속에 있는 모든 기체를 배기시킨 후, 첫 번째의 프리커스를 유입시키는 반복과정을 거치게 되므로 기체주입주기(Cycle)에 비례한 박막성장이 가능하여 정확한 두께 제어를 할 수 있다. 식(4.21)과 [그림 4.23]은 이와 같은 반응을 나타내고 있다. 두 기체가 반응하여 한 고체분자가 형성되고 나머지는 다른 기체가 되어 배기된다

$$AX(기체) + BY(기체) \rightarrow AB(고체) + XY(기체) \qquad (4.21)$$

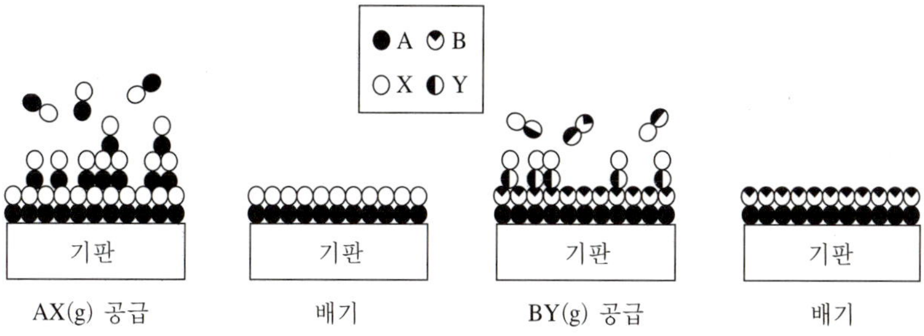

[그림 4.23] ALCVD 방법에서의 박막형성과정

4.7 패키징(Packaging)

집적회로가 들어있는 칩을 다이(die)라고 하는데, 이것의 입출력 및 전원 단자들을 외부와 전기적으로 연결하고 습기나 먼지 등의 주위환경으로부터 보호할 뿐만 아니라, 기계적인 충격에도 잘 견딜 수 있도록 하는 공정을 패키징이라고 한다. 패키징은 집적회로 소자의 가격, 신뢰성, 성능 등에 큰 영향을 끼친다. [그림 4.24]는 리드프레임과 칩이 봉합된 플라스틱 패키지 내부를 보여준다. 패키지는 핀과 칩을 장착시킬 수 있는 구조물인 리드프레임, 리드프레임과 본딩패드를 연결하는 선, 칩(Die)을 장착하는 패들(Paddle) 및 봉합물질들로서 구성되어있다.

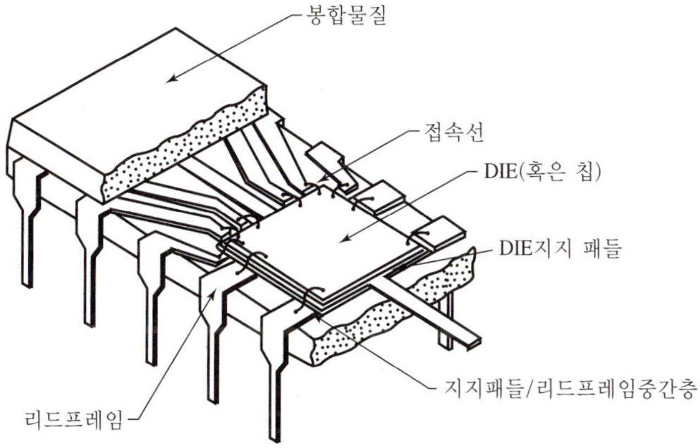

[그림 4.24] 리드프레임과 칩이 봉합된 플라스틱 패키지

4.7.1 패키지 종류

패키지는 사용되는 재료와 인쇄회로 기판에 실장시키는 형태에 따라 구분할 수 있다. 봉합재료에 따라 플라스틱(Plastic)과 초자(Ceramic) 두 종류가 있으며, 실장형태에 따라 인쇄회로기판에 구멍을 뚫어 핀을 삽입하는 TH-형(Through hole type), 기판표면에 실장하는 표면실장형(SMT: Surface mounting type)으로 나눈다. TH-형은 가장 오랫동안 사용되어온 집적회로의 전형적인 패키지이다. 표면실장형은 핀 삽입형인 TH-형에 비하여 같은 크기의 칩일 경우 소형으로 실장면적을 줄일 수 있고 두께가 얇고 경량이며, 기생커패시턴스나 인덕턴스가 작아 주파수가 증가할수록 동작속도가 향상된다. 또한 구멍을 뚫을 필요가 없으며 납땜영역의 피치를 작게 할 수 있고 고밀도의 배선 및 실장 가능성과 기판제작의 단가를 낮출 수 있는 장점 등이 있어서, 입출력 단자가 많이 필요한 대부분의 칩들은 표면실장형으로 패키징된다. [그림 4.25]는 TH-형, [그림 4.26]은 표면실장형 패키지이다.

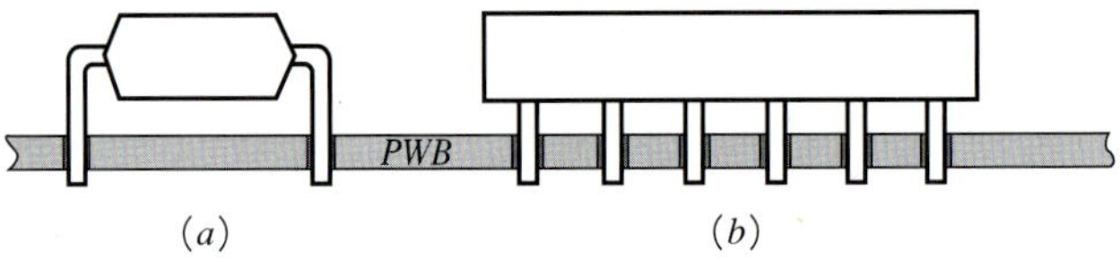

[그림 4.25] TH-형 패키지

(a) DIP(dual-in-line package)
(b) PGA(pin grid-array package)

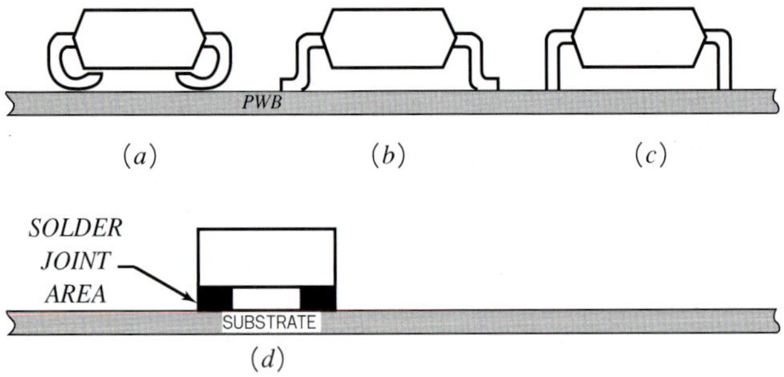

[그림 4.26] 표면실장형 패키지

(a) J형 단자 패키지
(b) 갈매기 날개형 단자 패키지
(c) 토막형 단자 패키지
(d) 무단자 패키지

많은 핀이 필요한 비메모리 소자의 패키징을 위해서는 작은 인덕턴스 값을 갖는 다핀형 BGA(Ball grid array)가 사용된다. [그림 4.27]은 플라스틱으로 봉합된 BGA 즉 PBGA 구조이다.

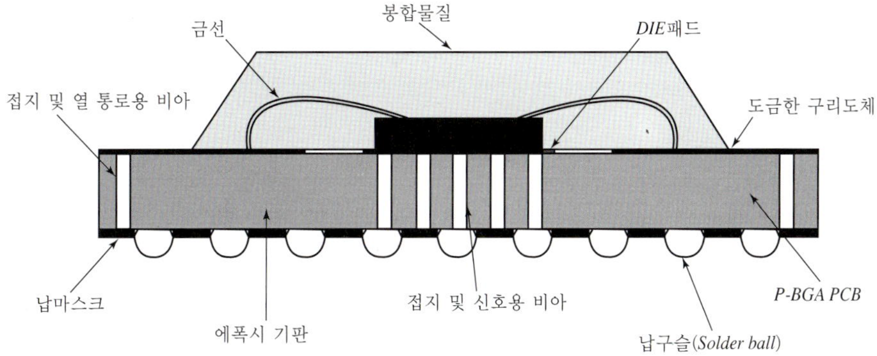

[그림 4.27] PBGA(Plastic ball grid array)

4.7.2 접속(Bonding)

칩을 리드페레임이나 패들에 장착하는 것이나, 칩의 접속패드(Bonging pad)와 리드프레임을 전기적으로 결선하는 것을 접속이라고 한다. 접속은 크게 다이접속(Die bonding), 선접속(Wire bonding), TAB(Tape automated bonding), 플립칩접속(Flip-chip bonding) 등으로 대별할 수 있다. 여기서는 접속의 기본이 되는 다이접속과 선접속만을 살펴보고자 한다.

1) 다이접속

다이접속 공정은 패키징 된 칩의 신뢰도 향상을 위하여 주의 깊게 수행되야 한다. [그림 4.28a]는 다이접속을 위하여 진공으로 칩을 끌어당겨 금속이나 초자 등의 기판으로 이동하는 그림이며, [그림 4.28b]는 이렇게 하여 접착된 칩과 기판사이의 기본 구조이다. 사용되는 접착제로는 Ag, Au 등의 경납(Hard solder)이나 Au 80%+Sn 20%의 중간경납물질이 사용된다. 경납 외에 에폭시수지나 폴리이미드 같은 중합체(Polymer)등도 사용된다. 경납은 400℃ 정도로 가열하고, 에폭시수지는 낮은 온도(125~175℃)에서, 폴리이미드는 높은 온도에서 가열한다. 경납방법은 주로 초자패키지에 사용하며, 내습성이 강하고 불순물이 없는 반면 자동화하기 어렵고 고온 가

열이 필요하므로 큰 기계적응력이 생기는 문제점이 있다. 반면 에폭시 수지는 플라스틱패키지에 대부분 사용되며, 가격이 저렴하고 자동화하기도 쉽고 전기전도도와 열전도성도 모두 좋고 낮은 경화온도로 인해서 기계적 응력도 적어 근래에 가장 많이 사용되는 접속물질이다.

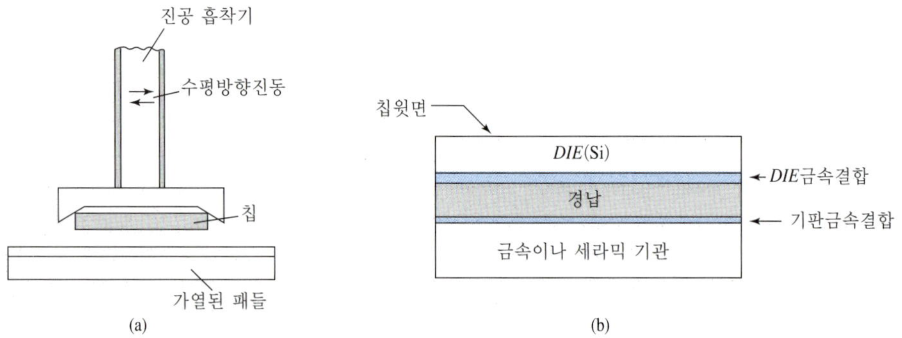

[그림 4.28] 다이이송과 다이접속의 기본구조

(a) 다이이송
(b) 다이접속의 기본구조

2) 선접속(Wire bonding)

다이접속이 끝난 후, 칩의 패드로부터 패키지의 리드프레임까지 Au나 Al 선으로 결선하는 것을 말한다. [그림 4.29]는 선 접속 방법의 개략도이다. [그림 4.29a]와 같이 직경이 가는 Au선($\phi = 20 \sim 50\mu$m)을 탄화텅크스텐으로 된 모세관을 거쳐 둥근 볼(Ball) 모양으로 되게 한 후, [그림 4.29b]와 같이 360℃ 정도로 가열된 패드위에 가져다 얹고 눌러서 열 압착(Thermo compression) 방법에 의해 접속시킨다. [그림 4.29c]와 같이 모세관을 들어 올려 리드프레임의 패키지리드에 가져와서 다시 접속시킨 후 수소가스 불로 Au-선을 절단하면 한 패드의 결선이 끝나게 되고 다음 패드의 결선을 위한 둥근 볼 형태의 Au-선 끝 모양이 만들어 진다. [그림 4.29d], [그림 4.29e], [그림 4.29f]는 쐐기접속(Wedge bonding)을 보여준다.

탄화 텅크스텐으로 된 모세관에 초음파 장치가 연결되어 있고 Al 선이 들어있다. 패드에 모세관을 옮겨 놓은 후 초음파 진동을 가하면 접속이 만들어진다. 쐐기모양 모세관을 리드프레임으로 이동하여 같은 방법으로 결선하고 절단하면 접속이 끝나게 된다.

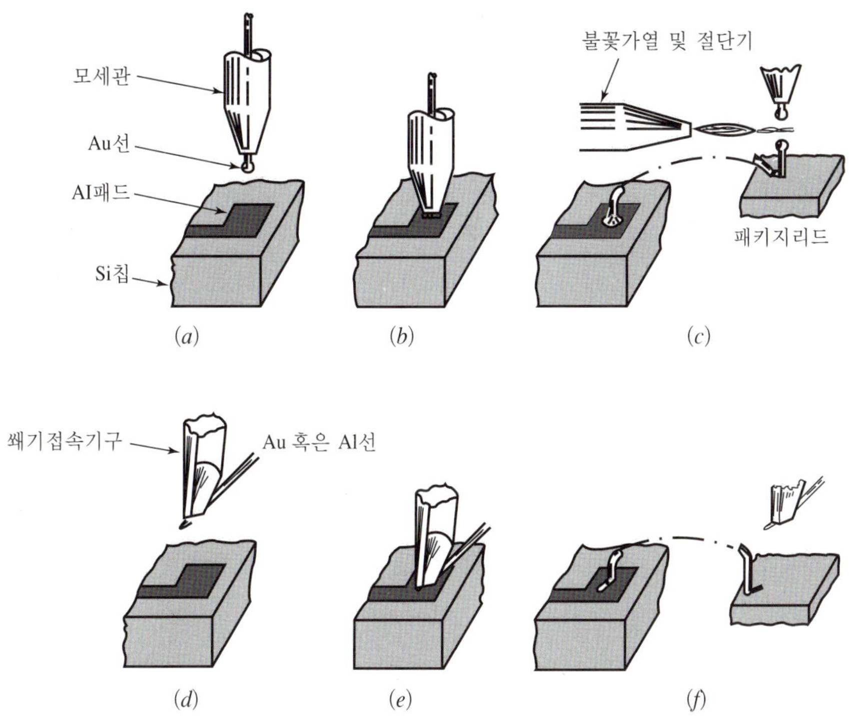

[그림 4.29] 선 접속 방법의 개략도

(a)–(c) 볼 접속
(d)–(f) 쐐기 접속

연습문제

1. 확산기구를 2차원 격자에서 그림으로 그려 설명하시오.
2. 불순물 확산방정식을 쓰고 연속방정식 $\partial C/\partial t = -\partial F/\partial x$을 사용하여 이 식을 유도하시오.
3. 선확산과 후확산에 관하여 다음 물음에 답하시오.
   a) 선확산과 후확산에 관하여 설명하시오.
   b) 선확산과 후확산에 관한 해석적 근사식을 쓰시오.
   c) 선확산과 후확산의 시간과 표면에서부터의 거리에 따른 농도분포를 정성적으로 나타내시오.
4. p형과 n형 불순물을 각각 포함하는 BSG 및 PSG란 무엇이며 고체불순물 재료를 사용하여 이를 어떻게 만드는지 설명하시오.
5. 자연발생산화층이란 무엇인가?
6. 실리콘의 습식 및 건식 열산화에 관한 화학반응식을 쓰시오.
7. 이온도즈란 무엇이며 어떻게 조절되는지 말하시오.
8. 이온주입 장치의 개략도를 그리고 각 부분의 기능에 관하여 간단히 설명하시오.
9. 노광기술을 분류하시오.
10. 음영인쇄법의 2가지 종류를 말하고 각각을 도시하시오.
11. 나노각인 노광기술에 관하여 설명하시오.
12. 실리콘을 등방성 습식법을 통하여 식각시키고자 한다. 식각용액의 예를 들고 이 용액에서 각 물질들의 역할이 무엇인지 설명하시오.
13. 건식식각을 방법적인 측면에서 3가지로 나누고 각각에 관한 식각 원인을 기술하시오.
14. CF_4를 사용하여 실리콘을 건식식각 시키려고 한다. 실리콘이 어떻게 식각되는지 설명 하시오.

15. 박막제조 4가지 대표적인 방법은 무엇인가?

16. 물리기상증착 2가지를 설명하시오.

17. 패키지의 대표적인 2가지 봉합재료를 말하시오.

18. 실장형태에 따라 패키지를 분류하시오.

19. 표면실장형의 장점들을 열거하시오.

20. 표면실장형 패키지의 모양들을 그리고 각각의 명칭을 말하시오.

21. 선 접속 방법의 개략도를 그리고 각각 설명하시오.

CHAPTER

05 바이폴라 접합트랜지스터(BJT)

CHAPTER

05 바이폴라 접합트랜지스터

바이폴라 접합트랜지스터(BJT: Bipolar junction transistor)는 1948년 벨연구소에서 William Shockley, John Bardeen, Walter Brattain 등에 의하여 발명되었으며, MOS(Metal oxide semiconductor)보다 10여년 앞서 최초로 대량생산된 트랜지스터였다. 이들은 이 공로로 1956년에 노벨물리학상을 수여받았다. 실리콘 바이폴라 접합트랜지스터는 일반 디지털회로에서는 MOS로 대부분 대체되었지만 아직까지 고속, 저잡음, 대출력 등의 특성으로 인해 휴대전화 증폭회로등과 같은 고주파 및 아날로그 분야에서 널리 사용되고 있다.

좌로부터 Bardeen, Shockley, Brattain

존 바딘(John Bardeen: 1908~1991), 윌리엄 쇼클리(William B. Shockley: 1910~1989), 월터 하우저 브래튼(Walter H. Brattain: 1902-1987) 세 사람은 AT&T 벨 연구소에 근무할 때인 1947년 12월 23일에 최초로 반도체 트랜지스터를 발표했다. 이로 인하여 1956년 이들은 공동으로 노벨 물리학상을 받았으며 이 발명은 20세기 최대의 발명이라고 말할 수 있다. 트랜지스터는 전기신호를 증폭시키고 도통 혹은 차단시킬 수 있는 기능을 하는 소자이므로 각종 전자 및 전기기기에 사용될 뿐만 아니라 복잡한 전자회로를(좌로부터 바딘, 쇼클리, 브래튼) 작은 크기로 저렴하게, 소모전력을 매우 적게, 또한 수율을 높이면서 대량으로 생산할 수 있는 기초를 마련했다고 볼 수 있다. 이를 통하여 현대의 각종 데이터 처리 관련 산업과 기기의 발달은 물론이고 통신을 비롯한 전자장비의 소형화가 가능하게 되었다고 볼 수 있다. 쇼클리는 1936년 MIT에서 박사학위를 받고 그해 벨 연구소에 입사했으며 팀 리더로서 브래튼과 바딘을 포함한 몇몇 과학자들을 물색하여 진공관을 대체할 소자를 연구하는 팀을 구성했던 것이다. 브래튼은 미네소타 대학에서 물리학분야 박사학위를 받은 해인 1929년부터 벨 연구소에서 근무했고 바딘은 프린스턴 대학에서 물리학분야 박사학위를 받았고 쇼클리 팀에 들어갈 당시 미네소타 대학에서 조교수로 있었다. 쇼클리는 1955년 벨 연구소를 떠나 벡만 인스트루먼츠(Beckman Instruments, Inc.)의 쇼클리 연구소 책임자가 되었다. 바딘은 1951년 벨렙을 떠나 일리노이 대학 교수가 되었고 반도체물리에 관한 연구를 계속하여 1972년 초도체부분에서 두 번째 노벨 물리학상을 받았다. 브래튼은 벨 연구소에 남아서 계속 일했으며 그의 뛰어난 연구업적들로 인하여 미국물리학회를 비롯한 많은 연구학회의 석학회원(Fellow)이 되었고 각종 상들을 수여받았다.

5.1 BJT 구조

바이폴라 접합트랜지스터는 [그림 5.1]과 같이 2개의 *pn*접합 다이오드가 한 영역을 공통으로 하고 겹쳐있는 구조를 하고 있다. 전자와 정공 모두에 의하여 전류가 흐르게 되므로 바이폴라 접합트랜지스터라고 한다. 전류의 주 구성 성분이 되는 전하가 유입되는 단자를 이미터(Emitter), 중간 통과하는 영역의 단자를 베이스(Base), 도달되는 곳의 단자를 컬렉터(Collector)라고 부른다.

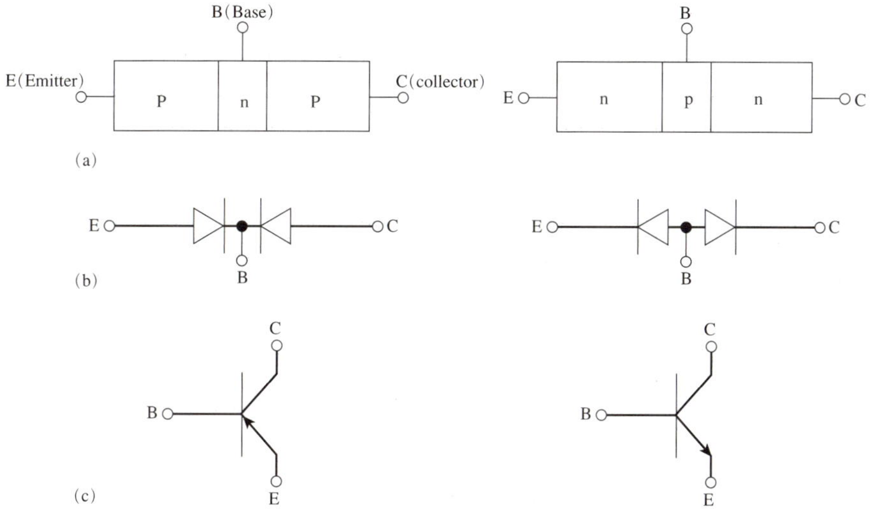

[그림 5.1] 바이폴라 접합트랜지스터(BJT)

(a) *pnp* 및 *npn* 바이폴라 접합트랜지스터 블록다이어그램
(b) 2개의 *pn* 및 *np*접합 다이오드로 구성
(c) *pnp* 및 *npn* 트랜지스터 기호

[그림 5.1c]의 *pnp*, *npn* 트랜지스터 심벌에서 이미터 단자의 화살표방향은 이미터-베이스 다이오드 간에 순방향 전압이 인가될 때 흐르는 전류방향으로 나타낸다.

5.2 BJT 동작

바이폴라 접합트랜지스터는 이미터-베이스 다이오드와 베이스-컬렉터 다이오드가 인가한 바이어스 전압에 따라 동작모드가 달라진다. 즉 [그림 5.1b]에서 E, B, C 각 단자 사이에 인가한 전압에 따라 아래 〈표 5.1〉과 같이 4개의 영역으로 나눌 수 있다.

〈표 5.1〉 BJT 동작모드

	모드(mode)	E-B 바이어스	B-C 바이어스
1	순방향 활성모드(Forward-active mode)	순방향	역방향
2	순방향 포화모드(Forward-saturation mode)	순방향	순방향
3	차단모드(Cut-off mode)	역방향	역방향
4	역방향 활성모드(Reverse-active moce)	역방향	순방향

〈표 5.1〉에서 (1)번의 순방향 활성모드는 이미터에서 유입된 반송자가 베이스를 거쳐 컬렉터에 도달하는 전류흐름이며, 일반 증폭회로에 많이 사용되는 모드이다. 제3장의 [그림 3.3]과 [그림 3.5]를 참조하면 [그림 5.2b]와 같은 소수반송자의 분포가 나타남을 알 수 있다. (2)~(3)번 순방향 포화모드와 차단모드는 스위칭 회로에 사용된다. (2)번 순방향 포화모드에서는 이미터와 컬렉터 모든 곳에서 반송자가 유입되므로 베이스영역이 반송자로 가득 차게 되고, C~E 사이의 전압차이는 아주 작거나 거의 나타나지 않으며 [그림 5.2c]와 같은 소수반송자 분포상태가 된다. 이때는 트랜지스터의 컬렉터와 이미터가 전기적으로 단락되는 것과 같이 되는 것이다. 이와 반대로 (3)의 차단모드가 되면 양쪽 다이오드 모두가 차단되어 반송자의 유입이 없고 전류가 흐르지 않는다. 컬렉터와 이미터 전압은 두 역방향 다이오드 전압의 합이 되는 것이다. 즉 전압은 서로 상쇄되어 거의 0이 되고 전류가 흐르지 않으므로 트랜

지스터의 컬렉터와 이미터 사이는 전기적으로 차단되어 있다고 볼 수 있는 것이다. 이런 상태의 트랜지스터 내 소수반송자 분포는 [그림 5.2d]이다. 이 두 가지 성질은 곧 트랜지스터가 스위치 역할을 하고 있음을 보여준다.

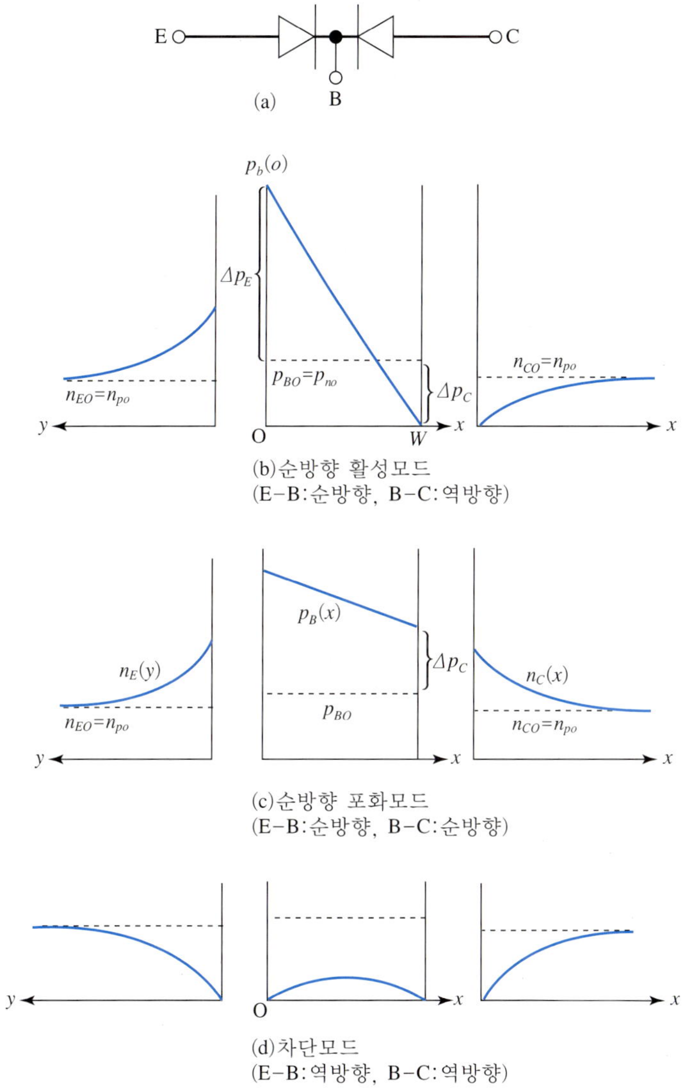

[그림 5.2] *pnp* 트랜지스터 내의 소수반송자 분포

(a) *pnp* 트랜지스터 단자
(b) 순방향 활성모드
(c) 순방향 포화모드
(d) 차단모드

5.3 전류흐름과 증폭

바이폴라 접합트랜지스터에서 어떻게 전류가 흐르며 전류의 증폭현상이 어떤 반송자에 의하여 나타나는가에 관한 것을 이 절에서 다루게 될 것이다.

5.3.1 이상적 BJT

집적회로 제조공정을 통하여 BJT를 만들면 *pnp* 트랜지스터는 [그림 5.3a]와 같은 구조를 갖게 된다. 이미터에서 베이스로 유입된 정공이 컬렉터에 도달하는 흐름은 구조상 2차원적으로 이루어지지만, 이미터가 매우 좁지 않으면 [그림 5.3a]의 점선 이내에서 수직인 1차원 방향만으로 반송자의 흐름이 있다고 생각해도 트랜지스터 동작의 전기적 특성을 이해하기에는 충분하다. 동작해석을 간단히 하기위해 아래와 같이 몇 가지 가정들을 포함한 BJT를 이상적 바이폴라 접합트랜지스터(Ideal BJT)라 한다.

(1) 이미터–베이스, 베이스–컬렉터 접합면적은 같다.
(2) 각 영역 내에서의 도핑농도는 균일하다.
(3) 한 방향만을 고려한 1차원 모델을 적용한다.
(4) 공핍층 내에서의 반송자 생성과 재결합은 없다.
(5) 중성영역에서의 전압강하는 없다.
(6) 베이스 폭이 일정하다.

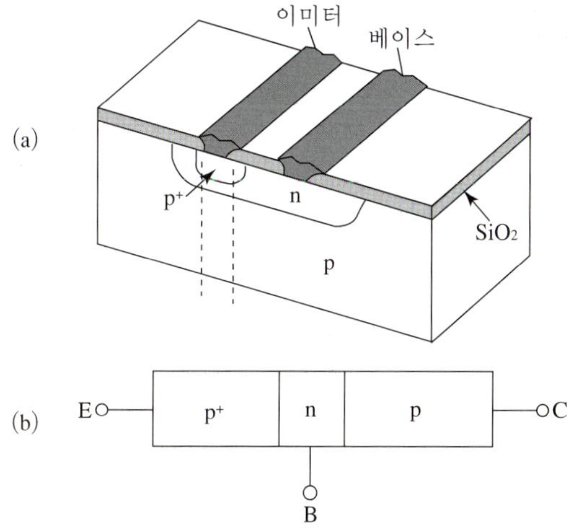

[그림 5.3] 이상적 바이폴라 접합트랜지스터(Ideal BJT)

(a) 3차원적 *pnp* 트랜지스터 구조
(b) 1차원의 이상적 BJT

5.3.2 순방향 활성모드의 전류성분(The current-components with forward-active biasing)

[그림 5.4]는 이상적 *pnp* BJT가 순방향 활성모드로 동작하도록 인가된 바이어스 전압과 이때의 전류성분과 방향들을 보여주고 있다.

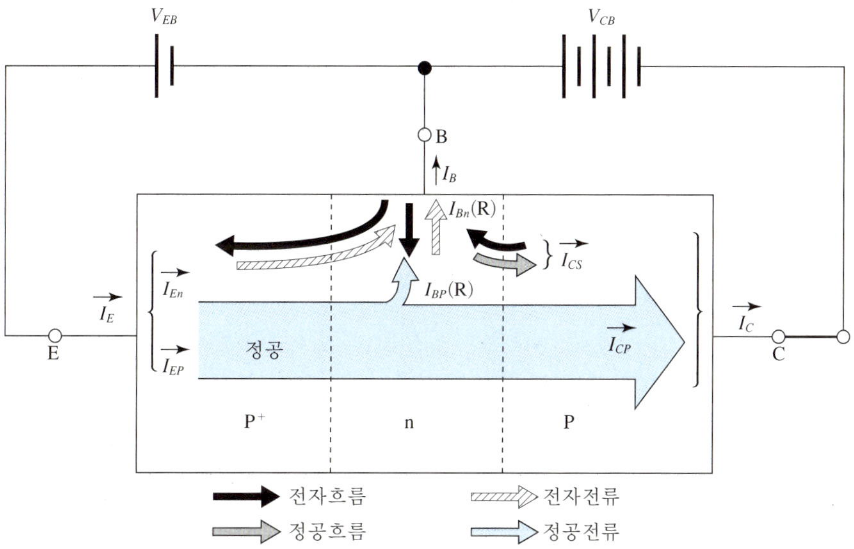

[그림 5.4] 순방향 활성모드에서 *pnp* BJT 전류성분들

〈표 5.1〉에서 언급된 바와 같이 이미터-베이스 전압이 순방향, 베이스-컬렉터 전압이 역방향으로 바이어스 되었다. 순방향 전압이 걸린 이미터-베이스접합에서는 많은 정공이 이미터에서 베이스로 유입되어 이미터 정공전류 I_{EP}가 된다. 정공이 베이스를 통과하는 중에 일부분이 전자와 재결합하여 소멸되고($I_{BP(R)}$) 나머지가 베이스-컬렉터 접합부근에 도달한다. 베이스-컬렉터는 역방향으로 전압이 걸려 있으므로 이 접합 부근에 도달된 정공들은 즉각 (-)전압이 걸려있는 컬렉터 쪽으로 끌려가서 전류 I_{Cp}가 되어 컬렉터 전류의 주류를 이루게 된다. 순방향 바이어스 전압으로 인해 베이스에서 역시 전자가 이미터로 유입되어 전자흐름과 반대방향으로 이미터 전자전류 I_{En}을 흐르게 한다. 역방향 전압이 인가된 베이스-컬렉터 접합에서는 p형인 컬렉터의 소수반송자인 전자들이 n형인 베이스 쪽으로, 반대로 베이스 자체의 소수반송자인 정공이 컬렉터 쪽으로 끌려가서 베이스-컬렉터 역포화 전류 I_{CS}를 만드나 다른 전류 성분들에 비하여 극히 적은 양이므로 $I_{CS} \approx 0$으로 취급할 수 있다. 베이스 단자를 통해서는 I_{En}을 위한 전자공급 외에 $I_{Bp(R)} = I_{Ep} - I_{Cp}$에 해당하는 정공들과 재결합하기위한 전자를 계속 공급해야 하므로 전자전류 $I_{Bn(R)} = I_{Bp(R)}$가 흐르게 된다. 이와 같은 전체적인 전류성분들은 다음과 같이 나타낼 수 있다.

$$I_E = I_{Ep} + I_{En} \tag{5.1}$$

$$I_C = I_{Cp} + I_{CS} \approx I_{Cp} \tag{5.2}$$

$$I_B = I_{En} + I_{Bn(R)} \tag{5.3}$$

$$I_{Bp(R)} = I_{Bn(R)} = I_{Ep} - I_{Cp} \approx I_{Ep} - I_C \tag{5.4}$$

5.3.3 BJT 증폭

[그림 5.4]와 같이 베이스가 공통으로 되어있고 이미터와 컬렉터에 바이어스 전압이 각각 인가되어있는 경우를 공통베이스(Common-base) 회로라 한다. 이 그림과 식(5.1)~(5.4)를 사용하여 BJT의 증폭에 관한 주요 파라미터와 증폭에 영향을 미치는 것에 관하여 알아보기로 하겠다.

1) 베이스 수송률(Base transport factor)

이미터에서 베이스로 유입된 정공전류 중에서 베이스를 통과하여 컬렉터에 도달되는 비율을 베이스 수송률 B라 한다.

$$B = \frac{I_C}{I_{Ep}} \tag{5.5}$$

식(5.4)에서 $I_C = I_{Ep} - I_{Bp(R)}$로 되므로 이것을 식(5.5)에 대입하면

$$B = \frac{I_{Ep} - I_{Bp(R)}}{I_{Ep}} = 1 - \frac{I_{Bp(R)}}{I_{Ep}} \tag{5.6}$$

가 되므로 베이스 수송률 B는 베이스영역에서의 재결합전류 $I_{Bp(R)}$이 적을수록 1에 가까이 접근하며, 반대로 재결합전류가 증가할수록 작아짐을 알 수 있다. 큰 베이스 수송률 B를 위해서는 베이스 폭을 짧게 하고, 베이스 도핑농도를 낮게 하여 재결합이 잘 일어나지 못하게 하면 된다.

2) 이미터 주입효율(Emitter injection efficiency)

이미터에서 주입되는 이미터전류 중에서 이미터의 다수반송자인 정공전류가 차지하는 비율을 이미터 주입효율 γ라고 한다. 이미터전류는 식(5.1)에서 정공전류와 전자전류의 합인 것이다.

$$\gamma = \frac{I_{Ep}}{I_E} = \frac{I_{Ep}}{I_{Ep} + I_{En}} \tag{5.7}$$

이미터를 p^+로 높게 도핑하고 베이스의 n을 낮게 도핑하면 각 영역의 다수 반송자인 정공과 전자는 $p_{po} \gg n_{no}$가 되고 $n_i^2 = p_{po}\,n_{po} = n_{no}\,p_{no}$에 의하여 소수 반송자는 $n_{po} \ll p_{no}$이 되어, 식(3.24)와 식(3.25)으로부터 $I_{Ep} \gg I_{En}$이 된다. 이때는 식(5.7)에 의하여 γ가 증가하게 됨을 알 수 있다.

3) 공통베이스 전류이득(The common base current gain)

이미터전류와 컬렉터전류와의 비율인 α를 이미터-컬렉터 전류이득(Emitter to

collector current gain), 혹은 공통베이스 전류이득, 전류 전달률이라고도 한다.

$$\alpha = \frac{I_C}{I_E} = \frac{BI_{Ep}}{I_{Ep} + I_{En}} = B\gamma \tag{5.8}$$

앞서 언급한 B와 γ가 크게 되도록 하는 조치들을 통하여 α 값을 높일 수 있다.

4) 베이스-컬렉터전류 증폭률(Base-to-collector amplification factor)

베이스 단자전류 I_B와 컬렉터 단자전류 I_C와의 비율을 β로 표시한다. 베이스에 유입되는 적은양의 전류변화에도 큰 컬렉터 전류변화가 나타나기 때문에 β는 BJT에서 매우 중요한 파라미터이다. 단자전류 I_B는 [그림 5.4]와 식(5.3)에서 알 수 있는 바와 같이 베이스에서 이미터로 유입되는 전자전류 I_{En}과 베이스에서 정공과 재결합하는 식(5.4)의 전자전류 $I_{Bn(R)} = I_{Ep} - I_{Cp}$의 합이므로 식(5.1)~식(5.8)을 이용하여 다음과 같이 β와 α에 관한 관계식을 구할 수 있다.

$$\begin{aligned} \beta &= \frac{I_C}{I_B} = \frac{BI_{Ep}}{I_{En} + (I_{Ep} - I_C)} = \frac{BI_{Ep}}{I_{En} + (1-B)I_{Ep}} \\ &= \frac{BI_{Ep}/(I_{En} + I_{Ep})}{1 - B[I_{Ep}/(I_{En} + I_{Ep})]} = \frac{B\gamma}{1 - B\gamma} = \frac{\alpha}{1-\alpha} \end{aligned} \tag{5.9}$$

α가 1에 가까이 증가하면 β가 매우 큰 값으로 증가하는 것을 알 수 있다. β값은 다른 방법으로도 구할 수 있다. $\gamma = 1$, $I_{CS} = 0$라고 가정하면, 이미터전류와 컬렉터 전류는 모두 정공전류만으로 이루어진다. 이미터에서 베이스로 유입된 정공 하나가 베이스에서 전자 하나와 결합하는 데는 정공수명 τ_p의 시간이 지나야 한다. 즉 이 시간동안에 베이스 단자에서 재결합에 필요한 전자 하나가 베이스로 공급되는 것이다. 정공이 이미터에서 베이스를 통과하여 컬렉터까지 가는 데 필요한 시간이 τ_t이면, 베이스에 유입된 전자 하나가 재결합 할 동안 이미터에서는 τ_p/τ_t개의 정공이 유입되어 베이스를 지나 컬렉터에 도달하여 컬렉터전류를 만든다. 따라서 아래와 같은 관계식이 성립함을 알 수 있다.

$$\frac{I_C}{I_B} = \frac{\tau_p/\tau_t}{1} = \frac{\tau_p}{\tau_t} = \beta \tag{5.10}$$

이처럼 큰 β값을 얻기 위해서는 베이스폭을 짧게 하여 τ_t를 줄이고 베이스 도핑 농도를 작게 해서 τ_p를 증가시켜야 한다. 큰 β값을 얻기 위한 이와 같은 방법들은 식(5.5)의 베이스 수송률 B를 증가시키기 위한 방법과 같다. 만약 $\tau_p = 10\mu s$이고 $\tau_t = 0.1\mu s$이면 $\beta = 100$이 된다.

예제 5-1

[그림 예5-1]과 같이 *pnp* 바이폴라 트랜지스터를 동작시키기 위해 회로가 구성되어있다. 베이스영역 내에서 소수반송자인 정공의 수명 $\tau_p = 10\mu s$이고, 이미터에서 베이스로 유입된 정공이 베이스를 통과하여 컬렉터에 도달하기까지 걸리는 시간 $\tau_t = 0.1\mu s$이다.

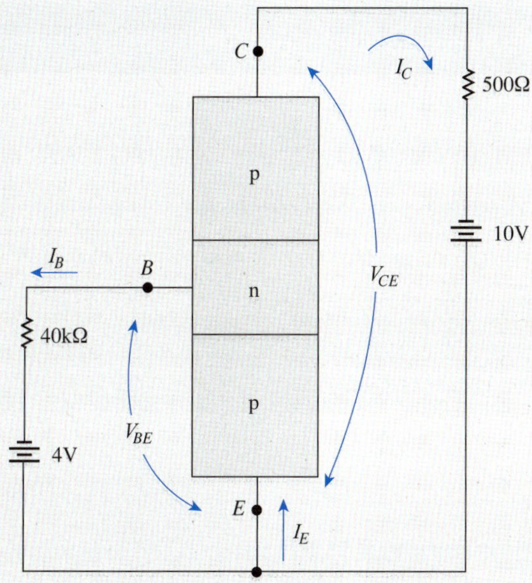

[그림 예5-1] *pnp* 트랜지스터 증폭회로

다음 물음에 답하시오.

a) 이 트랜지스터의 β 값은 얼마인가?

b) α값을 계산하시오.

c) 베이스전류 I_B를 계산하시오.

d) 컬렉터전류 I_C를 계산하시오.

풀이

a) 식(5.10)에서 $\beta = \frac{\tau_p}{\tau_t} = \frac{10}{0.1} = 100$

b) 식(5.9)를 α에 관하여 정리하면 $\alpha = \frac{\beta}{1+\beta} = \frac{100}{1+100} = 0.99$

c) 순방향으로 바이어스 된 이미터와 베이스간의 다이오드전압을 $V_{EB} \approx 0$라고 가정하면 회로에서 $I_B = \frac{4\text{V}}{40\text{k}\Omega} = 0.1\text{mA}$

d) $I_C = \beta I_B = 100 \times 0.1\text{mA} = 10\text{mA}$

5.4 소수반송자 분포와 단자전류

단자전류에 관한 식(5.1)~(5.4)를 살펴보면, 이미터전류 I_E는 베이스나 이미터 영역에서의 소수반송자 전류 I_{Ep}, I_{En}으로 이루어짐을 알 수 있다. 이 전류성분들은 각각 베이스와 이미터의 소수반송자인 정공과 전자의 농도분포를 통하여 구할 수 있는 것이다. 컬렉터전류 $I_C \approx I_{Cp}$는 $W \ll L_p$이므로, I_{Ep}를 구할 때 필요한 베이스에서의 소수반송자인 정공분포의 해에서 $x_n = W$일 때의 전류가 된다. 베이스전류는 $I_B = I_E - I_C$에서 얻을 수 있다. 해석을 간단히 하기 위하여 $\gamma = 1$로 한다. 즉 $I_{En} = 0$으로 취급한다.

5.4.1 베이스영역 소수반송자 분포(Minority carrier distributions in the base region)

pnp 트랜지스터에서 이미터와 베이스는 *pn*접합다이오드로 만들어져 있으므로 다이오드에 관한 식을 사용하면 된다. 정상상태에서 다이오드 확산방정식인 식(3.21b)의 일반해가 식(3.22)이다.

$$\delta p(x_n) = C_1 e^{\frac{x_n}{L_p}} + C_2 e^{-\frac{x_n}{L_p}} \tag{3.22}$$

여기서 미지수 C_1과 C_2를 구하려면 2개의 식이 필요하며, 이 식은 경계조건 $x_n = 0$와 $x_n = W$에서 구할 수 있다.

$$\delta p(x_n = 0) = C_1 + C_2 = \Delta p_E \tag{5.11}$$

$$\delta p(x_n = W) = C_1 e^{\frac{W}{L_p}} + C_2 e^{-\frac{W}{L_p}} = \Delta p_C \tag{5.12}$$

식(5.11)과 식(5.12)에서

$$C_1 = \frac{\Delta p_C - \Delta p_E e^{-W/L_p}}{e^{W/L_p} - e^{-W/L_p}} \tag{5.13}$$

$$C_2 = \frac{\Delta p_E e^{W/L_p} - \Delta p_C}{e^{W/L_p} - e^{-W/L_p}} \tag{5.14}$$

가 된다. $\Delta p_C \approx 0$라 할 수 있으므로 C_1과 C_2를 식(3.22)에 대입하면 베이스영역 임의위치 x_n에서의 과잉소수반송자 농도 $\delta p(x_n)$를 구할 수 있다.

$$\delta p(x_n) = \Delta p_E \frac{e^{W/L_p} e^{-x_n/L_p} - e^{-W/L_p} e^{x_n/L_p}}{e^{W/L_p} - e^{-W/L_p}} \tag{5.15}$$

식(5.15)를 나타낸 것이 [그림 5.5]의 실선이며, 점선과 같이 직선으로 근사화시킬 수 있다. 점선처럼 정공들의 확산에 의한 베이스 축적전하가 직선과 같이 되면 임의점의 x_n에서도 $d\delta p(x_n)/dx_n$=일정하여 이미터전류와 컬렉터전류가 같아서 베이스에서의 정공재결합으로 인한 베이스전류가 없음을 알게 된다. 그러나 실선과 같이 약간 구부러진 분포를 하고 있으면 이미터와 컬렉터에서의 $d\delta p(x_n)/dx_n$가 서로 다르게 됨을 알 수 있다. 베이스쪽의 δp 변화량이 컬렉터쪽의 변화량보다 크므로 이미터전류가 컬렉터전류보다 많이 흐름을 알 수 있다. 이것은 베이스 영역에서 정공의 재결합으로 인한 소멸을 의미하며 이 소멸이 곧 베이스전류로 나타나는 것이다.

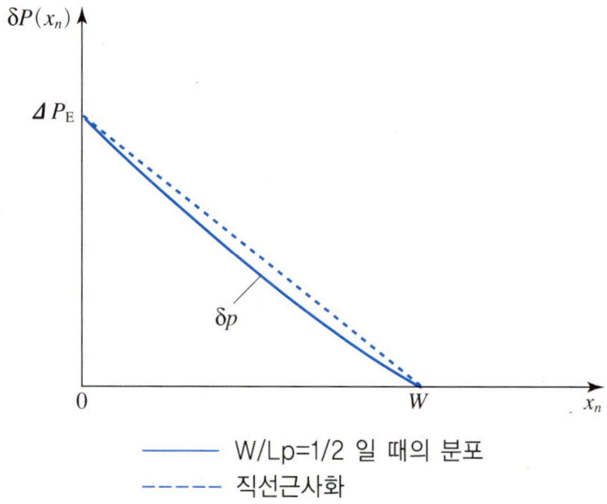

[그림 5.5] *pnp* BJT 순방향 활성모드에서의 베이스 과잉정공분포

5.4.2 단자전류(Terminal currents)

식(3.19a)로부터 이미터전류는

$$I_p(x_n)=J_p(x_n)A=-eAD_p\frac{dp(x_n)}{dx_n}=-eAD_p\frac{d\delta p(x_n)}{dx_n} \tag{5.16}$$

이 된다. $I_p(x_n=0)=I_{Ep}$이므로 식(3.22)를 식(5.16)에 대입하면 이미터전류 I_E를 구할 수 있다.

$$I_E=I_{Ep}(x_n=0)=eA\frac{D_p}{L_p}(C_2-C_1) \tag{5.17}$$

베이스-컬렉터 역방향포화전류를 무시할 수 있고, $W \ll L_p$인 경우 베이스 끝 W에 재결합 없이 도달된 정공은 즉시 역방향 바이어스 된 컬렉터로 끌려가기 때문에 $I_p(x_n=W)=I_C$가 된다. 따라서 식(5.17)을 구할 때와 같은 방법으로 하되 $x_n=0$ 대신 $x_n=W$로 하여 정리하면 컬렉터전류가 아래와 같이 된다.

$$I_C=I_{Ep}(x_n=W)=eA\frac{D_p}{L_p}(C_2e^{-W/L_p}-C_1e^{W/L_p}) \tag{5.18}$$

식(5.13)과 식(5.14)의 C_1과 C_2를 위의 식(5.18)에 대입하여 정리하면

$$I_E = eA\frac{D_p}{L_p}\left(\Delta p_E\, ctnh\frac{W}{L_p} - \Delta p_C\, \mathrm{csch}\frac{W}{L_p}\right)^{1)} \quad (5.19a)$$

$$I_C = eA\frac{D_p}{L_p}\left(\Delta p_E\, csch\frac{W}{L_p} - \Delta p_C\, \mathrm{ctnh}\frac{W}{L_p}\right) \quad (5.19b)$$

이 된다. $I_B = I_E - I_C$이므로

$$I_B = eA\frac{D_p}{L_p}\left[(\Delta p_E + \Delta p_C)\tanh\frac{W}{2L_p}\right] \quad (5.19c)$$

가 베이스전류가 됨을 알 수 있다. 순방향 활성모드에서는 베이스-컬렉터 전압이 강한 역방향 전압이므로 [그림 5.5]에서 $\Delta p_C = -p_{no} \approx 0$이다. 따라서 식(5.19)는 다음 식과 같이 더욱 간략화 된다.

$$I_E = eA\frac{D_p}{L_p}\Delta p_E\, \mathrm{ctnh}\frac{W}{L_p} \quad (5.20a)$$

$$I_C = eA\frac{D_p}{L_p}\Delta p_E\, \mathrm{csch}\frac{W}{L_p} \quad (5.20b)$$

$$I_B = eA\frac{D_p}{L_p}\Delta p_E\tanh\frac{W}{2L_p} \quad (5.20c)$$

쌍곡선함수(Hyperbolic function)[2]의 급수전개는 $W \ll L_p$이므로, 전개식의 2차항 이상은 무시할 수 있어서 식(5.20a), (5.20b), (5.20c)는 각각 아래와 같이 된다.

$$I_E = eA\frac{D_p}{L_p}\Delta p_E\left(\frac{L_p}{W} + \frac{W}{3L_p}\right) \quad (5.21a)$$

$$I_C = eA\frac{D_p}{L_p}\Delta p_E\left(\frac{L_p}{W} - \frac{W}{6L_p}\right) \quad (5.21b)$$

---

1) $\mathrm{ctnh}\, x = (e^x + e^{-x})/(e^x - e^{-x})$, $\mathrm{csch}\, x = 2/(e^x - e^{-x})$, $\tanh x = (c^x - e^{-x})/(e^x + e^{-x})$

2) $\mathrm{ctnh}\, x = \frac{1}{x} + \frac{x}{3} - \frac{x^3}{45} + \cdots$, $\mathrm{csch}\, x = \frac{1}{x} - \frac{x}{6} + \frac{7x^3}{360} + \cdots$, $\tanh x = x - \frac{x^3}{3} + \cdots$

$$I_B = eA\frac{D_p}{L_p}\Delta p_E\frac{W}{2L_p} = \frac{eAD_p\Delta p_E W}{2L_p^2} \tag{5.21c}$$

실질적인 베이스 정공분포는 [그림 5.5]의 실선과 같이 약간 구부러진 모양이지만 직선과 같이 근사화하여 볼 수 있다. 이럴 때 베이스전류를 전하제어모형으로부터도 구할 수 있다. [그림 5.5]에서 베이스의 삼각형 형태로 축적된 소수반송자인 정공 전하량 Q_p는

$$Q_p \approx \frac{1}{2}eA\Delta p_E W \tag{5.22}$$

이다. 따라서 Q_p/τ_p 만큼의 정공이 단위시간당 전자와 함께 재결합 하므로, 이를 위해 베이스단자로부터 단위시간당 같은 수의 전자가 공급되어야 한다. 이 전자들이 바로 베이스 단자전류 I_B를 흐르게 한다.

$$I_B = \frac{Q_p}{\tau_p} = \frac{eA\Delta p_E W}{2\tau_p} = \frac{eAD_p\Delta p_E W}{2L_p^2} \tag{5.23}$$

식(5.23)은 식(5.21c)와 같다. 이것은 곧 베이스전류가 베이스에 축적된 과잉정공들의 재결합에 의한 전류임을 알게 한다.

5.5 BJT 모델(Bipolar junction transistor models)

BJT소자의 단자전류와 인가된 전압과의 관계들이나 소신호 응답, 혹은 주파수응답 특성 등을 알기위해서는 BJT 자체를 모델화시켜서 필요한 곳에 해당 모델을 사용하면 BJT 특성을 파악하는데 편리하다. 이 절에서는 비교적 간단하면서도 물리적 특성이 잘 기술되어있는 대신호와 소신호의 대표적인 두 모델인 Ebers-Moll 모델과 Hybrid-모델에 관하여 살펴보고자 한다.

5.5.1 Ebers-Moll 모델

Ebers-Moll 모델은 BJT동작의 활성 및 포화영역을 수학적이면서 가시적으로 표

현하기에 매우 적합한 직류(DC: direct current)모델로서 회로모의실험(Circuit simulation)인 BJT SPICE 모델의 기초를 이루고 있다. 전류성분 I_C는 두 전압 즉 이미터-베이스 다이오드전압 V_{EB}와 베이스-컬렉터전압 V_{CB}에 의하여 주어진다는 것이 기본 아이디어 이다. 이미터-베이스와 베이스-컬렉터 각각의 다이오드에 인가된 전압에 따라서 〈표 5.1〉의 BJT 동작모드가 결정되어지고 베이스영역에 유입되는 소수반송자의 분포가 다르게 된다.

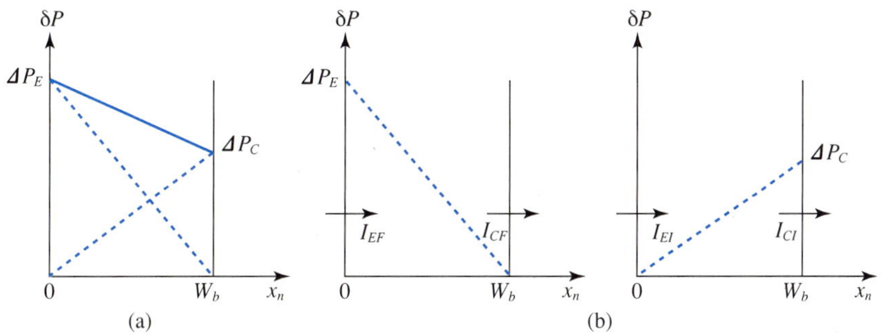

[그림 5.6] pnp BJT 베이스영역의 정공분포

(a) 일반적인 경우의 베이스정공분포
(b) 순방향모드(이미터주입-컬렉터도달)와 역방향모드(컬렉터주입-이미터도달)로 분리

[그림 5.6a]와 같이 베이스영역에 임의분포의 소수반송자 정공이 유입되어 있다면 이 반송자를 이미터-베이스와 베이스-이미터인 두 개의 다이오드에서 유입된 것이라고 볼 수 있으며, [그림 5.6b]와 같이 두 개의 분포가 중첩된 것으로 생각할 수 있다. 각 전류성분들은 아래와 같다.

$$I_{EF} = I_{ES}(e^{eV_{EB}/kT} - 1), \quad \Delta p_C = 0 \tag{5.24a}$$

$$I_{CF} = \alpha_F I_{ES} = \alpha_F I_{ES}(e^{eV_{EB}/kT} - 1) \tag{5.24b}$$

$$I_{CI} = -I_{CS}(e^{eV_{CB}/kT} - 1), \quad \Delta p_E = 0 \tag{5.24c}$$

$$I_{EI} = \alpha_I I_{CI} = -\alpha_I I_{CS}(e^{eV_{CB}/kT} - 1) \tag{5.24d}$$

여기서 I_{EF}와 I_{CF}는 각각 순방향모드의 이미터와 컬렉터전류인 것이며, I_{EI}와 I_{CI}는 각각 역방향모드의 이미터와 컬렉터전류이다. 또한 α_F와 α_I는 각각 순방향모드와 역방향모드의 유입된 전류와 도달된 전류비이다. 각 단자의 전체 전류는 순방향과 역방향 전류성분들의 합으로 이루어지므로 아래식과 같이 나타낼 수 있다.

$$I_E = I_{EF} + I_{EI} = I_{ES}(e^{eV_{EB}/kT} - 1) - \alpha_I I_{CS}(e^{eV_{CB}/kT} - 1) \quad (5.25a)$$

$$I_C = I_{CF} + I_{CI} = \alpha_F I_{ES}(e^{eV_{EB}/kT} - 1) - I_{CS}(e^{eV_{CB}/kT} - 1) \quad (5.25b)$$

위의 식을 Ebers-Moll 방정식이라고 한다. 여기서 I_{ES}는 $V_{CB} = 0$, 즉 베이스-컬렉터단자가 단락되었을 때의 이미터-베이스 역 포화전류이며(식(5.25a)참조) I_{CS}는 $V_{EB} = 0$ 즉 이미터-컬렉터단자가 단락되었을 때의 컬렉터-베이스 역 포화전류이다(식(5.25b) 참조). [그림 5.7]에는 식(5.25)의 등가회로가 그려져 있다. 이미터전류는 이미터-베이스 다이오드전류 외에 컬렉터다이오드 전류 중에서 이미터 단자로 흘러들어가는 부분이 첨가되어 있고, 컬렉터 역시 컬렉터다이오드 전류와 이미터에서 흘러들어오는 전류의 합으로 되어있음을 알 수 있다. 이와 같이 이미터와 컬렉터의 단자전류가 자체 다이오드전류 외에 다른 다이오드전류에 의해 결합되어 있으므로 일명 다이오드 결합모델(Diode coupled model)이라고도 한다.

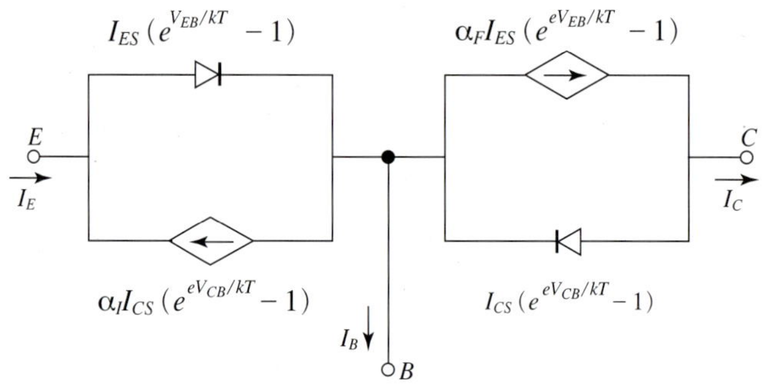

[그림 5.7] 단자전압(V_{EB}, V_{CB})과 단락회로 역 포화전류(I_{ES}, I_{CS})를 포함한 Ebers-Moll Model 등가회로

식(5.25a)를 $I_{ES}(e^{eV_{EB}/kT} - 1) = I_E + \alpha_I I_{CS}(e^{eV_{CB}/kT} - 1)$로 변형하여 식(5.25b)에 대입하여 정리하면 식(5.26a)가 되고, 식(5.25b)를 $I_{CS}(e^{eV_{CB}/kT} - 1) = -I_C +$

$\alpha_F I_{ES}(e^{eV_{EB}/kT}-1)$로 바꾸어 식(5.25a)에 대입하여 정리하면 식(526b)가 된다.

$$I_C = \alpha_F I_E - (1-\alpha_F\alpha_I)I_{CS}(e^{eV_{CB}/kT}-1) = \alpha_F I_E - I_{CO}(e^{eV_{CB}/kT}-1) \quad (5.26a)$$

$$I_E = \alpha_I I_C + I_{ES}(1-\alpha_F\alpha_I)(e^{eV_{EB}/kT}-1) = \alpha_I I_C + I_{EO}(e^{eV_{EB}/kT}-1) \quad (5.26b)$$

여기서 I_{CO}는 이미터단자를 개방하여 $I_E=0$일 때의 베이스-컬렉터 역 포화전류이며, I_{EO}는 컬렉터단자를 개방하여 $I_C=0$일 때의 이미터-베이스 역 포화전류이다. 식(5.26) 역시 Ebers-Moll 방정식이며 등가회로는 [그림 5.8]이다. 식(5.25)과 (5.26) 즉 [그림 5.7]과 [그림 5.8]의 모델 중 어떤 것을 사용할 것인가는 트랜지스터에 접속되어있는 외부회로에 따라 선택할 수 있다. 즉 외부회로가 단자전압을 제어하면 식(5.25)모델을, 단자전류를 제어하면 식(5.26)모델을 사용한다.

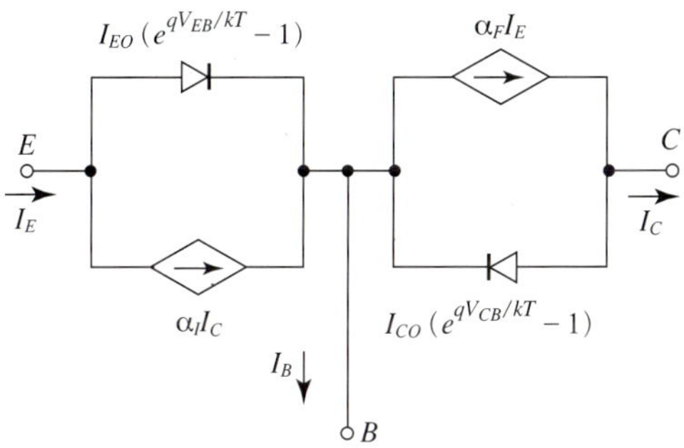

[그림 5.8] 단자전류(I_E, I_C)와 개방회로 역 포화전류(I_{EO}, I_{CO})를 포함한 Ebers-Moll 등가회로

5.5.2 Hybrid-π 모델과 차단주파수(Cutoff frequency)

1) Hybrid-π 모델

하이브리드-파이 모델은 BJT의 공통이미터회로(Common emitter circuit)에서 교류입력신호가 주어졌을 때 특별히 어려움 없이 회로를 잘 해석할 수 있고, 트랜지스터의 증폭작용이 일어나는 주파수대역 내에서는 실험결과와 잘 일치하는 결과를 얻을 수 있게 하는 교류(ac: Alternating current)모델이다. [그림 5.9]는 하이브리드-파이 모델을 나타내고 있다. 이 모델은 베이스 축적전하 Q_p로부터 유도해 낼 수 있다.

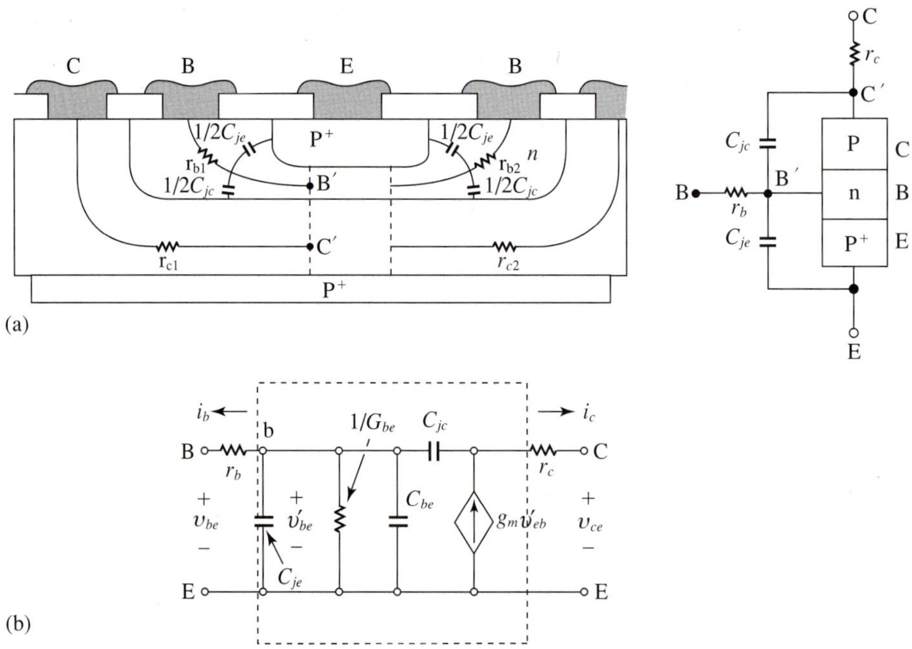

[그림 5.9] ac 동작을 위한 Hybrid−π 모델

(a) 베이스, 컬렉터 저항과 접합커패시터를 포함한 구조

(b) 교류 소신호 모델

베이스단자들인 B의 외부회로는 같이 결선되어 있으므로 단자 B와 베이스내부 활성영역 B'사이의 저항은 r_{b1}, r_{b2}들의 병렬저항인 합인 r_b로 나타나 있다. 컬렉터활성화 영역 C'와 컬렉터단자 C 사이의 저항은 r_c로 표기되어 있다. 베이스내부 활성영역과 이미터사이 및 컬렉터사이에는 각각 접합커패시턴스(Junction capacitance) C_{je} 및 C_{jc}가 존재함을 보여준다. 주파수가 매우 클 경우 C_{jc}로 인하여 교류신호에 대해서 베이스와 컬렉터가 단락되는 효과가 나타나서 트랜지스터의 동작이 상실되는 문제가 발생할 수 있다. 베이스내부 활성화영역에서의 해석을 하여 [그림 5.9b]의 각 요소들을 알아보기로 한다. 내부 이미터−베이스 사이에 소신호 $v'_{eb}(t)$가 인가되면 DC 바이어스 전압 V_{EB}에 소신호가 추가된 $v_{EB}(t) = V_{EB} + v'_{eb}(t)$가 이미터−베이스 전압이 된다. 여기서 $v'_{eb}(t)$는 $-v'_{be}(t)$이다. 이로 인하여 순방향 활성모드에서 베이스에 유입되는 과잉정공 $\Delta p_{EB}(t)(=\Delta p_E)$도 시간에 따라 변하게 되어 베이스 축적전하 $Q_p(t)$ 역시 시간함수가 된다.

$$\Delta p_E(t) = p_{n0}\left[e^{e(V_{EB}+v'_{eb}(t))/kT} - 1\right] \simeq p_{n0}e^{eV_{EB}/kT}\left(1+\frac{ev'_{eb}(t)}{kT}\right)$$
$$= \Delta p_E(dc)\left(1+\frac{ev'_{eb}(t)}{kT}\right) \quad (5.27)$$

$$Q_p(t) = \frac{1}{2}eAW\Delta p_E(t) = \frac{1}{2}eAW\Delta p_E(dc)\left[1+\frac{ev'_{eb}(t)}{kT}\right]$$
$$= Q_p(dc)\left(1+\frac{ev'_{eb}(t)}{kT}\right) = I_B\tau_p\left(1+\frac{ev'_{eb}(t)}{kT}\right) \quad (5.28)$$

여기서 $Q_p(dc) = eAW\Delta p_E(dc)/2$이다. $\gamma = 1$이고 베이스 폭이 짧아 직류바이어스전류 I_B는 모두 정공의 재결합에 의한 전류로서 식(5.23)처럼 삼각형과 같은 베이스 축적전하를 소수반송자인 정공수명으로 나눈 것이므로 $I_B = Q_p/\tau_p$가 되는 것이다. 시간 항이 포함된 식(5.28)의 $Q_p(t)$로 인하여 발생되는 전류가 바로 베이스전류 $i_B(t)$이므로, 위의 식(5.28)을 식(3.34)에 대입하여 $i_B(t)$를 얻을 수 있다.

$$i_B(t) = \frac{Q_p(t)}{\tau_p} + \frac{dQ_p(t)}{dt}$$
$$= \underbrace{I_B}_{(dc)} + \underbrace{\frac{e}{kT}I_B v'_{eb}(t) + \frac{e}{kT}I_B\tau_p\frac{dv'_{eb}(t)}{dt}}_{(ac)} \quad (5.29)$$

식(5.29)로부터 베이스전류의 교류성분은

$$i_b(t) = \frac{e}{kT}I_B v'_{eb}(t) + \frac{e}{kT}I_B\tau_p\frac{dv'_{eb}(t)}{dt}$$
$$= G_{be}v'_{eb}(t) + C_{be}\frac{dv'_{eb}(t)}{dt} \quad (5.30)$$

이 된다. 여기서

$$G_{be} = \frac{e}{kT}I_B, \qquad C_{be} = \frac{e}{kT}I_B\tau_p \quad (5.31)$$

이며 G_{be}, C_{be}를 각각 이미터-베이스접합 교류컨덕턴스(ac conductance), 이미터-베이스접합 교류커패시턴스(ac capacitance)라고 한다. C_{be}는 이미터-베이스 접합이 순방향으로 바이어스 되어있으므로 확산커패시턴스(Diffusion capacitance)로서 역방향 전압이 가해졌을 때의 접합커패시턴스(Junction capacitance 혹은 Depletion layer capacitance)인 C_{je}보다 매우 커서 $C_{je}+C_{be}\simeq C_{be}$가 된다. [그림 5.5]에서 베이스의 과잉정공 Q_p가 이미터로부터 컬렉터까지 이동해 갈 때 베이스를 통과하는 평균이동이간 τ_t이 이므로 컬렉터전류 I_C는

$$I_C=\frac{Q_p}{\tau_t} \tag{5.32}$$

가 된다. 식(5.28)과 식(5.32)로부터

$$i_C(t)=\frac{Q_p(t)}{\tau_t}=\underbrace{\beta I_B}_{(dc)}+\underbrace{\frac{e}{kT}\beta I_B v'_{eb}(t)}_{(ac)} \tag{5.33}$$

인 컬렉터전류가 구해진다. 식(5.33) 우변 첫째 항은 직류성분, 둘째 항은 교류성분이다. 따라서 컬렉터 교류전류는

$$i_c(t)=\frac{e}{kT}\beta I_B v'_{eb}(t)=g_m v'_{eb}(t) \tag{5.34}$$

가 된다. 여기서

$$g_m=\frac{e}{kT}\beta I_B \tag{5.35}$$

를 교류전달컨덕턴스(ac transconductance)라 한다. 식(5.30)과 식(5.34)로부터 합성한 [그림 5.9]의 hybrid-π 소신호 모델이 만들어진다. 식(5.10)의 $\beta=\tau_p/\tau_t$ 및 식(5.31)과 식(5.35)로부터 소신호 모델 파라미터들 사이의 관계가 식(3.36)과 같이 된다.

$$G_{be}=\frac{g_m}{\beta}, \qquad C_{be}=g_m\tau_t \tag{5.36}$$

예제 5-2

pnp 바이폴라 트랜지스터가 있다. $\beta = 100$이고 베이스전류 $I_B = 1\mu A$로 바이어스 되어있다. $V_{CE} = 3V$, $T = 300K$이며 $\tau_p = 10\mu s$일 때 다음물음에 답하시오.

a) 교류전달컨덕턴스 g_m은 얼마인가?

b) 이미터-베이스접합 교류컨덕턴스 G_{be}를 계산하시오.

c) 이미터-베이스접합 교류커패시턴스 C_{be}는 얼마인가?

풀이

a) 식(5.35)로부터 $g_m = \frac{e}{kT}\beta I_B = \frac{100 \times 1\mu A}{0.026V} = 39\frac{mA}{V} = 39mS$ (milli siemens)

b) 식(5.36)에서 $G_{be} = \frac{g_m}{\beta} = \frac{39mS}{100} = 0.39mS$

c) 식(5.10)에서 $\beta = \frac{\tau_p}{\tau_t}$이므로 $\tau_t = \frac{10\mu s}{100} = 0.1\mu s$

식(5.36)에서 $C_{be} = g_m \tau_t = 0.039 \times 10^{-7} = 3.9 \times 10^{-9} F$

2) 차단주파수(Cutoff frequency)

CE(공통이미터회로)의 전류증폭률 $\beta = 1$이 되는 주파수를 차단주파수 f_T라 한다. 하이브리드-파이 모델을 이용하여 주파수 특성에 관한 식을 구하면 차단주파수를 구할 수 있다. [그림 5.9]에서 단자 C-E 사이를 교류적으로 단락시킴으로써 부하저항 크기에 의존하지 않고 하이브리드-파이 파라미터에 의존하는 전류 증폭도를 구하게 된다. 계산을 간단히 하기위하여 저항 r_b와 r_c는 0으로 한다. [그림 5.9b]로부터 $C_{jc} \ll C_{je}$이므로

$$i_c = -g_m v'_{be} + jwC_{jc} v'_{be} \tag{5.37a}$$

$$i_b = -[G_{be} + jw(C_{je} + C_{be} + C_{jc})]v'_{be} \approx -[G_{be} + jw(C_{je} + C_{be})]v'_{be} \tag{5.37b}$$

가 성립된다. 식(5.36)과 식(5.37)로부터

$$\beta(w)=\left|\frac{i_c}{i_b}\right|=\left|\frac{-(g_m-jwC_{jc})v'_{be}}{-[G_{be}+jw(C_{je}+C_{be})]v'_{be}}\right|=\left|\frac{(g_m-jwC_{jc})}{\left(\frac{g_m}{\beta}+jw(C_{je}+C_{be})\right)}\right|$$

$$=\left|\frac{\left(1-j\frac{w}{g_m}C_{jc}\right)}{\left(\frac{1}{\beta}+j\frac{w}{g_m}(C_{je}+C_{be})\right)}\right|\simeq\frac{1}{\left|j\frac{w}{g_m}(C_{je}+C_{be})\right|}$$

$$=\frac{1}{\left|j\frac{f}{g_m/2\pi(C_{je}+C_{be})}\right|} \tag{5.38}$$

이 된다. $C_{be}=g_m\tau_t\gg C_{je}$이며, $f=f_T$일 때 $\beta(w=2\pi f_T)=1$이 되므로 식(5.38)에서

$$f_T=\frac{g_m}{2\pi(C_{je}+C_{be})}\simeq\frac{1}{2\pi\tau_t} \tag{5.39}$$

의 차단주파수를 계산할 수 있다. 만약 $\tau_t=10^{-10}$sec라면 $f_T\simeq$ 1.6GHz가 된다.

식(5.20b)와 식(5.20c)에서

$$\beta=\frac{I_C}{I_B}=\frac{\text{csch}\frac{W}{L_p}}{\tanh\frac{W}{2L_p}}\simeq\frac{\frac{L_p}{W}}{\frac{W}{2L_p}}=\frac{2L_p^2}{W^2}=\frac{2D_p\tau_p}{W^2}=\frac{\tau_p}{\tau_t} \tag{5.40}$$

의 관계가 성립한다. 따라서

$$\tau_t=\frac{W^2}{2D_p} \tag{5.41}$$

의 베이스폭을 통과하는데 걸리는 주행시간이 얻어진다. 베이스폭 W를 작게 할수록 τ_t가 짧아지고 베이스-컬렉터 전류증폭률 β와 차단주파수 f_T가 증가함을 알 수 있다.

5.6 실질적 트랜지스터(Real transistor)

앞서 논의한 트랜지스터의 증폭률들과 단자전류들은 이상적인 트랜지스터에서 생각한 것이다. 그런데 실제 트랜지스터는 이상적인 것에 추가적으로 고려해야 할 요소들을 갖고 있다.

5.6.1 컬렉터전압에 의한 베이스폭 변조(Base width modulation by collector voltage)

이상적 트랜지스터를 말할 때 베이스폭이 일정하다고 생각했었다. 그런데 순방향 활성모드에서 역방향으로 바이어스된 베이스와 컬렉터사이의 전압이 증가할수록 공핍층의 폭이 증가하여서 [그림 5.10a]처럼 베이스폭의 감소가 나타난다. 베이스폭이 감소하면 τ_t가 줄어들어 β가 증가하고 컬렉터전류 I_C가 증가하게 된다. 이 현상은 이미터에서 베이스에 유입된 소수반송자의 확산전류측면에서 컬렉터 전류를 살펴보아도 같은 결론에 도달한다. 즉 역방향 바이어스 전압이 증가하면 베이스의 소수반송자 변화율이 증가하므로 컬렉터전류가 증가하게 되는 것이다. 이와 같이 이미터-컬렉터 역방향 전압이 변화되므로 베이스폭의 변화가 생기는 현상을 베이스폭변조(Base width modulation) 혹은 Early 효과라고 한다. 그림 5.10b는 이상적인 경우와는 다르게 V_{CE}의 증가에 따른 I_C의 증가를 보여주고 있다. 서로 다른 V_{EB}에서 얻어지는 I_C를 점선과 같이 연장하여 x축과 만나는 점의 전압을 Early voltage라 한다. 이 전압이 작을수록 베이스폭 변조현상이 더욱 크게 나타나게 되는 것이다.

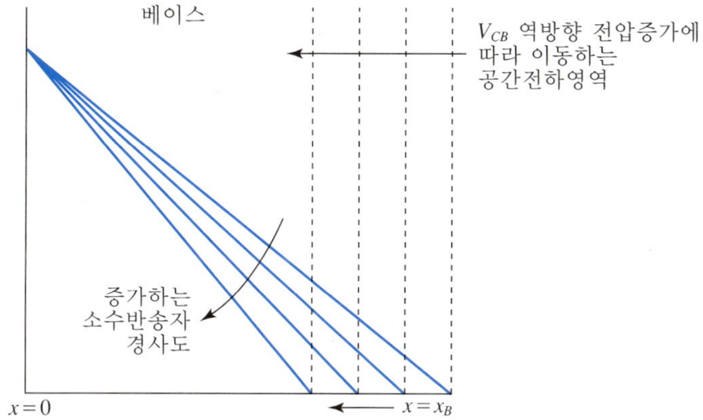

(a)

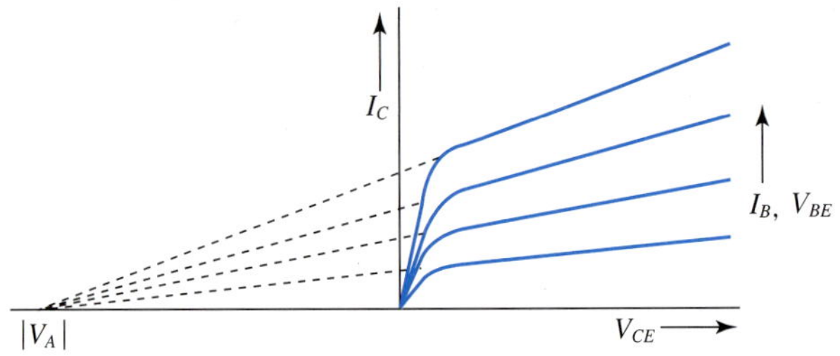

(b)

[그림 5.10] 베이스폭변조 혹은 Early 효과
(a) 베이스-컬렉터 역방향전압 증가에 따른 공핍층폭 변화
(b) Early voltage

5.6.2 공핍층의 사태항복(Avalanche breakdown of depletion layer)

이상적 트랜지스터에서는 공핍층 내에서 반송자의 생성과 재결합은 없다고 했지만 실제 트랜지스터에서는 베이스-컬렉터에 강한 역바이어스 전압이 인가되어 있으므로 컬렉터전류가 되는 반송자들이 공핍층을 지나가는 동안에 사태항복의 과정을 겪게 된다. 증배계수 M은 다음과 같다.

$$M = \frac{1}{1 - \left(\frac{V_{BC}}{BV_{CBO}}\right)^n} \tag{5.42}$$

여기서 BV_{CBO}는 베이스-컬렉터 사태항복전압이며 V_{BC}는 베이스-컬렉터 역방향전압이다. n은 3~7 정도이다. 컬렉터 전류는 공핍층에서 증배계수만큼 증가하므로 식(5.26a)와 식(5.42)로부터

$$I_C = M(\alpha_F I_E + I_{CO}) = \frac{1}{1 - \left(\frac{V_{BC}}{BV_{CBO}}\right)^n} \tag{5.43}$$

이 된다.

a) CB(Common base) 경우

$I_E = 0$이므로, $I_C = I_{CO} M$

b) CE(Common emitter) 경우

$I_B = 0$ 이므로, $I_C = I_E \;\rightarrow\; I_C = \dfrac{MI_{CO}}{1 - M\alpha_F}$

가 되므로 b)의 CE 경우 작은 값의 M에서도 사태항복과 같은 현상이 일어난다. 따라서 CE에서의 사태항복 전압은 식(5.42)의 BV_{CBO} 대신 공통이미터 항복전압 BV_{CEO}가 되며 그 값이 작다. 반면 a)의 CB 경우는 M 값이 매우 커야 많은 전류가 흐르므로 항복전압 BV_{CBO} 값이 높아진다. 따라서 [그림 5.11]과 같이 $BV_{CEO} \ll BV_{CBO}$가 된다.

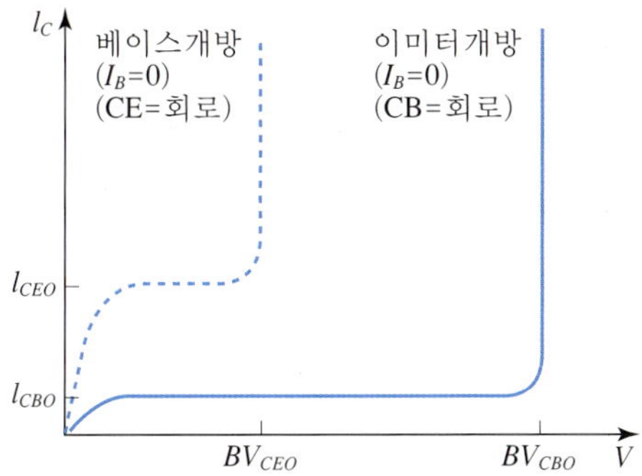

[그림 5.11] BV_{CEO}와 BV_{CBO}비교

5.6.3 주입전류량(Injection current level)

공핍층에서의 재결합을 고려하면 트랜지스터 파라미터 값들이 변화된다.

a) 저 전류(Low level injection current): V_{EB} 값이 작아 이미터전류 I_E가 적을수록 *pnp* BJT의 전체 이미터전류 중에서 I_{En}이 차지하는 비율이 높아져, 식(5.7)의 이미터주입효율 $\gamma = I_{Ep}/(I_{Ep}+I_{En})$ 값이 작아지며 이로 인하여 α 및 β 값들도 작아진다. I_{Ep}는 공핍층에서의 생성과 재결합 영향과는 무관한 $I_{Ep} \propto e^{eV_{EB}/kT}$인 반면, 베이스전류 I_B는 공핍층의 재결합으로 인하여 $I_B \propto I_{En} \propto e^{eV_{EB}/nkT}$이 되어 인가된 V_{EB} 전압에서 I_{Ep}보다는 덜 증가하게 되어 결과적으로

$$\beta = \frac{I_C}{I_B} \propto \frac{e^{eV_{EB}/kT}}{e^{eV_{EB}/nkT}} \propto e^{\frac{eV_{EB}}{kT}\left(1-\frac{1}{n}\right)} \propto I_C^{\left(1-\frac{1}{n}\right)} \tag{5.44}$$

이 된다. 따라서 β는 V_{EB} 및 I_C가 증가할 때 [그림 5.12]와 같이 증가됨을 알 수 있다.

b) 중간 전류(Middle level injection current): V_{EB}가 증가하여 I_B전류가 공핍층의 재결합 영향을 벗어나면 식(5.44)의 n이 1로 근접하게 된다. 이와 같은 전류영역에서는 식(5.20)에서와 같이 I_C와 I_B가 모두 V_{EB}에 같은 지수 함수적으로 비

례하는 Δp_E에 비례하며, β는 V_{EB}에 무관하고 일정한 값을 갖는다. 식(5.44)에서도 $n=1$이면 β는 I_C에 무관하게 됨을 알 수 있다.

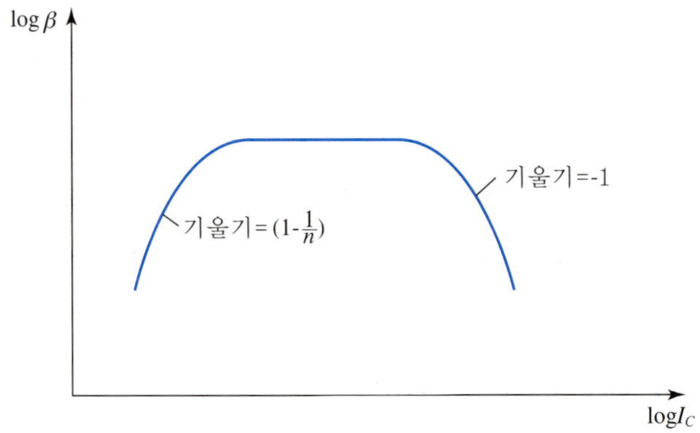

[그림 5.12] 전류에 따른 값의 변화

c) 고 전류(High level injection current): 트랜지스터 파라미터 값들이 다시 떨어지기 시작한다. 이렇게 다시 떨어지는 원인은 두 가지로 생각할 수 있다. 첫째 원인은 이미터에서 베이스에 주입되는 많은 정공에 대응되는 전자가 이미터-베이스 접합부근에 형성되어 이미터 쪽으로 많이 넘어가므로 γ, α 및 β 값들이 다시 감소하기 때문이다. 둘째 원인은 많은 정공들이 n영역의 베이스로 유입되어 양의 전하로 이온화 된 베이스-컬렉터 공핍층의 베이스쪽 농도를 더욱 높게 만들어 공핍층의 폭을 줄여준다. 이와 반대로 음전하로 이온화 된 컬렉터쪽 공핍층은 양전하의 정공들이 많아짐으로 인하여 서로 상쇄되어 실질적으로 낮은 농도로 도핑된 효과가 나타나서 공핍층의 폭이 더욱 커지게 되는 베이스폭 변조가 일어난다. 따라서 베이스 중성영역은 고 전류 주입으로 인하여 더욱 커져서 τ_t가 증가하고 β의 감소가 나타나는데 이와 같은 현상을 Kirk 효과라고 한다. [그림 5.13]은 Kirk 효과에 관한 원인을 보여주고 있다.
식(5.44)에서 $I_C \propto e^{eV_{EB}/2kT}$가 되고 $I_B \propto e^{eV_{EB}/kT}$가 되어 $\beta \propto e^{-eV_{EB}/kT} \propto I_C^{-1}$의 관계가 성립되므로 [그림 5.12]에서 기울기 -1을 갖고 I_C가 중요할 때 β가 감소하게 된다.

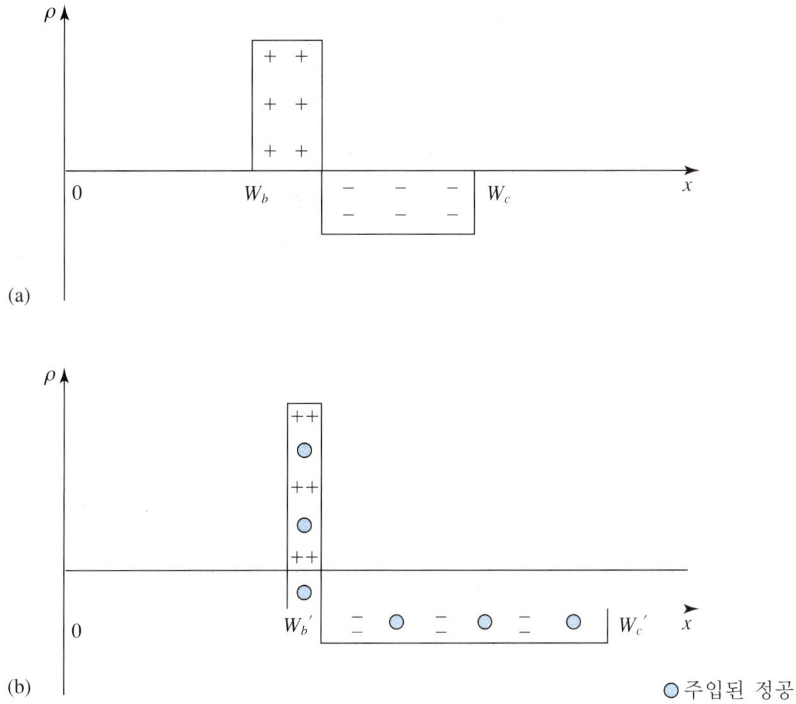

[그림 5.13] Kirk 효과

(a) *pnp* BJT의 베이스-컬렉터 공핍층 공간전하분포
(b) 고전류 때의 공간전하 재분포

아주 많은 전류가 유입되어 많은 컬렉터 전류가 트랜지스터에 흐르게 되면 베이스-컬렉터 공핍층을 지나는 전류와 공핍층의 전압으로 소모되는 전력 $I_C V_{BC}$가 트랜지스터에 허용된 값 이상으로 증가할 수 있다. 이때는 과도한 소모전력으로 인하여 트랜지스터가 가열되고 온도가 증가하여 베이스를 지나는 정공들의 수명시간 τ_p를 증가시킨다. 수명 증가는 다시 β를 증가시키고 이는 다시 I_C와 온도를 증가시키는 정귀환을 일으켜 트랜지스터의 파괴가 나타나게 할 수 있다.

5.6.4 이미터전류 밀집(Emitter current crowding)

이미터-베이스사이의 전류가 1차원으로 흐르지 않고 [그림 5.9a] 측면도처럼 이미터에서 베이스로 전류가 흐를 때 2차원적으로 흐른다. B'와 B 사이에 베이스전류가 흐르면 베이스 중앙부와 가장자리 사이에 있는 저항으로 인하여 저항 양단에 전압강하가 발생한다. 따라서 중앙부근의 활성영역에 나타나는 이미터-베이스단자 $E-B'$ 전압은 단자 $E-B$에서의 전압보다 낮아져 $V_{EB'} < V_{EB}$가 된다. 베이스 가장자리로 갈수록 전압이 증가하여 실질적인 컬렉터전류에 기여하지 못하고 이미터전류의 많은 부분이 베이스 단자로 바로 흐르는 일이 발생할 수 있다. 이럴 경우 트랜지스터로서의 기능이 상실된다. 이와 같이 이미터로 가까이 갈수록 많은 전류가 밀집되어 흐르는 현상을 이미터 밀집효과라고 한다. 경우에 따라서는 너무 밀집되어 흐르는 이미터 부근의 전류로 인하여 국부적으로 큰 열이 발생하여 트랜지스터가 파괴되는 일이 발생할 수 있다. 이미터 밀집효과를 피하기 위하여 [그림 5.14]와 같이 이미터와 베이스단자를 여러 개 만들어 전류를 분산시키는 구조를 갖게 한다.

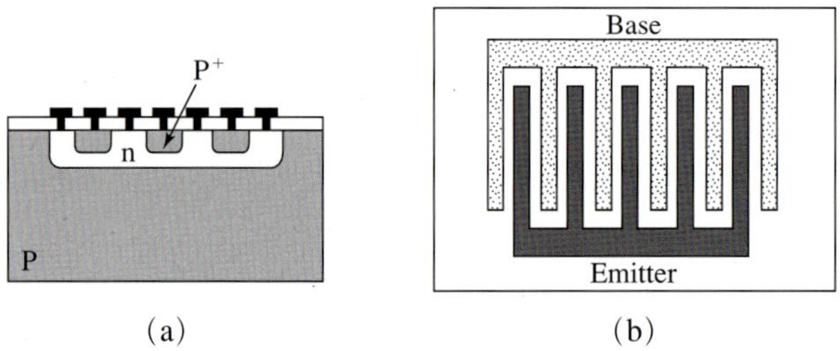

[그림 5.14] 이미터전류 밀집효과 제거를 위한 전류분산구조

(a) 전류분산구조 측면도
(b) 전류분산구조 상면도

5.6.5 베이스 도핑농도(Base doping concentration)

이상적 트랜지스터와는 달리 실제 트랜지스터는 베이스 각 위치의 도핑농도가 다르다.

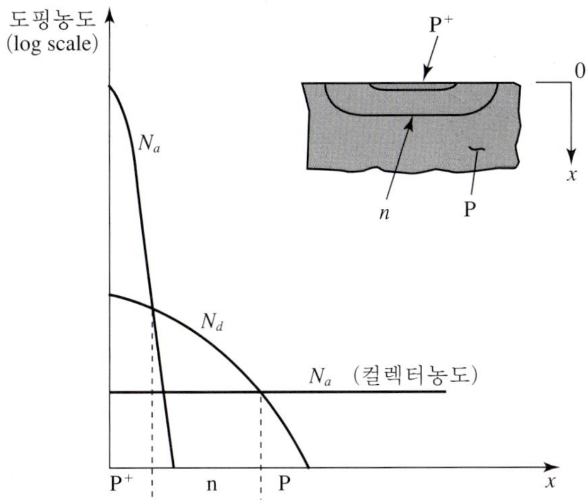

[그림 5.15] 불균일한 도핑농도

[그림 5.15]와 같이 베이스의 도핑농도가 균일하지 않고 표면에서 멀어질수록 감소한다. 전류가 흐르지 않는 열평형상태에서 n형의 베이스영역에서는 $n = N_d$가 되므로 다음과 같은 식이 성립된다.

$$J_n = e\mu_n N_d \mathcal{E} + eD_n \frac{dN_d}{dx} = 0 \tag{5.45}$$

윗 식의 가운데 첫째항은 전계에 의한 표동전류밀도이고 둘째 항은 농도차에 의한 확산전류밀도이다. 식(5.45)로부터 전계를 구할 수 있다.

$$\mathcal{E} = -\frac{kT}{e}\left(\frac{1}{N_d}\right)\frac{dN_d}{dx} \tag{5.46}$$

거리에 따른 도핑농도의 차이가 존재하는 한, 베이스 내에 전계가 형성됨을 알 수 있다. $dN_d/dx < 0$이므로 전계 $\mathcal{E} > 0$가 되어 좌측에서 우측으로 전계가 형성되어진다. 순방향 활성모드처럼 이미터-베이스에 순방향 전압이 인가되어 이미터에서 베이스로 정공이 유입되면 베이스에서 움직여 나갈 때 이상적 트랜지스터에는 단지 확산만 고려했으나 베이스영역의 도핑농도 불균일로 인한 전계 때문에 표동운동이 추가되어진다. 따라서 이상적 트랜지스터에서의 속도보다 빠르게 움직이므로 τ_t가 작아진다. 이것은 곧 β의 증가와 I_C 증가를 가져온다.

5.6.6 Gummel-Poon 모델과 BJT 전류이득

Gummel-Poon모델은 BJT의 대신호 모델링에 적합한 구조를 하고 있으며 베이스 영역의 구배진 도핑농도, 베이스 폭의 변화에 따른 Early효과, 베이스에 사용된 물질의 종류, 고 전류주입 등을 모두 고려하여 전류 증폭률을 계산할 수 있도록 한 모델이다. 5.5.1절의 Ebers-Moll 모델보다 더 정교하여 BJT의 성능개선을 위한 방법 등을 비교적 쉽게 찾아낼 수 있다. p^+np 트랜지스터에서 베이스 도핑농도의 구배가 있을 경우 베이스에는 식(5.46)과 같은 전계가 만들어진다. 이를 이미터전류 I_{Ep}에 대입하면 $n(x_n)=N_d(x_n)$이라 가정할 때 아래와 같은 식이 구해진다.

$$\begin{aligned} I_{Ep} &= eA\mu_p p\left(-\frac{kT}{e}\frac{1}{n}\frac{dn}{dx_n}\right) - eAD_p\frac{dp}{dx_n} \\ &= -\frac{eAD_p}{n}\left(p\frac{dn}{dx_n} + n\frac{dp}{dx_n}\right) = -\frac{eAD_p}{n}\frac{d(pn)}{dx_n} \end{aligned} \tag{5.47}$$

n을 좌변으로 이동하고 x_n은 0부터 베이스 끝 W_b까지 적분하면 아래와 같이 된다.

$$\begin{aligned} I_{Ep}\int_0^{W_b} n dx_n = -eAD_p\int_0^{W_b}\frac{d(pn)}{dx_n}dx_n = eAD_p(p(0)n(0) \\ - p(W_b)n(W_b)) \end{aligned} \tag{5.48}$$

$$I_{Ep} = \frac{eAD_p n_{iB}^2\left(e^{eV_{EB}/kT} - e^{eV_{CB}/kT}\right)}{\int_0^{W_b} n dx_n} \tag{5.49}$$

n_{iB}는 베이스영역의 진성반송자농도이며, 식(5.49)의 분모를 Gummel-number G_B라고 한다. 이것은 베이스영역의 단위면적당 다수반송자수를 말하며 불균일 도핑도 포함하는 식이다. 만약 N_B로 균일하게 도핑되었다면 $G_B=N_B W_b$가 된다. 일반적으로 베이스 길이는 0.1μm 이내여서 $W_b << L_p$가 되므로 이미터에서 주입되는 거의 모든 정공들은 재결합 없이 컬렉터에 도달한다. 즉 [그림 5.4]에서 $I_{Ep}(R)=I_{Bn}(R)=0$이고 $I_{Ep}\approx I_C$, $I_B=I_{En}$이 된다. 따라서 식(5.50)이 성립한다.

$$I_{En} = I_B = \frac{eAD_n n_{iE}^2 e^{eV_{EB}/kT}}{G_E} \tag{5.50}$$

여기서 $G_E=\int_0^{W_b} pdx_p$이며 이를 이미터 Gummel-number라고 하며 균일도핑이면 $G_E=N_E W_E$가 된다. n_{iE}는 이미터의 진성반송자농도이다. $D_{p,n}$에서 전자나 정공을 구별하는 아래첨자대신에 이미터나 베이스의 E, B 를 사용하고 그 영역에서의 소수반송자에 관한 것으로 생각하면 pnp나 npn 트랜지스터에 관계없이 공통적으로 쉽게 표현할 수 있다. 순방향 활성모드에서 균일한 베이스 및 이미터 도핑농도를 갖고 있는 경우 베이스-컬렉터전류 증폭률 β를 G_B, G_E 등을 사용하면 식(5.49)와 식(5.50)으로부터 아래식이 성립된다.

$$\beta=\frac{I_C}{I_B}\approx\frac{I_{Ep}}{I_B}=\frac{G_E D_B n_{iB}^2}{G_B D_E n_{iE}^2}=\frac{D_B N_E W_E n_{iB}^2}{D_E N_B W_B n_{iE}^2} \tag{5.51}$$

같은 물질로 되어있는 동종접합의 경우 확산계수가 같다면 $\beta=G_E/G_B$가 됨을 알 수 있다. β가 큰 트랜지스터를 설계하려면 D와 W는 큰 변화가 없으므로 식(5.51)을 이용하여 다음과 같은 점들을 고려하면 된다.

1) 큰 N_E와 작은 N_B : N_B가 너무 작으면 베이스 저항이 크게 증가하여 고 전류주입이 어렵고 고주파특성이 좋지 않게 된다.
2) $n_{iB}^2 \gg n_{iE}^2$일 때 : β가 크게 증가한다. 이를 위해서는 밴드갭이 작은 SiGe를 베이스 물질로 사용하는 이종접합을 사용한다. 80%의 Si와 20%의 Ge으로 된 반도체는 밴드 갭 감소가 $\Delta E_g=60\text{meV}$되어 $n_{iB}^2=n_{iE}^2 e^{\Delta E_{gB}/kT}=10n_{iE}^2$가 되므로 동종접합일 때 $\beta=40$이었다면 400으로 크게 증가한다
3) 밴드갭협소(Bandgap narrowing) : 도핑농도가 크게 될 때 밴드갭이 줄어든다. N_E가 크면 좋으나 이를 너무 크게 하면 이미터의 밴드갭 협소로 인하여 n_{iE}^2가 증가하여 전체적으로 큰 β의 증가는 어렵다.
4) Poly-Si 이미터 : 폴리실리콘으로 이미터를 두껍게 하면 W_E가 크게 되므로 β가 증가된다. 그러나 이때 폴리실리콘이 베이스를 관통하여 컬렉터에 도달할 수 있는 공정상의 위험성이 있다.
5) 고 전류주입(High level injection) : 큰 V_{EB}가 주어지면 이미터에서 베이스로 주입되는 과잉정공이 크게 증가하여 전하 중성을 위해 같은 양의 베이스 다수반송자인 전자도 크게 증가한다. 이때는 $\delta p=\delta n\gg N_B$가 되고 $n\approx p$가 되므

로 $np = n_{iB}^2 e^{2V_{EB}/kT}$ 로부터 $n = p = n_{iB} e^{eV_{EB}/kT}$가 되어 $G_B \propto n_{iB} e^{eV_{EB}/2kT}$ 및 $I_C \propto n_{iB} e^{eV_{EB}/2kT}$와 같이 V_{EB}에 따른 컬렉터전류의 증가가 줄어든다.

6) Early effect : [그림 5.10a]에서와 같이 게이트-컬렉터 역방향 바이어스 전압에 따른 베이스폭의 변화는 식(5.49) 분모의 적분경계에 변형을 주어 반영시킬 수 있다. 즉 $G_B = \int_{0\,(V_{EB})}^{W_b(V_{CB})} n dx_n$을 취하면 된다. 역바향 V_{CB}가 증가하면 W_b가 감소하므로 G_B와 I_{Ep} 및 I_C가 증가한다.

[그림 5.16]은 Gmmel도(Gummel-plot)를 보여주고 있다. 컬렉터전류와 베이스전류가 입력전압 V_{EB}에 따라 나타나 있으며 [그림 5.12]는 $\beta = I_C/I_B$와 유사한 모양이 될 것이다. 다만 [그림 5.16]에서는 x축이 V_{EB} 대신 I_C로 되어있다.

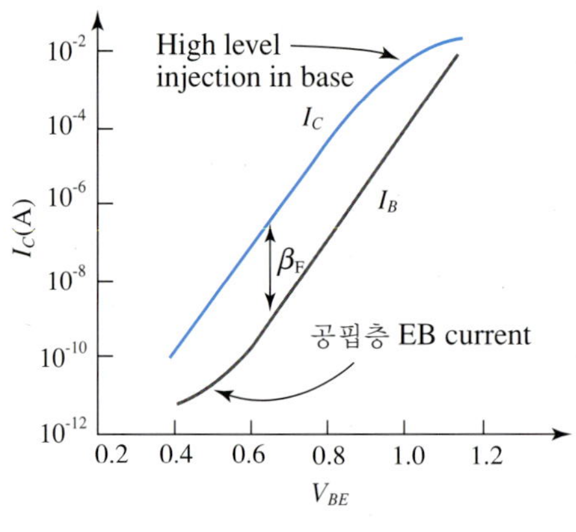

[그림 5.16] Gummel 도

5.7 스위칭(Switching)

BJT는 소신호의 증폭에 주로 이용되지만 이와는 다르게 대 신호를 주입하여 스위치역할을 하는 소자로도 사용된다. [그림 5.16a]와 같이 *pnp* BJT로써 회로를 구성하고 순방향 활성모드로 바이어스 전압을 인가하면 [그림 5.16b]의 I–V 특성곡선을 보인다.

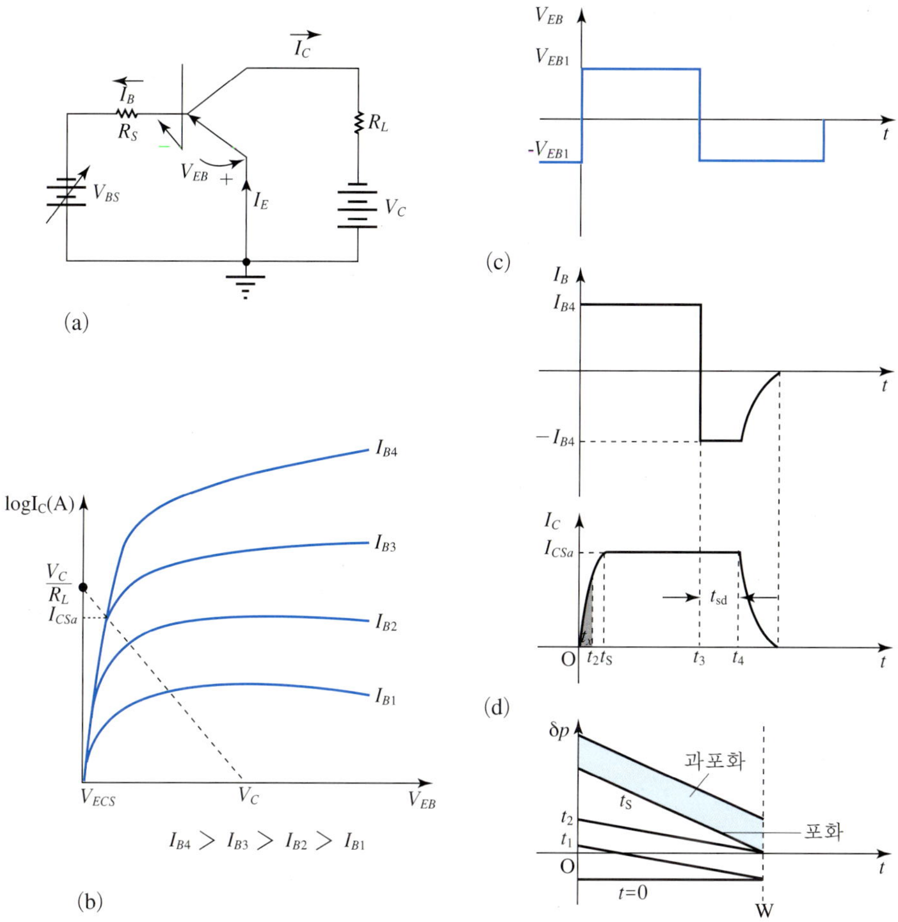

[그림 5.16] *pnp* BJT 스위칭

(a) CE 회로 (b) I–V 특성곡선
(c) 구동전압 V_{EB}와 베이스전류 I_B
(d) 컬렉터전류 I_C와 베이스 축적 과잉정공농도 δp

바이어스 전압을 높여 베이스전류가 I_{B3}이면 $V_{EC} = V_{ECS} \simeq 0$가 되어 트랜지스터는 단락상태(ON state)가 되며 포화상태의 컬렉터전류 I_{CSa}가 흐른다. V_{BS}를 높여 V_{EB}가 베이스전류를 $I_B \geq I_{B3}$으로 주입했을 때에도 컬렉터전류는 I_{CSa}로 일정하고 이미터-컬렉터전압 역시 V_{ECS}로 거의 0에 가까운 전압이 지속되어 컬렉터와 이미터가 등전위가 되는 단락(ON state)상태가 된다. 반대로 이미터-베이스에 역방향 전압을 인가하면 I_B와 I_C가 0이 되어 트랜지스터가 차단상태(OFF state)로 된다. 이와 같이 이미터와 베이스 간에 인가된 전압 혹은 전류에 의하여 출력측인 컬렉터와 이미터 간에 단락과 차단상태가 일어나면서 트랜지스터는 바로 스위치와 같은 기능을 수행한 것이다. 이미터-베이스의 순방향 전압에 따라 즉시 베이스전류가 흐른다면 [그림 5.16c]는 펄스형태의 이미터-베이스전압이 주어졌을 때 흐르는 베이스전류를 보여주고 있다. [그림 5.16d]는 컬렉터전류 I_C 및 이때 베이스에 축적되는 소수반송자인 과잉정공농도 δ_p를 보여준다. $t \leq 0$에서는 트랜지스터가 역방향 바이어스가 걸려 OFF 되어있으므로 베이스 내부의 소수반송자인 정공들이 모두 이미터와 컬렉터로 끌려 나가 과잉정공은 마이너스가 되는 것이다. 순방향 활성모드로 바이어스가 전환되면 베이스에 유입되는 정공이 시간에 따라 점차 증가한다. 시간이 t_1, t_2를 지나면서 축적전하가 증가하고 과잉정공들의 기울기가 증가함을 알 수 있다. 이것은 곧 컬렉터전류의 증가를 의미한다. 시간이 t_s에 도달하면 베이스전류는 [그림 5.16b]의 I_{B3}에 도달되고 컬렉터전류는 I_{CSa}가 된다. 이때가 바로 포화상태인 것이다. 그 이상의 시간이 경과하면 인가된 V_{EB}에 해당하는 과잉정공까지 정공이 이미터에서 베이스로 계속 유입되지만 컬렉터전류의 변화는 없으므로, [그림 5.16d]에서 처럼 축적전하의 기울기는 그대로 유지되면서 베이스 과잉정공들이 계속 축적된다. 파란색으로 된 부분을 과포화(Over saturation)영역이라고 한다.

t_3에서 이미터-베이스양단에 역방향 바이어스 전압이 인가되면 $t_3 \leq t \leq t_4$인 t_{sd} (Storage delay time)동안 이미터-베이스 경계는 정공 및 전자 반송자들로 가득 차 있고 단자 전압만 역방향이므로 역방향 베이스-이미터 전류 I_{B4}가 그대로 흐른다. $t \geq t_4$에서는 축적될 때와는 반대로 감소되기 때문에 감소되는 해당 베이스 전류에 따른 과잉정공의 경사도가 변하면서 컬렉터전류가 감소하여 최종적으로 OFF 상태에 이르게 된다.

연습문제

1. pnp 및 npn다이오드의 기호를 그리시오.
2. pnp트랜지스터 내의 소수반송자 분포를 순방향 활성모드, 순방향 포화모드, 차단모드 등으로 구분하여 그리고 간단히 설명하시오.
3. 이상적 pnp BJT가 순방향 활성모드로 동작하도록 바이어스 전압들이 인가되었을 때의 전류성분들과 방향들을 그리고 간단히 설명하시오.
4. 그림 5.4의 경우 B, γ, α, β 에 관하여 정의하고 각각을 설명하시오.
5. $\beta = \frac{\tau_p}{\tau_t}$임을 증명하시오.
6. 식(5.15)에서 $W/L_p = 1/2$일 때의 베이스 축적전하를 그리고 내용을 설명하시오.
7. 그림 5.5의 점선과 같이 베이스에 정공이 축적되어 있을 때 베이스전류를 전하제어모형으로부터 구하시오.
8. Ebers-Moll 모델을 설명하고 등가회로를 그리시오.
9. Hybrid-π 모델의 교류 소신호 모델을 그리시오.
10. Hybrid-π 모델에서 G_{be}, C_{be}, g_m 등에 관한 식(5.31)과 식(5.35)를 유도하시오.
11. 차단주파수 f_T를 정의하고 $f_T = 1/2\pi\tau_t$가 됨을 증명하시오.
12. Early 효과에 관하여 설명하시오.
13. 주입전류량에 따른 β값의 변화에 관하여 말하시오.
14. Kirk 효과를 설명하시오.
15. 이미터전류 밀집효과에 관하여 설명하시오.
16. 베이스 도핑농도에 따른 β값의 변화에 관하여 설명하시오.
17. 그림 5.16a의 pnp BJT에서 이미터와 베이스사이에 그림 5.16c와 같은 전압이 인가되었을 때 그림 5.16d와 같은 I_C와 δp의 변화를 설명하고 과포화와 포화상태의 차이점을 말하시오.

18. Gummel-number에 관하여 설명하시오.

19. β가 큰 트랜지스터를 설계하려고 할 때 Gummel-Poon Model에 의하여 어떤 점들을 고려해야하나?

CHAPTER

06 MOSFET

CHAPTER

06 MOSFET

*pn*접합으로 반송자를 유입시키고 이 유입된 반송자를 또 다른 *pn*접합으로 끌어내어 이미터와 컬렉터사이에 전류가 흐르게 하는 바이폴라 접합트랜지스터와는 달리, 반송자가 소스에서 출발하여 드레인으로 이동하여 갈 때 이동통로에 해당하는 채널을 게이트에 인가한 전압에 의한 전계로써 제어하는 소자를 전계효과소자(Field effect devices)라고 한다. 게이트와 채널사이의 구조가 금속-산화물-반도체 형태로 되어있는 것을 MOSFET라고 한다.

강대원

John Atalla

벨 연구소(AT&T Bell Lab.)에 근무하던 강대원(1931. 5. 4 ~ 1992)과 마틴 존 아탈라(Martin M. "John" Atalla: 1924. 8. 4 ~)는 1959년 MOSFET를 발명했다. MOSFET는 1920년대에 고안되고 1940년대에 실험적으로 입증되었지만 실질적으로 금속-산화막-실리콘 형태로 만들어내는데 강대원과 존 아탈라가 처음으로 성공했던 것이다. 이들은 실리콘 표면에 열산화막을 형성시켜 그 위에 금속전극을 증착시킴으로써 산화막과 실리콘사이에 전자트랩이 형성되지 않는 깨끗한 계면을 유지할 수 있었고 양질의 산화막을 형성시킬 수 있어서 제대로 작동하는 MOSFET를 만들 수 있었던 것이다. 이 MOSFET는 후일 CMOS로 변형되어 각종 논리회로와 증폭회로 등에 사용되고 있으며 높은 집적도와 저소모 전력으로 인하여 오늘날 가장 널리 사용되는 반도체 트랜지스터가 된 것이다. 강대원은 한국인으로서 서울대학교에서 물리학을 전공했고 미국으로 이민 간 후 오하이오 주립대에서 물리학 박사학위를 받았다. 죤 아탈라와 함께 MOSFET 발명 후 역시 벨 연구소 동료였던 사이먼 지(Simon Sze)와 함께 많은 형태의 메모리소자 기본이 되는 플로우팅 게이트 메모리셀을 발명했다. 존 아탈라는 이집트에서 태어났으며 카이로대학교에서 학부를 마친 후 미국 퍼듀대학교에서 1949년 기계공학을 전공하여 박사학위 취득하고 AT&T에 입사하여 벨렙에서 근무하였다. 그는 MOSFET 발명 외에 실리콘위에 양질의 산화막을 형성시키는 혁신적인 기술들을 개발하였으며 이로 인하여 실리콘집적회로의 광범위한 사용을 가능케 하였다. 그는 또한 휴렛 팩커드(Hewlett-Packard)와 페어차일드 반도체(Fairchild Semiconductor)에서도 일했으며 후일 대부분의 은행자동기기에 사용되는 데이터 보안개발에 선구적인 역할을 하였다.

6.1 MOS 커패시터

전자와 정공 두 가지의 반송자가 관련된 바이폴라 트랜지스터와는 달리 MOSFET에서는 한 종류의 반송자가 채널을 통해 이동하여 드레인과 소스 사이에 전류를 흐르게 한다. 이 채널을 형성하고 반송자의 이동정도를 제어하는 구조는 [그림 6.1]과 같이 도전체의 게이트와 그 아래에 유전체인 산화막이 있고 제일 아래 부분이 반도체로 되어있어 채널이 형성되었을 때 마치 채널과 게이트의 도전체 사이에 유전체가 있는 커패시터의 모양처럼 되어있는 것이다.

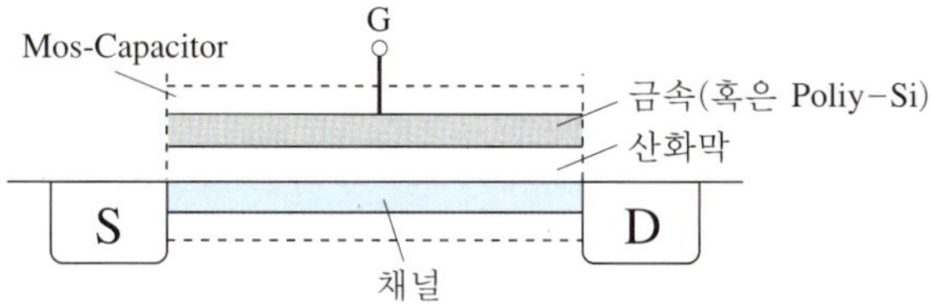

[그림 6.1] MOS Capacitor

6.1.1 이상적 MOS 커패시터(The ideal MOS capacitor)

[그림 6.2]는 [그림 6.1]의 금속-산화막-반도체로 되어있는 점선부분을 90° 회전시켰을 때 이상적인 MOS 커패시터가 보여주는 에너지밴드 다이어그램이다.

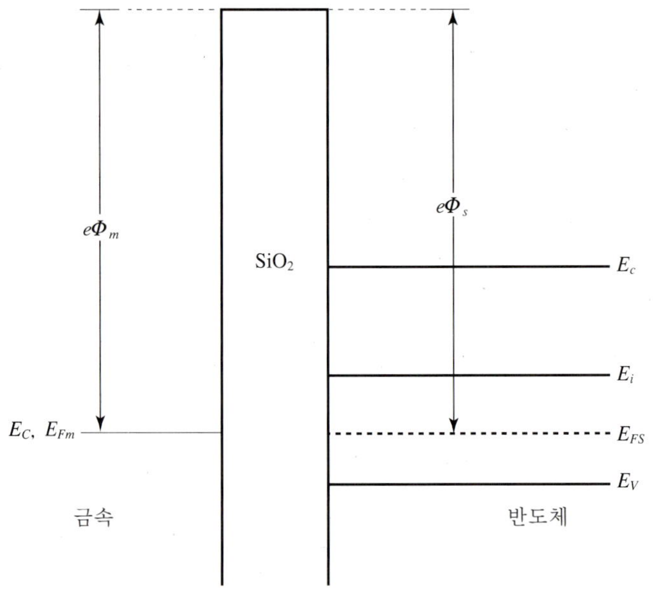

[그림 6.2] 이상적 MOS 커패시터 에너지밴드 다이어그램

$e\Phi_m$은 금속의 일함수이며, $e\Phi_s$는 반도체의 일함수이다. 이상적인 MOS 커패시터는 에너지밴드 다이어그램이 열평형상태에서 수평으로 구부러짐이 없이 평평하며 금속과 반도체의 일함수가 같고($e\Phi_m = e\Phi_s$) 유전체인 산화막 속에 아무런 전하가 없는 경우를 말한다. 여기서 언급한 일함수는 페르미에너지준위와 진공사이의 에너지차이가 아니고, 금속 및 반도체의 페르미에너지준위와 산화막 전도대 사이의 에너지차이를 뜻하며 일명 변형된 일함수라고도 한다. 뿐만 아니라 산화막/반도체 사이의 경계면에도 아무런 전하가 없는 경우이다.

1) 축적(Accumulation)상태

p형 반도체로 되어있는 MOS 커패시터의 게이트에 $V<0$의 전압을 인가하면 [그림 6.3a]와 같이 금속의 전자에너지가 eV만큼 증가하므로, 금속의 전도대와 페르미에너지준위는 반도체와 같은 본래의 에너지준위보다 eV만큼 높아지며 산화막과 반도체의 에너지밴드 다이어그램은 위쪽으로 향하여 구부러진다. 이때 금속에 음전하인 전자가 축적되고 반도체에는 그에 상응하는 양전하인 정공의 축적이 일어난다. 식(1.20) $p_o = N_v e^{-(E_f - E_v)/kT}$에서 알 수 있는바와 같이 E_f와 E_v의 간격이 줄어들면 p_o가 기하급수적으로 증가하게 되는 것이다. 이와 같이 p형 반도체 표면에 다수

반송자인 정공의 축적이 일어나므로 이것을 축적상태라 한다. 게이트에 인가된 전압에 의한 에너지 eV는 아래식과 같이 산화막에 나타나는 에너지 eV_{ox}와 반도체 표면에 만들어지는 표면에너지 $e\phi_s$로 분산된다.

$$eV = eV_{ox} + e\phi_s \tag{6.1}$$

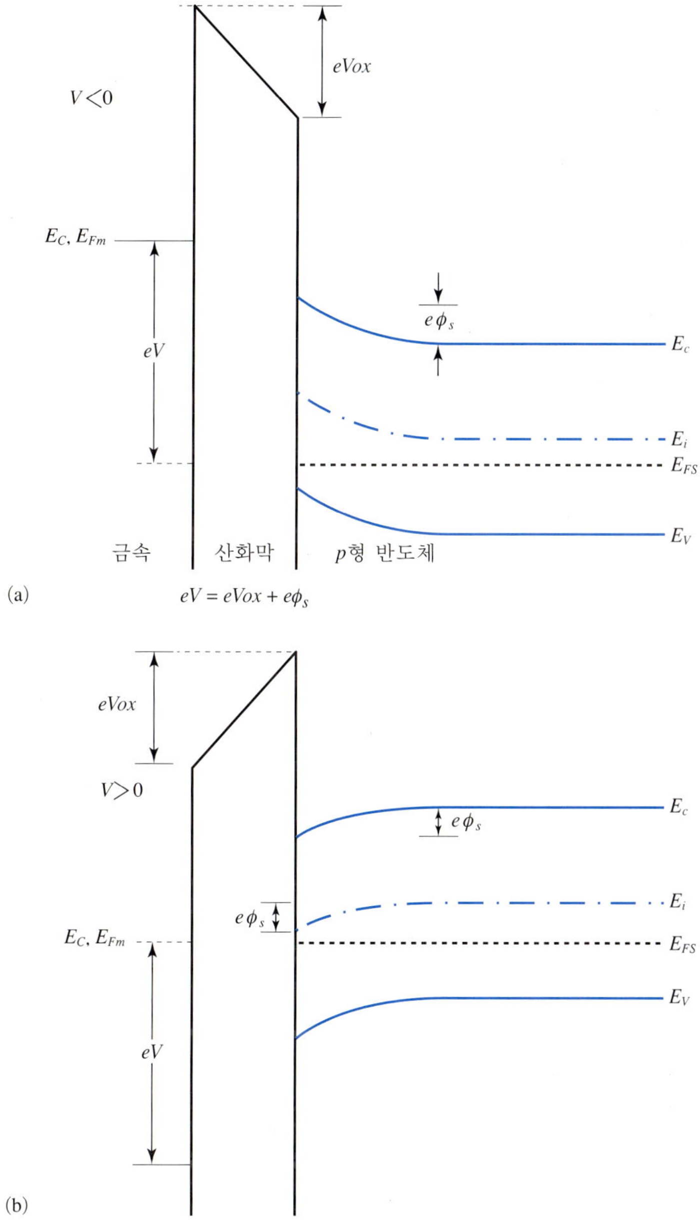

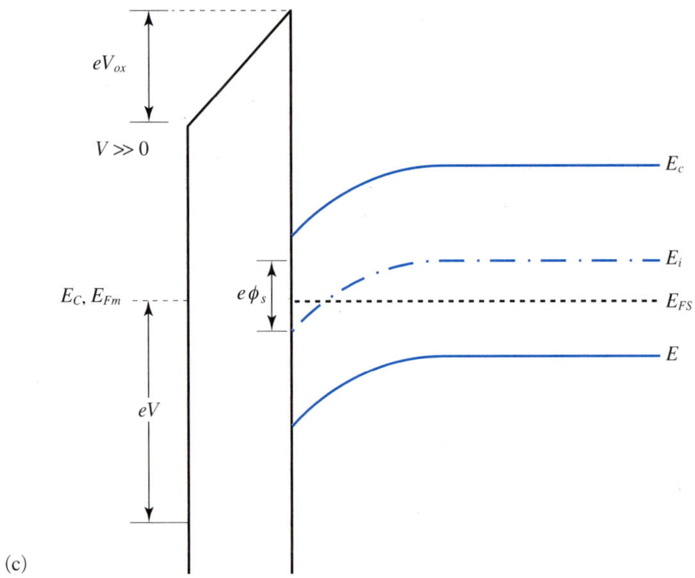

[그림 6.3] 게이트 전압에 따른 에너지밴드 다이어그램변화

(a) 축적(Accumulation)상태
(b) 공핍(Depletion)상태
(c) 반전(Inversion)상태

2) 공핍(Depletion)상태

축적과는 반대로 게이트에 $V > 0$의 전압을 인가하면 [그림 6.3b]와 같이 금속에 있는 전자의 위치에너지가 eV 만큼 낮아져 에너지벤드 다이어그램에서 페르미에너지준위가 열평형상태 때보다 아래로 내려가고 산화막과 반도체 표면의 에너지준위들은 아래로 구부러지게 된다. 식(6.1)과 같이 게이트금속의 전자 위치에너지이동 eV는 역시 산화막의 전도대 에너지준위이동 eV_{ox}와 반도체표면의 에너지준위변화 $e\phi_s$로 분산되어지는 것이다.

페르미에너지준위와 가전자대의 차이가 증가하므로 식(1.20) $p_o = N_v e^{-(E_f - E_v)/kT}$에 의해 표면 구부러진 곳의 정공농도가 감소함을 알 수 있다. 이와 같이 정공농도공핍현상이 나타나기 때문에 공핍상태라고 한다.

3) 반전(Inversion)상태

[그림 6.3c]와 같이 게이터 전압을 더 증가시키면 반도체표면의 에너지준위들이

더욱 심하게 구부러져서 결국 $E_{FS} > E_i$가 될 수 있으며 페르미에너지준위가 전도대와 진성에너지준위 사이에 있게 되므로, p형 반도체에서 n형 반도체로 반전되어지며 이 상태를 반전상태라고 한다. $E_{FS} = E_f$로 표기하면 전자농도에 관한 식(1.14) $n_o = N_c e^{-(E_c - E_f)/kT}$를 통해 반전상태에서는 전자가 많이 증가하게 됨을 알 수 있다.

4) 강반전(Strong inversion)과 문턱전압(Threshold voltage)

p형 기판위에 n형 채널이 만들어지기 위해선 [그림 6.4]와 같이 게이트에 양의 전압이 가해져서 반도체의 에너지밴드가 아래로 구부러지면서 표면이 반전상태로 되고, 표면에 형성되는 전자농도가 기판의 도핑농도와 같은 $n = p = N_a$가 되었을 때를 강반전이 일어났다고 한다. 이때 채널이 막 시작되며, 게이트에 인가된 전압을 문턱전압(Threshold voltage)이라고 한다. 전자와 정공농도에 관한식 식(1.16), (1.22) 및 [그림 6.4]를 통하여

$$p = n_i e^{\frac{E_i - E_{FS}}{kT}} = n_i e^{\frac{e\Phi_F}{kT}} = N_a \qquad \text{(중성영역)} \qquad (6.2a)$$

$$n = n_i e^{\frac{E_{FS} - E_i}{kT}} = n_i e^{\frac{e\phi_{sx}}{kT}} \qquad \text{(표면부근)} \qquad (6.2b)$$

와 같은 식이 성립된다. 여기서 N_a는 억셉터의 도핑농도이며, $e\phi_{sx} = E_{FS} - E_i$는 표면에서 구부러진 에너지밴드 중에서 페르미에너지와 진성에너지준위 차이다.

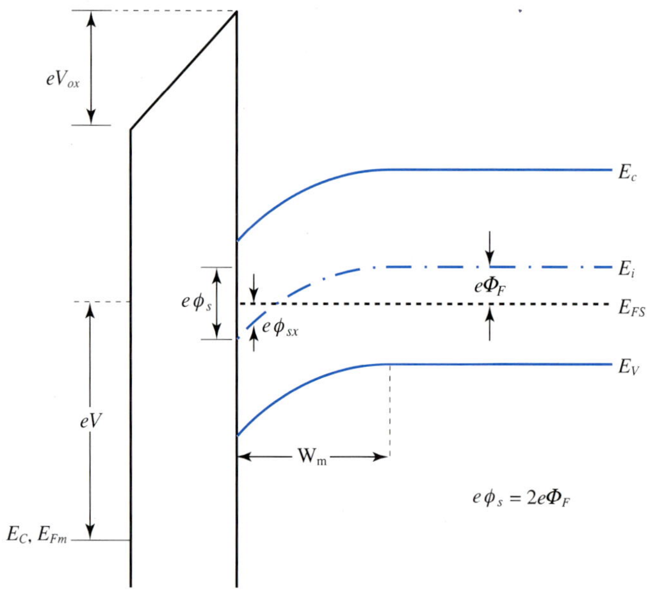

[그림 6.4] 강반전에서의 에너지밴드 다이어그램

강반전에선 표면의 전자농도 $n = N_a$가 되므로 식(6.2)에서 $e\phi_{sx} = e\Phi_F$임을 알 수 있다. 따라서 [그림 6.4]에서

$$e\phi_s = 2e\Phi_F \tag{6.3}$$

가 성립되어진다. 이와 같이 강반전 때 반도체표면에 형성되어진 전위 ϕ_S는 식(6.3)과 식(6.2a)에서 다음식과 같이 된다.

$$\phi_S = 2\Phi_F = 2\frac{kT}{e}\ln\frac{N_a}{n_i} \tag{6.4}$$

표면전위가 $\phi_S = 2\Phi_F$가 되면 n^+p접합다이오드와 유사하게 p영역 반도체에 최대 공핍층 $W_m = \sqrt{2\varepsilon_s 2\Phi_F / eN_a}$이 만들어지고 이 공핍층 내에 이온화된 전하 $Q_{dep} = -qN_a W_m$이 존재하여 커패시턴스 C_{ox}를 갖는 산화막 양단의 전압강하 $V_{ox} = |Q_{dep}|/C_{ox}$를 일으키게 된다. 여기서 ε_s는 반도체의 유전율이다. 물론 강반전으로 인하여 표면에 만들어진 전자층이 있으나, 이 층은 매우 얇아 전체적인 전하를 고려할 때 공핍층 내의 이온화된 전하 Q_{dep}에 비하여 무시할 수 있다. 강반전이 일어나도록 하기위해 게이트에 인가되는 전압을 문턱전압이라고 정의했는데, 이 전압은

식(6.1)과 같이 산화층과 반도체표면 등의 전압을 합친 것이다. 따라서 이상적 MOS 커패시터의 문턱전압은 식(6.5)와 같다.

$$V_T = V_{ox} + 2\Phi_F = \frac{|Q_{dep}|}{C_{ox}} + 2\Phi_F = \frac{2\sqrt{eN_a\varepsilon_s\Phi_F}}{C_{ox}} + 2\Phi_F \tag{6.5}$$

기판의 도핑농도가 증가할수록, 산화막의 두께가 작아 C_{ox}가 작아질수록 문턱전압이 증가하게 된다.

예제 6-1

농도 $10^{16}\,\text{cm}^{-3}$의 억셉터로 도핑 되어 있는 p형 Si의 이상적인 MOS 커패시터가 있다. 산화막의 두께가 100Å인 경우 다음 물음에 답하시오.

a) 상온(300K)에서 강반전 때의 반도체 표면전위 ϕ_s를 구하시오.

b) 최대공핍층의 폭은 얼마인가?

c) 문턱전압 V_T를 구하시오.

풀이

a) 식(6.4)에서 $\phi_S = 2\Phi_F = 2\dfrac{kT}{e}\ln\dfrac{N_a}{n_i}$

$$= 2\times0.0259\times\ln\frac{10^{16}}{1.5\times10^{10}} = 0.694\text{V}$$

b) $W_m = \sqrt{\dfrac{2\varepsilon_s 2\Phi_F}{eN_a}} = \sqrt{\dfrac{2\times(11.8\times8.85\times10^{-14})\times0.694}{1.6\times10^{-19}\times10^{16}}} = 0.301\mu\text{m}$

c) 식(6.5)에서 $V_T = V_{ox} + 2\Phi_F = \dfrac{|Q_{dep}|}{C_{ox}} + 2\Phi_F = \dfrac{2\sqrt{eN_a\varepsilon_s\Phi_F}}{C_{ox}} + 2\Phi_F$

$$C_{ox} = \frac{\varepsilon_{ox}}{d} = \frac{3.9\times8.85\times10^{-14}}{100\times10^{-8}} = 3.45\times10^{-7}\,\text{F/cm}^2$$

$$|Q_{dep}| = eN_aW_m = 1.6\times10^{-19}\times10^{16}\times(0.301\times10^{-4})$$

$$= 4.82\times10^{-8}\,\text{C/cm}^2$$

따라서 $V_T = \dfrac{4.82\times10^{-8}}{3.45\times10^{-7}} + 0.694 = 0.834\text{V}$

5) MOS 커패시턴스(The MOS Capacitances)

게이트와 기판사이의 MOS 구조가 갖는 커패시턴스는 게이트 인가전압에 따라서

MOS 커패시터의 상태가 달라져 [그림 6.5]와 같이 여러 가지 서로 다른 구성과 전압 변화에 따른 전하변화를 갖게 된다.

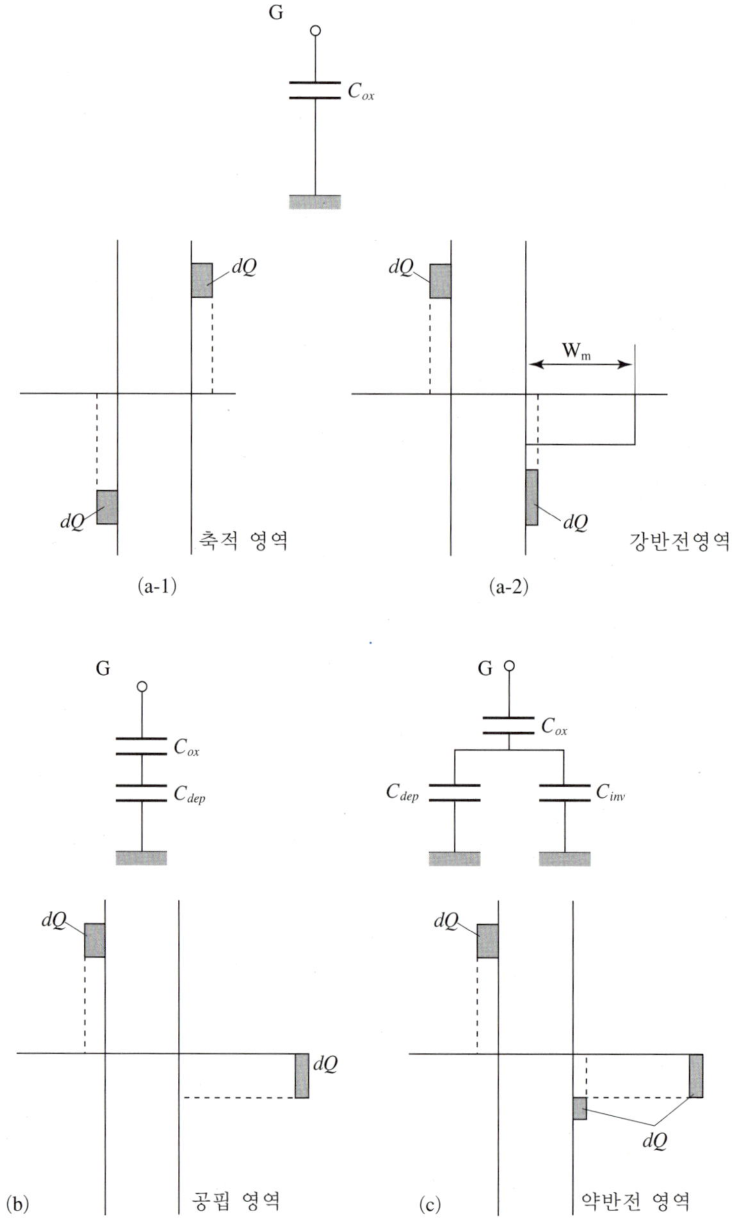

[그림 6.5] MOS 커패시터의 구성과 전하변화

(a) V_G로 인하여 축적상태 발생(그림 6.3a) 및 $V_G > V_T$(그림 6.4)
(b) V_G가 작아 공핍층만 구성(그림 6.3b)
(c) V_G가 크지만 $V_G < V_T$(그림 6.3c)

커패시턴스는 $C = dQ/dV$ 이므로 반도체표면이 전하축적상태가 되게 게이트전압이 가해진 경우 추가적으로 작은 게이트전압이 변할 때 많은 전자들의 변화가 반도체표면에서 일어나서, [그림 6.5a-1]처럼 산화막을 유전체로 한 하나의 커패시터만 존재하는 형태가 되는 것이다. V_G가 증가하여 [그림 6.3b]가 되면 게이트전압 변화에 따라 공핍층의 폭이 변화되고 그로인한 이온화된 전하변동이 수반되어 [그림 6.5b]와 같은 커패시터회로로 등가시킬 수 있다. 공핍영역은 표면에서의 $E_i \geq E_{Fs}$가 될 때까지 해당된다. 전압이 더욱 증가하지만 $V_G < V_T$인 상태가 되어 $e\phi_s < 2\Phi_F$가 되어있는 동안 공핍층의 전하와 반전상태의 전자들이 동시에 변화하면서 전체 커패시턴스 값을 결정짓게 되어 [그림 6.5c]와 같이 산화막 아래에 반전영향의 유동전하에 의한 커패시터와 공핍층 영향의 고정전하에 의한 커패시터가 병렬 연결된 모양이 만들어 지게 된다. $V_G > V_T$에서는 강반전상태가 되면서 산화층 아래에는 마치 도체와 같은 전자들의 채널이 만들어져 [그림 6.5a-2]와 같이 MOS 커패시터를 단순히 산화막 유전물질로 채워진 하나의 커패시터로 등가시킬 수 있게 된다. DC 바이어스 전압에 작은 ac의 리플전압이 첨가된 것을 게이트에 가하면서 DC 값 변화에 따른 커패시턴스를 측정하면 [그림 6.6]과 같은 결과를 얻을 수 있다.

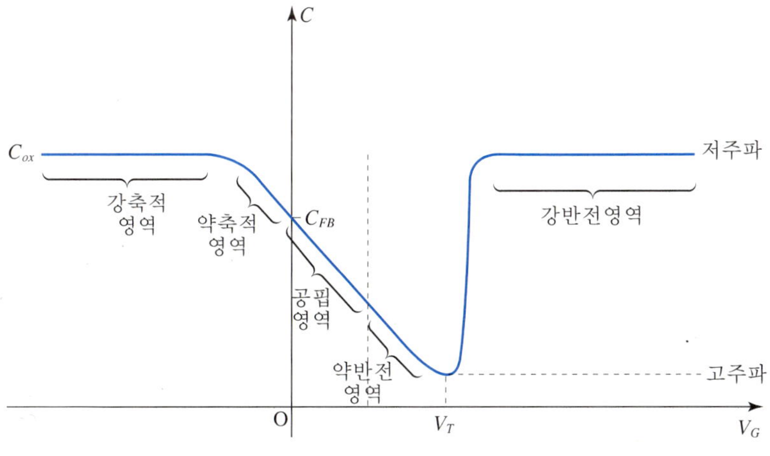

[그림 6.6] 이상적 n 채널의 MOS 커패시터 C-V 측정

게이트에 충분히 큰 (-)전압을 가하면 강축적영역이 되어 $C = C_{ox}$가 되고, 게이트의 음전압을 작게 하면 교류전압에 의해 변화되는 정공이 적어지므로 커패시턴스는 감소하게 되어 $V_G = 0$가 되었을 때 원래와 같이 평평한 에너지벤드가 된다. 이때의

커패시턴스가 C_{FB}이다. 이 영역을 약축적영역이라고 한다. 이상적이 아닌 실질적인 경우는 게이트전압이 0이 아닌($V_G = V_{FB} \neq 0$) V_{FB}에서 C_{FB}가 나타나고 이때 에너지벤드가 편평하게 되는 것이다. 게이트전압이 (+)로 더욱 증가하여도 표면에서의 $E_i \geq E_{FS}$가 될 때 까지는 공핍영역이므로 [그림 6.5b]와 같은 형태가 되고 전압증가에 따라 공핍층의 폭이 증가되어 전체 커패시턴스가 작아진다. $E_i \leq E_{FS}$이면서 $e\phi_s \leq 2\Phi_F$까지는 게이트 전압에 따라 공핍층의 폭이 증가함과 동시에 표면에서의 전자농도도 약하게 증가하게 되므로 이 영역을 약반전 영역이라고 한다. [그림 6.5c]가 이때의 등가회로인 것이다. $V_G = V_T$가 되었을 때 [그림 6.4]와 같이 공핍층의 폭은 $W_D = W_m$으로 최대가 되어 커패시턴스 값은 최소가 된다. $V_G > V_T$가 되면 채널이 형성되어 조금 더 큰 DC 전압 하에서 급격하게 채널전자가 증가하여 전체 커패시턴스를 채널전자의 변화가 주도하게 된다. 측정 주파수가 1~100Hz로 매우 낮을 때는 전압변화에 대응하여 반도체 표면에서 생성-재결합되는 전자변화가 잘 일어나므로 [그림 6.5a-2]와 같은 형태가 되어 C_{ox}의 커패시턴스 값이 얻어진다. 이와 다르게 생성-재결합이 필요로 하는 시간보다 매우 짧은 시간동안만 (+), (-)로 반복되는 매우 높은 주파수(일반적으로 1MHz)에서 측정하면, 반도체표면 전자들의 생성-재결합이 측정신호 주파수에 반응하지 못하고 [그림 6.5b]와 같이 빠르게 변화될 수 있는 공핍층의 전하변화만으로 커패시턴스 값이 측정되어 [그림 6.6]의 점선처럼 최소값이 그대로 유지되어진다.

6.1.2 실질적 MOS 커패시터

이상적인 MOS 커패시터와 달리 실질적인 MOS에서는 게이트 도체와 반도체의 일함수가 다르고, SiO_2 내에 전하가 존재하며 SiO_2/반도체 경계에도 전하가 축적되어있어 열평형상태에서 반도체 표면의 에너지밴드 다이어그램이 [그림 6.7c-1]과 같이 구부러져 있게 된다. 이와 같은 차이점들로 인하여 채널이 형성되는 문턱전압 V_T 값이 이상적인 경우와 다르게 변화된다.

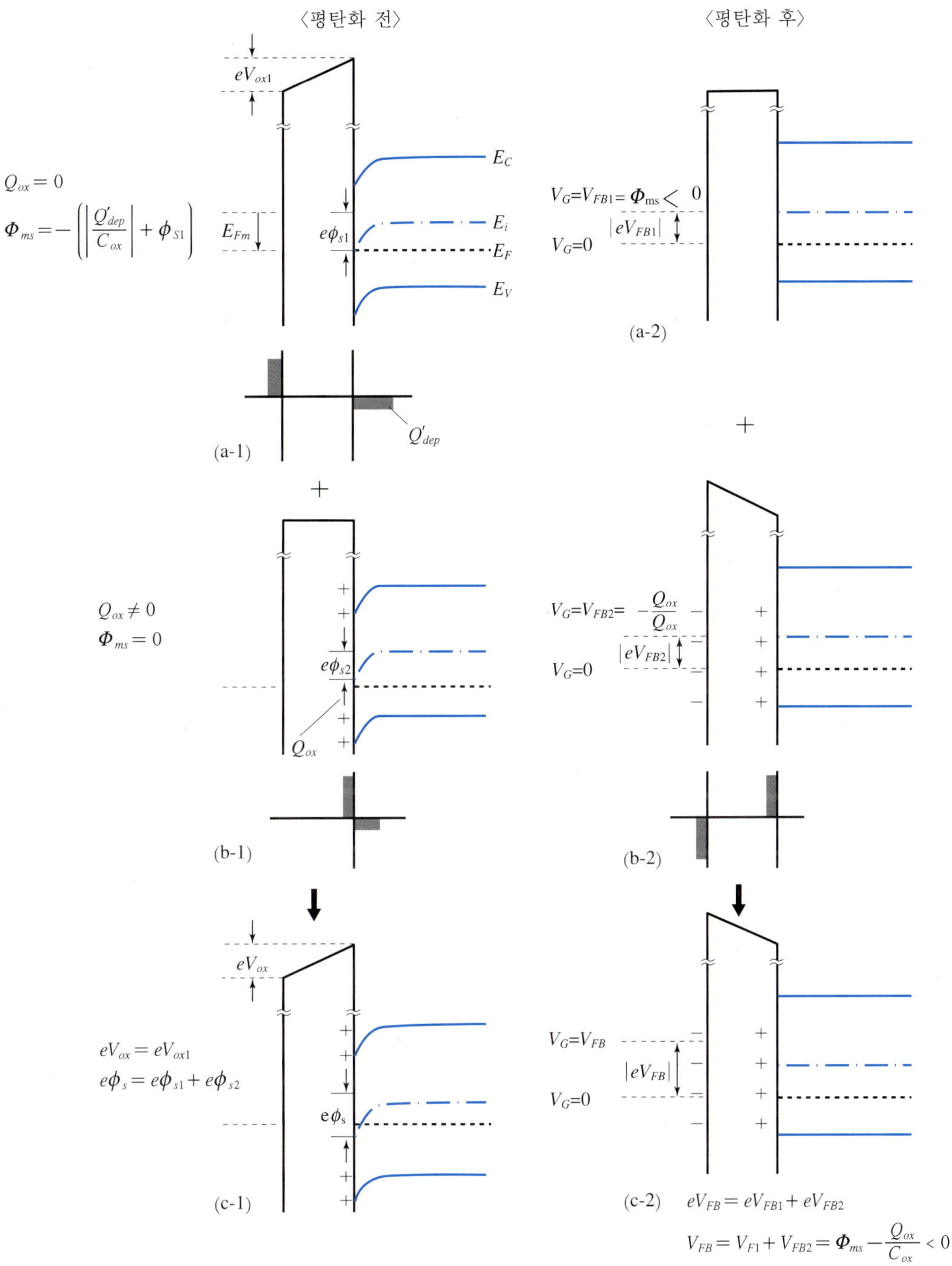

[그림 6.7] 실질적인 MOS 커패시터의 에너지밴드 다이어그램

(a-1) 일함수차이로 인한 에너지밴드 구부러짐
(b-1) 산화막내의 전하로 인한 에너지밴드 구부러짐
(c-1) 일함수차이와 산화막 전하로 인한 에너지밴드 구부러짐

1) 일함수 차이

반도체의 일함수 $e\Phi_s$는 도핑농도에 따라 변화된다. 높게 도핑될수록 n형 Si에서는 $e\Phi_s$가 작아지는 반면 p형 Si에서는 $e\Phi_s$가 증가한다. 이에 반하여 게이트 물질인 금속에서는 페르미에너지 준위가 일정하고 n^+poly−Si 혹은 p^+poly−Si에서는 각각 전도대와 가전자대 위, 아래의 0.1−0.2 eV에 페르미에너지 준위가 있으므로 일함수 차이 $e\Phi_{ms}$ 혹은 전위차 Φ_{ms}는 [그림 6.8]과 같이 도핑농도에 따라 변화하게 됨을 알 수 있다.

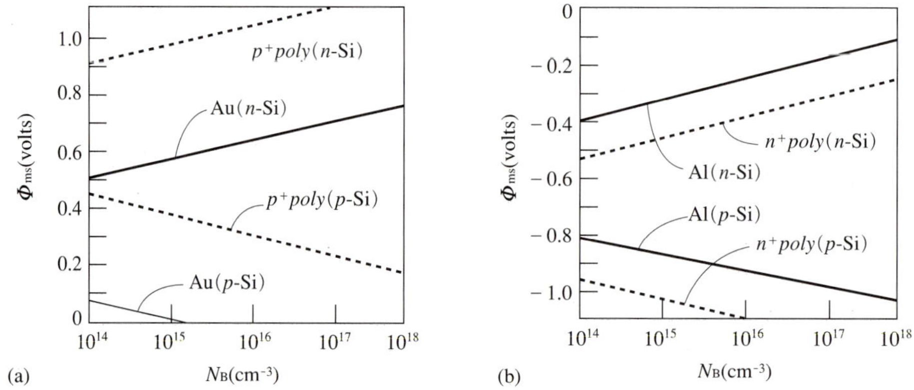

[그림 6.8] 게이트 도체와 반도체 사이의 일함수차이에 따른 전위차

(a) Au, p^+poly−Si게이트와 n 및 p−Si기판
(b) Al, n^+poly−Si게이트와 n 및 p−Si기판

[그림 6.8b]에 나타나 있는 바와 같이 Al이나 n^+poly−Si을 게이트 물질로 사용할 때는 nMOS나 pMOS 모두에서 $\Phi_{ms} < 0$이 된다.

이와 같은 일함수의 차이로 인하여 [그림 6.7a−1]과 같이 반도체표면에 $e\phi_{s1}$의 에너지로 밴드가 구부러지고, 산화막에는 $eV_{ox1} = e\left|Q'_{dep}/C_{ox}\right|$의 밴드 구부러짐이 나타나서 전체적으로 다음과 같은 식이 성립한다.

$$\Phi_{ms} = \Phi_m - \Phi_s = -\left(\frac{\left|Q'_{dep}\right|}{C_{ox}} + \phi_{s1}\right) \tag{6.6}$$

여기서 Q'_{dep}는 페르미에너지 차이에 의하여 형성된 반도체의 공핍층 전하이며

C_{ox}는 산화막의 커패시턴스이다.

2) 산화물 내의 전하

산화막과 산화막/실리콘 계면에는 [그림 6.9]와 같이 많은 양전하들이 존재하게 된다. [그림 6.7b-1]에는 이들 전하에 의하여 반도체표면에 $e\phi_{s2}$의 에너지밴드 구부러짐 현상이 나타남을 보여주고 있다. 산화막 성장공정 중에 실리콘 웨이퍼, 사용하는 화학물질, 산화분위기 등 여러 경로를 통하여 K^+나 Na^+ 등의 이동전하 Q_m이 유입된다. 산화공정이 중단되면 이미 산화가 이루어진 SiO_2 산화막 아래에 아직 완전한 산화막이 형성되지는 못했으나 실리콘 표면에서 떨어져 나온 양전하를 띤 많은 실리콘이 산소와 불완전한 결합을 이루면서 양전하를 갖는 SiO_x 층이 있게 된다. 이 전하가 [그림 6.9]에서 고정산화 전하 Q_f인 것이다. SiO_x/Si 계면에는 산화공정으로 인한 주기적인 격자구조파괴, 산화나 열처리로 유발된 결함 등으로 계면포획전하 Q_{it}가 나타난다. 또한 우주선등에 의해 발생되는 산화막 포획전하 Q_{ot}도 존재한다. 이들 산화막 내의 전하들은 대부분 양전하를 갖게 되는데 MOS 커패시터의 문턱전압 V_T에 가장 큰 영향을 주는 것은 고정산화전하 Q_f이다. 이와 같은 산화막 내의 전하들은 상당부분 열처리를 통하여 제거될 수 있다.

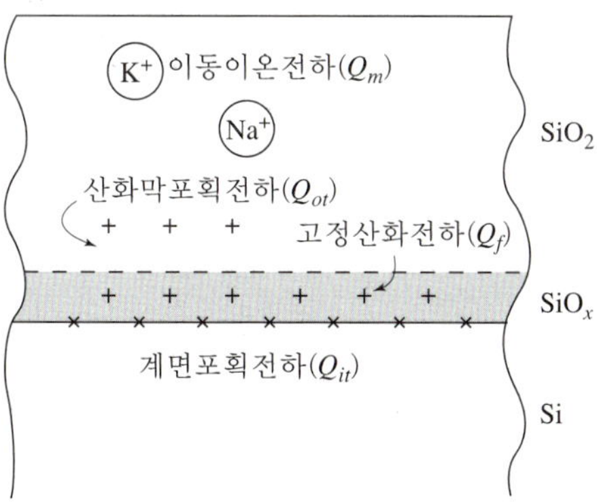

[그림 6.9] 열산화된 실리콘 산화막의 전하

3) 밴드평탄화 전압(Flat band voltage)

이상적 MOS 커패시터와 달리 실질적인 경우에는 앞서 언급된 일함수 차이와 산화막 내의 전하로 인하여, 외부에서 게이트에 전압이 가해지지 않았을 때라도 [그림

6.7c-1]과 같이 산화막과 반도체표면 부근의 에너지밴드가 구부러져 있게 된다. 구부러진 밴드를 편평하게 펴기 위해서는 게이트에 [그림 6.7a-2]와 같이 $V_{FB1}=\Phi_{ms}$를 인가하여 일함수 차이를 상쇄시킬 수 있고, [그림 6.7b-2]와 같이 $V_{FB2}=-Q_{ox}/C_{ox}$를 인가하여 산화막 전하효과를 상쇄시킬 수 있다. Q_{ox}는 Q_f를 포함하여 산화막 내에 포함된 전체 전하효과를 뜻하며 산화막/실리콘 경계면에 있다고 가정한 것이다. 따라서 반도체의 표면에 만들어진 에너지밴드를 편평하게 만들 수 있는 평탄화 전압 V_{FB}는 아래식과 같다.

$$V_{FB}=V_{FB1}+V_{FB2}=\Phi_{ms}-\frac{Q_{ox}}{C_{ox}}<0 \tag{6.7}$$

평탄화 전압 V_{FB}가 게이트에 인가되었을 때 나타나는 에너지밴드 다이어그램이 [그림 6.7c-2]에 그려져 있다.

예제 6-2

10^{15}cm^{-3}으로 도핑된 p형 기판위에 두께 100Å을 가진 MOS가 있다. 게이트는 $n^+-poly\,\text{Si}$으로 되어있으며 $Q_{ox}=2\times10^{-8}\,\text{C/cm}^2$이다. 이 구조의 밴드평탄화 전압 V_{FB}를 구하시오.

풀이

[그림 6.8b]에서 $\Phi_{ms}=-1.0V$임을 알 수 있다.

$$C_{ox}=\frac{3.9\times8.85\times10^{-14}}{100\times10^{-8}}=3.45\times10^{-7}\,\text{F/cm}^2$$

식(6.7)로부터 $V_{FB}=V_{FB1}+V_{FB2}=\Phi_{ms}-\frac{Q_{ox}}{C_{ox}}$

$$=-1.0-\frac{2\times10^{-8}}{3.45\times10^{-7}}=-1.0-0.58\times10^{-1}=-1.058\text{ V}$$

4) 문턱전압(Threshold voltage)

실질적 MOS 커패시터 구조에서의 문턱전압을 구하기 위해서는 먼저 에너지밴드가 구부러지게 한 원인들을 제거하기 위한 평탄화 전압이 게이트에 필요하다. 여기에 더하여 식(6.5)의 이상적 MOS 커패시터의 문턱전압이 추가되어야 하므로 다음과 같은 게이트전압이 필요하다.

$$V_T = V_{FB} + V_{ox} + 2\Phi_F = \Phi_{ms} - \frac{Q_{ox}}{C_{ox}} - \frac{Q_{dep}}{C_{ox}} + 2\Phi_F \tag{6.8}$$

여기서 $V_{ox} = -Q_{dep}/C_{ox}$이다. [그림 6.4]에서 나타나 있는 것과 같이 산화막의 전도대에 만들어진 전위차 V_{ox}는 nMOS에서는 $Q_{dep} < 0$이므로 (+)가 되고, 식(6.2a)와 [그림 6.4]에 의하여 $\Phi_F > 0$가 된다. 따라서 문턱전압 중 V_{FB}를 제외한 모든 항은 (+)가 되는 것이다.

이에 반하여 pMOS에서는 $Q_{dep} > 0$이므로 $V_{ox} < 0$가 되고 진성에너지와 페르미에너지 차이인 $\Phi_F < 0$가 되어 모든 항이 (−)가 됨을 알 수 있다. [그림 6.7c−2] 및 [그림 6.8b]에서 알 수 있는 바와 같이 $n^+ -$poly게이트와 p 및 n형 Si 기판으로 만들어지는 nMOS 및 pMOS 모두에서 $V_{FB} < 0$이므로 식(6.8)에 의하여 nMOS에서는 (+)인 이상적인 MOS 커패시터 때의 문턱전압보다 평탄화전압 V_{FB}만큼 문턱전압이 작아지게 된다. 그러나 n형 Si 기판으로 만들어지는 pMOS에서는 문턱전압이 평탄화전압 V_{FB}만큼 (−)로 더 커지게 되는 것이다. 도핑 농도가 증가하면 Q_{dep}가 증가하므로 [그림 6.10]과 같이 nMOS에서는 V_T가 (+)로 증가하게 되는 반면, pMOS에서는 −로 증가하게 된다.

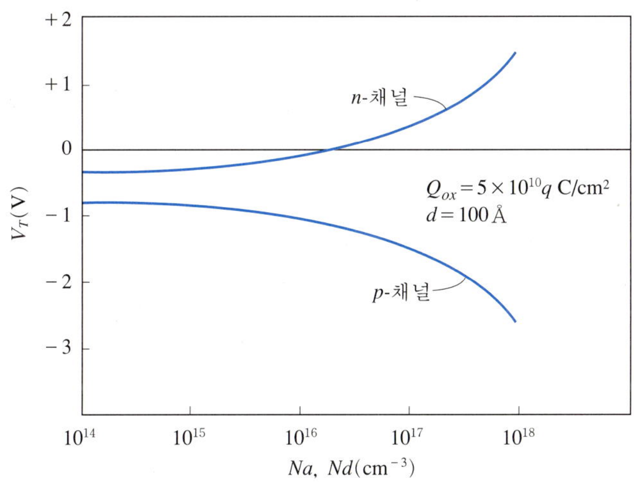

[그림 6.10] 도핑농도에 따른 문턱전압의 변화

[그림 6.11]과 같이 $C-V$측정을 하면 이상적인 경우와는 다르게 공핍영역이 시작되는 C_{FB}는 게이트 전압 $V_G=0$ 볼트가 아니고 평탄화 전압 V_{FB}가 게이트에 인가될 때, 즉 $V_G=V_{FB}$일 때의 커패시턴스가 되는 것이다.

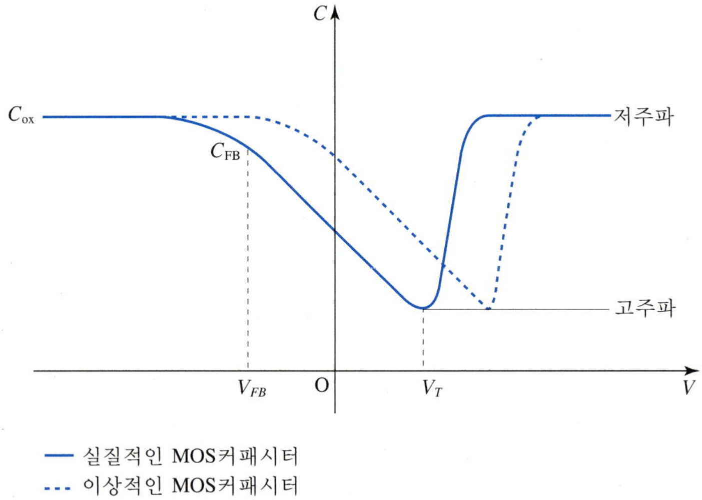

[그림 6.11] 실질적인 nMOS 커패시터 $C-V$ 측정

예제 6-3

예제 6-2의 MOS에서 문턱전압 V_T를 구하시오.

풀이

$$\phi_S = 2\Phi_F = 2\frac{kT}{e}\ln\frac{N_a}{n_i}$$

$$= 2\times 0.0259\times \ln\frac{10^{15}}{1.5\times 10^{10}} = 0.575\text{V}$$

$$W_m = \sqrt{\frac{2\varepsilon_s 2\phi_F}{eN_a}} = \sqrt{\frac{2\times(11.8\times 8.85\times 10^{-14})\times 0.575}{1.6\times 10^{-19}\times 10^{15}}} = 0.866\mu\text{m}$$

$$Q_{dep} = -eN_a W_m = -1.6\times 10^{-19}\times 10^{15}\times(0.866\times 10^{-4}) = -1.385\times 10^{-8}\text{C/cm}^2$$

예제 6-2에서 $V_{FB}=-1.058V$, $C_{ox}=3.45\times 10^{-7}\text{F/cm}^2$ 이므로

식(6.8)에서 $V_T = V_{FB} + V_{ox} + 2\Phi_F = \Phi_{ms} - \dfrac{Q_{ox}}{C_{ox}} - \dfrac{Q_{dep}}{C_{ox}} + 2\Phi_F$

$$= -1.058 - \frac{(-1.385\times10^{-8})}{3.45\times10^{-7}} + 0.575 = -0.442\text{V}$$

6.1.3 문턱전압 조절(Control of threshold voltage)

MOS 커패시터 구조에서 반도체 표면에 채널이 형성되도록 게이트에 가하는 문턱전압은 식(6.8)에서 알 수 있는 바와 같이, 문턱전압을 구성하는 여러 가지 요소들의 값을 변화시킴으로써 조절될 수 있다. 일함수 전위차이인 Φ_{ms}는 사용되는 게이트전극 물질에 따라 달라지며, 산화막 내의 전하 Q_{ox}는 산화공정의 적절한 선택과 결함이 적은 웨이퍼(예: (100)면의 Si) 사용 등에 의하여 줄어들 수 있다. C_{ox}는 산화막의 두께와 산화막 대신 유전율이 다른 부도체 층을 사용함으로써 변화되어진다. Q_{dep}와 Φ_F는 도핑농도에 따라 달라진다. 그러나 도핑농도에 따른 Φ_F의 변화는 Q_{dep}변화에 비하여 무시할 수 있으며 $Q_{ox} \ll |Q_{dep}|$이므로 이들 여러 요소 가운데 문턱전압 변화에 가장 크게 작용하는 것은 반도체의 도핑농도와 산화막의 커패시턴스이다.

1) 게이트전극 물질(Material of gate electrode)

MOS 전계효과 트랜지스터가 처음 만들어 졌을 때는 게이트전극으로 Al이 사용되었다. 그러나 Al은 융점이 낮아 이온주입 후에 이어지는 높은 온도에서의 열처리와 같은 후속공정이 필요한 경우 이상 더 사용될 수 없다. 따라서 Al을 대체할 고융융점을 갖는 n^+-poly Si이 *n*MOS 게이트 물질로, p^+-poly Si이 *p*MOS 게이트 물질로 사용되고 있다. n^+-poly Si에서는 페르미에너지 E_F가 *n*MOS에서 사용되는 *p*형 Si$(E_{FS} \approx E_V)$의 가전자대와 거의 같아 $\Phi_{ms} \approx -1$V가 되고 $\Phi_F > 0$ 이어서 문턱전압 V_T를 $+0.3 \sim +0.7$V로 쉽게 조절할 수 있다. 그러나 같은 게이트 물질을 사용할 때 *p*MOS에서는 반도체가 *n*형 Si$(E_{FS} \approx E_C)$이므로 $\Phi_{ms} \approx 0$이고 $\Phi_F < 0$이어서 V_T는 매우 큰 (-)전압이 될 수 있다. 만약 *n*MOS와 *p*MOS로 구성되는 CMOS (Complimentary MOS) 전계효과 트랜지스터를 구성한다면 문턱전압 V_T가 (+)나 (-)에서 서로 대칭적인 값을 갖는 것이 좋으므로 *p*MOS의 게이트 전극으론 p^+-poly Si을 사용하게 된다. 이때는 게이트 전극물질의 E_F가 Si의 가전자대 E_V와

비슷하고 n형 Si이 사용되므로 $\Phi_{ms} \approx +1V$가 되어 V_T를 -0.3 ~ $-0.7V$로 조절하기가 용이하다. 최근에는 고용융점이면서 전기전도도가 높고 페르미에너지가 Si 밴드갭 중간정도에 위치하고 있는 텅크스텐(W)을 게이트 물질로 사용하기도 한다.

2) 커패시터 C_{ox}조절(Control of oxide capacitor)

문턱전압에 큰 영향을 주는 게이트 부도체 층인 커패시턴스 C_{ox}값은 $C_{ox} = \varepsilon / d$이므로 산화막의 두께 d와 유전율 ε에 따라 달라진다. 산화막 두께가 작고, 유전율이 크면 커패시턴스 값이 커져 식(6.8)에서 알 수 있는바와 같이 문턱전압 V_T가 nMOS에서는 (+)로 작아지고 pMOS에서는 (−)로 작아지게 된다. 커패시턴스 값을 크게 하기 위하여 두께를 작게 하는 데는 한계가 있다. 두께가 너무 작아지면 게이트와 기판사이의 저항값이 작아져서 게이트와 채널사이로 직류성분의 전류가 흐를 가능성이 존재한다. 이런 MOS 구조로 만들어진 MOSFET는 이상적인 커패시터와 저항이 병렬 연결되어 있는 게이트 성질을 갖기 때문에 큰 입력저항을 얻을 수 없게 된다. 이를 방지하기위하여 적당한 두께의 유전층을 만들고 산화실리콘(SiO_2) 보다 유전율이 큰 질화실리콘(Si_3N_4)을 실리콘산화막 위에 증착하여 사용하기도 한다. 유전물질인 $Si_3N_4(\varepsilon_r = 7)$, $Ta_2O_5(\varepsilon_r = 21)$, $HfO_2(\varepsilon_r = 24)$, $SiO_2(\varepsilon_r = 3.9)$ 등은 서로 다른 비유전율 값을 갖고 있다. [그림 6.12]에서처럼 소자와 소자 사이의 전기적 결합을 방지하기 위하여서는 산화막 층을 두껍게 한다. 이때는 C_{ox}가 작아져서 문턱전압 V_T가 증가하게 되므로 산화막 위에 놓여있는 도선의 전압이 일반 MOSFET를 동작시키기에 충분한 전압으로 된다 할지라도 두꺼운 산화막 아래에 채널을 형성시키지 못한다.

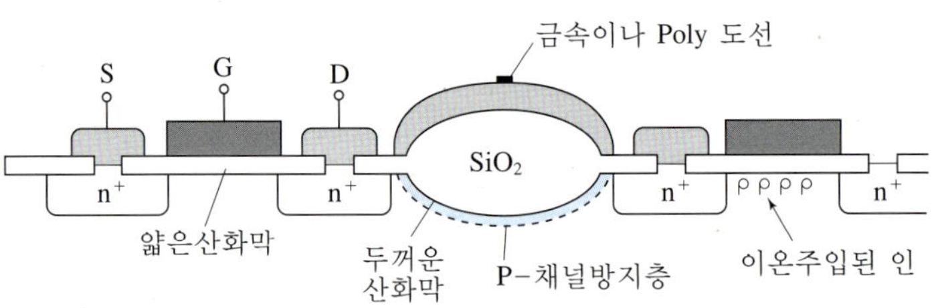

[그림 6.12] V_T 조절을 위한 게이트 산화막 두께 변화와 이온주입

3) 이온주입(Ion implantation)

식(6.8)에서 Q_{dep}는 기판물질의 도핑농도이다. 식(6.8)과 [그림 6.10]에서와 같이

도핑농도가 증가할수록 문턱전압이 증가하며, 반대로 도핑농도가 감소하면 문턱전압이 작아지는 것을 알 수 있다. [그림 6.12]의 nMOS에서 산화막 아래에 약간의 인(P)을 이온주입 시키면 원래 p형이었던 기판의 실제농도가 줄어들게 되므로 이 트랜지스터의 문턱전압은 작아지게 된다. 이와 같이 이온주입을 통하여 문턱전압을 조절할 수 있는 것이다.

6.2 MOSFET 특성(MOSFET characteristics)

MOS 커패시터에 반송자가 출발하는 소스(Source)와 도달하는 드레인(Drain)을 추가하여 [그림 6.1]과 같은 MOS 전계효과 트랜지스터(MOSFET)가 만들어진다. MOSFET는 반도체 집적회로 소자 중에서 가장 널리 사용되고 있는 트랜지스터이며 디지털, 아날로그, 메모리 회로들을 구성하는 기본 요소가 되고 있다. 이 소자는 또한 크기가 매우 작아서 MOSFET를 사용하여 기가비트(Gb) 메모리와 같은 고집적도의 회로를 저렴하게 만들 수 있으며, 낮은 전력소모, 빠른 속도 등은 기가헤르츠(Gigahertz) 컴퓨터 프로세서와 휴대폰 등의 출현을 가능케 하였다. 이 절에서는 이와 같은 MOSFET의 동작원리와 전류-전압특성에 관하여 알아보려고 한다.

6.2.1 MOSFET 종류

MOSFET는 채널이 형성되는 반전층의 상태에 따라서 〈표 6.1〉과 같이 기본적으로 4가지의 다른 종류가 있다. 채널종류에 따라 n과 p형으로 나눌 수 있고, 게이트에 전압이 가해지지 않았을 때의 채널형성 유무에 따라서 디플리션형(Depletion mode)과 인핸스먼트형(Enhancement mode)이 있다. 인핸스먼트형(Enhancement mode)에서는 게이트 바이어스전압이 0일 때 채널이 형성되지 않아 전류가 흐르지 않다가 nMOSFET에서는 (+)방향으로 V_{Tn} 이상, pMOSFET에서는 (−)방향으로 V_{Tp} 이하로 게이트 전압이 가해질 때 비로소 채널이 형성되어 전류가 흐른다. 이에 반하여 디플리션형(Depletion mode)에서는 게이트 바이어스전압이 없을 때에 전류가 흐르다가 nMOSFET에서는 게이트전압이 점점 (−)방향으로 증가하면 채널의 전자를 밀어내는 힘이 증가되어 전류가 적게 흐르게 되고 (−)방향의 V_{Tn} 이하 게이트 전압에서는 채널이 차단된다. *p*MOSFET에서는 반대로 게이트에 (+)전압을 인가하면 채널의 정공을 밀어내어내는 힘이 증가하므로 게이트 전압이 V_{Tp} 이상 되면 전류가 흐르지 않는다. 인핸스먼트형을 일명 정상차단(Normally off), 디플리션형을 정상연결(Normally on) 형태라고도 한다.

〈표 6.1〉 MOSFET의 종류

채널 종류	형태	단면도	출력특성	전달특성
n-채널	ENHANCEMENT (NORMALLY OFF)	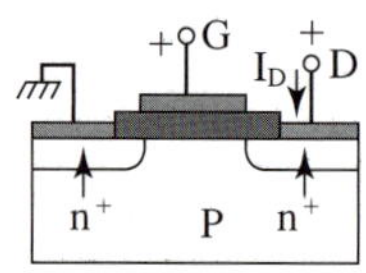	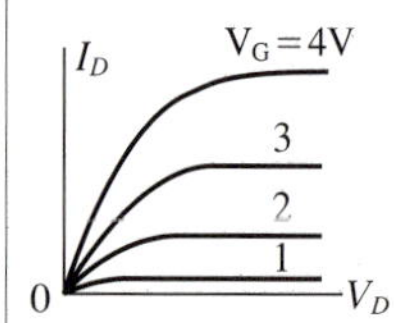	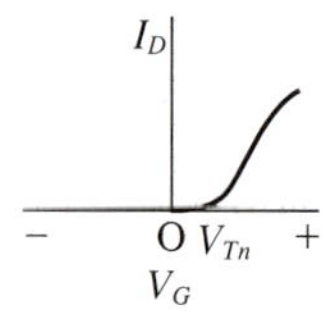
	DEPLETION (NORMALLY ON)	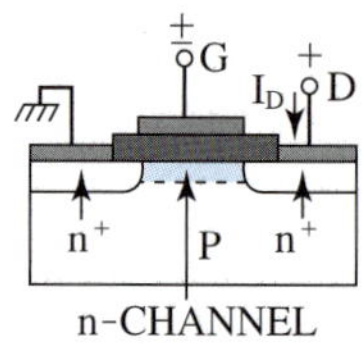	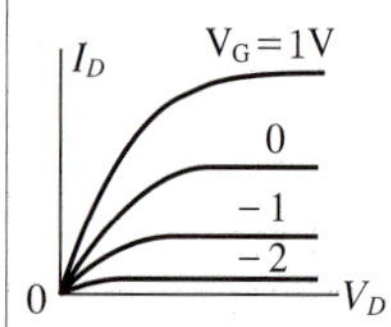	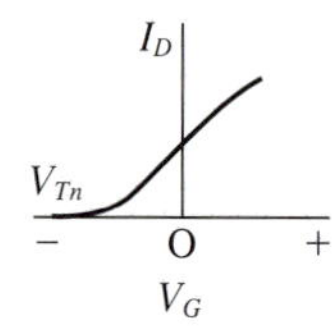
p-채널	ENHANCEMENT (NORMALLY OFF)	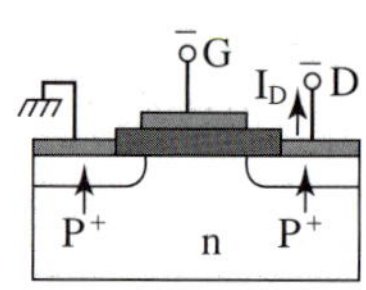	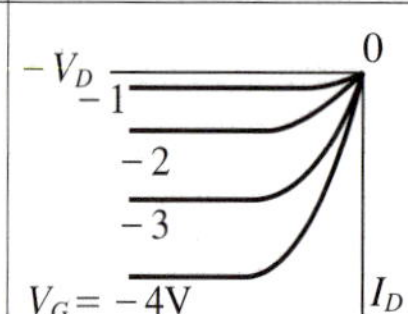	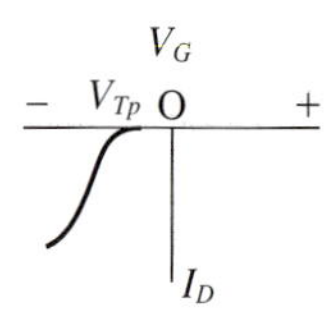
	DEPLETION (NORMALLY ON)	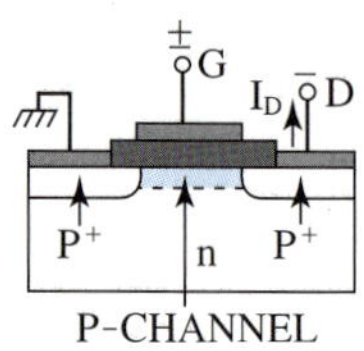	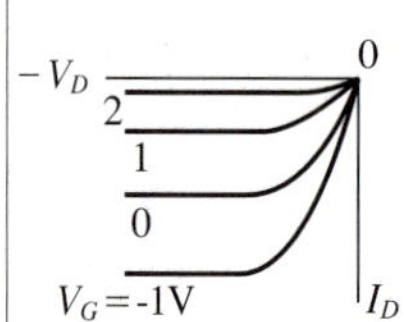	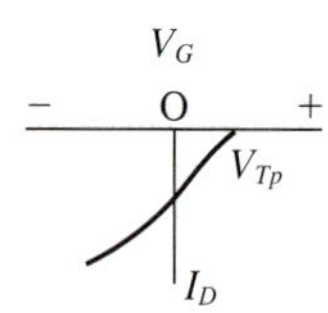

6.2.2 출력특성(Output characteristics)

게이트에 인가된 전압이 문턱전압에 도달하기 전에는 표면 채널에 만들어진 전자가 거의 없다고 가정할 수 있다. 이때 식(6.8)의 V_{ox}는 산화막 양단에 만들어지는 전위차이며 단지 공핍층의 전하로써 이루어진 값($-Q_{dep}/C_{ox}$)을 나타낸다. 그러나 실제로는 표면에 Q_n의 전자가 존재하기 때문에 산화막 전위차의 원인이 되는 전하는 Q_{dep}대신 공핍층 고정전하 Q_{dep}와 이동전하인 표면전자전하 Q_n을 포함한 아래식과 같은 Q_s가 된다.

$$Q_s = Q_n + Q_{dep} \tag{6.9}$$

따라서 MOSFET의 게이트전압 V_G는 식(6.8)의 문턱전압 V_T 우변 넷째 항이 $2\Phi_F$가 아닌 단순한 표면전위 ϕ_s일 때 아래식과 같이 표현될 수 있다.

$$V_G = V_{FB} + V_{ox} + \phi_s = V_{FB} - \frac{Q_s}{C_{ox}} + \phi_s \tag{6.10}$$

식(6.10)의 $\phi_s = 2\Phi_F$가 될 때 인핸스먼트형 트랜지스터는 on 상태가 되는 것이다. 식(6.9)와 식(6.10)으로부터 표면의 이동 가능한 전자전하를 구할 수 있다.

$$Q_n = -C_{ox}\left[V_G - \left(V_{FB} + \phi_s - \frac{Q_{dep}}{C_{ox}}\right)\right] \tag{6.11}$$

[그림 6.13]에서와 같이 채널의 길이와 폭이 각각 L과 Z이고, 소스와 드레인 사이에 V_D의 전압이 주어지면, 어느 한 위치 x에서 V_x의 전압만큼 채널 전위가 추가되므로 식(6.11)에서 채널 임의위치 x에서의 표면전위는 ϕ_s 대신 $\phi_s + V_x$로 변화된다.

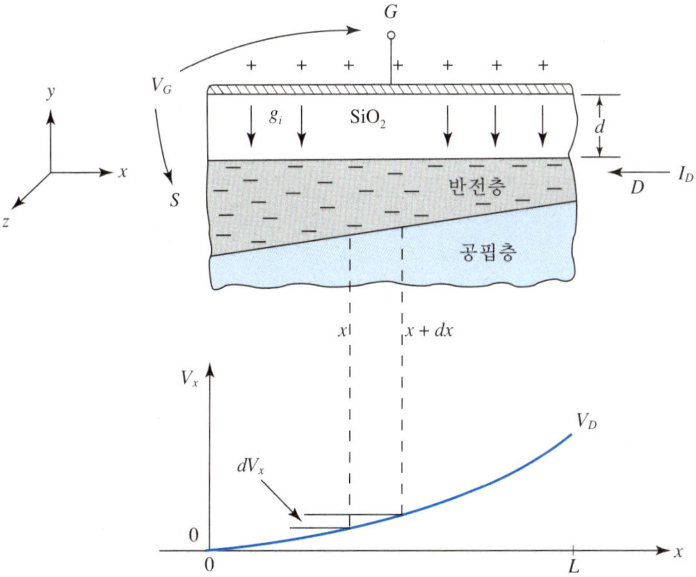

[그림 6.13] 채널이 형성된 nMOS에서의 위치에 따른 채널모양

게이트에 문턱전압이 주어지면 채널이 형성되어 전류가 흐르고 식(6.11)의 표면전위는 $\phi_s = 2\Phi_F + V_x$가 된다. 또한 Q_{dep}는 $2\Phi_F + V_x$에 의하여 형성되어지는 공핍층의 고정전하인 $Q_{dep} = -qN_a W = -qN_a\sqrt{2\varepsilon_s(2\Phi_F + V_x)/qN_a}$이므로 Q_n은 다음 식과 같이 나타내어진다.

$$Q_n(x) = -C_{ox}\left[V_G - V_{FB} - 2\Phi_F - V_x - \frac{1}{C_{ox}}\sqrt{2q\varepsilon_s N_a(2\Phi_F + V_x)}\right] \tag{6.12}$$

여기서 q는 전자하나의 전하 e를 뜻한다. 식(6.12) 우변 마지막 항의 평방근은 공핍층의 단위면적당 전하에 해당하며 V_x변화에 거의 무관하므로 일정하다고 볼 수 있기 때문에, $Q_n(x)$는 아래와 같이 게이트 및 문턱전압의 함수로 간단히 표현되어질 수 있다.

$$Q_n(x) = -C_{ox}(V_G - V_T - V_x) \tag{6.13}$$

여기서 $V_T = V_{FB} + 2\Phi_F + \sqrt{2q\varepsilon_s N_a 2\Phi_F}/C_{ox}$인 문턱전압이다. [그림 6.13]에서 드레인-소스 사이의 전류는

$$\begin{aligned} I_D &= Aq\mu_n n(x)\mathcal{E}_x = Aq\mu_n n(x)\left(-\frac{dV_x}{dx}\right) \\ &= -Zq\mu_n\int_0^{y_c(x)} n(x)\frac{dV_x}{dx}\,dy \end{aligned} \tag{6.14}$$

가 되며, 이것은 식(6.15)와 같이 나타낼 수 있다.

$$I_D\,dx = \mu_n Z|Q_n|dV_x \tag{6.15}$$

여기서 $Q_n = -\int_0^{y_c(x)} qn(x)\,dy$로서 임의점 x에서의 단위 면적당 전하를 의미한다.

식(6.12)에서 V_x변화 및 이로 인한 공핍층전하 Q_{dep}변화를 무시한 식(6.13)을 식(6.15)에 대입하여 소스로부터 드레인까지 적분하면, 아래식과 같이 드레인전류 I_D와 드레인전압 V_D에 관한 간단한 관계식을 구할 수 있다. 파라미터는 게이터전압 V_G가 된다.

$$\int_0^L I_D\,dx = \mu_n Z C_{ox} \int_0^{V_D} (V_G - V_T - V_x)\,dV_x$$

$$I_D = \frac{\mu_n Z C_{ox}}{L}\left[(V_G - V_T)V_D - \frac{1}{2}V_D^2\right] \tag{6.16}$$

따라서 식(6.16)은 드레인 전압 V_D가 매우 크지 않아서 V_x값에 따른 Q_{dep}변화가 무시될 수 있는 작은 드레인 전압 영역에서 유효한 식이 된다. 물론 이때도 채널은 형성되어있어야 하므로 $V_G - V_D \geq V_T$가 되어야 한다. 즉 $V_G - V_T \geq V_D$가 되어야 하는 것이다. V_D가 작은 값이므로 식(6.16)에서 $1/2V_D^2$를 무시하면 드레인 전류는 드레인 전압에 선형적으로 증가함을 알 수 있다. 선형영역에서 채널의 컨덕턴스는

$$g = \frac{\partial I_D}{\partial V_D} = \frac{Z\mu_n C_{ox}}{L}(V_G - V_T) \tag{6.17}$$

이 된다. 드레인 전압이 증가하면 드레인 부근에 있는 산화층을 가로지르는 전압은 감소하므로 표면에 형성되는 전자전하 Q_n은 줄어들게 된다. 식(6.13)에서 알 수 있는바와 같이 드레인위치의 전압 V_x가 포화전류가 되게 하는 드레인 전압 $V_x = V_D(sat)$가 되면 드레인 부근에 핀치오프(Pinch-off)이 발생하여 채널 끝이 공핍층으로 되므로 채널에 존재하던 단위면적당 유동전자 $Q_n = 0$가 된다. 따라서 식(6.13)으로 부터

$$V_D(sat) = V_G - V_T \tag{6.18}$$

의 드레인 포화전압을 구할 수 있다. 식(6.18)로부터 $V_G - V_D(sat) = V_T$임을 알 수 있다. 즉 게이트 전압에서 드레인 포화전압을 뺀 나머지 전압이 문턱전압이상이면 채널이 형성되어 MOS 트랜지스터의 I–V는 선형관계에 있지만, 드레인 포화전압이 증가하여 게이트와 드레인 사이의 전위차가 문턱전압 이하로 떨어지면 드레인 쪽에 핀치오프가 발생하여 일정한 포화전류가 흐르게 되는 것이다. 식(6.18)을 식(6.16)에 대입하면 포화상태의 전류를 구할 수 있다.

$$I_D(sat) = \frac{\mu_n C_{ox} Z}{2L}(V_G - V_T)^2 = \frac{Z\mu_n}{2L} C_{ox} V_D^2(sat) \tag{6.19}$$

〈표 6.1〉의 n-채널 출력특성 그림은 식(6.16)과 식(6.19)를 그려놓은 것이다.

6.2.3 전달특성(Transfer characteristics)

전달특성은 입력전압인 게이트전압이 변화될 때 출력전류인 드레인 전류가 어떻게 변화되는가를 나타낸다. [그림 6.14]는 이와 같은 MOSFET의 전달특성을 나타내는 식(6.16)을 보여주고 있다.

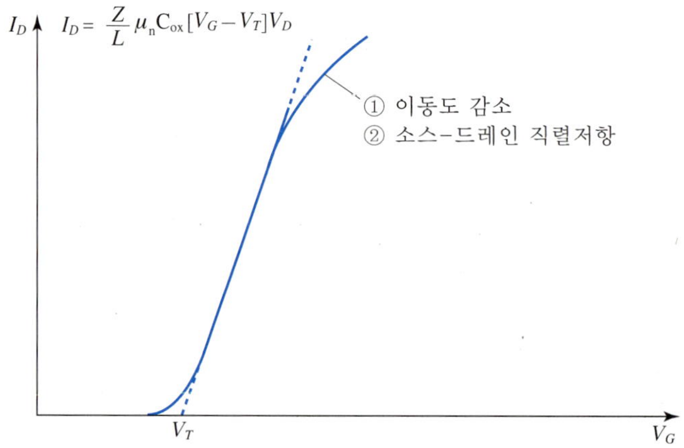

[그림 6.14] MOSFET의 전달특성

게이트전압이 증가하면 드레인전류는 선형으로 증가하다가 어느 일정이상의 값에 도달하면 선형이하(Sublinear)로 증가한다. 이런 현상은 게이트전압 증가에 따른 반송자의 이동도 감소와 소스-드레인 간의 직렬저항에 기인된다고 볼 수 있다.

게이트전압변화에 따른 드레인전류변화가 바로 전달컨덕턴스(Transconductance)이다. MOSFET가 선형영역에서 동작할 때의 식(6.16)을 게이트전압으로 미분하면 선형영역에서의 전달컨덕턴스를 구할 수 있다.

$$g_m = \frac{\partial I_D}{\partial V_G} = \frac{Z\mu_n C_{ox}}{L} V_D \tag{6.20}$$

포화영역에서의 전달컨덕턴스(Transconductance)는 식(6.19)의 드레인 포화전류를 드레인 전압으로 미분하여 구할 수 있다.

$$g_m(sat) = \frac{\partial I_D(sat)}{\partial V_G} = \frac{Z\mu_n}{L} C_{ox}(V_G - V_T) \tag{6.21}$$

6.3 추가적 고려 요소들

MOSFET의 전류-전압특성은 소자의 크기, 구조, 기판바이어스효과 등 여러 가지 요소들에 의하여 영향을 받는다. 본 절에서는 대체적으로 많은 영향을 미치는 몇 가지 요소들에 관하여 살펴보려고 한다.

6.3.1 단채널(Short channel) MOSFET I-V 특성

채널길이가 매우 짧은 단채널 경우 MOSFET의 전류-전압에 관한 해석은 다소 수정되어져야 한다. 이때는 채널길이의 감소로 인하여 소스-드레인 사이에 강한 전계가 걸려서 전자의 표동속도가 [그림 2.6b]와 같이 포화속도 v_s에 도달될 수 있다. 반송자는 채널 대부분을 단면 $A = Zh$이고 일정한 표동속도 v_s로 움직이는 것으로 생각할 수 있으므로 nMOS에서의 전류밀도는 $J_D = qnv_s$가 된다. 따라서 드레인 전류는 $I_D = J_D A = qnv_s A = qN_d v_s Zh$이다. 여기서 h는 앞서 [그림 6.13]에서 언급된 채널의 두께 y_c를 의미한다. $qN_d h$는 채널이 형성되었을 때 게이트 산화막 쪽에서 본 단위면적당 전하 즉 $Q_n = qN_d h = C_{ox}(V_G - V_T)$이므로 드레인 전류 I_D는 식(6.22)와 같이 된다.

$$I_D = ZC_{ox}(V_G - V_T)v_s \tag{6.22}$$

단채널 MOSFET에서는 드레인전류가 게이트와 문턱전압의 차이에 선형적으로 비례함을 알 수 있다. 그러나 긴채널에서는 식(6.19)가 보여주는 바와 같이 게이트와 문턱전압의 제곱에 비례하게 된다. 실리콘 공정이 발달함에 따라 채널의 길이가 매우 짧아져서 대부분의 MOSFET는 단채널 형태이며 일반적으로 식(6.22)와 같이 드레인전류와 게이트전압 사이에는 선형적 관계가 이루어진다.

6.3.2 고온전자 효과(Hot electron effects)

전자가 채널을 따라 소스에서 드레인으로 이동하여 가다가 드레인 부근의 핀치오프 영역에 이르면 전계로부터 에너지를 받아 고온전자(Hot electron)로 된다. 이들 고온전자의 일부는 에너지가 크게 증가하여 Si와 SiO_2 사이의 에너지 장벽인 3.1eV를 극복하고 산화층을 뚫고 게이트에 도달하여 게이트 전류를 흐르게 하며, 이로써 MOSFET의 입력저항을 감소시킨다. 또한 상당수의 고온전자들은 산화층에 머물러 있게 되므로 산화층에 존재할 수 있는 양전하를 감소시키거나 산화층이 음전하를 갖게 할 수 있다. 즉 $Q_{ox} > 0$값이 작아지거나 $Q_{ox} < 0$로의 변화가 일어나게 된다. 이때는 식(6.7)과 식(6.8)에 따라 *n*MOS에서 밴드평탄화 전압 $V_{FB} < 0$ 의 절댓값이 줄어들고 문턱전압 V_T가 증가하게 됨을 알 수 있다. [그림 6.15a]는 고온전자발생과 축적, [그림 6.15b]는 문턱전압 변화를 나타내고 있다. 이를 방지하기 위해서는 [그림 6.15c]와 같이 드레인에 낮게 도핑된 부분을 추가하여 드레인 부근의 전체 공핍층 크기를 확장시켜 핀치오프 영역의 전계를 낮추는 방법이 사용된다. 이와 같이 도핑된 것을 LDD(Ligtly doped drain)라 한다.

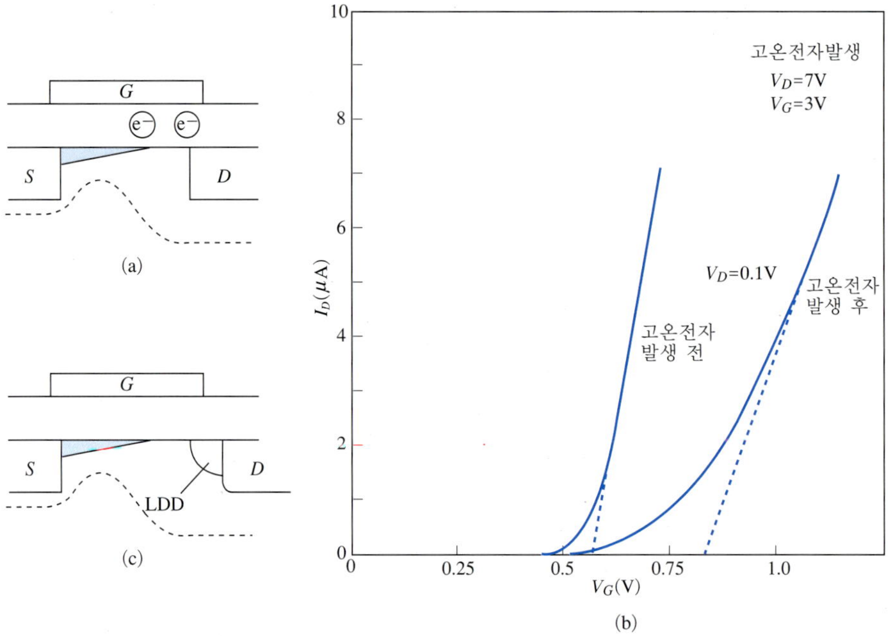

[그림 6.15] 고온전자효과

(a) 고온전자발생과 축적 (b) 문턱전압변화 (c) LDD

6.3.3 기판바이어스 효과(Substrate bias effect)

앞서 고려한 식(6.8)의 문턱전압 $V_T = V_{FB} + 2\Phi_F - (-\sqrt{2q\varepsilon_s N_a 2\Phi_F} / C_{ox})$는 소스와 기판의 전압이 동일할 경우에 해당된다. 그러나 소스 S와 기판 B 사이에 [그림 6.16a]와 같이 V_{BS}라는 후면바이어스전압(Back bias voltage)이 연결되어 있으면 산화층/기판 계면아래의 공핍층 전하밀도 Q_{dep} 값은 인가된 전압 V_{BS}의 극성과 크기에 따라 달라져서 전체적인 문턱전압 V_T 값을 변화시키게 된다. 즉 nMOS에서 $V_{BS} < 0$이므로 공핍층이 크게 확장되어 $Q_{dep} = -\sqrt{2q\varepsilon_s N_a (2\Phi_F - V_{BS})}$가 되므로 이때의 문턱전압은

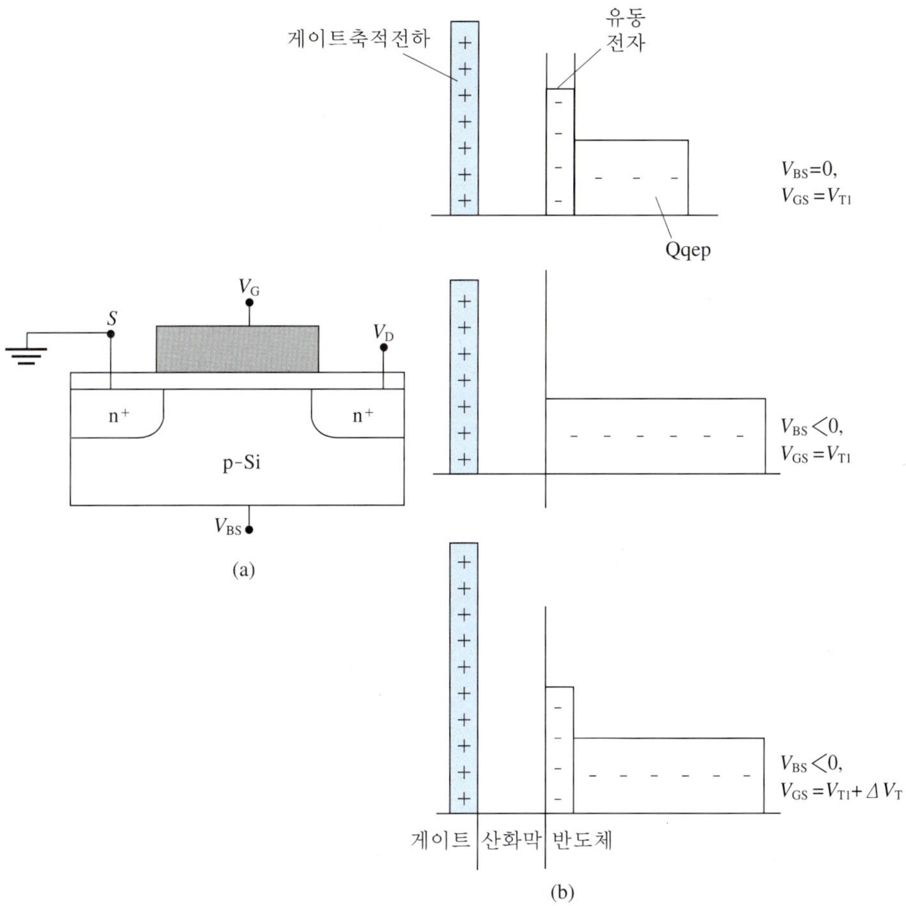

[그림 6.16] n MOSFET에 가해진 후면바이어스전압

(a) 기판전압이 가해진 구조
(b) 전하분포

$$V_T = V_{FB} + 2\Phi_F + \frac{\sqrt{2q\varepsilon_s N_a(2\Phi_F - V_{BS})}}{C_{ox}} \tag{6.23}$$

이 된다. $V_{BS} \neq 0$일 때와 $V_{BS} = 0$일 때의 문턱전압차를 ΔV_T라고 하면 $-V_{BS} \gg 2\Phi_F$ (Si 에선 $2\Phi_F \approx 0.6V$)인 경우

$$\Delta V_T = V_T(V_{BS} \neq 0) - V_T(V_{BS} = 0) \tag{6.24}$$

$$= \frac{\sqrt{2q\varepsilon_s N_a}}{C_{ox}}\left[(2\Phi_F - V_{BS})^{1/2} - (2\Phi_F)^{\frac{1}{2}}\right] \approx \frac{\sqrt{2q\varepsilon_s N_a}}{C_{ox}}(-V_{BS})^{1/2}$$

가 성립된다. 따라서 nMOSFET의 기판에 큰 음의 전압을 인가하면 식(6.24)와 같이 문턱전압이 ΔV_T만큼 크게 증가될 수 있다. 만약 게이트 전압이 ΔV_T만큼 증가되지 않고 그대로 있다면 양전하와 음전하의 중성법칙에 의하여 게이트 전극에 있는 양전하가 일정한데 반하여 nMOS 반도체 표면의 유동전하인 전자가 기판바이어스 전압으로 증가된 공핍층의 음전하만큼 줄어들어 채널이 사라지게 된다([그림 6.16b]가운데). 따라서 게이트 전압이 ΔV_T만큼 증가되어야 게이트 전극에 양전하가 더 공급되고 공핍층의 증가에도 불구하고 채널의 전자가 그대로 유지될 수 있을 것이다([그림 6.16b]제일 아래). 이와 같은 현상을 기판바이어스효과(Substrate bias effect)라 하며 일명 바디효과(Body effect)라 하기도 한다. 이 효과는 식(6.24)에서 알 수 있는 바와 같이 도핑농도가 클수록 더욱 현저하게 나타나게 된다. 기판바이어스효과는 소자간의 문턱전압차이가 클 때 이를 감소시키기 위해서나, 문턱전압이 거의 0V여서 이를 어느 정도의 일정한 크기로 증가시키고자 할 경우에 사용되기도 한다. 또한 집적회로 내에서 각 소스영역과 기판이 전기적으로 항상 단락되기 어렵기 때문에 기판에 마치 바이어스 전압이 걸려있는 것과 같은 바디효과를 일으키므로 회로 설계시 이와 같은 현상을 충분히 고려하여야 한다. 바디효과를 억제하기 위해서는 게이트 산화막 두께를 얇게 하여 C_{ox}를 크게 하는 것이 좋다.

예제 6-4

nMOS에서 소스와 p형 기판 사이에 역방향으로 후면바이어스전압 $V_{BS}=-2$V의 전압을 인가하였다. 기판의 도핑농도는 $N_a=10^{16}\,\text{cm}^{-3}$이고 $C_{ox}=3.45\times10^{-7}\,\text{F/cm}^2$일 때 후면바이어스가 서로 단락된 경우 $V_{BS}=0$에 비하여 문턱전압의 변경이 얼마나 되는가?

풀이

식(6.24)에 의하여

$$\Delta V_T \simeq \frac{\sqrt{2q\varepsilon_s N_a}}{C_{ox}}(-V_{BS})^{1/2}$$

$$=\frac{\sqrt{2\times1.6\times10^{-19}(11.8\times8.85\times10^{-14})\times10^{16}}}{3.45\times10^{-7}}\times2^{\frac{1}{2}}=0.75V$$

6.3.4 드레인유도 장벽저하(Drain-induced barrier lowering)

MOSFET의 채널길이가 매우 짧은 단채널에서 소스와 드레인 접합깊이가 채널길이에 따른 적정깊이보다 깊거나 채널을 이루는 기판의 도핑 농도가 작을 경우 [그림 6.17]과 같이 드레인 전압 $V_{DS}>0$가 높게 인가되면, 드레인 부근의 공핍층이 소스부근까지 확장되어 게이트 아래의 채널위치에 존재하는 높은 전위장벽을 낮추어, 많은 전류가 흘러 게이트의 전기적 제어를 받지 못하게 되는 일이 일어난다. 이런 현상을 드레인유도 장벽저하(DIBL: Drain-Induced Barrier Lowering)라고 한다.

[그림 6.17a]와 같이 채널길이가 길면 드레인의 영향이 미치지 못하여 소스와 드레인 사이에 존재하는 전위장벽이 그대로 있게 되지만, [그림 6.17b]처럼 채널길이가 짧아지면 드레인 영향으로 전도대의 에너지준위가 낮아져서 장벽저하가 나타나게 되는 것이다.

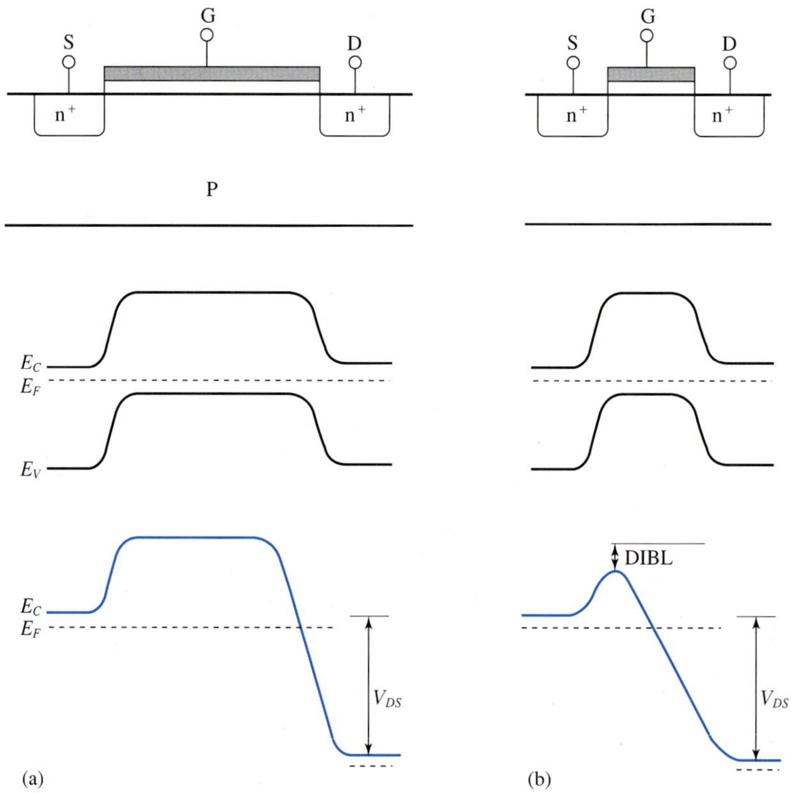

[그림 6.17] 드레인유도 장벽저하(DIBL)

(a) 장채널
(b) 단채널

6.3.5 문턱하위전류(Subthreshold current)

nMOSFET에서 문턱전압이하의 게이트 전압($V_G < V_T$)이 인가되었을 때는 강반전이 일어나지 않아 비록 채널이 생성되지 않는다 할지라도 [그림 6.18]과 같이 어느 정도의 드레인 전류가 흐르게 된다. 이 전류를 MOSFET의 문턱하위전류(Subthreshold current)라 한다. 누설전류(Leakage current) 혹은 차단전류(Off current)라고도 하는 I_{off}가 크면, $V_G < V_T$일 때도 드레인-소스 사이에 지속적인 전류가 흘러 전력소모가 증가하기 때문에 가능한 한 이 전류 값을 줄여야 한다. 이와 같은 현상은 그림 6.5c의 약반전 영역으로 인하여 게이트 전극아래의 반도체 표면에 어느 정도의 반송자가 존재하게 되는 것에 기인된다. $S = dV_G / d(\log I_D)$를 문턱하

위스윙(Subthreshold swing)이라고 하며 이 값이 작을수록 스위칭 특성이 좋다. 실용적 측면에서 문턱전압을 I_D가 $100\times W/L$(nA)로 될 때의 게이트전압으로 정의하기도 하는데 이때는 [그림 6.18]로부터 식(6.25)가 성립된다.

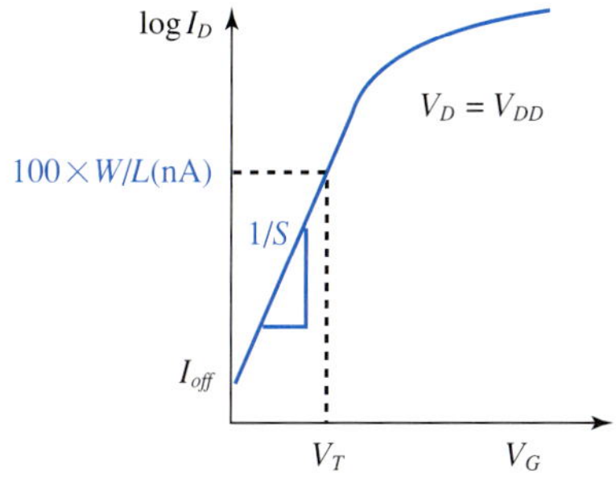

[그림 6.18] 문턱하위전류(Subthreshold current)

$$I_D(nA) = 100\times W/L \cdot e^{q(V_G - V_T)/\eta kT} \quad (6.25)$$ [1]

여기서 W, L은 각각 채널의 폭과 길이이다. 또한 $\eta \equiv 1 + (C_{dep}/C_{ox})$이고 $\eta kT/q = S/\ln 10$ [2]이므로 $V_G = 0$일 때의 드레인 전류인 누설전류 I_{off}은 아래식과 같이 된다.

$$I_{off}(nA) = 100\times W/L \cdot e^{-qV_T/\eta kT} = 100\times W/L \cdot 10^{-V_T/S} \quad (6.26)$$

따라서 누설전류는 문턱전압 V_T가 클수록 줄어들어 좋으나 식(6.19)에서와 같이 I_D가 작아지므로 적정 값을 갖도록 하고 있다. 또한 S가 작을수록 I_{off} 역시 작아지고 스위칭 특성이 좋으므로 이를 위해 C_{dep}를 작게, C_{ox}를 크게 하여 η 및 S를 작게 한다. 높은 k값을 가진 고유전물질을 게이트산화막 대신으로 사용하거나, 산화막 두께를 매우 얇게 하면 C_{ox}가 증가하고 기판 도핑농도를 감소시키면 C_{dep}가 작아진다.

1) $d\phi_s/dV_G = C_{ox}/(C_{ox} + C_{dep}) \equiv 1/\eta \rightarrow \phi_s = const + V_G/\eta$

$I_D \propto n_s \propto e^{q\phi_s/kT} \propto e^{q(const + V_G/\eta)/kT} \propto e^{qV_G/\eta kT} \rightarrow I_{off} = 100 \cdot (W/L)\, e^{-V_T/(\eta \cdot kT/q)}$

2) $S = dV_G/d(\log I_D) = dV_G/d(\ln I_D/\ln 10) = \ln 10/(d\ln I_D/dV_G) = \ln 10 \cdot \eta kT/q$

6.3.6 MOSFET 스케일링

MOS(Metal oxide semiconductor) 집적회로(IC)는 전자기기의 크기를 작게 하고 가격을 낮출 뿐만 아니라, 속도, 신뢰성향상, 전력소모감소 등으로 인하여 컴퓨터, 통신, 산업 및 오락기기, 자동차 등 오늘날 그 응용분야의 폭을 크게 확대하여 나가고 있다. 소자의 크기를 작게 함으로 인하여 집적도가 증가되고 같은 크기의 면적으로 보다 많은 기능을 할 수 있는 전자회로를 만들 수 있는 것이다. 인텔 공동창업자인 고든무어(Gordon Moore)는 1965년 매 1.5년마다 집적도가 2배씩 증가한다는 무어의 법칙을 발표하였으며, 이 법칙이 지난 50여 년간 실제 반도체 제조회사들이 생산한 제품들에서 거의 정확하게 이루어지고 있는 것이다. 집적도의 증가는 결국 소자의 크기를 감소해야 하는데 이때 지켜져야 할 기본규칙을 스케일링(scaling)이라 한다. 스케일링의 기본원리는 비록 소자 크기가 작아진다 할지라도 고유의 기능은 그대로 유지되어야 한다는데 있다. 이를 위해서는 일정한 전계 스케일링(Constant electric field scaling)법이 사용되고 있다.

스케일링 계수(Scaling factor)를 k라고 하면 길이 L, 폭 W 등은 각각 kL, kW 등으로 변화되어진다. 무어의 법칙에서 말하는 1.5년마다 2배의 집적도가 이루어지기 위해서는 $k \approx 0.7$이면 된다. 면적은 가로×세로이므로 $A = kL \times kW = k^2 LW = 0.49LW$가 되어 소자크기가 한 세대전의 면적에 비하여 약 1/2로 줄어들기 때문에 집적도가 2배로 증가될 수 있기 때문이다. 이것을 nMOSFET에 적용시키면 산화막 두께 d는 kd가 되어야 하며 산화막의 수직방향 전계를 일정하게 유지하기 위하여 V_G는 kV_G로 스케일링 되어야 한다. 또한 수평방향의 전계가 그대로 유지되기 위하여서는 길이 L이 kL로 스케일링 되었으므로 드레인전압 V_D역시 kV_D로 스케일링 되어야만 한다. 채널길이가 k만큼 스케일링 됨에 따라 드레인 쪽 공핍층의 폭 W_D역시 kW_D로 스케일링 되는 것이 좋다. p형 기판과 n형 드레인 사이에 만들어지는 공핍층의 폭은 $W_D = \sqrt{2\varepsilon(V_0 + V_D)/eN_a}$인데 $V_D \gg V_o$라고 가정하면 앞서 언급한 스케일링에 의하여 V_D가 kV_D이므로 W_D가 kW_D로 되려면 N_a는 N_a/k로 스케일링 되어야 함을 알 수 있다. 즉 도핑 농도는 $1/k$로 스케일링 되어야 한다. 드레인 포화전류 $I_D(sat)$은 식(6.19)에서와 같이

$$\frac{I_D(sat)}{Z} = \frac{\mu_n \varepsilon_i}{2d_{ox}L}(V_G - V_T)^2$$

$$\rightarrow \frac{I_D(sat)}{Z} = \frac{\mu_n \varepsilon_i}{2(kd_{ox})(kL)}(kV_G - V_T)^2 \approx \text{일정} \tag{6.25}$$

이 된다. 여기서 Z, d_{ox}는 각각 채널의 폭과 산화막 두께이다. 식(6.25)에서 알 수 있는바와 같이 $I_D(sat)$=일정•Z가 되므로 Z역시 kZ로 스케일링되면 $I_D(sat)$는 $kI_D(sat)$로 스케일링되어진다. 전류와 전압이 각각 k로 스케일링되기 때문에 전력은 $P=(kV_D)(kI_D)$로써 k^2으로 스케일링된다. 단위면적당 소모 전력인 전력밀도는 $P/A=1$이다. 회로지연시간은

$$\tau = RC = \frac{VC}{I} = \frac{V\left(\frac{\varepsilon A}{d}\right)}{I} \rightarrow \tau = \frac{(kV)\left(\frac{\varepsilon k^2 A}{kd}\right)}{kI} = k\frac{VC}{I} \quad (6.26)$$

(스케일링 전) (스케일링 후)

이 된다. 이와 같은 스케일링에 관한 것을 정리하면 〈표 6.2〉와 같이 요약된다.

〈표 6.2〉 스케일링 요약(일정전계)

	소자 및 회로 파라미터	스케일링 계수(k<1)
스케일된 파라미터	소자 크기(L, W, d_{ox}, X_j)	k
	도핑 농도(N_a, N_d)	$1/k$
	전압(V_G, V_D)	k
소자 파라미터에 미친 영향	전계	1
	공핍층폭	k
	커패시턴스	k
	전류	k
회로 파라미터에 미친 영향	소자집적도	$1/k^2$
	전력밀도	1
	소자당 전력소모	k^2
	회로 지연시간	k
	전력-지연시간 곱	k^3

6.3.7 터널링 누설(Tunneling leakage)

게이트 산화막의 두께는 최소선폭이 10μm 기술시대에서는 300nm정도 되었지만, 65nm 기술시대에서는 1.2nm로 매우 작아지고 있다. 이상적이면서 두꺼운 게이트 산화막에서는 전류가 흐르지 않지만 실제적이면서 얇은 게이트 산화막(<3nm)에서는 산화물을 가로질러 나타나는 전계에 의하여 전자이동이 일어나서 전류가 흐르게

된다. 폴리실리콘 게이트 전극에 있는 전자가 SiO_2의 전도대까지 올라가는데 3.1eV의 에너지가 필요하므로 이 에너지보다 적은 에너지의 전자는 고전적 입장에선 산화층의 전도대에 진입할 수가 없다. 그러나 양자물리학적 관점에서 터널링 효과를 고려하면 산화막의 두께가 얇을 때 전자의 산화막층 통과가 가능하게 된다. 이를 통하여 게이트에서 기판으로 누설전류가 흘러 MOSFET 본래의 큰 입력저항 특성이 손상된다.

1) 직접 터널링 및 Fowler-Nordheim 터널링

[그림 6.19]는 전자가 터널링 현상으로 얇은 산화막을 지나가는 모양을 에너지밴드 다이어그램을 통하여 보여주고 있다.

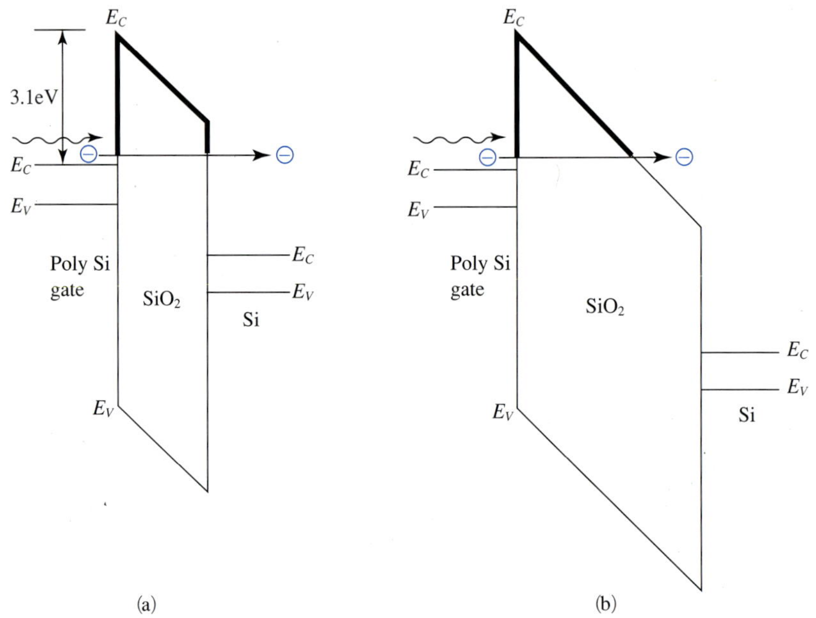

[그림 6.19] 얇은 산화막의 전자 터널링
(a) 직접터널링
(b) Fowler-Nordheim 터널링

직접터널링(Direct tunnelig)

산화막의 두께가 [그림 6.19a]처럼 매우 얇아 실리콘기판에 비하여 게이트에 큰 음의 전압이 인가되었을 때, 게이트 전도대와 실리콘 전도대 사이의 산화막 전도대가 사다리꼴 장벽(Trapezoidal barrier)을 하고 있어 게이트 전자가 직접 산화막을 터널링하여 실리콘의 전도대로 움직여가는 것을 말하며, 이 터널링을 직접터널링이라고 한다.

Fowler-Nordheim 터널링

직접터널링에 비하여 [그림 6.19b]와 같이 산화막의 두께가 상대적으로 두꺼우면 전자가 터널링하는 산화막의 전도대가 삼각형 장벽(Triangular barrier) 모양을 갖게 된다. 이때의 터널링을 Fowler-Nordheim 터널링이라고 한다. 게이트에서 출발한 전자가 삼각형의 산화막 전도대 에너지 장벽을 통과하여 산화막의 전도대에 도달한 후, 전도대의 더 낮은 에너지준위로 이동하여 실리콘기판의 전도대에 도달하게 되는 것이다.

2) TDDB(Time Dependent Dielectric Breakdown)

장기간 게이트 산화막을 통하여 터널링 현상이 일어나면 초기엔 미세한 누설전류가 흐르다가 시간이 지나면 결국 많은 전류가 흘러 산화막의 전기적 파괴가 일어날 수 있다. 이것을 TDDB(Time Dependent Dielectric Breakdown)라 한다. 이 현상의 원인에 관한 많은 모델들이 있지만 가장 설득력 있는 한 모델이 Fowler-Nordheim 터널링이다.

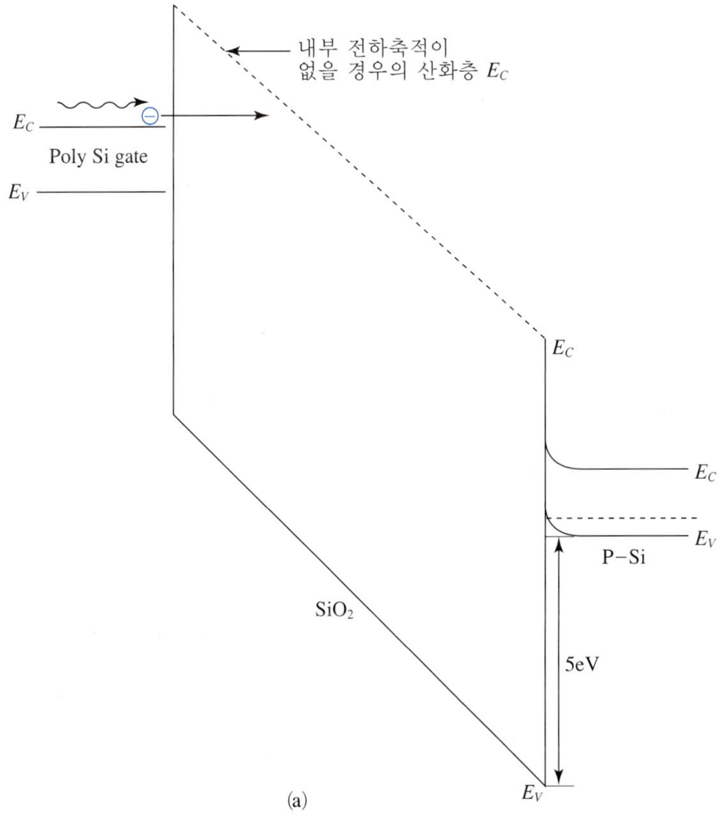

(a)

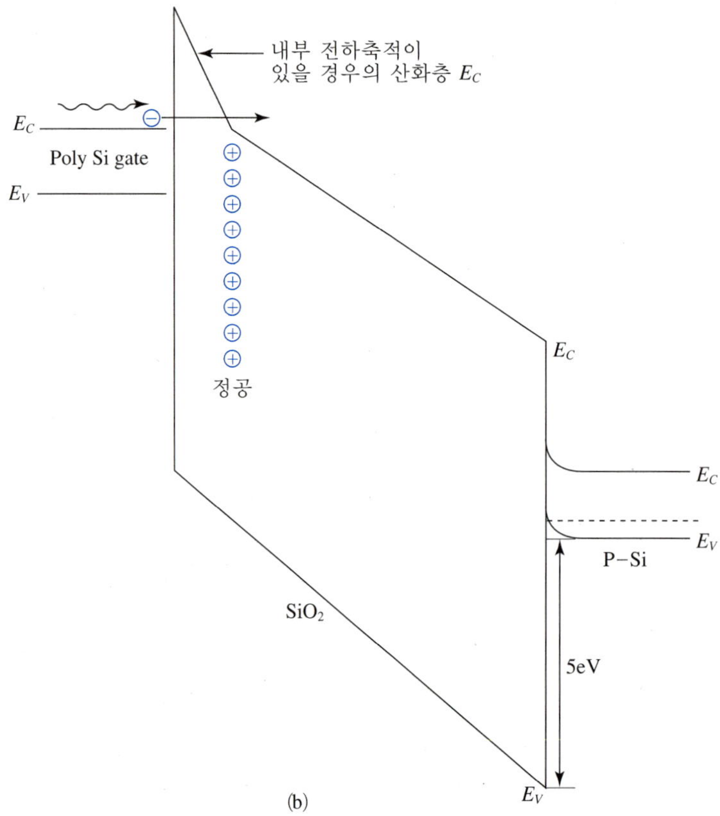

[그림 6.20] 산화막의 TDDB(Time Dependent Dielectric Breakdown) 발생모델

(a) 게이트에 큰 음전압이 인가된 경우
(b) 시간이 지나 게이트 부근 산화막에 양전하가 축적된 경우

[그림 6.20a]와 같이 초기 삼각형 모양의 산화막 에너지장벽을 통과한 전자가 산화막을 이동하는 도중 전계의 영향으로 에너지가 증가하여 SiO_2와 이온화 충돌을 하게 된다. 이로 인하여 전자와 정공이 발생되고 전자는 양전압이 인가되어 있는 반도체 쪽으로, 정공은 음전압의 게이트 쪽으로 각각 이동한다. [그림 6.20]에서 전자들은 이동도가 크므로 반도체 쪽을 향하여 멀리 진행하여 산화막을 빠져나가지만 산화막내에서의 정공 이동도는 0.01cm^2/Vs 정도로 매우 작아 게이트로 느리게 이동하던 정공들이 게이트에 근접한 산화막내의 결함 위치에 머물러 게이트와 트랩된 정공들 사이에 강한 전계를 만들고 [그림 6.20b]와 같이 터널링 할 산화막 전도대의 폭이 줄어들게 한다. 이로 인하여 더욱 많은 전자가 터널링 되고, 터널링 되는 전자는 더욱 많은 에너지를 받아서 전자−정공 쌍의 발생이 증가하는 정귀환(Positive feedback)

이 일어난다. 이런 현상이 오래 동안 지속되면 게이트 산화막의 전기적 파괴가 나타나는 것이다. 유전체 절연파괴전압은 시간이 지남에 따라 자연적으로 작아진다. 즉 전자와의 충돌 후 발생되어진 정공들의 축적이 시간이 지남에 따라 증가하므로 동일한 산화막을 가진 소자일지라도 시간에 따른 산화막 파괴전압은 감소되어지는 것이다.

6.3.8 Poly-Si 공핍층 영향

MOSFET의 전극으로 Poly-Si가 널리 사용되고 있다. N^+ Poly—Si 게이트와 nMOS인 P-기판 사이에 큰 양의 게이트 전압이 걸려있다면 [그림 6.21]과 같이 Poly-Si에도 밴드가 구부러져 공핍층 W_{poly}가 나타나게 된다.

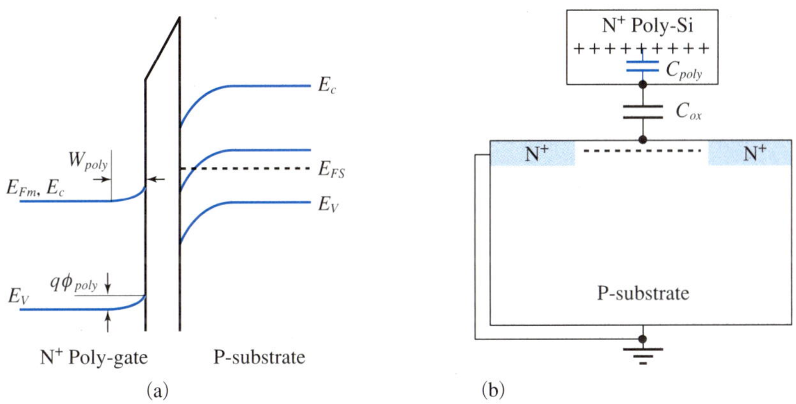

[그림 6.21] N^+ Poly-Si 게이트의 공핍층 효과
(a) 에너지밴드 다이어그램
(b) 커패시터 직렬 등가회로

폴리실리콘 공핍층의 전하에 의해 형성되는 게이트 산화막에서의 전계는 Gauss 법칙에 의하여 $\mathcal{E}_{ox}=-(-qN_{poly}W_{poly})/\varepsilon_{ox}$가 되므로 이로부터 폴리실리콘 공핍층의 폭을 구할 수 있다.

$$W_{poly}=\frac{\varepsilon_{ox}\mathcal{E}_{ox}}{qN_{poly}} \tag{6.27}$$

폴리실리콘 게이트 커패시터는 산화막 커패시터와 직렬로 연결되어 있으므로 반전 층에서의 MOS 커패시턴스는 아래식과 같다.

$$C=\left(\frac{1}{C_{ox}}+\frac{1}{C_{poly}}\right)^{-1}=\left(\frac{d_{ox}}{\varepsilon_{ox}}+\frac{W_{poly}}{\varepsilon_s}\right)^{-1}$$
$$=\frac{\varepsilon_{ox}\varepsilon_s}{d_{ox}\varepsilon_s+W_{poly}\varepsilon_{ox}}=\frac{\varepsilon_{ox}}{d_{ox}+\frac{1}{3}W_{poly}} \tag{6.30}$$

폴리실리콘 게이트의 공핍층 효과로 인하여 이를 고려하지 않았을 때의 산화막의 두께가 $W_{poly}/3$만큼 증가되었음을 알 수 있다. 이것은 산화막 d_{ox}가 얇은 MOSFET에서는 매우 중요한 요소로 작용하게 된다. C가 감소되므로 MOSFET 문턱전압 V_T가 증가되고 게이트 전압이 일정할 때 반전층 채널의 전하 Q_n 및 드레인-소스 전류 I_D가 감소되어 MOSFET의 동작속도가 느려진다. 뿐만 아니라 폴리게이트 공핍층에 나타나는 전위 ϕ_{poly}로 인하여 반전층의 표면전위 ϕ_s가 줄어들어 반전층 전하는 더욱 감소하는 결과를 나타낸다. 폴리실리콘 게이트의 공핍층 효과를 제거하기 위하여 금속을 게이트 전극물질로 대체하는 방법이 사용되기도 한다.

연습문제

1. 이상적 MOS 커패시터에서 게이트 전압에 따른 에너지밴드 다이어그램변화를 축적상태, 공핍상태, 반전상태 등으로 나누어 그리시오.

2. 강반전이란 무엇인지 말하시오.

3. 문턱전압 $V_T = \dfrac{2\sqrt{eN_a \varepsilon_s \Phi_F}}{C_{ox}} + 2\Phi_F$임을 증명하시오.

4. MOS 커패시터를 게이트에 인가한 전압이 다음과 같이 다른 세 경우에 각각 어떻게 나타낼 수 있으며, 이때 각 게이트의 양전하와 반도체의 음전하 변화는 어떻게 형성되어지는지 그림으로 도시하고 설명하시오.
   a) V_G로 인하여 축적상태 발생
   b) V_G가 작아 공핍층만 구성
   c) V_G가 크지만 $V_G < V_T$

5. 이상적 n 채널의 MOS 커패시터 C–V 측정결과를 정성적으로 그리고 전하축적상태에 따른 영역으로 구분하시오. 또한 저주파와 고주파로 측정했을 때의 결과를 함께 나타내시오.

6. 평탄화 전압(Flat band voltage)에 관한 식을 쓰고 그 내용에 관하여 설명하시오.

7. 평탄화 전압이 고려된 문턱전압을 어떻게 나타내는가?

8. nMOS C–V측정을 할 때 이상적인 경우와 실질적인 경우의 차이에 관하여 그림으로 나타내고 그 원인을 말하시오.

9. 문턱전압조절에 관하여 기술하시오.

10. 게이트에 전압이 가해지지 않았을 때의 채널형성 유무에 따라 MOSFET를 어떻게 구분하는가?

11. [그림 6.13]과 같은 nMOS에서 $I_D(sat)=\frac{\mu_n C_{ox} Z}{2L}(V_G-V_T)^2=\frac{Z\mu_n}{2L}C_{ox}V_D^2(sat)$임을 증명하시오.

12. 게이트전압 V_G에 따른 드레인 전류는 $I_D=\frac{\mu_n ZC_{ox}}{L}\left[(V_G-V_T)V_D-\frac{1}{2}V_D^2\right]$이다. V_D가 매우 작을 때 채널컨덕턴스에 관한 식을 구하시오.

13. 상기 12번과 같은 경우 전달컨덕턴스(Transconductance)에 관한 식을 구하시오.

14. 포화영역에서 나타나는 전달컨덕턴스에 관한 식을 구하시오.

15. 단채널 MOSFET에서 드레인전류 I_D는 게이트전압에 따라 어떻게 변화되는지 말하시오.

16. 고온전자발생원인과 이로 인한 문턱전압변화를 설명하시오.

17. 기판바이어스효과(Substrate bias effect), 일명 바디효과(Body effect)라는 것에 관하여 기술하고 그 용도를 말하시오.

18. 드레인유도 장벽저하(DIBL) 현상을 에너지밴드로써 설명하시오.

19. 문턱전압하위 전류(Subthreshold current)란 무엇이며 이 전류가 클 때는 어떤 문제가 발생되는가? 또 I_{off}를 작게 하려면 어떻게 해야 하는가?

20. 스케일링이란 무엇이며 왜 필요한지 말하시오.

21. 스케일링 계수가 k일 때 〈표 6.2〉의 스케일링 요약(일정전계)중 스케일링 계수들의 변화가 어떻게 이루어졌는지 고찰하시오.

22. 게이트 산화막 터널링에 관하여 설명하시오.

23. TDDB란 무엇인가?

24. poly-Si 공핍층 영향에 관하여 설명하고, 이로 인하여 산화막 두께가 어떻게 변화된다고 생각할 수 있는가?

CHAPTER

07 MOSFET 응용소자

7.1 메모리소자

7.2 MOS구조 촬상소자(Imager)

7.3 CMOS 인버터(Inverter)

CHAPTER

07 MOSFET 응용소자

Metal-Oxide-Semiconductor 구조를 하고 있는 MOSFET는 집적회로 내에서 정보저장, 정보이송, 논리회로 등 다양한 용도로 사용되고 있다. MOSFET는 특히 입력저항이 크고 필요면적과 전력소모가 적으며, 제조공정이 비교적 간편하여 단일칩화 된 각종 전자소자의 기본소자로써 널리 쓰이고 있다.

7.1 메모리소자

반도체 메모리는 전원이 꺼졌을 때 저장된 정보를 잃어버리는 휘발성 메모리(Volatile memory)와 그대로 유지할 수 있는 비휘발성 메모리(Non-volatile memory)로 나눌 수 있다. 휘발성 메모리에는 DRAM(Dynamic ram), SRAM(Static random access memory)이 있고, 비휘발성 메모리에는 EPROM(Erasable read only memory), Flash-memory, FeRAM(Ferroelecric ram) 등이 있다. 메모리의 구성은 [그림 7.1]과 같이 일반적으로 정보를 저장하는 기억소자단위인 기억셀(Memory cell)과 그 위치를 나타내는 Word line(WL)과 Bit line(BL), 위치를 각각 디코딩하는 횡렬디코더(Row decoder)와 종렬디코더(Column decoder)로 되어 있다. 종렬디코더는 Bit line의 선택기능 외에 입력시킬 정보를 제공하고 또 저장된 정보를 증폭시켜 출력시키는 입출력회로가 들어있다. 메모리의 종류에 따라서 약간의 추가적인 회로

(예: SRAM 경우 *Bit*와 $\overline{Bit}$가 종렬디코더에서 공급됨)가 필요하나 정보저장과 출력에 관한 기본적인 메모리소자 구조는 [그림 7.1]과 같다.

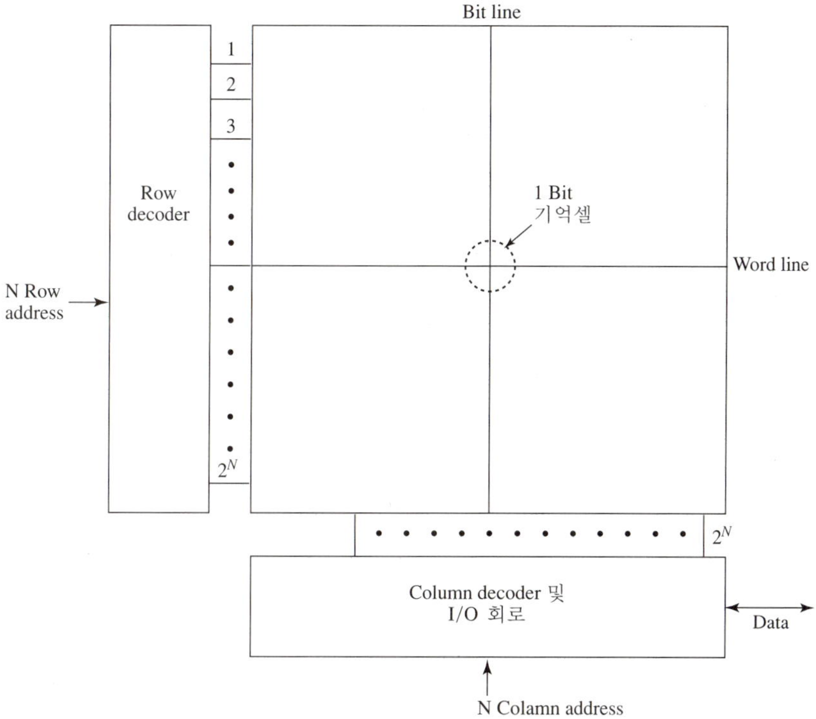

[그림 7.1] 반도체 메모리소자의 구성

7.1.1 DRAM(Dynamic random access memory)

로버트 데너드(Robert Dennard: 1932 ~)는 미국 텍사스주 테렐(Terrell)에서 태어나서 달라스(Dallas)의 남침례 대학에서 전기공학으로 학부와 석사를 각각 1954년과 1956년에 마치고 카네기멜론 대학에서 1958년에 박사학위를 받았으며 IBM에서 근무하였다. 그는 1968년 컴퓨터 메모리로 사용되는 1개의 트랜지스터와 1개의 커패시터로 만들어지는 DRAM으로 불리는 동적 RAM을 특허 등록했다. 이를 통해 저렴한 가격에 더욱 많은 메모리를 컴퓨터가 장착할 수 있게 되었다. DRAM은 오늘날 컴퓨터에 가장 많이 사용되는 메모리이다. 그는 또한 1972년에 MOSFET 크기를 줄이는 scaling 개념을 처음으로 개발하였다. 1988년 미국 Reagon 대통령으로부터 국가기술메달이 수여되었으며 IBM Fellow로 지명되었다.

DRAM은 전형적인 휘발성 메모리로서 기본 기억셀은 [그림 7.2]와 같이 한 개의 트랜지스터와 한 개의 커패시터로 구성되어있다. 따라서 단위면적당 많은 비트의 메모리소자를 만들 수 있으며 한 Bit에 해당하는 소자의 단가가 저렴하다. 정보는 MOS 커패시터에 전하로서 저장되어지고 커패시터는 스위치 역할을 하는 MOS-스위칭트랜지스터(MOS-switching transistor)를 통하여 Bit선에 연결되어진다. MOS-스위칭트랜지스터의 게이트는 WL에 연결되어 있기 때문에 WL의 전압에 의하여 스위칭트랜지스터의 도통과 차단이 결정되는 것이다. 얇은 산화막을 유전체로 한 커패시터의 한 쪽 전극인 Poly-Si 게이트는 항상 높은 전압 V_{DD}가 주어져 있어 게이트 산화막 아래의 반도체 표면이 강반전 상태로 되고 전자로 채워질 전위우물이 만들어지게 된다. 반도체표면에 만들어진 이 전위우물이 전자로 가득 차있으면 논리 "0", 비어있으면 논리 "1"이 저장되어지는 것이다.

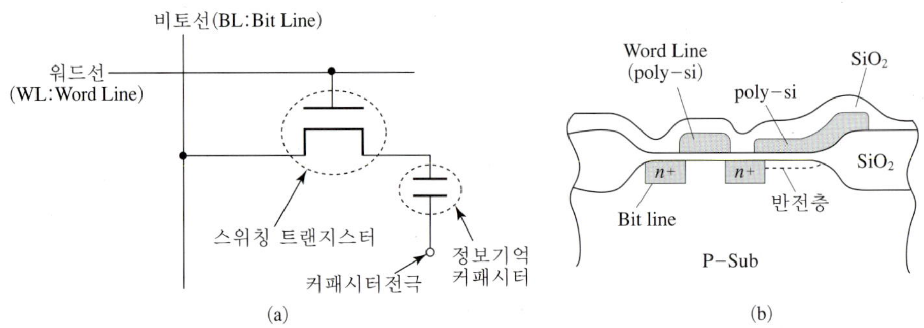

[그림 7.2] 한 개의 트랜지스터와 한 개의 커패시터로 구성된 DRAM
(a) 등가회로
(b) 등가회로의 구조단면

1) 쓰기(Writing)

정보 "1"

[그림 7.3]은 DRAM을 구성하고 있는 각 요소에서의 초기($t=0$, $WL=BL=0$) 에너지밴드 다이어그램과 쓰기과정에서의 WL, BL 값이 변화될 때 반도체 표면에서의 전도대 에너지준위(E_c)에 대한 정전위(ϕ_c)우물 및 전자축적정도에 관한 개념도를 나타내고 있다. 선택된 WL에 트랜지스터 문턱전압 V_T 이상 되는 V_{DD} 전압이 가해지고, 저장되어야 할 정보를 갖고 있는 BL이 V_{DD}가 되면 정보 "1", 반대로 $0V$가 되면

정보 "0"이 저장된다. 이때는 [그림 7.3a]처럼 스위칭트랜지스터를 경유하여 커패시터의 전하인 전자들이 BL 쪽으로 이동하여 가고 순간적으로 영역이 비어있게 된다. 그 후에 다시 WL 전압을 0으로 낮추면 트랜지스터가 차단되면서 정전위 장벽이 높아지고 커패시터의 반전영역 정전위 우물은 그대로 비어있어 정보 "1"의 쓰기 과정이 끝나게 된다. 일정시간이 경과되면 열생성-재결합에 의해서 커패시터에 전자가 생성되어 기록된 정보 "1"이 "0"으로 손상되어질 수 있다. 이를 방지하기 위하여서는 전자가 충분히 발생하여 정보의 열화가 일어나기 전에 생성된 전자를 모두 끌어내어 t_2와 같이 반전영역의 전위우물이 계속 비어있는 상태가 되도록 만들면 된다. 처음 "1"을 수록할 때(t_1, t_2)의 과정을 반복하면 전위우물이 모두 비워진 상태를 유지할 수 있게 되는 것이다. 이것을 리프레시(Refresh)라 하며 리프레시가 일어나는 시간 간격을 리프레시주기(Refresh period)라고 한다. 리프레시를 위하여 전력을 계속 소모하게 되므로 리프레시주기가 가능한 한 길어지도록 하면 좋다.

정보 "0"

[그림 7.3b]의 $t = t_1$에서와 같이 WL에 V_{DD}를 인가하여 스위칭트랜지스터가 동작되도록 하고 BL에 0V를 인가하면, 커패시터 게이트 아래의 반전영역 전위우물은 전자로 가득 차게 된다. 그 후 $t = t_2$에서 WL을 다시 0V로 낮추면 BL과 커패시터가 서로 차단되고 전위우물은 전자로 채워져 있는 상태가 되어 정보 "0"의 기록이 끝나게 되는 것이다. 이때는 전위우물의 전자는 시간에 따라 감소되지 않고 그대로 계속 존재하게 되므로 정보 "1"을 저장했을 때처럼 리프레시를 할 필요가 없다.

DRAM의 집적도를 높이기 위하여 스위칭트랜지스터의 n^+확산 중에서 커패시터와 바로 연결되어 있는 확산영역은 가능한 한 최소화 시키거나 아예 생략해 버리기도 한다.

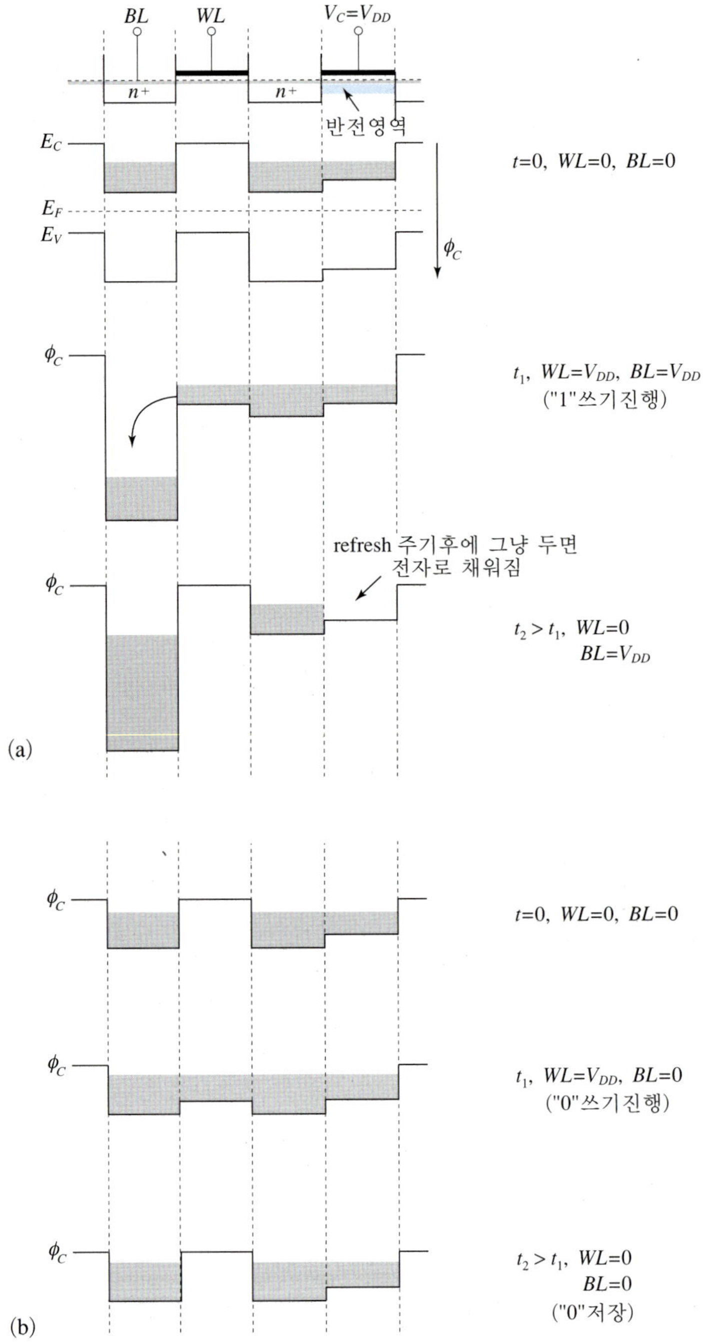

[그림 7.3] DRAM에 정보를 기록하는 개념도

(a) 정보 "1"의 저장
(b) 정보 "0"의 저장

2) 읽기(Reading)

기억셀에 저장된 정보를 읽으려면 해당 비트선 BL을 먼저 V_{DD}나 $1/2V_{DD}$의 높은 전압으로 충전시키고 선택된 워드선 WL에 높은 전압을 인가한다. 이를 통하여 기억셀과 BL이 전기적으로 연결되어진다. BL의 커패시턴스가 C_B이고 인가된 전압이 V_{DD}이면 BL에는 이미 $C_B V_{DD}$의 전하가 충전되어 있는 것이다. 기억셀의 커패시턴스가 C_C이고 전압이 V_C이면 기억셀에는 $C_C V_C$의 전하가 충전되게 된다. 따라서 [그림 7.4a]와 같이 스위칭트랜지스터에 의하여 기억셀과 비트선이 서로 단락되므로 전체 커패시턴스 $C_B + C_C$에 양쪽 전하가 이동하여 [그림 7.4b]와 같이 최종 전압 V_1이 결정되어지게 되는 것이다.

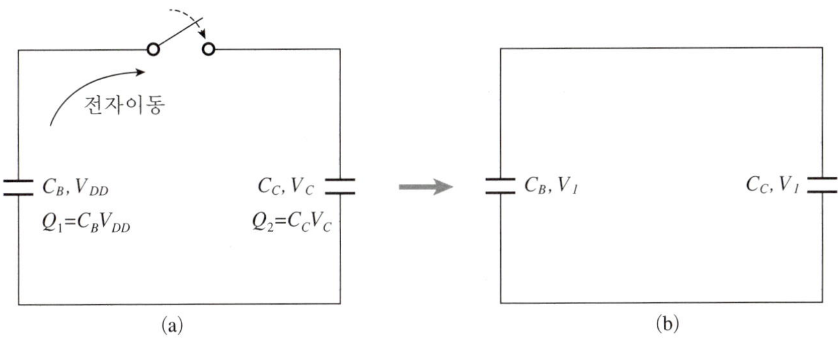

[그림 7.4] 기억셀 커패시터 C_C와 비트선 커패시터 C_B 사이의 전하 재분포 등가회로
(a) 분리된 C_B와 C_C를 연결
(b) 전하 재분포 후의 상태

$$V_1 = \frac{Q_1 + Q_2}{C_B + C_C} = \frac{C_B V_{DD} + C_C V_C}{C_B + C_C} \quad (7.1)$$

만약 기억셀 커패시터가 전하로 충전되어 정보 "0"이 저장되어 있으면 BL 전압은 기억셀과 연결되기 전보다 조금 낮아지겠으나, 정보 "1"이 저장된 전하가 없는 상태라면 식(7.1)의 $Q_2 = C_C V_C = 0$가 되어 원래의 V_{DD}보다 많이 낮아지게 된다. 이와 같이 비트선의 전압을 인식하여 기억셀에 저장된 정보를 알 수 있는 것이다. 이런 신호는 센스증폭기를 통하여 증폭되어 데이터버스를 통하여 출력된다. 센스증폭기의 출력이 다시 BL에 공급되어 기억셀을 재충전시킨다. 읽기가 끝나면 WL의 스위칭트랜지스터 게이트 전압이 다시 낮아져 기억셀과 BL이 서로 분리되어 읽기 작업이 끝

나게 되는 것이다.

일반적으로 센스증폭기는 입력되는 2개의 전압 차이를 증폭시켜 그 값을 출력으로 보내는 데, 한 입력은 [그림 7.4]의 최종전압 V_1이고 나머지 한 입력전압은 같은 비트선 BL에 커패시턴스 C_D를 갖는 의사셀(Dummy cell)을 연결하여 이루어진 전압이 된다. 이 전압은 앞의 식(7.1) 때와 같은 방법으로 하면

$$V_2 = \frac{C_B V_{DD} + C_D V_D}{C_B + C_D} \tag{7.2}$$

가 된다. 여기서 V_D는 의사셀 BL에 연결된 전압이다. 따라서 센스증폭기 입력의 두 전압차 ΔV는

$$\Delta V = V_1 - V_2 = \frac{C_B V_{DD} + C_C V_C}{C_B + C_C} - \frac{C_B V_{DD} + C_D V_D}{C_B + C_D} \tag{7.3}$$

이 됨을 알 수 있다.

3) 커패시터구조

길이가 긴 비트선 커패시턴스 C_B는 한 기억셀이 갖는 커패시턴스 C_C보다 큰 값을 가진다(예: $C_B = 800$fF, $C_C = 50$fF). 반면 집적도를 높이기 위해 가능한 한 기억셀의 크기를 작게 해야 하므로 C_C의 값은 작을 수밖에 없다. 그러나 C_C값을 너무 작게 하면 저장된 정보에 의한 전하가 소프트에러(Soft error)로 불리는 시스템잡음, 알파입자나 우주선에 의해 발생된 반송자들로 인한 전하들과 비슷한 양이 되어 저장된 정보의 열화가 나타므로 어느 일정 크기 이상의 커패시턴스 값을 가지도록 하고 있다. 전형적인 소프트에러는 100fC 정도되므로 안정된 기억셀을 위해서는 C_C에 250 fC 이상의 전하가 저장 되는 것이 좋다. 기억셀 커패시터 전압이 5V이면 C_C ($C = Q/V$)는 최소 50fF의 커패시턴스를 가져야만 한다. 집적도를 높이면서 이와 같은 커패시턴스를 갖는 셀을 위하여 평면에 바로 만들어졌던 기억셀의 모양을 변형시켜 사용한다. 마치 집을 지을 때 사용공간을 넓게 하기 위하여 지하를 파는 것과 흡사한 [그림 7.5a]의 트렌치(Trench)를 파거나, [그림 7.5b]의 스택(Stack)을 사용하여 비록 2차원적인 평면은 작으나 커패시터 역할을 하는 면적을 넓혀 일정량 이상의 전

하축적 용량을 갖도록 하고 있다.

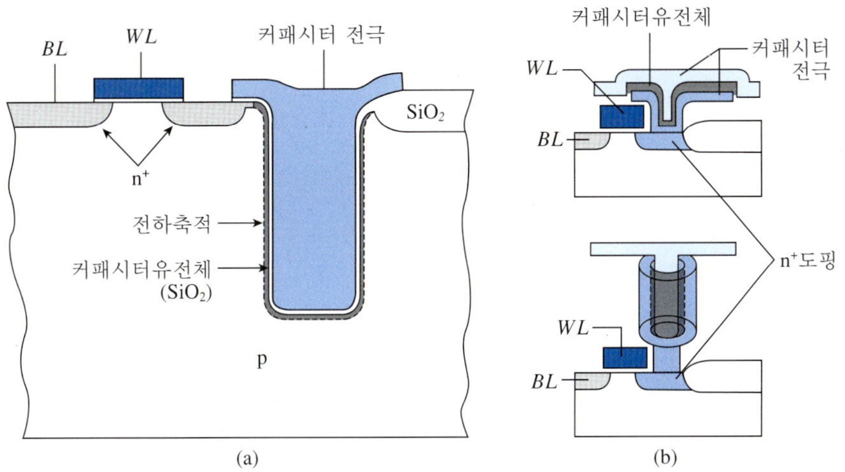

[그림 7.5] DRAM 기억셀 커패시터의 구조
(a) 트렌치(Trench)
(b) 스택(Stack)

트렌치 형태의 커패시터를 위해서는 먼저 이방성 식각법을 사용하여 트렌치를 파고 열산화로 얇은 산화막을 형성시킨 후 트렌치 내부공간을 Poly-Si로 채워 넣는다. 스택구조에서는 [그림 7.5b] 윗부분과 같이 양쪽 측면이나 [그림 7.5b] 아래 원통과 같이 커패시터를 구성하는 두 전극사이의 면적을 가능한 넓게 만든다. 유전체는 유전율이 큰 것이 커패시턴스를 크게 하므로 SiO_2 외에 Si_3N_4나 HfO_2를 병행하여 사용하기도 한다.

7.1.2 SRAM(Static random access memory)

SRAM은 [그림 7.6]과 같이 여섯 개의 MOSFET로써 구성된 휘발성 기억셀이다. 기억된 정보는 전력이 공급되는 동안 M_1M_2, M_3M_4로 구성된 내부 플립플롭(Flip-flop)에 의하여 그 값이 변하지 않고 유지되지만, DRAM과 마찬가지로 전력이 끊어지면 기억된 정보가 없어진다.

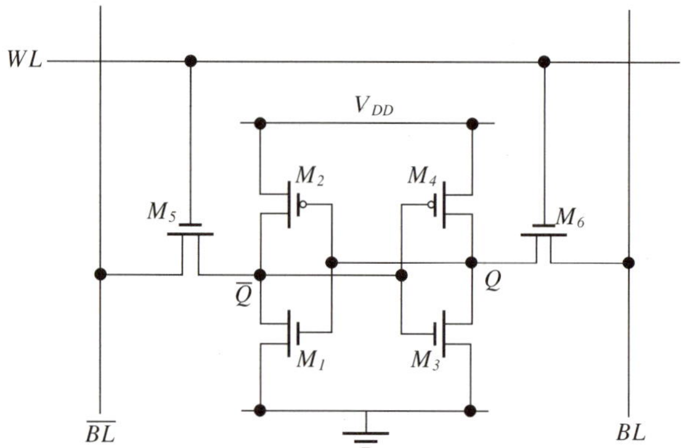

[그림 7.6] CMOS SRAM의 기본 셀

M_1M_2, M_3M_4는 각각 인버터(Inverter) 기능을 하는 CMOS(Complementary MOS)이며 각 인버터의 출력이 다른 인버터의 입력으로 연결되어있다. M_5와 M_6는 인버터와 종렬신호들인 $\overline{Bitline}(\overline{BL})$ 및 $Bitline(BL)$을 연결시켜주는 스위치 역할을 한다. M_1M_2의 출력인 $\overline{Q}$가 "0"이면 M_3M_4의 입력이 "0"이 되어 M_3M_4의 출력인 Q는 "1"로 변화된다. Q가 또한 M_1M_2의 입력이 되므로, M_1M_2의 출력 $\overline{Q}$는 처음과 같이 "0"이 되어 $\overline{Q}$와 Q의 값은 안정되게 된다. 이렇게 한 기억셀을 구성하는데 많은 트랜지스터가 필요하여 집적도가 낮지만, DRAM에 비하여 약 5배정도 빠른 고속동작을 하므로 컴퓨터의 캐쉬메모리에 주로 사용된다. 대기전력(Standby power)이 많이 소모되고 비트당 가격이 높은 특징이 있다.

1) 쓰기

정보 "1"을 기억시키려면 BL을 "1"로 $\overline{BL}$를 "0"으로 하고 WL에 높은 전압을 가하여 M_5와 M_6의 스위칭으로 인하여 내부 플립플로 회로 중 Q에는 "1"이, $\overline{Q}$에는 "0"이 되게 한다. 정보 "0"을 기억시키려면 이와 반대로 BL을 "0"으로 $\overline{BL}$를 "1"로 하고 마찬가지로 해당 워드선인 WL에 높은 전압을 인가하여 스위칭 트랜지스터들을 작동시켜 플립플로 내부의 Q에 "0"이 $\overline{Q}$에 "1"이 저장되게 한다.

2) 읽기

저장된 정보를 읽기 위해서는 먼저 해당 BL과 $\overline{BL}$를 논리 "1"에 해당하는 높은 전압 V_{DD}로 충전시킨다. 그 후에 읽혀져야 할 기억셀의 WL에 높은 전압을 가하여 쓰기 때와 마찬가지로 M_5와 M_6의 스위칭 트랜지스터를 동작시키면 Q와 BL 사이에, 또한 $\overline{Q}$와 $\overline{BL}$ 사이에 DRAM 때와 마찬가지로 전하의 이동이 일어나서 안정된 전압이 새로이 형성된다. 기억셀이 "1"의 정보를 갖고 있다면 $\overline{Q}$가 "0"이기 때문에 $\overline{Q}$와 $\overline{BL}$이 연결된 경우인 $\overline{BL}$ 선에는 낮은 전압이 나타나지만 Q와 BL사이에는 전압변동이 일어나지 않게 된다. 이 두 전압이 센스증폭기의 두 입력전압으로 되어 기억셀의 정보에 따른 출력전압을 얻게 된다. 만약 기억된 정보가 "0"이면 반대로 $\overline{Q}$가 "1"이고 Q가 "0"이 되어 $\overline{Q}$와 $\overline{BL}$의 전압은 변화되지 않지만 Q와 BL의 전압은 낮아져서 센스증폭기의 입력으로 되어진다.

7.1.3 플래시메모리(Flash-Memory)

Flash 메모리는 일본 도시바에서 근무 중이던 후지오 마츠오카(Fujio Masuoka: 1943. 5. 8 -)에 의해 1980년 발명되었다. 그는 일본 토호쿠 대학(東北大學)에서 전기공학을 전공하였으며 학사, 석사, 박사를 각각 1966년, 1968년, 그리고 1971년에 마치고 박사학위가 끝난 그해 도시바에 입사하였다. 1994년부터는 그의 모교인 토호쿠 대학 교수로 재직중에 있다. Flash란 이름은 그의 직장 동료였던 쇼지 아리즈미(Shoji Ariizumi)가 이 메모리에서 정보를 지울 때 여러 개의 셀들을 묶어서 한꺼번에 지우기 때문에 마치 카메라의 플래시와 유사한 감이 들어서 붙여줬던 것이다. 도시바는 이 메모리를 1987년에 상용화 하였다. 플래시 메모리 시장은 급속하게 성장하였으며, 이동전화기나 카메라 등의 메모리카드, USB등에 장착되어 사용될 뿐만 아니라 많은 소비자 및 산업용 기기 등의 기억소자가 필요한 분야에 사용되고 있다. 특히 휴대용 비디오, 음악, 책 및 데이터저장 등의 분야에서는 지속적으로 그 수요가 늘어가고 있다.

플래시 메모리는 앞서 언급된 메모리들과는 달리 외부공급 전원이 끊기더라도 기억된 정보가 지속되는 비휘발성 메모리로서 MOSFET를 이용한 비휘발성 메모리 중에서 그 중요성이 가장 빠르게 확산되고 있는 것 중의 하나이다. 플래시 메모리는 크기가 작고, 소모 전력이 적으며, 하드디스크 드라이버와 같은 작동시킬 추가적인 기기가 필요 없기 때문에 휴대용 전화기, 카메라, 휴대용 음악 혹은 영화수록 등 많은 데이터 저장장치에 널리 사용되고 있다. 플래시메모리 기억셀은 단지 하나의 MOSFET로서 되어있으며 일반 MOSFET의 게이트 부도체인 산화막 대신에 [그림

7.7]과 같이 게이트 부도체가 플로팅게이트가 하나 더 끼어있는 부도체/ 플로팅 게이트/ 부도체의 샌드위치 구조를 하고 있는 것이다. 플로팅 게이트는 전하를 축적할 수 있다.

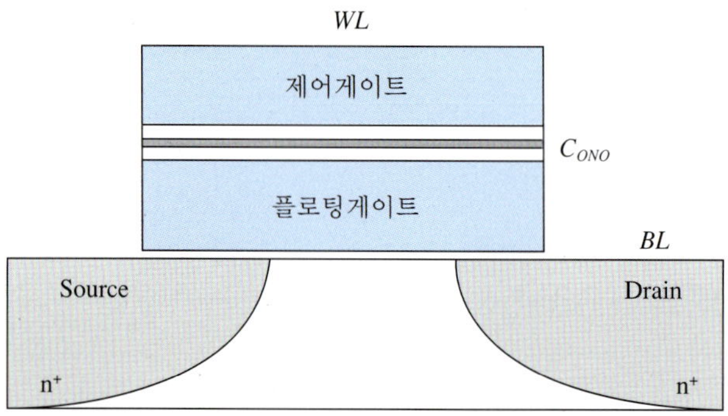

[그림 7.7] 플래시메모리(Flash-memory) 구조

제일 위에 있는 게이트를 제어게이트(Control gate), 아래에 있는 게이트를 플로팅게이트(Floting gate)라고 한다. 플로팅게이트는 Poly-Si으로 되어 있으며 이곳에 음전하인 전자가 축적되면, MOS 커패시터에서 부도체인 SiO_2내에 음전하가 존재하는 것과 같이 되므로 식(6.8)의 양전하인 Q_{ox}값이 감소하거나 아예 음전하가 되어 문턱전압 V_T가 증가하게 된다. 만약 전자가 축적되지 않게 되면 문턱전압이 작아지기 때문에 플로팅게이트의 전자축적 여부에 따라 정보를 기억 분별하는 것이다.

1) 쓰기

플래시 메모리에 정보 "1"을 기억시킨다는 것은 플로팅게이트에 전자를 축적시켜 문턱전압을 증가시키는 것이다. 전자를 플로팅게이트에 유입시키는 데는 고온전자(Hot electron)법과 터널링 주입법 등이 있다.

고온전자주입(Hot electron injection)

[그림 7.8a]와 같이 제어게이트에 약 12V의 높은 전압을 인가하고 드레인에 약 5V 정도의 전압을 가하면, 소스에서 드레인 쪽으로 이동하던 전자가 드레인 부근에서 만들어지는 핀치오프(Pinch-off) 영역에 도달하여, 드레인 쪽으로 이동하여가는 동안 강한 전계에 의하여 많은 에너지를 받아 고온전자가 된다. 이때 제어게이트에 높

은 게이트 전압이 주어져 있으므로, 게이트 쪽을 향한 전계 때문에 [그림 7.8b]와 같이 게이트 산화막의 에너지장벽 3.1eV 이상을 가진 고온전자는 이 장벽을 넘어 플로팅 게이트 Poly-Si으로 끌려가서 그곳에 축적된다.

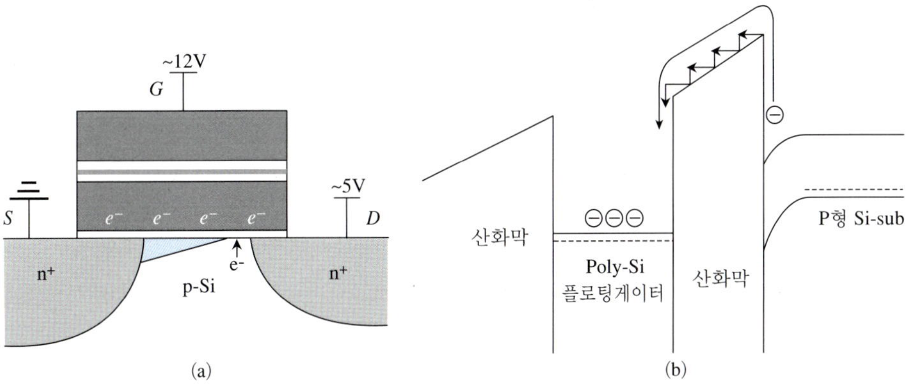

[그림 7.8] 플래시메모리의 고온전자 주입법
(a) 기억셀의 고온전자 주입모형
(b) 에너지밴드 다이어그램

터널링주입(Tunneling injection)

[그림 7.9a]와 같이 제어게이트에 20V의 전압을 인가해서 [그림 7.9b]처럼 채널에서 생성된 전자가 플로팅게이트 아래에 있는 얇은 게이트 산화막 층을 양자역학적 터널링을 통하여 통과한 후 플로팅게이트에 도달되게 하는 방법이다. 여기에는 [그림 6.19a], [그림 6.19b]의 직접 터널링과 Fowler-Nordheim 터널링의 두 터널링 방법이 적용된 것이다. 고온전자 주입은 터널링에 의한 주입보다 속도가 빠르지만 상대적으로 전류가 많이 흘러 전력소모가 많이 일어나게 된다.

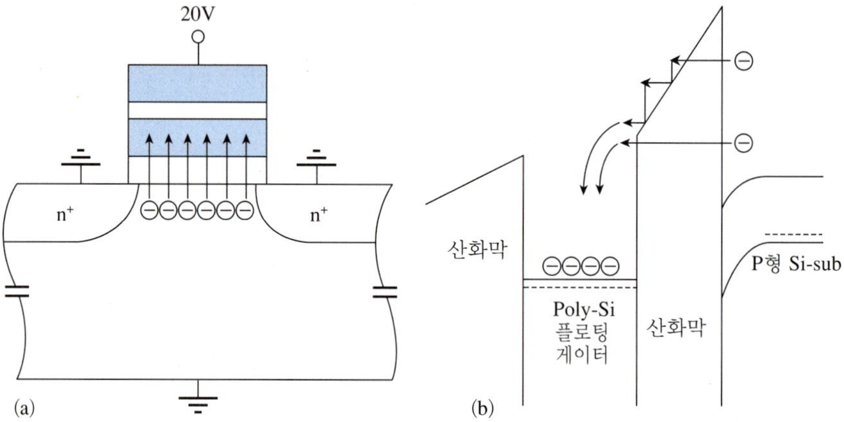

[그림 7.9] 플래시메모리의 터널링 주입법
(a) 기억셀의 전자터널링 주입모형
(b) 에너지밴드 다이어그램

2) 읽기

플래시메모리 기억셀은 [그림 7.10]에서처럼 정보 "0"이 저장되어 있다면 V_{T1}, 정보 "1"이 저장되어 있다면 V_{T2}의 문턱을 전압을 가지게 될 것이다. *BL* 기능을 하는 드레인에 1*V* 정도의 드레인 전압을 인가하고 *WL*에 해당하는 제어게이트에 읽기전압 V_{TR}을 인가하면 [그림 7.10]에서 알 수 있는 것처럼 정보 "0"이 저장되었을 경우 많은 전류가 *BL*에 흐르게 되고, 반대로 정보 "1"이 저장되어 있으면 전류가 흐르지 않게 된다. 이를 통하여 기억셀 내의 정보를 알아낼 수 있는 것이다.

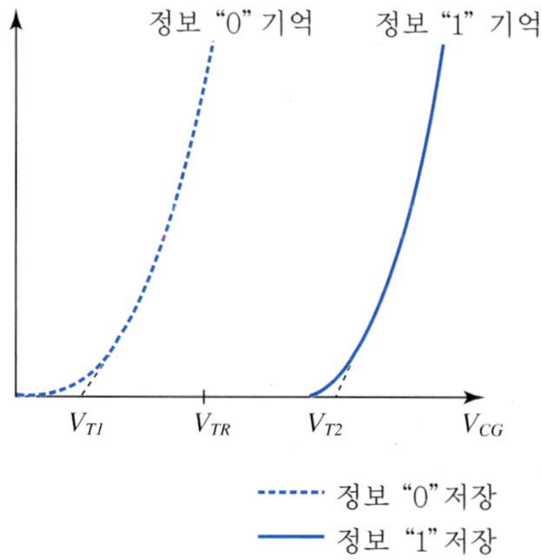

[그림 7.10] 플래시메모리 읽기

3) 지우기

저장된 정보를 지우려면 플로팅 게이터 내에 축적된 전자를 다시 없애야 한다. 정보를 지우려면 기록했을 때와 반대 방향으로 생각하면 쉽게 문제를 해결할 수 있다. [그림 7.11a]와 같이 제어게이트를 0V에, 반도체 기판에 약 20V의 전압을 인가하면 쓰기 때와 반대 방법으로 게이트 내의 전자가 터널링을 통하여 다시 실리콘 기판으로 이동하여 나오게 된다. [그림 7.8]의 고온전자주입으로 기록된 전자들은 제어게이트에 0V, 소스에 약 12V의 전압을 가하면 플로팅게이트에 축적되었던 전자들이 소스와 플로팅게이트 사이의 산화막을 통하여 주로 Fowler-Nordheim 터널링 방법으로 빠져나오게 된다. 터널링 방법에 의하여 쓰기나 읽기 과정이 이루어지는 플래시 메모리는 쓰기나 지우기의 속도가 모두 SRAM이나 DRAM에 비하여 느리다 (SRAM, DRAM: nsec, 플래시메모리: msec). 이런 문제점 때문에 플래시 메모리의 정보를 지울 때는 한 바이트(One byte)씩 지우지 않고 킬로바이트(Kbytes)씩 묶어서 한꺼번에 지우기 과정을 수행하기 때문에 빛이나 전기적으로 단번에 전체 기억된 정보를 지우는 플래시(Flash)란 이름을 메모리 앞에 붙여 쓰고 있다. 높은 전계가 주어진 가운데 쓰기와 지우기기 반복되므로, 부도체인 산화막층의 화학적 결합이 파괴되어 플로팅게이트와 기판사이에 누설통로가 생성되면서 축적된 전자가 방출 될 수 있다. 이런 문제점으로 인하여 플래시메모리 수명은 SRAM이나 DRAM에 비하여 반영구적이지 않고 쓰기/지우기 반복횟수가 10^6 이하로 제한되고 있다. 수명단축문제를 제거하기 위하여 최근에는 플로팅게이트 전극을 서로 전기적으로 절연되어 있는 많은 전자덫을 가진 유전물질 층이나, 서로 절연된 반도체나 금속의 나노결정체들을 사용하기도 한다. 이들 물질을 사용하면 플로팅게이트와 기판반도체 사이의 산화막에 누설통로가 발생된다고 하여도 전자를 축적하고 있는 플로팅게이트 전극물질의 축적된 전자가 서로 전기적으로 절연되어 있어서, 누설통로를 통하여 단지 그 주변의 몇몇 전자들만 빠져나가고 대부분의 전자들은 그대로 남게 되어 기록된 정보가 변화되지 않고 유지될 수 있는 것이다.

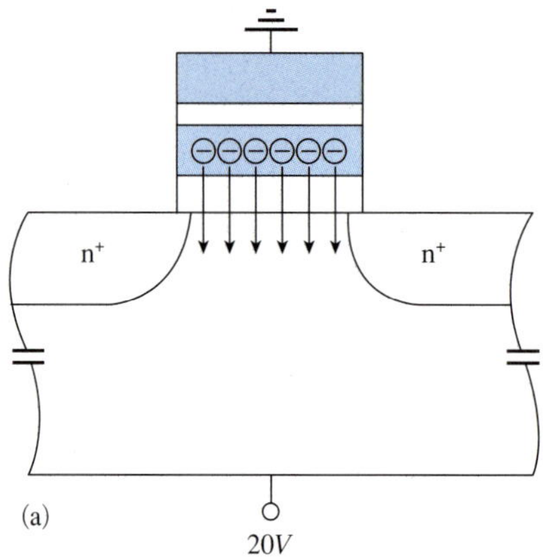

[그림 7.11] 플래시메모리의 저장정보 지우기
(a) 플로팅게이트-기판 터널링
(b) 플로팅게이트-소스 터널링

7.1.4 상변화메모리(PCM : Phase change memory)

플래시메모리와 같은 전하축적이 아니면서 MOSFET를 이용한 비휘발성 메모리는 [그림 7.12]와 같이 MOSFET에 저항이 연결되어있는 구조이다. 저항은 산화금속이나 다른 무기물질로 만들어질 수 있으며 전계나 전류에 의하여 프로그램 가능하다. 일반적으로 면적을 줄이기 위하여 트랜지스터 위에 저항체를 만든다. 전류에 의해 프로그램되는 경우에는 흘린 전류의 양과 시간에 의하여 발생되는 열 펄스에 따라 정보가 기억되게 할 수 있는 것이다.

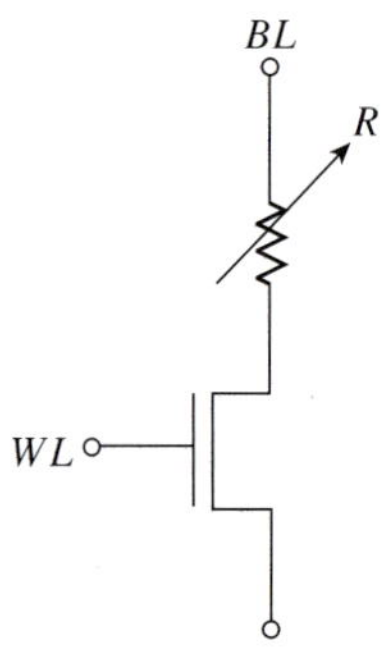

[그림 7.12] 상변화메모리(PCM : Phase change memory)

전류펄스에 의해 저항체에 발생된 열 펄스가 [그림 7.13a]와 같이 저항체의 온도를 그 물질의 융점 이상으로 높인 후 빨리 낮추게 하면 큰 저항성분을 갖는 비정질(Amorphous) 상태가 만들어진다. 이와 반대로 [그림 7.13b]처럼 전류값을 낮추어 온도가 융점 이하로 유지되면서 오랫동안 지속되게 하면 비정질이 다결정체로 변화되어 저항값이 매우 작게 된다. *WL*을 통하여 기억셀이 선택되면 *BL*을 통해 흐르는 전류가 많고 적음에 따라 기억된 정보를 식별할 수 있는 것이다. 즉 정보 "0"은 저항값이 작은 다결정체의 저항일 경우이며, 이땐 많은 전류가 *BL*을 통하여 흐르게 된다. 그러나 정보 "1"이 저장되어 있다면 큰 저항값을 갖는 비정질체이므로 적은 전류가 흐르게 된다. 정보저장이 저항체의 저항값 변화에 따라 일어나므로 일명 RRAM(Resistance-change RAM)이라고도 한다.

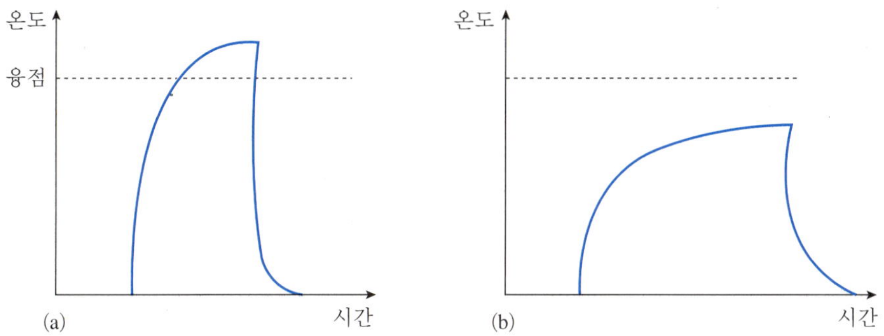

[그림 7.13] PCM의 상변화
(a) 저항체의 비정질화("1" 저장)
(b) 저항체의 다결정화("0" 저장)

7.2 MOS구조 촬상소자(Imager)

MOS(Metal-oxide-semiconductor) 구조를 이용하여 영상을 추출할 수 있는 소자를 MOS 촬상소자라고 한다. 이들은 크게 CCD 촬상소자(Charge coupled device imager)와 CMOS 촬상소자(Complementary metal-oxide-semiconductor imager) 두 가지로 분류할 수 있다. CCD는 광자를 전자로 변화시키는 부분과 발생된 전자를 전기신호로 출력시키기 위하여 이동시키는 레지스터 부분이 모두 MOS 구조를 하고 있으나, 이웃하는 이동레지스터를 통하여 전하들이 서로 연결되어 있기 때문에 CCD 라고 한다. 반면 CMOS 촬상소자는 빛에 의하여 발생된 전자를 CMOS 공정을 사용하여 만들어진 MOSFET에서 증폭하여 전기신호로 변화시키고, 이것을 출력하여 영상을 만드는 소자이기 때문에 CMOS 촬상소자라고 한다.

7.2.1 CCD(Charge coupled devices)

(좌로부터 G. Smith와 W. Boyle)

조지 스미스(George Smith: 1930. 5. 10 ~)와 윌러드 보일(Willard Boyle: 1924. 8. 19 ~ 2011. 5. 7)은 벨 연구소에 근무할 때인 1969년 CCD(Charge Coupled Device)라는 촬상소자를 발명하였다. 이들은 이 발명으로 인하여 2009년 노벨 물리학상을 공동으로 수여받았다. G. Smith는 1955년 미국 펜실베니아 대학교에서, 1959 시카고대학교에서 각각 학사와 박사학위를 받았으며 1959년에 벨렙에 입사하여 반금속(semimetals)의 전기적 특성연구와 차세대 레이저 및 반도체 소자에 관한 연구들을 수행하였다. 윌러드 보일은 캐나다인으로 맥길(McGill) 대학교에서 학사, 석사, 박사학위를 각각 1947, 1948, 1950에 받았으며 1953년에 벨 연구소에 입사하였다. 그는 광통신, 위성통신, 디지털 컴퓨팅 및 양자전자에 관한 연구를 하였으며 1960년대에는 아폴로 우주선의 달착륙 지점을 선정하는데 도움을 주었다. 이들이 발명한 CCD는 빛을 전하로 바꿀 수 있는 전자 메모리이며 카메라, 스캐너, 팩스 등의 촬상소자로 사용되는 매우 유용한 소자이다. 소자의 집적도를 매우 크게 높일 수 있기 때문에 촬상감도를 크게 높일 수 있어 천문학분야 발전에 혁신적인 기여를 했으며 우주선의 허블우주망원경과 같은 용도에도 사용된다.

1969년 벨연구소의 조지 스미스와 윌러드 보일이 아인슈타인이 발견한 광전효과를 이용해 빛 에너지로부터 전자를 발생시키고 이들을 이동시켜 영상정보를 만드는 CCD를 처음 개발했다. CCD는 디지털카메라, 스캐너, 내시경, 감시카메라 등 디지털영상을 얻기 위한 곳에 널리 사용되는 소자이다.

1) CCD의 전자발생원리

MOS 커패시터

[그림 7.14]와 같이 p형 반도체 기판에서 만들어진 MOS 커패시터 구조를 하고 있

는 게이트에 문턱전압 이상의 전압이 주어지면 반도체 표면에서 밴드벤딩이 이루어지면서 공핍층이 만들어지고 반전층이 형성된다. 이 반전층을 일명 전자우물(Potential well)이라고 한다. 열생성-재결합 시간에 해당하는 이완시간(Relaxation time: 10~100msec)이 지나면 반전영역은 외부에서 조사된 빛이 없어도 반송자인 전자로 채워지게 된다. 이완시간 전에는 비워있던 반전층의 전자우물에 투명게이트를 통하여 빛을 쪼이면 광자로부터 에너지를 받은 전자가 반도체의 가전자대에서 전도대로 올라가서 자유전자가 되어 에너지준위가 낮은 전자우물인 반전층에 [그림 7.14]와 같이 모여지게 된다.

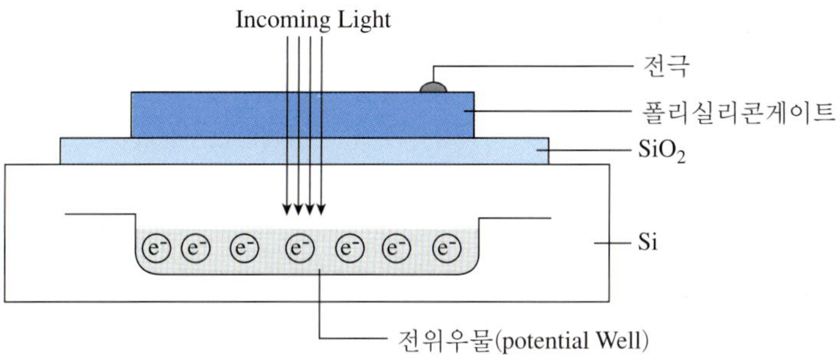

[그림 7.14] MOS 커패시터에서의 광전자 변환

이렇게 빛에 의해 생성되어 모여든 영상정보를 갖고 있는 전자들이 빛이 제거된 후에도 이완시간 이전에는 일시적으로 전위우물에 있도록 한다.

다이오드

*pn*접합다이오드에 빛을 쪼이면 반도체의 에너지밴드갭 이상의 에너지를 갖는 광자는 반도체 내에서 전자를 발생시킨다. 광전자들의 발생에 관한 구체적인 내용은 8장의 광전소자를 참고하면 될 것이다. 이와 같이 다이오드에 입사되는 빛에 의하여 발생된 전자가 영상정보를 갖게 되고 이 전자들을 전기신호로 바꾸어서 영상을 재현시킬 수 있다.

2) 전하이동(Charge shift)

광전변환소자인 MOS 커패시터나 다이오드 등을 이용하여 빛으로부터 발생된 전자들을 사용하여 영상을 재현하기 위해서는 이들을 이동시켜 전기신호로 출력시켜야 한다. 생성된 전자들의 이동방법에 따라 [그림 7.15]와 같이 크게 두 가지로 나눌 수 있다.

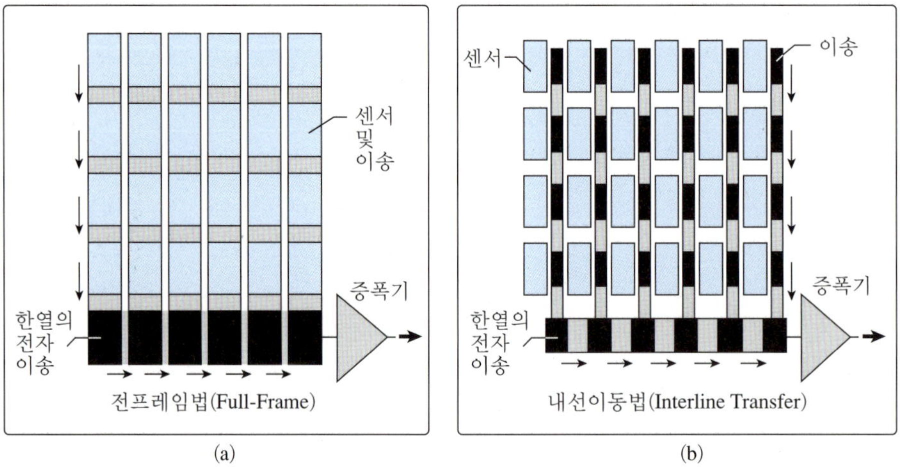

[그림 7.15] 전자이동 방법
(a) 전프레임 이동법
(b) 내선(interline) 이동법

[그림 7.15a]와 같이 전프레임(Full-frame) 이동방법은 광전자를 발생시키는 센서에 해당하는 광전자변환부 자체가 전하이동 소자가 되어 한 열씩 아래로 이동하여 최하단까지 전자들이 도달하게 되면, 하나씩 우측으로 이동하여 증폭기를 지나 전자수에 비례하는 전압으로 변화되어 출력된다. [그림 7.14]가 보여주는 MOS 커패시터는 바로 이와 같은 광전자변환부인 센서에 해당할 뿐 아니라 전자들을 이동시키는데 사용되는 기본요소로 사용된다. 지속적으로 유입되는 영상정보인 빛을 시간적으로 분할하여 받는 최소시간 간격인 한 필드(VGA 방식 경우 1/60 sec) 동안 사각형의 센서들로 만들어진 전체 프레임의 각 센서에 들어 있는 정보들이 변화되지 않고 모두 이동되고 출력되어 나가야 한다. 따라서 센서에 조사되는 빛은 전자들의 이동과 출력이 이루어지는 동안 계속 차단되어야 한다. 광전자변환부의 모든 센서들이 다 이동 및 출력을 끝내고 나면 다시 센서인 광전자변환부는 빛을 받아 다음 필드를 위해 발생되는 전자들을 축적한다.

[그림 7.15b]는 내선(Interline) 이동방법으로서 광전자 변환센서 바로 옆에 전자를 이동시키는 기능을 하는 소자들의 선이 추가적으로 만들어져서 한 열씩 아래로 전자

를 이동시켜 최종 이동 레지스터에 오게 되면, 한 묶음씩 우측으로 이동하여 증폭기를 지나 전자묶음속의 전자수에 비례하는 전압을 출력전기신호로 나타낸다. 여기서 광전자변환부는 MOS 커패시터구조나 *pn*접합다이오드 구조로 되어 있으며, 하단으로 이동시키는 전하이동소자는 역시 CCD의 기본을 이루는 MOS 커패시터로 만들어진다. 내선들과 최하단의 이동레지스터 소자들은 항상 외부 빛이 차단되도록 금속층으로 덮여 있다. [그림 7.15a]의 전프레임법과는 달리 영상센서의 한 필드(Field)인 빛이 쪼여지는 일정 시간이 지나면 센서에 축적된 전자들이 이동하고 출력으로 되어 나오는 동안 센서와 내선들 사이에 전자이동이 없도록 분리시키고, 센서들은 계속해서 빛을 받아 다음 필드를 위한 전자들을 축적하게 한다.

[그림 7.16]은 CCD에서 전자들이 어떻게 이동하여 가는가를 보여주고 있다.

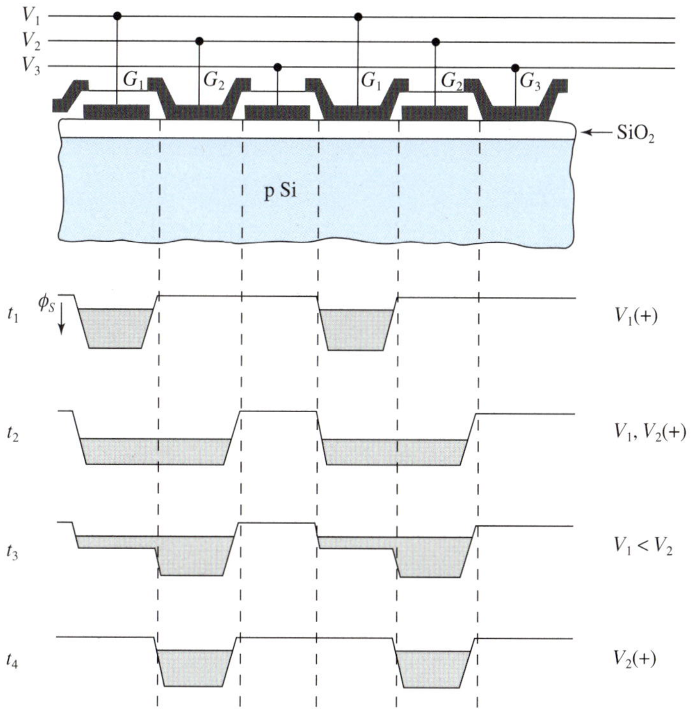

[그림 7.16] CCD의 전자이동 방법

[그림 7.16]에서 ϕ_S는 SiO_2/Si 경계부근 Si 표면에서의 정전위우물이다.

MOS 커패시터 구조로 된 게이트에 시간 t_1에서 V_1 전압이 주어지면 게이트 G_1

아래에는 깊은 전자우물이 만들어져 해당 위치에서의 영상정보를 갖는 전자들이 그 곳에 모여 있게 된다. 시간 t_2일 때 바로 이웃하는 커패시터의 게이트 G_2에 전압 V_2가 주어지면 게이트 G_1과 G_2의 전위우물이 같아져서 G_1 아래의 전자들이 G_1과 G_2의 전위우물에 나누어지게 된다. 그 후 시간 t_3에서 V_1의 전압을 낮추어 $V_1 < V_2$가 되게 하면 G_2의 전위우물보다 G_1의 전위우물이 얕아져서 많은 전자들이 G_2 전위우물로 이동하게 된다. 시간 t_4가 되었을 때 게이트 G_1의 전압을 원 상태 0으로 복귀시키고 G_2의 전압을 그대로 유지하면 G_1아래에 있었던 전자들이 모두 G_2아래로 이동하게 되는 것이다. 이와 같이 각 게이트의 전압을 순차적으로 변화시키므로 전자를 우측으로 이동시킬 수 있는 것이다. 전자들은 SiO_2/Si 경계 부근 실리콘 표면에서 이동하여 가기 때문에 표면에 산재해 있는 전자 덫이나 다른 표면상태 등에 의해 손실될 수 있어 정보왜곡이 나타날 수 있는 것이다. 이를 피하기 위하여 표면에서 반도체 기판 쪽으로 조금 더 깊숙한 곳에 전자의 위치에너지가 표면보다 낮도록 하여 전자이동이 그 곳에서 일어날 수 있는 매몰층(Buried layer)을 만들어 전자이동 손실을 줄이고 있다.

7.2.2 CMOS 촬상소자

[그림 7.17]과 같이 MOSFET의 소스에 해당하는 부분이 n으로 도핑되어 있고 기판이 p형 반도체이므로 소스와 기판 사이에 pn접합다이오드가 만들어 진다. 여기에 빛을 쪼이면 광자의 에너지가 에너지밴드갭 이상일 때 가전자대의 전자가 전도대로 올라가서 자유롭게 움직이는 전자가 된다. 구체적인 내용은 8장의 광전소자를 참고하면 될 것이다. 이와 같이 다이오드에 입사되는 빛에 의하여 발생된 전자가 영상정보를 갖게 되고, 이 전자들을 MOSFET로 된 스위칭게이트를 통하여 이동시켜 전기신호로 바꾸어서 영상을 재현시킬 수 있다.

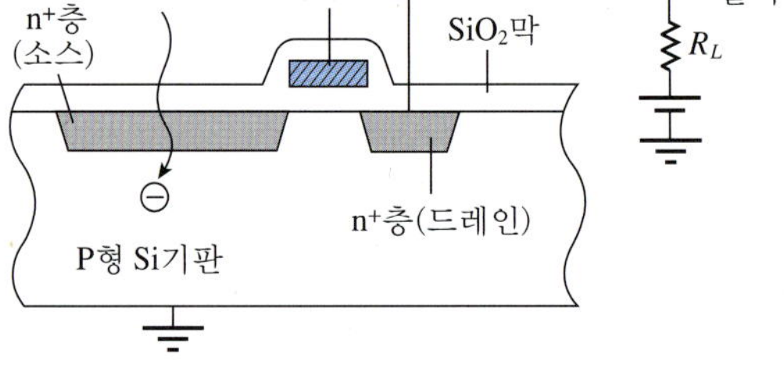

[그림 7.17] CMOS 촬상소자의 기본원리 개략도

[그림 7.17]처럼 각 광전자변환센서인 다이오드 외에 전하를 전기신호인 전압으로 바꾸는 회로들이 추가로 들어있어서 CCD와는 달리 전자들을 이동시킬 필요 없이 메모리에서와 같이 바로 종렬선(예: DRAM이나 SRAM의 비트선)을 통하여 출력시킬 수 있다. 빛이 전자로 변환된 전하 자체가 적어 같이 집적된 소자들의 암전류(Dark current)로 인한 잡음 때문에 영상신호를 증폭시킬 필요가 있으며 이를 위하여 MOSFET들이 함께 단위 셀들을 구성하고 있다. [그림 7.18]은 가장 널리 사용되고 있는 CMOS 단위촬상소자이다. 이것은 [그림 7.18a]의 각 단위셀 속에 들어있는 광전자변환부분인 PD 및 증폭기와 스위칭 MOS 트랜지스터 등으로써 구성되며 [그림 7.18b]의 점선 내에 들어있는 것과 같이 1개의 *pn*접합다이오드와 4개의 MOSFET로써 구성되어있다. 빛에 의하여 포도다이오드에서 발생된 전자들이 소스인 영역에 모여 있으면 해당 열의 *WL*전압으로 스위칭 트랜지스터가 동작될 때 게이트 리셋전압으로 스위칭 트랜지스터의 드레인에 있던 A점의 전압이 전자들로 인하여 낮아지게 된다. 이에 따라 *BL*에 의하여 선택된 트랜지스터의 전류가 감소하여 이것이 결과적으로 증폭기에서 증폭됨으로써 해당 단위촬상소자에 쪼여진 빛에 관한 정보가 출력되는 것이다.

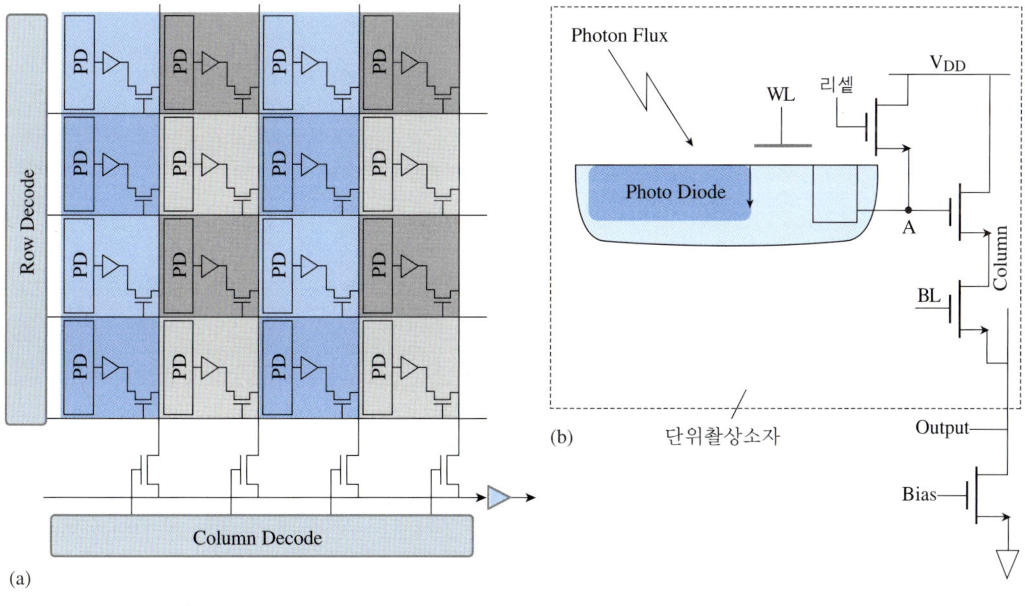

[그림 7.18] CMOS 촬상소자 기본구조

(a) CMOS 촬상소자 개략도
(b) 단위촬상소자 개략도

CCD 촬상소자와 CMOS 촬상소자의 상대성적 특성들은 구성되는 회로의 크기와 구현난이도 및 빛을 전자로 변환시키고 변환된 전자들을 전기신호로 바꾸는 과정의 복잡도에 따라 〈표 7.1〉과 같이 구분할 수 있다.

화상의 질을 중요시 여기는 경우엔 주로 CCD를 사용하지만, CMOS에 비하여 상대적으로 고가이다. 최근에는 CMOS 기술이 크게 발전되어 화질이 좋으면서 가격이 저렴한 CMOS 촬상소자들이 많이 생산되고 있다.

〈표 7.1〉 CCD와 CMOS 광전자소자의 특성비교

CCD vs CMOS 광전자소자		
	CCD	CMOS
장점	- CMOS보다 노이즈가 적어 선명한 화질의 표현이 가능함 - 미세한 표현과 섬세한 색상구분이 가능 - 칩 사이즈가 작아 소형 · 경령화 가능함 - 정밀도를 필요로 하는 의료기기, 산업장비, 과학기기용 카메라에 사용됨	- CCD 대비 약 1/100의 전력만을 소비 (CCD : 2~5W / CMOS : 20~50mW) - 모든 픽셀을 개별적으로 읽기 때문에 초점 번짐효과(blooming effect)가 없음 - 병렬전송을 통해 데이터를 전송하기 때문에 빠른 이미지 저장에 적합함 - 소형제품의 제작이 가능하고 생산공정이 매우 간단함
단점	- 고가임 - 주변 회로가 복잡함 - 주변 IC와 원 칩화가 불가능함	- Noise 현상 발생이 잦음 - 사이즈가 큼 - 정밀한 표현력이 떨어짐

7.3 CMOS 인버터(inverter)

CMOS(Complementary MOS)는 인버터(inverter)기능을 하는 소자이며 논리회로를 만들 때 가장 많이 활용하는 기초 소자이다. CMOS로서 많은 논리기능을 하는 기능블럭들이 만들어진다.

7.3.1 CMOS 구성

[그림 7.19]와 같이 한 개의 *p*MOS와 한 개의 *n*MOS가 직렬로 연결되어 인버터기

능을 하는 회로이다. 두 MOSFET의 게이트는 서로 연결되어 입력단자가 되고 드레인 들은 연결되어 출력단자를 만들고 있다. [그림 7.19a]는 회로를, [그림 7.19b]는 CMOS집적회로의 단면도를 나타내고 있다. 양(positive)의 로직일 때 입력에 "1"인 높은 전압이 인가되면 *p*MOS는 OFF되고 *n*MOS는 ON되어 출력이 "0"인 0가 된다. 반대로 입력이 "0"이면 *p*MOS는 ON, *n*MOS는 OFF되어 출력은 "1"인 V_{DD}가 되어 인버터 기능이 수행됨을 알 수 있다.

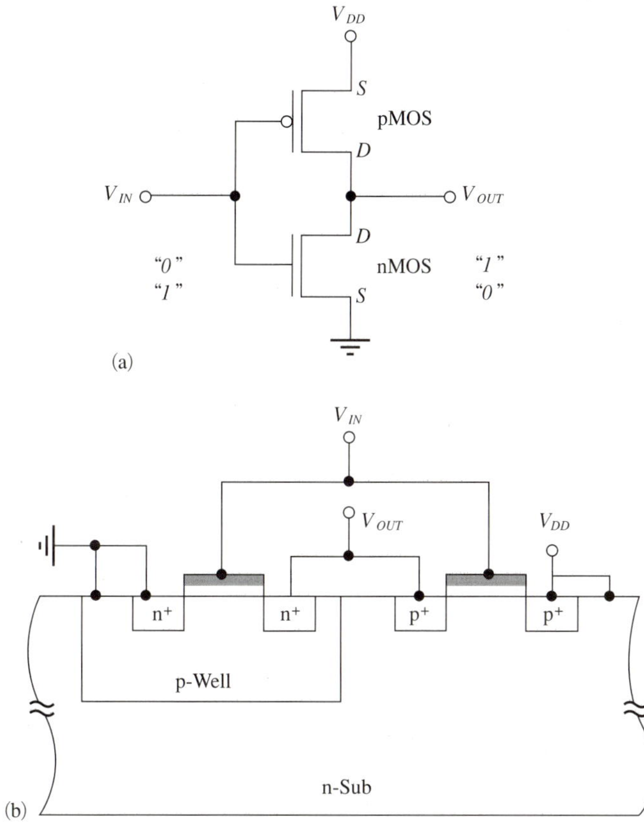

[그림 7.19] CMOS 인버터회로
(a) 인버터회로
(b) 집적회로 단면도

이 회로의 장점은 출력이 "1"이든 "0"이든 관계없이 항상 직렬로 연결된 두 개의 트랜지스터 중 하나는 OFF기 때문에 안정된 상태에서는 전류흐름이 없어 소모전력이 0이 되는 것이다.

7.3.2 전압전달특성(Voltage transfer characteristics)

인버터의 입력전압에 따른 출력전압을 나타낸 것을 전압전달특성이라고 한다. [그림 7.20]은 이와 같은 CMOS 인버터의 입출력 전압관계를 보여주고 있다. $V_{DD}=2\text{V}$가 되어있는 경우 [그림 7.20a]의 실선은 *n*MOS를, 점선은 *p*MOS의 전류-전압특성을 나타내고 있다. 각 전류-전압 특성곡선에서 파라미터들은 입력전압 V_{IN}이다. [그림 7.19a]에서

$$V_{dsN}=V_{OUT} \tag{7.4}$$

$$V_{dsP}=V_{OUT}-2\text{V} \tag{7.5}$$

이다. 여기서 V_{dsN}은 *n*MOS의 드레인-소스 사이 전압이고 V_{dsP}는 *p*MOS의 드레인-소스 전압이다. 식(7.5)는 식(7.6)과 같이 다시 정리될 수 있다.

$$V_{OUT}=V_{dsP}+2\text{V} \tag{7.6}$$

따라서 [그림 7.20a]의 좌측 점선으로 된 *p*MOS 특성을 식(7.6)에 의하여 우측으로 옮기면 [그림 7.20b]로 변환되어 동일한 입력전압 V_{IN}일 때 실선과 같은 *n*MOS 트랜지스터가 점선인 *p*MOS 트랜지스터의 부하를 갖고 있는 경우가 되는 것이다. 전압전달특성인 입출력 특성을 얻기 위하여서는 동일한 입력전압 V_{IN}에서 실선과 점선이 만나는 곳의 V_{OUT}이 출력전압이 되므로 $V_{IN}=0\text{V}, 0.5\text{V}, 1\text{V}, 2\text{V}$일 때 출력전압은 각각 $V_{OUT}=2\text{V}, 1.9\text{V}, 1\text{V}, 0\text{V}$가 되어 [그림 7.20c]가 얻어진다. 입력이 $1/2V_{DD}$ 되는 곳에서 급격하게 출력이 "1"에서 "0"로 변화되는 것이 인버터기능수행에 좋다. 이렇게 함으로써 잡음여유(Noise margin)를 최대화 할 수 있게 된다. 잡음여유는 입력신호가 "0"일때 잡음이 섞여 마치 "1"이 들어온 것과 같은 작용을 한다든지, 반대로 입력신호가 "1" 일 때 잡음에 의하여 입력이 "0"이 되는 것처럼 작용하게 되는 잡음의 폭을 의미한다.

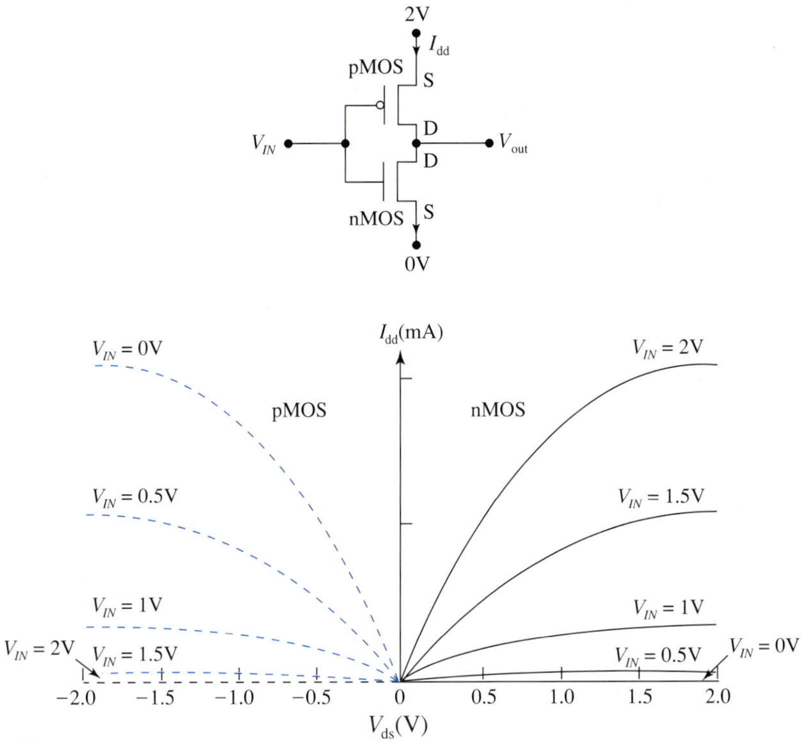
2V
I_{dd}
pMOS
S
D
V_{IN}
V_{out}
D
nMOS
S
0V
I_{dd}(mA)
V_{IN} = 0V
pMOS
nMOS
V_{IN} = 2V
V_{IN} = 0.5V
V_{IN} = 1.5V
V_{IN} = 1V
V_{IN} = 1V
V_{IN} = 2V
V_{IN} = 1.5V
V_{IN} = 0.5V
V_{IN} = 0V
−2.0
−1.5
−1.0
−0.5
0
0.5
1.0
1.5
2.0
V_{ds}(V)

(a)

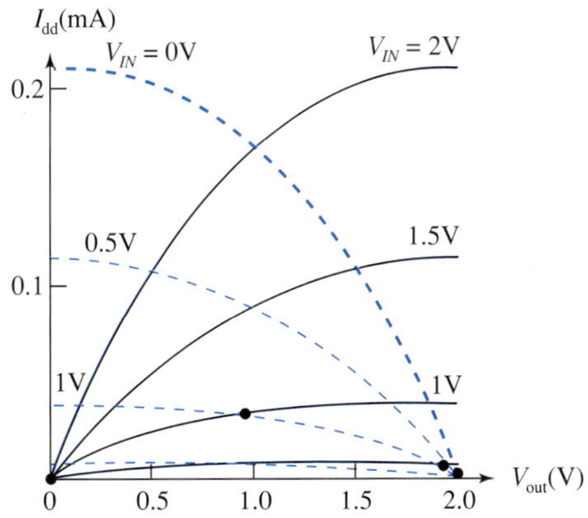
I_{dd}(mA)
V_{IN} = 0V
V_{IN} = 2V
0.2
0.5V
1.5V
0.1
1V
1V
0
0.5
1.0
1.5
2.0
V_{out}(V)

(b)

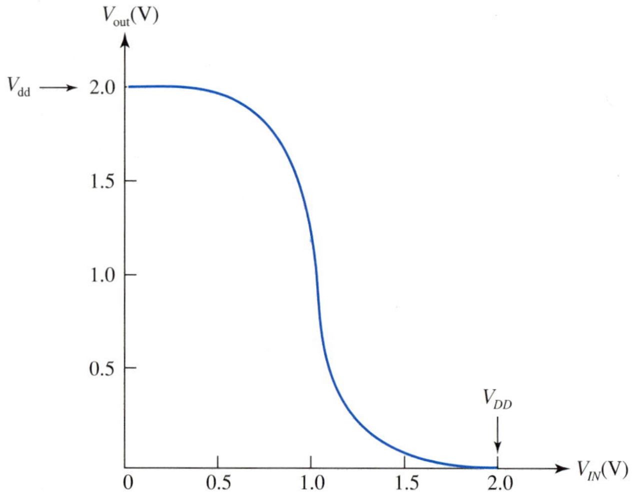

(c)

[그림 7.20] CMOS 인버터의 전류-전압 및 전압전달특성

(a) nMOS 및 pMOS 전류-전압특성
(b) $V_{OUT} = V_{dsP} + 2V$
(c) 전압전달특성곡선

7.3.3 CMOS 인버터의 소모전력

인버터가 스위칭 되는 동안의 전력소모를 알기 위해서는 [그림 7.21]과 같이 충전과 방전시에 흐르는 전류에 의한 전력을 계산하면 된다. [그림 7.21a]는 pMOS가 ON 되어 nMOS의 드레인에 나타난 커패시터가 충전되는 것을 도시한 것이다.

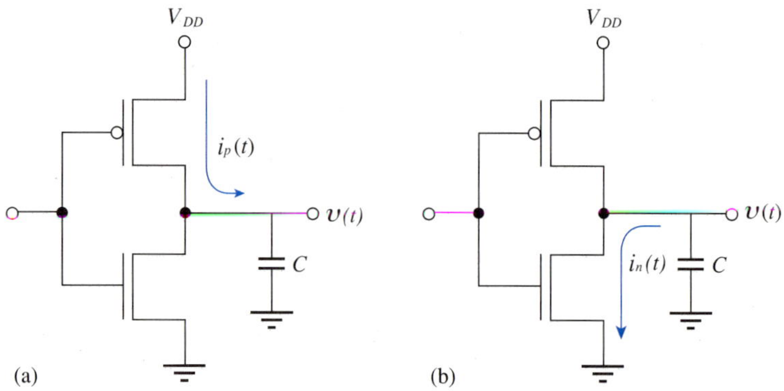

[그림 7.21] CMOS 인버터의 전력소모

(a) 충전시의 전력소모
(b) 방전시의 전력소모

이 커패시터는 nMOS 드레인의 커패시터 및 이와 연결된 다음 단 인버터의 입력 커패시터 등이 모두 고려된 커패시터인 것이다. 충전전류 $i_p(t)$에 의하여 커패시터가 충전되므로 이때의 출력전압 $v(t)$는 충전되는 정도에 따라 변화될 것이다. 따라서 이때 소모되는 총 전력은

$$E_C = \int i_p(t)[V_{DD} - v(t)]\,dt \tag{7.7}$$

여기서 $i_p(t) = C(dv/dt)$이므로 식(7.7)은 다음과 같이 된다.

$$\begin{aligned} E_C &= V_{DD}\int C\frac{dv}{dt}\,dt - \int Cv\frac{dv}{dt}\,dt \\ &= CV_{DD}\int_0^{V_{DD}} dv - C\int_0^{V_{DD}} v\,dv = CV_{DD}^2 - \frac{1}{2}CV_{DD}^2 = \frac{1}{2}CV_{DD}^2 \end{aligned} \tag{7.8}$$

[그림 7.21b]는 입력에 높은 전압이 인가되어 pMOS는 OFF, nMOS는 ON되었을 때 커패시터가 방전되면서 전류 $i_n(t)$를 흘리므로 아래와 같이 소모전력을 계산할 수 있다.

$$\begin{aligned} E_D &= \int i_n(t)v(t)\,dt = -\int_{V_{DD}}^{0} C\frac{dv}{dt}v\,dt \\ &= -\int_{V_{DD}}^{0} Cv\,dv = \frac{1}{2}CV_{DD}^2 \end{aligned} \tag{7.9}$$

충전과 방전 때 각각 $1/2CV_{DD}^2$씩 전력소모가 나타나므로 한 사이클 동안 소모되는 전체 전력은 식(7.8)과 식(7.9)를 합하면 된다. 따라서 주파수 f로 동작되는 CMOS에서 소모되는 전력은 식(7.10)과 같다.

$$P = (E_C + E_D)f = CV_{DD}^2 f \tag{7.10}$$

동작주파수가 증가 할수록 더욱 많은 전력소모가 발생함을 알 수 있다.

연습문제

1. 한 개의 트랜지스터와 한 개의 커패시터로 구성된 DRAM Cell의 등가회로와 이 등가회로의 구조단면을 그리시오.
2. DRAM Cell에 정보 "1"과 "0"을 쓰는 과정을 전위우물에 들어있는 전하로써 정성적으로 설명하고, 정보 "1"을 기록할 때는 refresh가 필요하지만 정보 "0"을 기록할 때는 refresh가 필요 없는 이유를 말하시오.
3. SRAM의 기본셀을 그리고 쓰기 및 읽기 과정을 통하여 동작원리를 설명하시오.
4. Flash 메모리의 구조를 그리시오.
5. Flash 메모리에서 쓰기 동작을 할 때 2가지 전자주입법에 따른 동작원리를 말하시오.
6. Flash 메모리의 읽기는 어떻게 행하여지는지 설명하시오.
7. Flash 메모리 지우기 과정을 설명하시오.
8. PCM(일명 RRAM)의 셀 구조를 그리고 동작원리를 설명하시오.
9. MOS 촬상소자 중 CCD 촬상소자와 CMOS 촬상소자는 서로 어떻게 다른가?
10. 전프레임(Full-frame) 이동법과 내선(Interline) 이동법을 비교 설명하시오.
11. CCD의 전자이동 방법을 기술하시오.
12. CMOS 촬상소자의 기본구조를 그리고 이에 관하여 설명하시오.
13. CMOS 인버터(inverter)를 그리고 인버터(inverter)기능을 설명하시오.
14. CMOS 인버터(inverter)의 전류-전압 특성으로부터 전압전달특성을 구하시오.
15. $P=(E_c+E_d)f=CV_{DD}^2 f$는 CMOS 인버터(inverter) 소모 전력이다. 이 식을 유도하시오.

CHAPTER

08 광전자소자

CHAPTER

08 광전자소자

지금까지는 반도체의 재료에 관한 기초성질과 소자를 만들기 위한 공정, 소자를 형성하는데 기본이 되는 접합다이오드 및 이로써 구성된 트랜지스터와 MOSFET 등에 관한 것을 알아보았다. 빛과 관계되는 반도체 소자들을 광전자소자라고 하며, 광다이오드(PD: Photo diode), 발광다이오드(LED: Light emitting diode), 태양광소자(Solar cell) 및 레이저다이오드(Laser diode) 등이 여기에 속한다.

8.1 광다이오드(PD: photo diode)

광다이오드는 입력되는 빛의 세기에 따라서 출력되는 전류변화가 나타나도록 만들어진 다이오드를 말하며 [그림 8.1a]와 같이 *pn*접합으로 되어 있고 역방향 전압이 인가되어 있다. 에너지 밴드갭 E_g 이상의 에너지를 갖는 빛의 광자가 반도체에 비춰지면 가전자대의 전자가 빛의 광자로부터 에너지를 받아 전도대로 올라가서 자유롭게 움직이는 전자가 됨과 동시에 가전자대에 정공을 만들게 된다. 이와 같이 빛으로부터 에너지를 받아 전자와 정공이 만들어지는 전자-정공 생성이 나타나게 되는 것이다. 단위 체적당, 단위 시간당 생성되어지는 전자-정공 쌍을 광생성률(Optical generation rate) g_{op}라고 부른다.

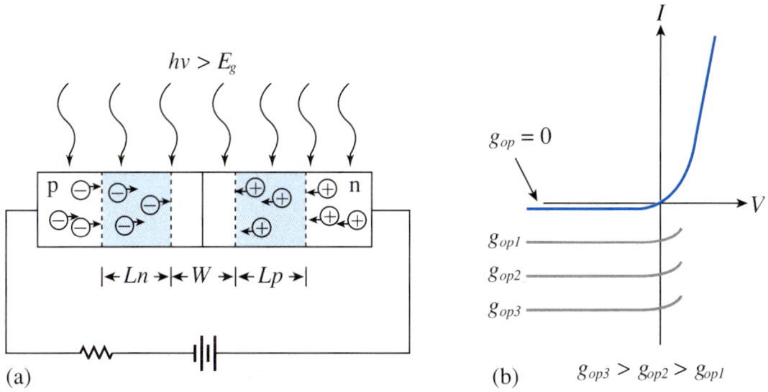

[그림 8.1] *pn* 접합 광다이오드
(a) 기본구조
(b) 빛의 세기에 따른 *I–V* 특성곡선

이렇게 만들어진 공핍영역의 전자와 정공은 역방향으로 바이어스된 다이오드에서 전자는 양 전압이 인가된 n 쪽으로, 정공은 음전압이 인가된 p 쪽으로 이동하여 가게 된다. p와 n의 중성영역에서 만들어진 전자와 정공들은 공핍층까지 확산에 의하여 이동되어 가며 공핍층 경계에 도달되는 즉시 전계에 의하여 전자는 p 쪽에서 n 쪽으로, 정공은 n 쪽에서 p 쪽으로 끌려가서 전체적으로 n 영역에서 p 영역으로 전류가 흐르게 되는 것이다. 즉 역방향 전류가 흐르게 되는 것이다. 중성영역에서 생성된 전자와 정공들은 공핍층을 향하여 확산 이동되어 가는 동안 재결합으로 인하여 소멸되게 된다. 따라서 공핍층으로 부터 확산길이 이내의 중성영역에서 빛에 의해 생성된 반송자는 이동해 가는 동안 생존할 수 있지만 이보다 먼 거리에서 만들어진 전자나 정공들은 공핍층에 도달되기 전에 모두 소멸되어서 전류에 기여하지 못한다. 이와 같이 pn접합다이오드에서 광흡수에 의하여 만들어진 전류 I_{op}는 다음과 같이 나타낼 수 있다.

$$I_{op} = qAg_{op}(L_n + L_p + W) \tag{8.1}$$

여기서 L_n, L_p는 각각 전자와 정공의 확산길이, W는 공핍층의 길이이며, g_{op}는 광생성률(EHP/cm^{3}s)이다. 빛이 비추어 지지 않을 때는 식(3.26)과 같이 일반 다이오드 전류만 흐르므로, 이 전류에 빛에 의한 전류 I_{op}를 합하면 식(8.2)와 같이 빛이 비춰졌을 때의 전체 다이오드 전류가 되는 것이다.

$$I = I_o(e^{qV/kT} - 1) + (-I_{op})$$
$$= qA\left(\frac{L_n}{\tau_n} n_{po} + \frac{L_p}{\tau_p} p_{no}\right)(e^{qV/kT} - 1) - qAg_{op}(L_n + L_p + W) \qquad (8.2)$$

강한 역 바이어스전압이 인가되면 식(8.2)의 우변 첫째항은 거의 0이 된다. 이때 빛의 세기가 증가됨에 따라 단위체적당 단위시간당 생성되는 전자-정공쌍이 많아져 g_{op}가 증가하게 되므로 식(8.2)에 의하여 역방향으로 전류증가가 나타남을 알 수 있다. [그림 8.1b]는 이와 같은 빛에 의한 전류가 광생성률 g_{op} 증가에 따라 증가하는 모양을 보여주고 있다. 광다이오드는 광통신, DVD 및 기타 광검출을 필요로 하는 각종 장치에 사용되고 있다.

8.2 발광다이오드(LED: light emitting diode)

Henry Joseph Round　Robert Biard　Gary Pittman　Nick Holonyack　M.George Craford

헨리 라운드(Henry Joseph Round: 1881. 6. 2 ~ 1966. 8. 17)는 영국 과학자로서 라디오분야의 선구자적 역할을 하였다. 그는 왕립 과학대학협회(Royal College of Science)와 런던임페리얼컬리지(Imperial Cdlege London)에서 수학하였다. 마르코니 사(Marconi Company)에서 초기엔 무선분야의 일을 많이 하였으나 1907년 LED에 관한 논문을 최초로 발표하였다.

그 후 LED에 관한 다수의 연구들이 있었지만 실질적인 발광다이오드가 만들어지지 못했고 사람들의 주목받지 못했다. 그러나 1961년 텍사스 인스트루먼트(Texas Instruments)의 로버트 비아드(Robert Biard)와 개리 피트먼(Gary Pittman)이 레이저를 연구하던 중 우연히 근적외선 영역의 LED를 처음 발명하였다.

가시광 영역의 LED는 1년 뒤인 1962년에 GE의 닉 홀로니악(Nick Holonyack: 1928. 11. 3 -)에 의하여 만들어 졌으며 GaAsP를 사용한 적색 LED였다. 홀로니악은 이를 통하여 LED의 아버지라는 영예를 얻었다. 그는 1963년에 CD, DVD 플레이어, 무선전화기 등에 사용하는 가시광 영역의 적색-레이저다이오드를 최초로 만들었던 것이다. 홀로니악은 트랜지스터 공동발명자 중의 한 사람인 존 바딘의 첫 박사과정 학생이었으며 1954년에 박사학위를 취득하였고 1963년부터 일리노이 대학의 교수가 되었다. 그는 이미 1963년 《리더스 다이제스트》에서 토마스 에디슨의 전구를 언젠가는 LED 소자가 대체하게 될 것이라고 예언적 선언을 했는데 지금 그것이 현실화되고 있다. 1972년에 몬산토 사(Monsanto Co.)의 조지 크래포드(M. George Craford)가 황색 LED를 개발했으며 홀로니악보다 10배나 더 밝은 적색 LED 또한 발명하였다. 가시광 영역의 LED를 처음으로 대량생산한 회사는 몬산토이지만 1970년대에 페어차일드 반도체(Fairchild Optoelectronics)가 저가의 LED를 생산함으로써 비로소 LED는 사람들의 큰 관심을 끄는 인기 있는 소자가 되었다.

발광다이오드는 [그림 8.2]와 같이 *pn*접합다이오드에 순방향 전압을 인가하면 접합부에서 전도대의 전자와 가전자대의 정공이 결합할 때 결합 전후의 전자에너지 차이만큼의 에너지가 빛으로 발광되는 다이오드를 말한다.

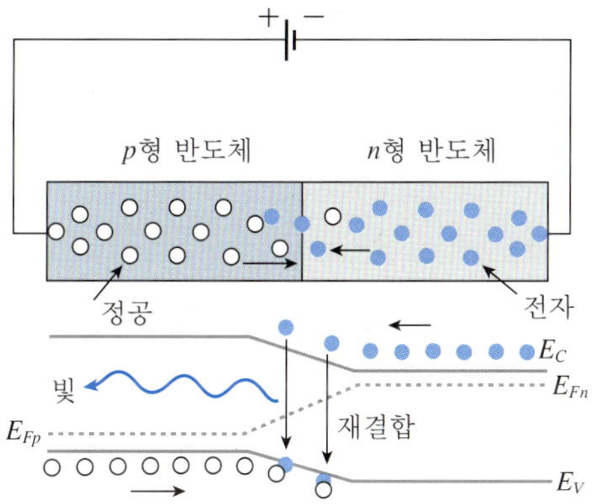

[그림 8.2] 발광다이오드의 구조와 밴드다이어그램

빛을 이루는 광자(Photon)의 파장 λ는 반도체의 에너지 밴드갭이 E_g일 때 $E_g = h\nu$와 $\nu = c/\lambda$로부터 다음과 같이 된다.

$$\lambda = \frac{hc}{E_g} = \frac{12.4}{E_g(\text{eV})} \quad [\mu\text{m}] \tag{8.3}$$

여기서 c는 광속도이다.

8.2.1 LED 재료

식(8.3)에서 알 수 있는 바와 같이 반도체를 이용해서 발광되는 빛의 파장은 반도체의 밴드갭에 따라서 달라진다. 〈표 8.1〉은 각각 특유의 발광파장을 갖는 여러 가지 반도체를 보여주고 있다.

〈표 8.1〉 발광특성을 갖는 반도체소자 물질

	E_g(eV)	파장(μm)	색깔	격자상수(Å)
InAs	0.36	3.44	infrared	6.05
InN	0.65	1.91	infrared	3.45
InP	1.36	0.92	infrared	5.87
GaAs	1.42	0.87 (0.78 ↑)	red	5.66
GaP	2.26	0.55 (가시광선)	yellow Green	5.46
AlP	2.45	0.51	Blue Violet	5.45
GaN	3.39	0.37 (0.38 ↓)	UV	3.19
AlN	6.20	0.20	UV	3.11

자외선(Ultraviolet)에 해당하는 AlN(6.20eV)이나 GaN(2.45eV)로부터 적외선(Infrared) 영역의 InAs(0.36eV) 및 InN(0.65eV)에 이르기까지 여러 가지 화합물 반도체가 〈표 8.1〉에 나타나 있으며, [그림 8.3]은 이들을 서로 적합한 배율로 조합하여 더욱 다양한 에너지 밴드갭을 갖는 화합물 반도체를 만들 수 있음을 나타내고 있다.

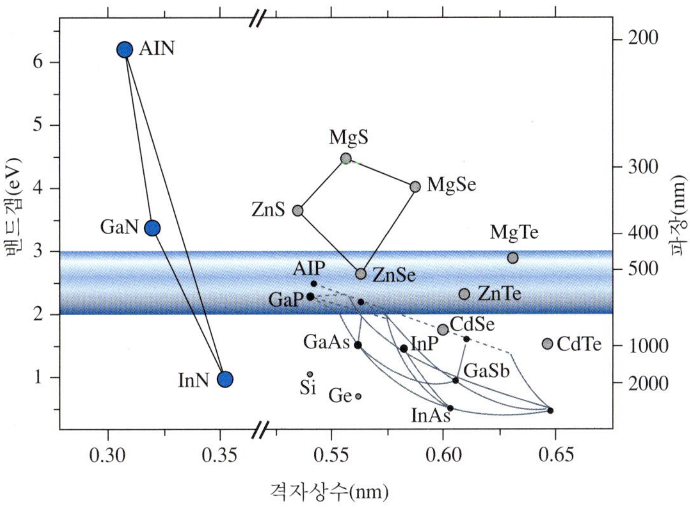

[그림 8.3] LED 화합물 반도체의 밴드갭, 격자상수 및 파장 상호관계

발광성질을 갖는 반도체는 대부분 [그림 8.4a]에서와 같이 전도대의 가장 낮은 에너지가 가전자대의 가장 높은 에너지와 같은 웨이브벡터 k를 갖고 있을 경우 나타난다. 이와 같은 반도체를 직접형 반도체라 하는데 직접형 반도체에서는 전자와 정공이 재결합을 함으로써 전자의 에너지 차이만큼 식(8.3)과 같은 파장을 갖는 빛을 발광하는 확률이 가장 높다. [그림 8.4b]와 같이 전도대의 가장 낮은 에너지위치와 가전자대의 가장 높은 에너지위치가 서로 다른 k를 갖고 있는 반도체를 간접형 반도체라 한다. 간접형 반도체에서는 직접형과는 달리 전자–정공이 재결합할 때 에너지변화 외에 추가적으로 웨이브벡터 k의 변화가 동시에 수반되어야 한다. k의 변화는 바로 운동량($p = \hbar k$)의 변화를 초래하는데 이것은 격자들의 운동을 유발시키게 되므로 전자에너지 차이가 여기에 필요한 에너지로 소모되어지는 것이다. 따라서 간접형 반도체에서는 발광 대신에 격자운동으로 인한 열을 발생시킬 확률이 매우 크게 된다.

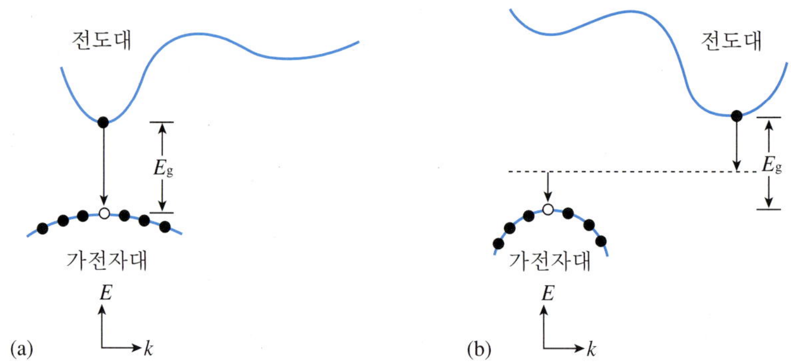

[그림 8.4] E–k에 따른 반도체 종류
(a) 직접형 반도체(Direct semiconductor)
(b) 간접형 반도체(Indirect semiconductor)

세 종류의 물질이 화합된 $GaAs_{1-x}P_x$의 경우 $x \geq 0.45$이면 간접형 반도체가 된다. 그러나 여기에 질소를 도핑시키면 질소가 전자를 위치적으로 매우 단단히 묶어 두어 전자의 위치변화가 거의 발생하지 않고 $\Delta x \approx 0$가 되게 한다. 이와 같은 경우의 전자–정공 재결합은 단지 전자의 에너지 변화를 의미하는 것이지 위치변화를 수반하지 않게 되어 빛을 발생시키게 된다. 질소 원자는 발광을 일으키게 하는 여기자(Exciton) 역할을 하는 것이다. 여기서는 하이젠베르크 불확정성(Heisenberg uncertainty principle) 원리에 의하여 $\Delta x \Delta p \geq \hbar/2$이며 $\Delta x \to 0$으로 됨에 따라 $\Delta p \to \infty$로 될 수 있어 $p = \hbar k$ 관계식으로 부터 재결합 때에 필요한 Δk 만큼의 변화는 그에 상응하는 Δp의 변화를 자동적으로 수반될 수 있게 된다. 따라서 비록 간접형 반도체 일지라도 마치 직접형 반도체와 다름없이 에너지 변화만이 요구되어 전자–정공 재결합 때 발광을 하게 되는 것이다.

LED에서 발광되는 빛은 레이저 빛과는 다르게 넓은 각도에 걸쳐 분포되어있기 때문에, 반도체와 공기사이의 굴절률 차이로 인하여 반도체 다이오드에서 공기 중으로 발산되는 빛이 면과 이루는 각도가 전반사를 일으키는 이상의 각도가 되면 다시 반도체 내부로 반사되어 흡수될 수 있다. 이를 방지하기 위하여 다이오드 면에 돔 모양의 투명플라스틱을 붙여 사용한다.

8.2.2 조명과 백색 LED(Lighting and white LED)

LED를 사용한 조명이 최근에는 많이 연구되고 있으며 기존의 백열등이나 형광등들을 대체하고 있다. 전 세계 전력소모량의 약 25%가 조명으로 소모되고 있으므로 조명등의 에너지 효율개선은 곧 바로 현저한 에너지 소모절감과 가스온실화 방출을 감소시킬 수 있을 것이다. 빛의 광량을 나타내는 단위로 루멘(lm: lumen)[1)]을 사용하는데 100W의 백열전구가 1,700lm의 광량을 발생시켰다면 이 백열등은 발광효율(Lumineous efficacy=lumen/watt) 17을 갖게 된다. 〈표 8.2〉에는 여러 가지 전등들의 발광효율이 나열되어 있다.

〈표 8.2〉 Lumen/W로 표시된 전등들의 발광효율

백열전등	컴팩트 형광등	튜브 형광등	백색LED	눈감응최대치 (λ=555nm)에서의 이론적 한계치	백색광의 이론적 한계
17	60	50 ~ 100	90이상	683	~ 340

LED의 발광효율은 발광재료와 소자개발 등을 통하여 지속적으로 개선되고 있다. 상기 〈표 8.2〉에서 알 수 있는바와 같이 백색광 LED를 백열전등 대신에 사용하면 광량루멘이 동일한 같은 밝기의 전등일 경우 에너지 손실이 크게 줄어들게 된다. 백색광 LED는 가격이 비싸지만 수명이 길며 LCD의 후면전등(Back light)으로 사용되고 있다. [그림 8.5a]는 R(Red), G(Green), B(Blue)의 세 가지 LED를 한 케이스에 넣어 백색광이 나오게 하는 모양이다. [그림 8.5b]는 보다 더 경제적으로 만들 수 있는 백색광원이다. 여기서는 파란색을 내는 Blue LED와 빨강 및 초록색 빛을 내는 형광체를 한 캡슐 안에 넣은 것이다. 형광체는 파란빛을 내는 LED로부터 빛을 받아 각각의 색깔을 갖는 빛을 발산하게 된다. Blue LED 대신 UV LED를 사용하기도 한다.

1) 광학에서 기본이 되는 광선속의 단위이다. 사람의 눈은 556nm(green색)에서 가장 감도가 높으며 이 파장에서 1Watt(energy/sec)가 680루멘(lumen)에 해당한다. 광학단위에 관한 자세한 설명은 부록 2를 참고하시기 바람

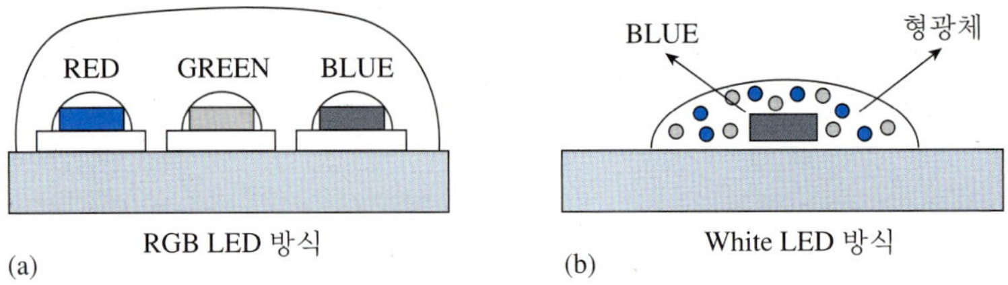

[그림 8.5] 백색광원의 구조
(a) RGB LED를 한 캡슐에 집적
(b) Blue LED와 RG 형광체의 집적

가격을 절감시킬 수 있는 획기적인 방법이 유기물반도체 LED(OLED: Organic semiconductor LED)이다. 유기물 반도체는 폴리머로서 유리나 휘어질 수 있는 기판에 인쇄기법으로 값싸게 만들 수 있다. [그림 8.6]과 같이 각각 RGB를 발생시키는 폴리머로써 층을 만들고 전압을 인가하면 서로 다른 색깔의 빛이 발광되어 백색광을 얻을 수 있다.

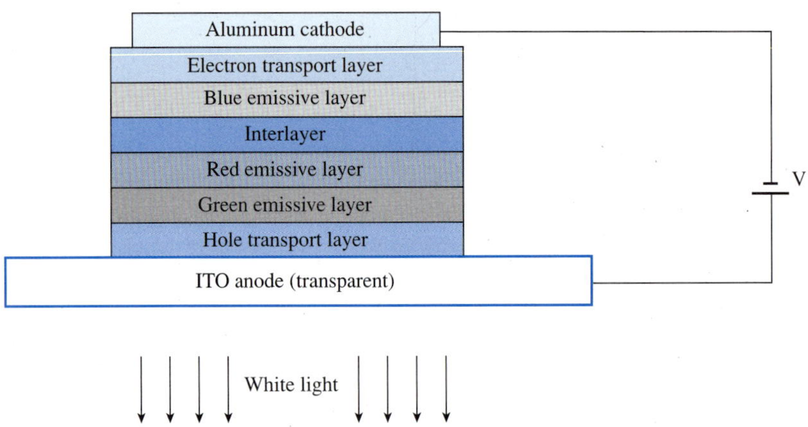

[그림 8.6] OLED 백색광의 구조

8.3 태양전지(Solar cell)

광전지(Photovoltaic cell)로 알려진 태양전지(Solar cell)는 태양광을 전기로 변환시키며 15~30% 정도의 효율을 갖고 있다. 태양전지판은 지붕이나 야외 들판에 설치하여 운영되고 있다. 근래에는 부분적으로 건물의 유리창에도 태양전지판을 사용하여 환경친화적인 전력생산을 하기도 한다. 태양전지는 구조상에 있어서 *pn*접합다이오드와 동일하지만 빛이 반도체에 잘 조사되도록 투명전극이나 손가락모양을 하고 있으며, 태양전지판은 태양의 이동궤적에 따라 이동되도록 하여 효율을 높이는 운영을 하고 있다.

8.3.1 태양전지의 기본원리

빛을 비추지 않았을 때의 *pn*접합다이오드 전류-전압 관계는 이미 3장에서 살펴보았다. 빛이 조사되지 않았을 때의 *pn*접합다이오드 양 단자를 서로 단락시키면 열평형상태에서 식(3.3)과 같이 접합부에 만들어진 전위차인 내부전위 혹은 확산전위에 의하여 전자는 *p*영역에서 *n*영역으로, 반대로 정공은 *p*영역에서 *n*영역으로 끌려가서 *n*에서 *p* 쪽으로 전류를 발생시킨다. 그러나 전자와 정공의 농도차에 의한 확산이 이와 반대로 나타나서 전체적으로는 전류가 0이 된다. [그림 8.7]과 같이 *n*형 반도체 쪽에 빛을 조사시키면

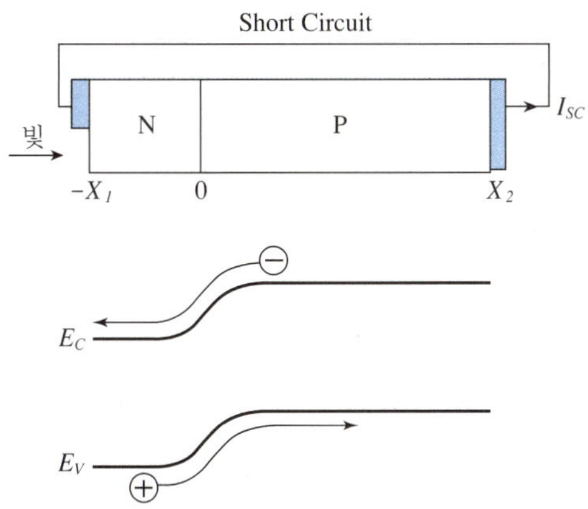

[그림 8.7] 빛이 조사된 *pn*접합다이오드의 단락전류

빛의 흡수에 의해 생성된 전자, 정공들이 추가적으로 발생하여 열평형상태 때의 전자 정공 이동 외에 p영역에서 생성된 전자는 n영역으로, 또 n영역에서 생성된 정공은 p영역으로 이동하여 실질적인 전류가 n에서 p 쪽으로 흐르게 된다. 이 전류를 단락전류 I_{SC}라고 한다. 따라서 빛이 조사되지 않았을 때의 일반 다이오드 전류식에 빛이 조사된 상태에서 역방향으로 흐르는 단락전류를 합한 것이 태양전지의 기본 구조에서 흐르는 전체전류가 되는 것이다. 이 전류는 광다이오드의 전류에 관한 식(8.2)에서 $V=0$로 했을 때의 전류와 같으므로

$$
\begin{aligned}
I &= I_o(e^{qV/kT}-1)+(-I_{op}) \\
&= qA\left(\frac{L_n}{\tau_n}n_{po}+\frac{L_p}{\tau_p}p_{no}\right)(e^{qV/kT}-1)-qAg_{op}(L_n+L_p+W) \qquad (8.4) \\
&= I_o(e^{qV/kT}-1)-I_{SC}=-I_{SC}
\end{aligned}
$$

로 된다. 여기서 $I_o=qA[(L_n/\tau_n)n_{po}+(L_p/\tau_p)p_{no}]$이며, $I_{SC}=qAg_{op}(L_n+L_p+W)$이다. 태양전지 다이오드의 양 단자를 개방(Open)시키면 전체 전류 $I=0$이 된다. 이때의 전압이 개방전압이므로 개방전압 V_{oc}는 식(8.4)로부터 아래와 같이 얻어진다.

$$
V_{oc}=\frac{kT}{q}\ln\left[\frac{L_n+L_p+W}{(L_n/\tau_n)n_{po}+(L_p/\tau_p)p_{no}}g_{op}+1\right] \qquad (8.5)
$$

실질적인 태양전지소자는 [그림 8.7]의 경우 n^+p 형태이므로 식(8.4) 우변의 첫째 항에서 $n_{po}\gg p_{no}$가 된다. 또한 $x_1\ll x_2$여서 다이오드 전류에 기여하는 반송자는 대부분 p영역에서 생성되는 전자들이 되어 식(8.4)의 우변 둘째 항에서 L_n만 고려하면 된다. 공핍층 폭인 W는 L_n에 비하여 무시할 수 있을 정도로 작은 값이다. 따라서 식(8.5)는 식(8.6)과 같이 변형되어진다.

$$
V_{oc}\approx\frac{kT}{q}\ln\left[\frac{L_n}{(L_n/\tau_n)n_{po}}g_{op}+1\right]\approx\frac{kT}{q}\ln\frac{\tau_n N_a g_{op}}{n_i^2} \qquad (8.6)
$$

사용된 반도체 재료의 에너지 밴드갭이 클수록 n_i 값이 작아지므로 V_{oc}는 증가한다.

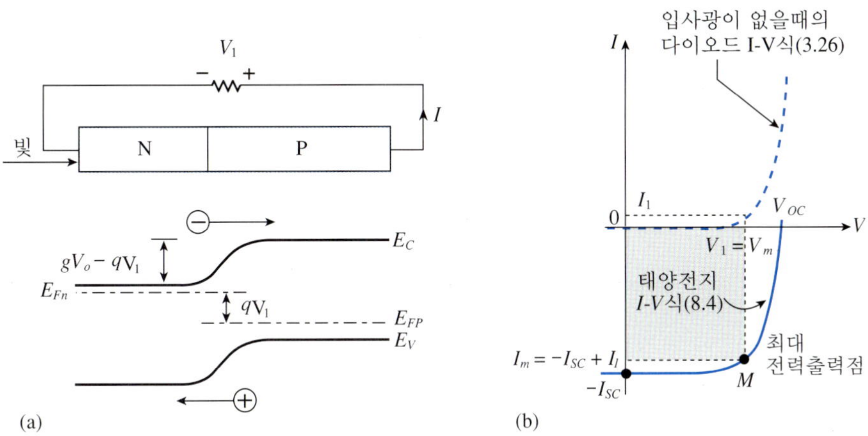

[그림 8.8] 부하저항 R이 연결되었을 때의 빛이 조사된 태양전지
(a) 빛으로 변화된 에너지밴드다이어그램
(b) 다이오드 전류와 전압

[그림 8.8a]와 같이 pn접합다이오드의 양끝 단자선 사이를 단락시키는 대신 부하저항 R로써 연결하고 빛을 조사하면 빛에 의해 생성된 전하의 이동으로 저항 양단에 전위차 V_1이 만들어 진다. V_1에 의하여 에너지밴드다이어그램이 변화되어지며 빛이 가해지지 않았을 때의 정상 다이오드처럼 전자가 n영역에서 p영역으로, 정공이 p영역에서 n영역으로 이동하여 각각 소수 반송자가 된다. 이 소수반송자의 확산에 의한 전류는 p영역에서 n영역으로 흐르며 [그림 8.8b]의 윗부분인 I_1인 것이다. 이로써 전체 다이오드 전류는 [그림 8.8b]의 아래와 같이 $-I_{SC}+I_1$으로 줄어들게 되고 이때의 다이오드 양단전압은 바로 V_1이 된다. 전류는 음의 값이고, 전압은 양의 값이므로 $IV<0$이 되어 전력의 소모가 아닌 전력생성이 됨을 알 수 있다. 이것이 바로 태양전지의 기본 원리가 되는 것이다. 만약 [그림 8.8b]의 동작점 M에서 IV가 최댓값을 갖는다면 이때의 전류를 I_m, 전압 $V_1=V_m$이라 하고 태양전지가 공급할 수 있는 최대전력 P_m은

$$P_m = I_m V_m \tag{8.7}$$

이 된다. 부하저항이나 다이오드 자체의 내부저항 등을 전체 저항 R로 생각할 수 있다. 만약 외부회로를 단락시켜 I_{SC}의 단락전류가 흐르게 하면 전압이 0이므로 외부에 공급할 수 있는 전력은 0이 된다. 이와는 반대로 외부를 개방시키면 역시 V_{oc}는 최대가 되지만 전류가 0이 되어 전력은 0이 되는 것이다. 따라서 태양전지로서의 기

능을 잘 하려면 외부에 흐르는 전류와 출력전압의 곱인 P_m이 최대가 되어야 한다. $V_{oc}I_{sc}$와 I_mV_m의 비를 필펙터(Fill factor)라 하며 태양전지의 평가 기준이 된다. 필펙터가 1에 가까울수록 좋다.

$$필펙터 = \frac{I_m V_m}{I_{sc} V_{oc}} \tag{8.8}$$

예제 8-1

실리콘으로 만들어진 태양전지가 있다. $V_{OC} = 0.611\text{V}$, $I_{SC} = 2.75\text{A}$이며 $V_m = 0.5\text{V}$, $I_m = 2.59\text{A}$이다. 이 태양전지의 Fill factor는 얼마인가?

풀이

식(8.5)에 의하여

$$필펙터 = \frac{I_m V_m}{I_{sc} V_{oc}} = \frac{2.59 \times 0.5}{2.75 \times 0.611} = 0.77$$

8.3.2 태양전지의 구조

[그림 8.9]는 태양전지의 기본구조를 보여주고 있다. 입사된 빛이 외부로 다시 반사되어 나가지 않도록 표면에 반사방지막이 필요하다. 다이오드 내부 저항이 크면 자체에서 발생되는 열로 대부분의 전력에너지가 소모될 수 있기 때문에 작은 저항값을 가져야 한다. 이를 위해서 다이오드 구조는 반송자인 전자가 이동하는 길이에 비하여 면적이 크도록 한다. 넓은 면적에서는 저항값이 줄어들 뿐만 아니라 조사된 빛의 양이 많으므로 반송자 발생이 많이 일어나서 전류가 증가하기 때문이다. n형 쪽으로 넘어간 전자는 금속접촉단자까지 이동하여 가야한다. 얇은 n형 반도체를 지나가는 동안 단자 점으로부터 멀리 떨어진 위치에 있던 전자들은 좁은 면적의 긴 통로를 통하여 이동하는 것이 되므로 큰 저항성분을 갖는 n영역으로 통과하여 가는 결과가 된다. 이런 단점을 제거하기 위하여 n형 반도체 중간 중간에 금속접촉단자를 두면 긴 거리이동 없이 바로 가까운 곳의 단자에 도달되어 저항성분이 현격하게 줄어들게 된다. [그림 8.9a], [그림 8.9b]는 이와 같은 중간 금속접촉 단자점들을 가진 태양전지를 각각 측면과 위에서 바라본 것으로 손가락과 흡사한 모양을 하고 있어 손가락모양 구조라고 한다.

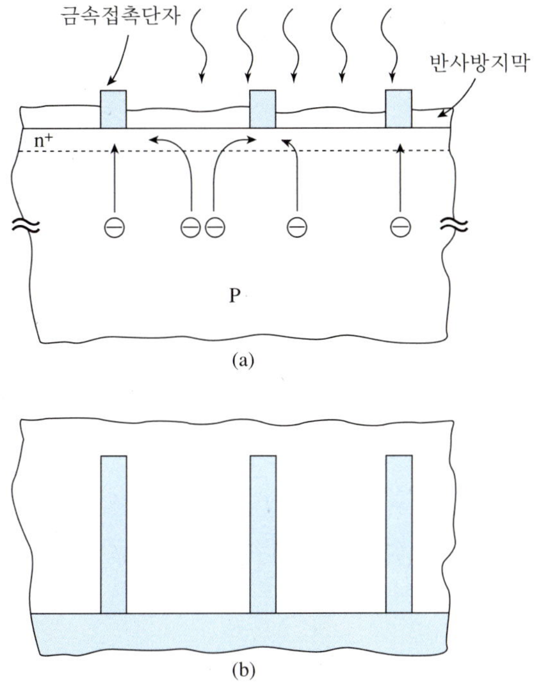

[그림 8.9] 태양전지의 구조
(a) 플래너 접합의 측면모양
(b) 위에서 본 금속접촉단자의 손가락모양

전압을 높이기 위해서는 태양전지들을 직렬로 연결하고, 또 많은 전류를 흐르게 하기 위해서는 이들을 병렬로 묶어 사용하고 있다.

밴드갭 이하의 에너지를 갖고 있는 광자들은 반도체에 광자가 흡수될 수 없고 밴드갭 이상의 에너지를 갖는 광자들만 흡수되어 전자–정공을 생성시킬 수 있다. 빛의 세기 I는 식(8.9)와 같이 거리에 따라 기하급수적으로 감소한다.

$$I(x) = I_o e^{-\alpha x} \tag{8.9}$$

여기서 I_o는 $x=0$에서의 빛의 세기이며 α를 흡수계수라 한다. 거리 x가 $1/\alpha$만큼 되면 위의 식에서 빛의 세기가 원래의 $1/e(=0.367)$로 줄어들게 되어 공학적으로 거의 무시할 수 있는 것으로 취급 하므로 식(8.10)을 침투깊이라 한다.

$$\text{침투깊이} = \frac{1}{\alpha} \tag{8.10}$$

입사되는 거의 대부분의 광자들로부터 에너지를 얻기 위해서 태양전지는 주입되는 빛의 침투깊이보다 더욱 두꺼운 두께를 가져야 한다. 직접형 반도체는 간접형 반도체에 비하여 흡수계수가 크므로 침투깊이가 훨씬 짧게 된다. 따라서 Si로 만들어진 태양전지보다 GaAs로 만들어진 태양전지는 침투깊이가 짧아 전자-정공 생성이 일어나는 낮게 도핑된 p영역의 두께를 작게 하여도 침투깊이보다 커야 된다는 조건을 만족시킬 수 있다.

태양광 자체의 넓은 스펙트럼을 한 종류의 반도체로서는 효율적인 에너지 변환이 되지 않기 때문에 밴드갭이 다른 두 가지 이상의 반도체를 동시에 사용한 [그림 8.10]의 텐덤태양전지 구조가 있다. 상층은 큰 밴드갭으로 인하여 높은 주파수 대역의 에너지를 흡수하지만, 낮은 주파수 대역의 에너지를 갖는 광자는 통과시킨다. 아래층에 있는 낮은 밴드갭 태양전지는 일차 상층 반도체를 통과하여 주입되는 낮은 에너지의 광자를 흡수하기 때문에, 텐덤태양전지 구조는 상·하층을 통하여 태양광 전체스펙트럼의 광자들을 모두 흡수할 수 있게 되어 고효율 태양전지가 만들어질 수 있게 한다.

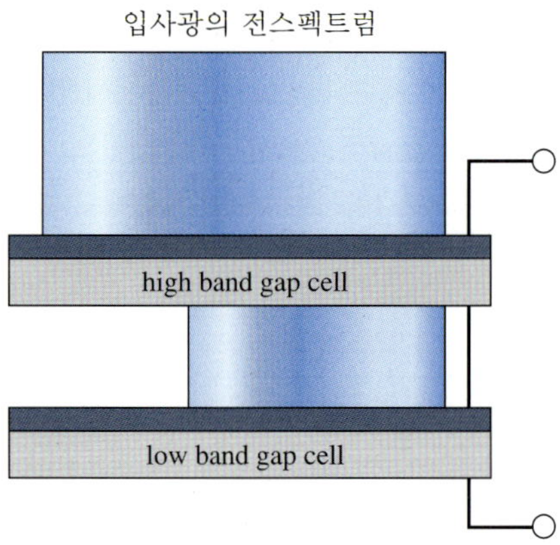

[그림 8.10] 텐덤태양전지 구조

전 세계에서 소모되는 전체 에너지중 약 80% 정도는 석유, 석탄, 천연가스등 화석연료로 부터 얻어지며 수백년 내에 고갈될 것으로 보고 있다. 이들 연료들은 CO_2를 배출하여 지구온실효과를 가져오므로 국제적 제약 속에서 사용되고 있다. 나머지 약 20% 정도는 기타 전력원인 원자력, 수력, 태양광, 풍력, 조력 등의 방법으로 얻어지고 있다. 그 중에서 태양전지는 상대적으로 가격이 다소 높긴 하지만, 기술개발에 의하여 저렴하게 생산할 수 있는 연구가 지속되어 잘 만들어진 단결정 실리콘으론 약 25% 정도, 비정질 박막 실리콘으로 약 10% 정도의 효율을 보여주고 있다. [그림 8.10]의 텐덤구조로써 약 30% 이상 되는 고효율의 태양전지 제작이 가능하다.

8.4 레이저 다이오드(Laser diode)

레이저(Light Amplification by Stimulated Emission of Radiation)는 유도방출에 의한 빛의 증폭을 나타내는 첫 글자들을 사용하여 만들어진 말로서 방향성, 동위상, 단일주파수 등이 일반 LED나 백열등 등에서 발광되는 빛과는 다른 성질이다. 레이저 빛을 신호로써 변조시켜 광통신에 활용하기도 하고 빛을 집속시켜 DVD나 CD-ROM 판독기(Reader)에 사용하기도 한다. 레이저 빛은 가스의 방전이나 플래시 전등으로부터 에너지를 받은 고체 물질내의 전자에너지 여기와 천이 등에 의해 발생되기도 하는데 반도체를 이용한 다이오드 레이저는 크기가 작고 경제적이며 취급이 간편하여 널리 사용되고 있다.

8.4.1 빛의 증폭(Light amplification)

레이저 빛을 얻기 위해서는 유도방출이 필수적이다. [그림 8.11]은 자발방출과 유도방출 모양을 개략적으로 보여주고 있다. [그림 8.11a]와 같이 전도대의 전자가 가전자대로 내려오게 되면 에너지 차이에 해당하는 주파수를 갖는 빛이 발광되는데 이때의 빛은 LED에서와 같이 방향성을 갖지 않는다. 이런 방출을 자발방출(Spontaneous emission)이라 한다. 이에 반하여 [그림 8.11b]와 같이 적합한 에너지를 가진 광자가 입사되면 전도대의 전자를 자극하여 가전자대로 떨어뜨려서 빛이 방출되게 한다. 이와 같은 방출을 유도방출(Stimulated emission)이라고 한다. 전기신호가 증폭되듯이 입사광의 진폭이 증폭되어 나오게 된다. 증폭된 빛은 입사광과 동일한 주파수 및 동일한 진행방향을 갖게 되므로 레이저 빛은 단일주파수와 집속빔의 특성을 나타낸다.

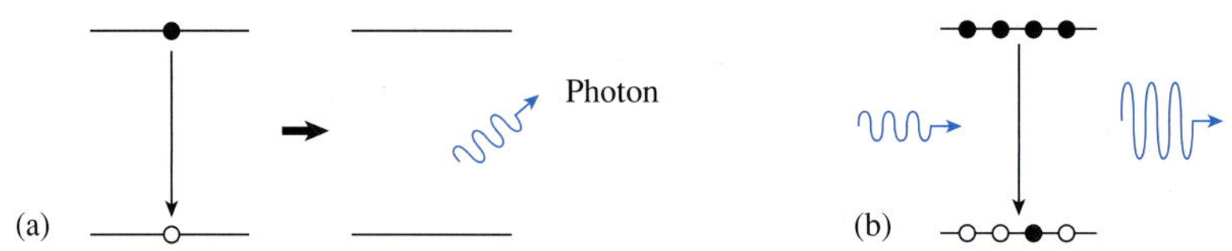

[그림 8.11] 자발방출과 유도방출

(a) 자발방출
(b) 유도방출

[그림 8.12]는 E_1, E_2의 에너지 준위 차이가 있는 경우 일어날 수 있는 빛의 흡수, 자발발광 및 유도발광 등을 보여주고 있다. $\rho(\nu_{12})$는 주파수 ν_{12}를 갖는 빛의 에너지 밀도[2)]이다. 각 에너지준위에서의 입자 상태수가 같다고 하면 열평형상태에서 E_1, E_2에 존재할 전자수 n_1과 n_2의 비는 볼츠만계수(Boltzmann factor)[3)]에 의해 주어진다.

$$\frac{n_2}{n_1} = e^{-(E_2 - E_1)/kT} = e^{-h\nu_{12}/kT} \tag{8.11}$$

E_1과 E_2를 각각 반도체의 가전자대와 전도대라고 하면, 열평형상태에서 $n_2 \ll n_1$이 되어 대부분의 전자들은 낮은 에너지 준위인 가전자대에 존재하게 된다.

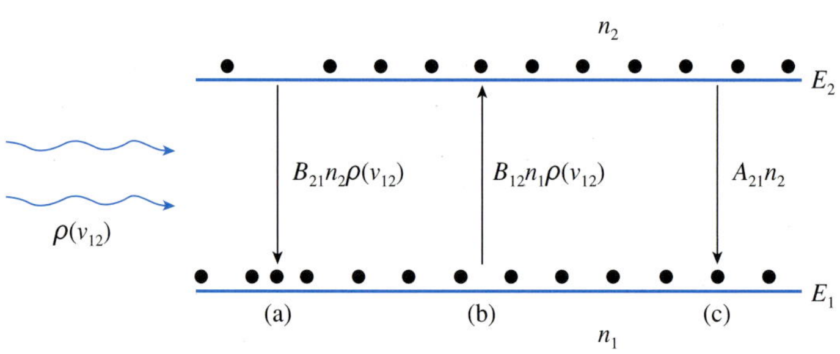

[그림 8.12] 정상상태에서의 빛의 흡수와 발생

(a) 유도발광
(b) 흡수
(c) 자발발광

2) 방사광중에서 단일주파수의 단위체적당 총 에너지를 에너지밀도 $\rho(\nu_{12})$라 한다.

3) 볼츠만 통계에 의하면 에너지 E_1과 $E_2(E_2 > E_1)$에 각각 n_1과 n_2의 입자가 들어있는 비는 $\frac{n_2}{n_1} = \frac{N_2 e^{-E_2/kT}}{N_1 e^{-E_1/kT}} = \frac{N_2}{N_1} e^{-(E_2 - E_1)/kT}$이 된다. 여기서 $e^{-(E_2 - E_1)/kT}$를 볼츠만계수라 한다. 이것은 고전적인 입자(예 gas, atom 등)에 사용된다. N_1과 N_2는 각각, E_1, E_2에서 상태수임

만일 반도체가 에너지 hv_{12}를 갖는 광자들의 방사광속에 놓여있고 그 곳의 에너지 밀도가 $\rho(v_{12})$이면, 유도발광이 빛의 흡수 및 자발발광과 더불어 일어날 수 있다. 유도발광률은 상위 에너지준위의 전자수 n_2와 유도발광을 일으키는 에너지밀도 $\rho(v_{12})$에 비례하므로 비례상수를 B_{21}이라 할 때 $B_{21}n_2\rho(v_{12})$로 나타낼 수 있다. E_1에 있는 전자들이 광자를 흡수하는 흡수율 역시 E_1 준위에 있는 전자밀도 n_1과 광자의 에너지밀도 $\rho(v_{12})$에 비례하므로 $B_{12}n_1\rho(v_{12})$로써 표현될 수 있다. 여기서 B_{12}는 광흡수 비례상수이다. 자발발광은 단지 상위 에너지 준위의 전자수 n_2에만 비례하므로 비례상수를 A_{21}이라 할 때 자발발광률은 $A_{21}n_2$가 된다. 시간에 따라 변함이 없는 정상상태가 되면 자발과 유도의 두 가지의 발광률은 각 에너지 준위에서 전자들이 일정한 값 n_1과 n_2로 유지되도록 흡수율과 균형이 이루어져야 한다. 따라서 식 (8.12)가 성립되어진다.

$$\underset{(\text{흡수})}{B_{12}n_1\rho(v_{12})} = \underset{(\text{자발발광})}{A_{21}n_2} + \underset{(\text{유도발광})}{B_{21}n_2\rho(v_{12})} \tag{8.12}$$

이 관계는 아인슈타인에 의해서 처음 기술된 것이므로 B_{12}, A_{21}, B_{21}을 아인슈타인 계수들이라고 한다. 식(8.12)에서 알 수 있는바와 같이 자발발광은 광의 에너지밀도 $\rho(v_{12})$ 없이 일어나는 것이다. 평형상태에서는 유도발광/자발발광 비가 매우 작아 유도발광을 느끼지 못한다. 광자들의 에너지 밀도가 존재하는 경우 유도발광/자발발광을 비교하면 식(8.12)로부터 다음 식이 얻어진다.

$$\frac{\text{유도발광률}}{\text{자발발광률}} = \frac{B_{21}n_2\rho(v_{12})}{A_{21}n_2} = \frac{B_{21}}{A_{21}}\rho(v_{12}) \tag{8.13}$$

자발발광보다 유도발광을 크게 하려면 식(8.13)으로부터 광자장의 에너지밀도를 나타내는 $\rho(v_{12})$의 값이 커야 함을 알 수 있다. 이 조건을 만족시키기 위하여 반도체 레이저에서는 다이오드 양단에 내부로부터 밖으로 나가는 빛을 반사시키는 반사막이 형성되게 만든다. 이것을 광공진공동기(Optical resonant cavity)라고 한다. 내부로 반사되어 다시 돌아가는 빛이 광자장 에너지밀도 $\rho(v_{12})$가 되어 유도방출률이 증가되게 만드는 것이다. 반사된 빛은 계속하여 다이오드 내부를 왕복하면서 점점 에너지가 증가하여 지속적인 빛을 발생시키는 데 사용된다. 다이오드의 한 면에서는 빛을 전부 반사시키지 않고 일부분을 밖으로 출력시켜 실질적인 레이저 빛이 되게 한다. 그러나 8.1절의 LED에서는 [그림 8.2]가 보여주는 것처럼 순방향 전압을 인가하여 pn접합의 중간영역에서 전자대에 많은 전자가, 또한 가전자대에 많은 정공이 모여들게 하여 전자가 정공이 있는 가전자대로 내려와서 정공과 결합하고 에너지 차이가 빛의 광자로 발광되어지지만, 레이저와는 다르게 광공진공동 현상이 없으므로 광자장의 에너지밀도가 크지 않아 유도방출이 일어나지 않게 되는 것이다.

이와 유사하게 유도방출률과 흡수률과의 비를 살펴보면 식(8.14)가 얻어진다.

$$\frac{\text{유도방출률}}{\text{흡수율}} = \frac{B_{21} n_2 \rho(\nu_{12})}{B_{12} n_1 \rho(\nu_{12})} = \frac{B_{21}}{B_{12}} \frac{n_2}{n_1} \qquad (8.14)$$

빛의 흡수보다 유도방출을 더 강하게 하려면 식(8.14)로부터 $n_2 > n_1$이어야 함을 알 수 있다. 이것은 식(8.11)이 보여주는 자연적인 현상에 반하는 결과인 것이다. 따라서 레이저 빛을 얻기 위해서는 충분한 에너지밀도 외에 자연적 현상과는 다른 상위에너지준위인 전도대의 전자가 하위에너지준위인 가전자대의 전자보다 많은 밀도반전(Population inversion)이 반드시 있어야 한다.

8.4.2 레이저다이오드 구조

1) 동종접합레이저(Homojunction laser)

동종접합레이저는 [그림 8.13a]와 같이 같은 종류의 반도체로 만들어진 레이저를 말한다. 반도체를 p^+와 n^+로 도핑시키면 페르미에너지준위가 각각 가전자대와 전도대 안으로 들어가게 된다. 과대 도핑된 것으로서 [그림 8.13a]와 같이 p^+n^+ 접합다이오드를 만들고 다이오드 양단 전압을 인가하지 않으면 [그림 8.13b]처럼 에너지밴드가 형성된다. 경사진 모양의 접합면 부근에서는 전도대에 전자가 없고 가전자대에 전자로 가득 차 있기 때문에 단지 외부광자의 흡수만이 일어나게 된다. 그러나 [그림 8.13c]와 같이 순방향 전압을 인가하면 에너지준위의 이동에 의하여 접합면 부근의 전도대에는 전자들로써, 가전자대에는 정공들로써 채워진다. 가전자대가 정공으로 채워져 있다는 것은 전자가 없다는 것을 의미하므로 p^+n^+접합다이오드 접합면 부근에는 유도발광이 일어나는데 필요한 밀도반전(Population inversion)이 만들어진 것이다. 광자들을 증폭시켜 에너지밀도 ρ가 증가되게 하려면 [그림 8.13a-1]과 같이 레이저 발생기 양 끝에 반사경을 두지만, 다이오드 레이저는 [그림 8.13a—2]와 같이 일반적으로 양 단면에 반사물질을 코팅하거나 반사경을 붙여 유도방출광이 다이오드 내부를 반복적으로 왕래하는 가운데 충분히 큰 에너지밀도에 이르게 한다.

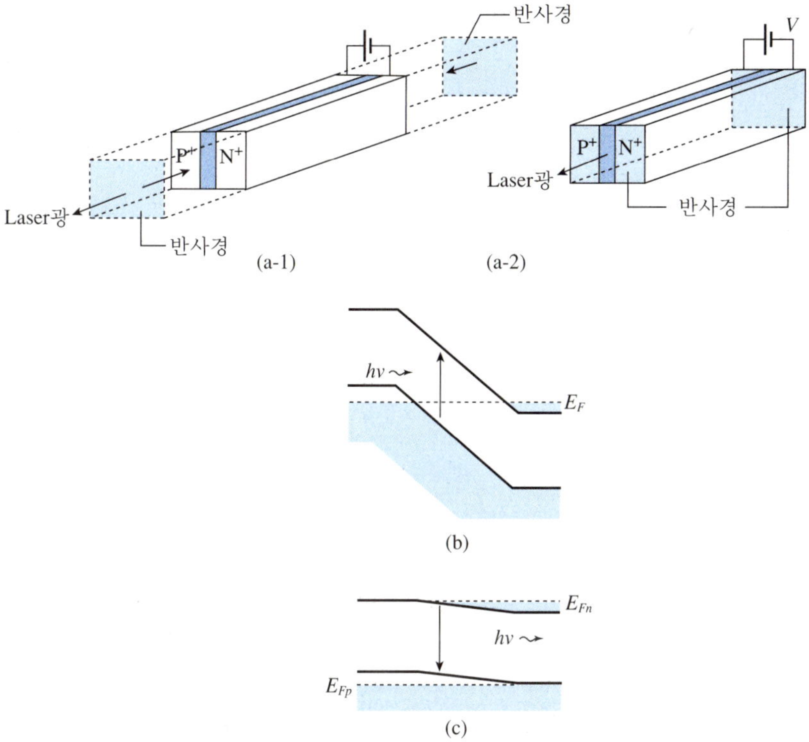

[그림 8.13] p^+n^+ 접합다이오드 레이저
(a–1) p^+n^+접합다이오드 및 떨어져 있는 반사경
(a–2) p^+n^+접합다이오드와 종단에 붙어있는 반사경
(b) $V=0$일 때의 p^+n^+에너지밴드다이어그램
(c) $qV(=E_{Fn}-E_{Fp})>hv>E_g$의 순방향 전압인가 때의 에너지밴드다이어그램

2) 이종접합레이저(Heterojunction laser)

앞서 기술된 [그림 8.13]의 레이저다이오드는 초기에 개발된 반도체 레이저이다. 동종접합(Homojunction) 레이저에서는 레이저광을 발생시키기 위하여 순방향 전압을 인가하였을 때, 에너지밴드에서 n과 p영역의 전도대 및 가전자대 에너지 차이가 줄어들어 지속적으로 많은 전자와 정공의 이동이 일어나서 큰 다이오드 전류가 흐르

게 된다. 이것은 곧 많은 전력소모를 초래한다. 소모 전력을 줄여서 효율을 높이는 한 방법이 이종접합(Heterojunction) 레이저이다. [그림 8.14]는 $E_g = 1.4eV$인 GaAs와 2eV인 AlGaAs의 이종접합 구조를 보여주고 있다.

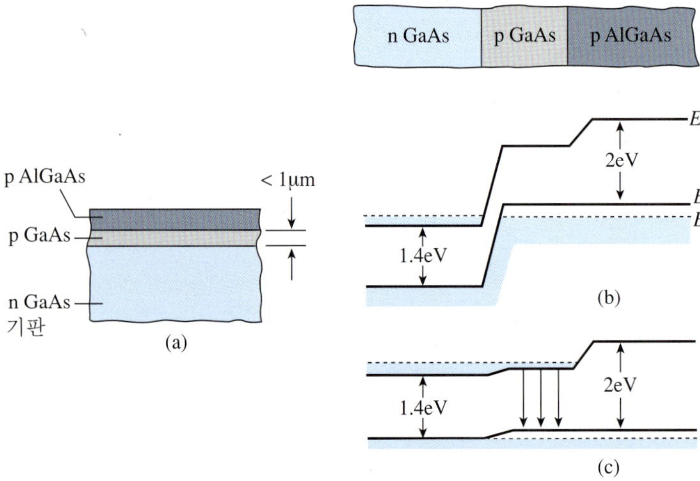

[그림 8.14] 단일 이종접합레이저 구조

(a) 단면도
(b) 에너지밴드다이어그램($V = 0$)
(c) 에너지밴드다이어그램($V \neq 0$)

*n*GaAs의 기판에 얇은 *p*GaAs이 만들어지고 이어서 그 위에 *p*AlGaAs 에피층이 성장되면 [그림 8.14a]와 같은 구조를 가진다. 다이오드에 전압을 인가하지 않으면 [그림 8.14b]와 같은 에너지밴드가 되지만, [그림 8.14c]와 같이 순방향으로 전압을 인가하면 전자가 *n*GaAs로부터 *p*GaAS 전도대에 들어와서 *p*GaAs 영역에 밀도반전이 일어나고 유도발광을 위한 전자천이가 일어난다. 이때는 밴드갭이 큰 *p*AlGaAs 쪽의 전도대가 전자의 이동을 저지하기에 충분한 에너지 장벽을 만들어 더 이상 전자이동이 없게 된다. 단지 재결합에 의해 빛으로 발생되는 전자를 보충하기위한 전자주입만 일어난다. 비록 가전자대의 정공 유입은 [그림 8.13]의 초기 레이저와 마찬가지로 일어나지만 전자유입 감소로 인한 전류량의 감소는 발광효율을 높이고 전력소모와 열 발생을 줄이는 장점을 갖고 있다. 그러나 정공은 쉽게 *p*GaAs 가전자대에서 *n*GaAs로 이동하여 갈 수 있으므로 정공전류로 인한 전력손실은 방지할 수 없다.

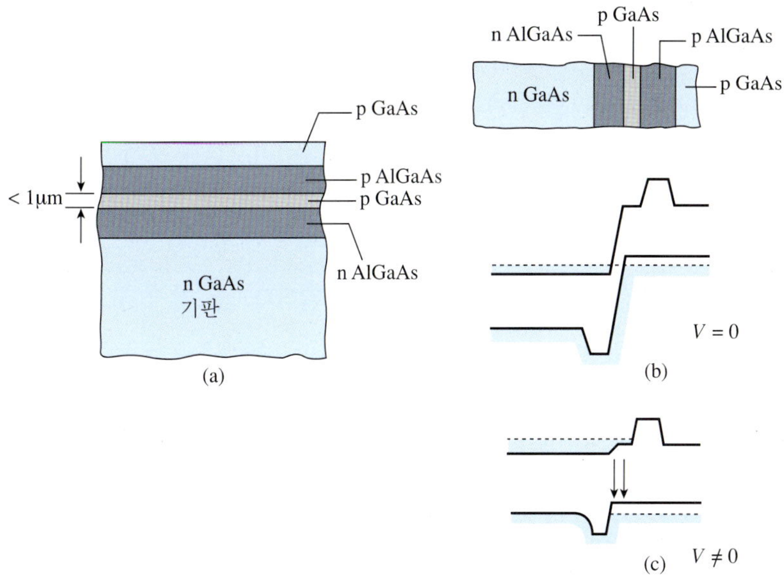

[그림 8.15] 이중–이종접합레이저 구조

(a) 기본구조의 측면도

(b) ($V = 0$)

(c) 에너지밴드 다이어그램($V \neq 0$)

정공전류의 지속적인 흐름도 방지하여 단지 발광을 일으키는데 소모되는 전자와 정공만을 공급함으로써 발광효율을 최대화시키고 전력소모를 최소화시키는 방법이 [그림 8.15]의 이중–이종접합 레이저(Double–heterojnuction laser)이다. [그림 8.15a]와 같이 *n*GaAs/*n*AlGaAs/*p*GaAs/*p*AlGaAs/*p*GaAs로서 구성되어있는 것이다. 열평형상태에서는 [그림 8.15b]처럼 에너지밴드가 만들어지고, 순방향으로 충분한 전압이 인가되면 [그림 8.15c]와 같이 에너지밴드의 이동이 발생하여 전자는 *p* GaAs의 전도대에, 정공은 역시 *p*GaAs 가전자대에 갇혀 그곳에서 전자의 천이가 일어나고 빛이 발생되어진다. 이때 전자는 높은 에너지방벽을 갖고 있는 *p*AlGaAs 때문에 이상 더 *p*쪽 전극으로 이동하지 못한다. 마찬 가지로 정공은 *n*AlGaAs의 높은 에너지장벽으로 인하여 이상 더 *n*쪽의 전극으로 이동하지 않게 된다. 따라서 전체 전류의 흐름은 대부분 발광에 사용되어진다.

3) VCSEL(Vertical cavity surface emitting laser)

[그림 8.16]은 수직으로 여러 층을 쌓아올려 만들어진 반도체 레이저이다. [그림

8.13]인 경우 다이오드 끝의 양 단면에 반사경을 붙이거나 코팅을 하는데 이 공정보다 적층으로 쌓아올리는 공정이 더욱 깨끗하게 수행될 수 있을 뿐만 아니라 레이저 빛이 위를 향하여 발광되므로 동작여부를 쉽게 검사할 수 있다. [그림 8.16a]는 VCSEL의 각 층에 관한 반도체들의 에너지밴드 다이어그램을 보여주고 있다. 순방향으로 다이오드 전압이 인가된 경우를 나타내고 있다. 실질적인 유도방출이 일어나는 곳은 가운데 부분인 p-InAlGaP이다. 이 발광부분 양쪽으로 상 · 하 각각 p 및 n형 InGaP가 있으며 그 위와 아래로 보강간섭이 일어나도록 각각 $\lambda/2$ 길이를 갖는 p-InAlP 및 n-InAlP로 만들어진 공진기 역할을 하는 스페이스 층이 있다. 스페이스 상 · 하에 반사경 역할을 하는 분산 브레그 반사체(DBR: Distributed Bragg Reflector)가 놓여있다. DBR은 굴절률이 서로 다른 두 물질의 두께가 각각 $\lambda/4$가 되게 하여 여러 층으로 교대로 적층되어있다. λ의 파장을 갖는 광자들은 각 층의 경계에서 조금씩 반사되며 결국 전체 층이 합하여져서 총 반사율이 결정되어진다. 따라서 DBR은 적층수가 많을수록 반사율이 증가하며, 또 서로 이웃하는 층의 굴절률 차이가 클수록 각 층의 반사계수가 증가한다. 층의 수가 같을 경우엔 이와 같이 이웃하는 층의 굴절률 차이가 크면 반사율이 증가하게 된다. [그림 8.16b]와 같이 상부로 레이저 빛이 나가게 하기 위해서는 상단 DBR의 층수를 하단보다 적게 하여 상단 반사율을 작게 만들어야 한다. DBR을 통하여 단일 주파수의 발생을 더욱 정확하게 할 수 있으며 플레너 공정이 매우 쉽게 이루어질 수 있어 한 웨이퍼에 많은 수의 레이저 다이오드를 만들 수 있다.

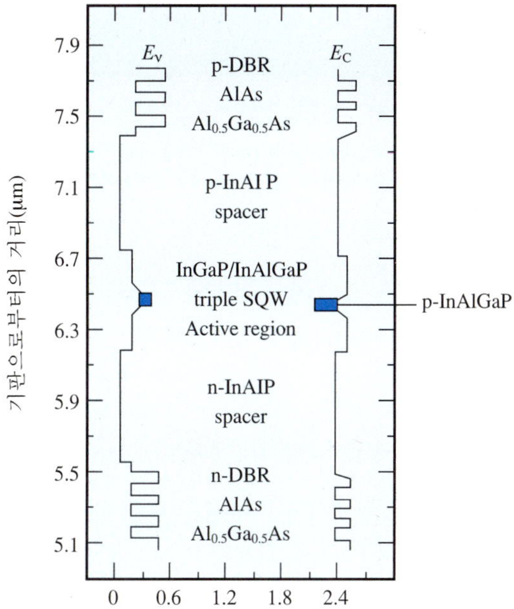

(a)

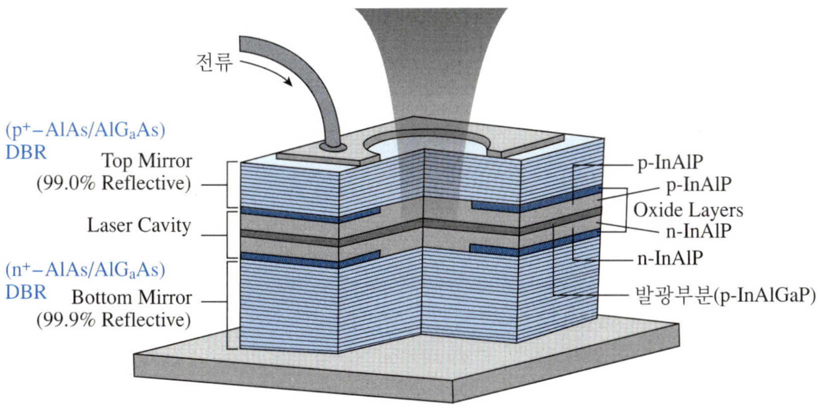

(b)

[그림 8.16] VCSEL(Vertical cavity surface laser)

(a) 에너지 밴드갭

(b) 수직으로 적층된 모양

연습문제

1. 역방향으로 바이어스 전압이 인가된 *pn*접합 광다이오드에 빛이 쪼여졌을 때 흐르는 전류에 관한 식(8.1)를 설명하시오.
2. 직접형 반도체와 간접형 반도체에서 전자와 정공의 결합이 이루어 질 때 수반되는 물리적 현상에 관하여 말하시오.
3. 세 종류의 물질이 화합된 $GaA_{s1-x}P_x$의 경우 $x \geq 0.45$이면 간접형 반도체가 되지만 질소를 도핑시키면 빛을 발광시키게 된다. 그 원인에 관하여 말하시오.
4. 백색광을 얻을 수 있는 대표적 3가지 방법을 쓰고 각각에 관하여 설명하시오.
5. 에너지 밴드갭이 클수록 V_{oc}가 증가하는 원인이 무엇인지 말하시오.
6. 식(8.6)을 유도하시오.
7. Fill Factor란 무엇인지 설명하시오.
8. 태양광 전스펙트럼의 빛을 전기에너지로 변환시킬 수 있는 태양광소자를 무엇이라 하는가? 또 그 모양을 그려보시오.
9. Laser는 영어로 어떤 글자의 첫 글자를 딴 것인가?
10. 레이저 빛이 일반 LED나 백열등 등에서 발광되는 빛과는 어떤 다른 성질들을 갖고있나?
11. 정상상태에서 빛의 흡수와 발생에 관해서 에너지밴드 다이어그램으로 설명하고 유도방출이 일어날 수 있는 조건을 열거하시오.
12. 단일 이종접합(heterojunction) 레이저에 관하여 설명하시오.
13. 이중-이종접합 레이저는 어떤 구조를 하고 있으며 왜 전력손실을 적게할 수 있는지 말하시오.

CHAPTER

09 전력용 반도체소자

CHAPTER

09 전력용 반도체소자

전자소자 및 각종 전력장치를 작동시키는데 필요한 전력은 직류(DC) 혹은 교류(AC)로써 부하에 공급되며 이들 전류들은 필요에 따라 전력변환장치를 거쳐 변환된다. 전력변환장치에는 정류기(Rectifier)라 불리는 AC/DC 변환용 순변환기(Converter), DC/AC 변환용 역변환기(Inverter), DC/DC 변환을 위한 DC/DC 컨버터(혹은 DC초퍼), AC/AC 변환용 사이클로컨버터(Cyclo converter) 등이 있다. 반도체소자의 일반적인 응용분야 중 하나가 다이오드나 트랜지스터의 도통(ON)과 차단(OFF) 기능을 이용한 스위치 특성이 적용되는 전력용 반도체소자이며, 이는 전류의 흐름을 제어하고 전압이나 전류, 주파수들의 형태를 변환하는 전력변환장치의 핵심이 되는 소자이다. 다이오드의 입력전압이 순방향일 때 전류가 흐르고 역방향일 때 전류흐름이 차단되는 것을 활용한 일반 정류기가 있는가 하면, 외부신호에 의해 도통상태로 전환될 때까지 비록 순방향 바이어스 전압이 인가되어 있을지라도 전류가 흐르지 않는 차단상태를 유지하도록 요구되는 경우가 허다하다. 사이리스터(Thyristor) 혹은 SCR(Semiconductor controled rectifier)이라고 하는 소자는 이와 같은 것을 충족시키는 전력공급용 반도체소자인 것이다. 본 장에서는 앞서 언급된 단순한 *pn*다이오드의 일반 정류소자가 아닌 *pn*접합의 연속으로 만들어진 *pnpn*다이오드의 기본구조를 갖는 전력용 반도체소자인 사이리스터(Thyristor)와 여러 형태의 게이트 전극이 첨가된 SCR 및 기본구조에서 모양이 변화된 전력용 반도체소자의 정류작용에 관한 고찰과 MOSFET와 Bipolar transistor가 결합된 IGBT(Insulated gate bipolar transistor)에 관한 것도 알아보려고 한다. 이들 전력용 반도체소자들에 관한 이해는 각종 전력변환장치를 이해하고 연구하는 데 기초가 된다.

9.1 *pnpn* 사이리스터

1956년 벨연구소에서 William Schokley에 의하여 처음으로 실리콘제어정류기(SCR)인 일명 "4층 트랜지스터 다이오드"라고 명명되었던 *pnpn* 다이오드가 발표되었으며, 1958년 GE(General Electric)사에 의하여 사이리스터로 상용화 되었다. [그림 9.1a]는 *pnpn* 다이오드가 양극 A와 음극 K의 2 단자를 갖는 *pnpn* 구조의 4개 층으로 만들어져 있음을 보여준다. [그림 9.1b]는 회로표시이며 가운데 "4"자로 표시된 것은 4개 층을 의미하고 도통되었을 때의 전류방향으로 글자가 향하고 있다. [그림 9.2]는 *pnpn* 다이오드의 I−V 특성을 보여주고 있다. 양극과 음극사이에 순방향 전압을 인가하면 어느 일정한 전압에 도달하기 전에는 다이오드가 전류흐름이 거의 없이 도통되지 않은 상태로 지속되다가, 일정 전압 V_p가 가해지면 도통되어 전류가 크게 흐르고 양극과 음극사이에는 작은 다이오드 전압이 나타나는 특성을 보여준다. 이와 반대로 양극과 음극사이에 역방향 바이어스 전압을 가하면 매우 적은양의 역포화전류가 흐르게 된다. 따라서 I−V 특성을 순방향 차단영역, 순방향 도통영역, 역방향 차단영역으로 나눈다.

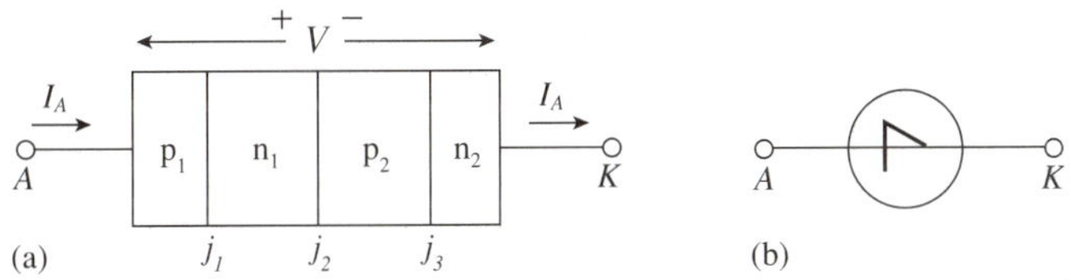

[그림 9.1] 2단자 *pnpn* 사이리스터
(a) *pnpn* 다이오드구조
(b) 기호

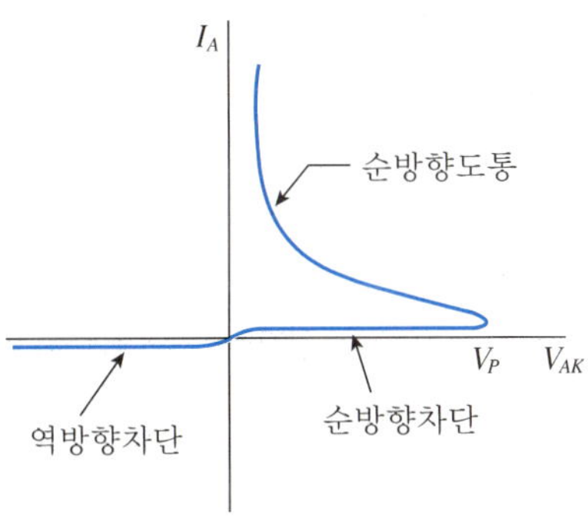

[그림 9.2] *pnpn* 다이오드 *I–V* 특성

9.1.1 순방향차단 상태

[그림 9.1a]와 같이 양극으로부터 음극에 이르는 세 접합면을 각각 j_1, j_2, j_3라고 할 때 양극과 음극 사이에 순방향 전압을 인가하면 j_1접합면과 j_3접합면은 순방향으로 바이어스 전압이 인가되지만 j_2접합면은 역방향으로 바이어스 전압이 걸려 전체적으로 양극에서 음극으로 전류가 흐를 수 없다. [그림 9.2]의 순방향차단 상태가 여기에 해당한다. 순방향 다이오드 전압을 점점 더 증가시키면 순방향으로 인가한 대부분의 전압은 역방향으로 바이어스 된 j_2접합면에 나타나게 된다. 따라서 증가되는 다이오드 전압에 의하여 j_2접합면 양단에 나타나는 공핍층의 폭이 [그림 9.3a]와 같이 증가되어진다. 비록 j_1과 j_3접합면이 순방향 바이어스가 되어있을지라도 흐르는 전류는 미약하다. j_1을 만드는 p_1영역과 n_1영역의 다이오드가 순방향으로 바이어스 전압이 걸려있다 할지라도 p_1에서 n_1으로 주입될 수 있는 정공은 전하중성법칙에 의하여 역방향 바이어스 되어있는 j_2접합면에서 p_2영역에서 n_1영역으로 전계에 의해 끌려온 적은양의 전자수 만큼으로 제한되어진다. 마찬가지로 순방향 바이어스 된 j_3접합면에서도 n_2영역에서 p_2영역으로 주입되는 전자수가 단지 j_2접합면에서 n_1에서 p_2로 전계에 인해 이끌려오는 정공수 만큼으로 제한되어진다. 따라서 전체적으로 매우 적은 수의 정공과 전자 이동이 있게 되어 양극에서 음극으로 극소수의 전류, 즉 j_2접합면의 역방향 포화전류에 해당하는 전류가 순방향차단 영역에서 흐르게 되는 것이다.

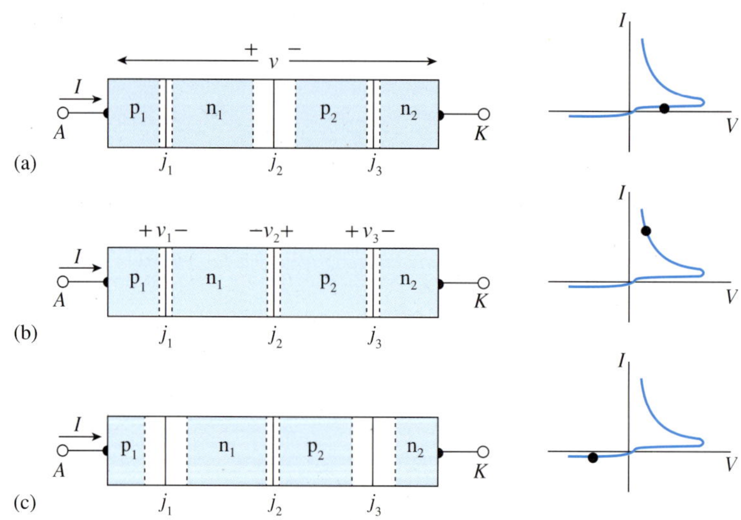

[그림 9.3] *pnpn* 다이오드의 바이어스 전압에 따른 3가지 상태변화

(a) 순방향 차단상태
(b) 순방향 도통상태
(c) 역방향 차단상태

9.1.2 순방향 도통상태

순방향 전압이 계속 증가하여 양극과 음극 사이에 도통상태가 되고 양극-음극 간 전압이 감소되는 순방향 도통상태는 크게 두 가지 원인에 기인된다고 볼 수 있다.

1) 정귀환작용(Positive feedback)

다이오드의 전압을 더욱 증가시켜서 어느 일정전압 V_p에 도달하면 j_2접합면의 역전압이 매우 커져 공핍층의 폭이 증가하므로 인하여 n_1과 p_2의 중성영역 폭이 줄어들게 된다. 이것은 5.6.1절의 베이스폭 변조에 의한 전류이득증가 현상이 일어나는 Eary-effect이 나타남을 뜻하며, 이로 인하여 트랜지스터 $Q_1(p_1 n_1 p_2)$의 전류증폭인 α_1이 증가한다. p_1에서 n_1으로 주입된 정공이 n_1에서 모두 재결합을 하지 못하고 j_2의 공핍층까지 쉽게 도달하여 강한 전계에 의해 p_2 쪽으로 끌려가서 p_2영역의 정공수를 증가시킨다. 이로 인하여 $Q_2(n_2 p_2 n_1)$의 n_2에서 더욱 많은 전자가 j_2를 지나 p_2영역으로 주입될 수 있다. p_2의 중성 영역이 좁아져 있으므로 이곳에서도 결국 많은 전자들이 재결합을 하지 못하고 j_2의 공핍층까지 도달하여 그 곳에서 n_1 쪽으로 다시 끌려가게 되고 n_1의 전자는 더욱 증가하게 된다. 여기서도 좁아진 중성영역으로 인하여 트랜지스터 Q_2의 α_2 증가가 나타난다. 증가된 전자로 인하여 p_1에서 n_1으로 주입되어 p_2로 들어가는 정공수가 더욱 증가하고 이를 통하여 n_2에서 주입되어 n_1까지 도달되는 전자는 역시 크게 증가하는 정귀한(Positive feedback) 작용이 일어나는 것이다. 결과적으로 전자가 많이 증가된 n_1영역은 전위가 낮아진 반면, 정공이 많이 증가된 p_2영역은 전위가 높아져서 n_1과 p_2사이에 순방향 바이어스가 나타나게 되고, 일시적으로 증가되었던 공핍층은 다시 줄어들면서 j_2접합면을 통하여 순방향 바이어스 된 다이오드 전류가 흐르게 되어 진다. 따라서 전체 *pnpn* 다이오드의 양극 A와 음극 K 사이의 전 영역이 도통상태로 전환되어지게 되는 것이다. [그림 9.3b]에서 볼 수 있는 바와 같이 단자 A-K 사이의 전압은 각 접합면 j_1, j_2, j_3에 나타나는 다이오드 접합전압들 $v_1 - v_2 + v_3$에 의하여 단지 한 *pn*접합다이오드에 해당하는 전압만 남게 되고 많은 전류가 흐르게 된다. 이 상태를 순방향 도통상태라고 한다. 이와 같은 순방향 도통상태는 *pnpn* 4층 다이오드 구조를 [그림 9.4]와 같이 두 개의 트랜지스터가 결합된 형태로 보면 더욱 쉽게 해석할 수 있다.

결합된 트랜지스터 해석

[그림 9.1a]의 2단자 *pnpn* 다이오드는 [그림 9.4a]와 같이 j_1 및 j_2로 구성된 $Q_1(p_1 n_1 p_2)$트랜지스터와 j_2 및 j_3로 구성된 $Q_2(n_2 p_2 n_1)$트랜지스터가 서로 결합된 것으로 볼 수 있다. *pnp* 트랜지스터의 베이스는 *npn* 트랜지스터의 컬렉터와 연결되어 있고, *pnp* 트랜지스터의 컬렉터는 *npn* 트랜지스터의 베이스와 연결되어 있는 형태인 것이다. [그림 9.4b]는 이와 같이 두 개의 트랜지스터로 모델화한 것의 등가회로를 나타내고 있다. I_{B1}이 증가하면 I_{C1}이 증가하게 되고 이것은 I_{B2}로 작용하여 $I_{C2}=I_{B1}$을 증가시키고 다시 이 전류는 $I_{C1}=I_{B2}$를 증가시키는 정귀환 전류증폭회로를 구성하는 것이다.

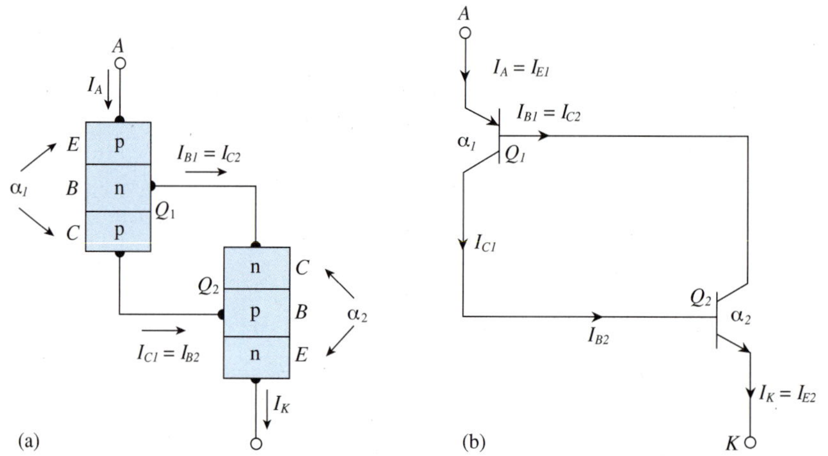

[그림 9.4] *pnpn* 다이오드의 2-트랜지스터 모델

(a) *pnp*와 *npn*트랜지스터 결합
(b) 등가회로

식(5.26a)에서 트랜지스터가 정상동작 상태에서는 컬렉터와 베이스사이의 전압이 역방향으로 인가되어 있으므로 컬렉터전류는 $I_C=\alpha I_E+I_{CO}$가 된다. 따라서 [그림 9.4a]의 경우 트랜지스터 Q_1과 Q_2의 컬렉터전류는 다음과 같이 표시할 수 있다.

$$I_{C1}=\alpha_1 I_{E1}+I_{CO1}=I_{B2} \tag{9.1a}$$

$$I_{C2}=\alpha_2 I_{E2}+I_{CO2}=I_{B1} \tag{9.1b}$$

I_{C1}과 I_{C2}를 합한 것이 I_{E2}이다.

$$I_{E2} = I_{C1} + I_{C2} \tag{9.2}$$

또한 Q_1의 입력전류인 I_{E1}과 Q_2의 출력전류인 I_{E2}가 같으므로

$$I_E = I_{E1} = I_{E2} \tag{9.3}$$

이 된다. 식(9.1)과 식(9.3)을 식(9.2)에 대입하여 정리하면

$$I_E = I_E(\alpha_1 + \alpha_2) + I_{CO1} + I_{CO2} \tag{9.4}$$

가 되어

$$I_E = \frac{I_{CO1} + I_{CO2}}{1 - (\alpha_1 + \alpha_2)} \tag{9.5}$$

로 고쳐 쓸 수 있다. 식(9.5)에서 알 수 있는바와 같이 $\alpha_1 + \alpha_2$가 1에 근접하면 *pnpn* 다이오드 전류인 이미터전류 I_E가 큰 값으로 변화된다. 비록 *pnp*로 만들어진 Q_1과 *npn*으로 만들어진 Q_2 각각의 전류이득 α_1과 α_2가 작은 값을 갖는다 할지라도, 이와 같은 구조에서는 두 트랜지스터의 전류이득을 합친 것이 1에 가까이 접근하면 많은 전류가 흐르기 때문에 이 조건에 쉽게 도달될 수 있어서 [그림 9.2]의 순방향도통 상태가 일어나는 것이다.

2) 사태항복(Avalanche breakdown)

정귀환 때와 마찬가지로 다이오드 전압이 증가되어 순방향차단 상태가 끝나는 V_p 점 부근에 다다르면 역방향 바이어스가 걸리는 j_2의 공핍층 폭이 매우 커지게 되고 전계가 강하게 되어 공핍층 내부에서 사태항복이 일어나게 된다. 이와 같은 현상이 발생되면 새로이 생성된 수많은 전자들은 n_1영역으로, 정공들은 p_2영역으로 끌려가서 n_1영역의 전위를 낮추는 반면 p_2영역의 전위를 높이는 결과를 낳는다. 따라서 사태항복이 일어나기 전까지 역방향 바이어스가 되어있던 j_2 접합면 양단의 전위가 순

간적으로 순방향으로 변화되어 반송자인 정공과 전자들의 이동에 장애가 되지 않는다. 또한 p_1n_1 및 p_2n_2 사이에 정상적인 다이오드 전류를 일으키는 정공과 전자의 주입이 일어나서 전체적으로 순방향도통 상태를 만들어 낸다. 식(5.43)에서와 같이 사태항복 때 공핍층을 지나는 반송자에 의한 증배계수를 M이라고 하면 식(9.5)는 다음과 같이 된다.

$$I_E = \frac{M(I_{CO1} + I_{CO2})}{1 - M(\alpha_1 + \alpha_2)} \tag{9.6}$$

즉 사태항복만으로 도통이 일어난다면 $\alpha_1 + \alpha_2 \rightarrow 1$이 되는 대신 $M(\alpha_1 + \alpha_2) \rightarrow 1$이 될 때 도통조건이 만족되므로 더욱 낮은 V_p에서 순방향도통 상태로 전환될 것으로 보이나 정귀환작용과 사태항복작용이 동시에 일어나서 전체적인 도통이 일어나므로 이 두 가지 현상에 의한 적정전압에서 양극과 음극사이에 큰 전류가 흐르고 저항이 줄어들어 다이오드 양단 전압이 매우 작은 값으로 감소된다.

9.1.3 역방향 차단상태

pnpn 다이오드 양단 *A–K*에 역방향 전압을 인가하면 순방향 때와 다르게 [그림 9.3c]와 같이 접합면 j_1과 j_3가 역방향으로 바이어스 되고 j_2만이 순방향으로 바이어스 되어진다. 이때는 p_1과 n_2에서 각각 정공과 전자 주입이 일어나지 않고 단지 j_1 및 j_2주위에 만들어진 공핍층의 전계에 의하여 열 생성에 의한 소수의 정공과 전자 이동만이 있게 된다. 이로 인하여 음극 K에서 양극 A쪽으로 역포화 전류가 흐르게 된다. [그림 9.3c]가 이때의 *pnpn* 다이오드 접합면들의 공핍층과 *I—V* 특성들을 보여주고 있다.

9.2 트리거링(Triggering)

pnpn 사이리스터를 순방향 차단상태에서 순방향 도통상태로 트리거링 시키기 위해서는 직류전압 트리거링, *dv*/*dt* 트리거링, 온도 혹은 열 트리거링, 방사광 혹은 빛 트리거링, 게이트 트리거링 등 여러 가지 방법들이 있다. 본 절에서는 열과 빛을 제

외한 트리거링을 이해하는데 기본이 되는 전압, 전류에 관계되는 것만을 다루기로 하겠다.

9.2.1 *pnpn* 사이리스터 양단 트리거링(직류 및 dv/dt 트리거링)

1) 도통상태 트리거링

9.1절은 *pnpn* 다이오드 사이리스트 양단에 직류 전압을 인가했을 때의 일반적인 현상을 설명하고 있으며 [그림 9.2]의 순방향 차단상태에서 전압이 V_p에 도달되면 순방향 도통상태로 전환되는 것이 직류 트리거링에 해당한다. 다이오드 양단에 직류 전압을 인가하는 대신 급격하게 변화되는 전압을 인가할 때의 도통현상을 dv/dt 트리거링이라 한다.

만약 순방향 바이어스 전압이 빠른 속도로 *pnpn* 다이오드 사이리스트에 인가되면 j_2접합면 역시 역방향으로 빠르게 바이어스 된다. 따라서 j_2접합면의 공핍층 폭은 순간적으로 증가되어야 하므로 n_1과 j_2접합면의 공핍층 경계로부터 많은 전자들이 중성 n_1영역으로 이동하여간다. 마찬가지로 p_2와 j_2접합면의 공핍층 경계로부터도 순식간에 많은 정공들이 p_2중성영역으로 이동하여가게 된다. 이와 같은 전자와 정공 이동에 의하여 j_2접합면의 공핍층으로 구성된 커패시터에는 아래와 같은 변위전류(Displacement current)가 흐르게 된다.

$$i(t) = \frac{dC_{j2}v_{j2}}{dt} = C_{j2}\frac{dv_{j2}}{dt} + v_{j2}\frac{dC_{j2}}{dt} \tag{9.7}$$

dv/dt 트리거링에서는 양극과 음극간 일반적인 직류전압이 인가되었을 때 도통을 일으키는 전압 V_p보다 낮은 전압에서 도통상태를 만들어 낸다. 이 현상은 앞서 언급된 정귀환작용에서와 유사하게 순간적으로 증가된 n_1영역의 전자로 인하여 p_1에서 n_1으로 많은 정공이 주입될 수 있고 그 중 상당수는 폭이 증가된 공핍층에 도달할 수 있어서 j_2를 지나 p_2로 유입될 수 있게 된다. p_2영역에서도 순간적으로 증가된 정공들로 인하여 n_2로부터 많은 전자가 주입되고 또 그중 일부는 j_2를 지나 n_1으로 유입되므로 n_1영역의 전자는 더욱 증가하게 된다. p_2영역의 정공역시 j_2접합면의 공핍층 확대로 인하여 빠져나온 정공들과 p_1에서 n_1과 j_2를 지나 유입된 정공들로 인하여 크게 증가하게 되므로 정귀환과 같은 결과를 일으켜 *pnpn* 다이오드 사이리스터가 도

통상태에 들어갈 수 있게 만든다. 이와 같은 트리거링의 경우 예측할 수 없는 전압변화를 일으키는 회로의 잡음이나 이와 유사한 전압변화 회로들로 인하여 오작동을 일으킬 위험성이 있을 수 있다.

2) 차단상태 트리거링

일단 도통상태로 전환된 *pnpn* 구조는 근본적으로 인가된 전압이 0*V* 혹은 그 이하로 내려가거나 외부회로가 개방되지 않으면 도통상태에서 차단상태로 전환되지 않는다. [그림 9.5a]와 같이 양극과 음극사이의 직렬 스위치를 개방시켜 전류의 흐름을 차단할 수 있는 방법과 [그림 9.5b]와 같이 병렬 스위치를 단락시켜 양극전류를 차단시키는 방법이 있다. 이와 같은 방법을 양극전류 차단법이라고 한다. 이와는 다르게 [그림 9.6a]와 같이 스위치가 개방된 상태에서는 도통상태가 되지만 [그림 9.6b]와 같이 양극과 음극이 단락되도록 스위치를 닫게 되면 양극과 음극 사이에 연결되는 전지전압 V_B에 의하여 *pnpn* 사이리스터 양단전압이 도통상태([그림 9.3b])의 한 *pn*접합다이오드를 도통에서 강제적으로 벗어나도록 한다. 차단되기 직전에는 도통상태의 *pnpn* 순방향 전류와 반대방향으로 전지 V_B에 의한 전류가 흐르게 된다. 이 차단방법을 강제전환법이라 한다.

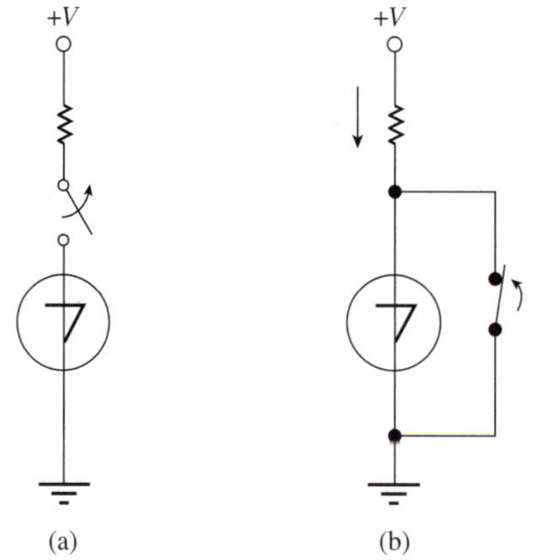

[그림 9.5] 양극전류 차단법
(a) 스위치개방법
(b) 병렬스위치 단락법

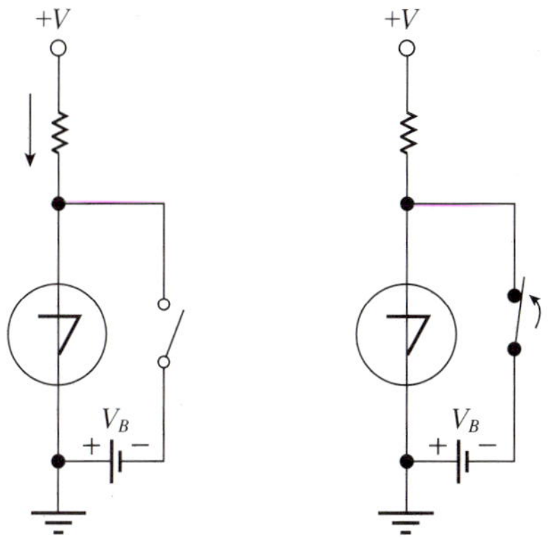

[그림 9.6] 강제전환법
(a) 도통상태
(b) 차단상태

9.2.2 게이트 전극을 갖는 SCR 트리거링

1) 도통상태 트리거링

SCR(Silicon controlled rectifier)은 2단자 *pnpn* 다이오드인 사이리스터에 게이트에 해당하는 새로운 단자를 하나 더 첨가한 형태의 *pnpn* 사이리스터를 통칭한다.

이 SCR의 트리거링 방법은 [그림 9.7a]와 같이 양극과 음극 사이의 p_2영역에 하나 더 추가된 게이트 전극을 통하여 양전압을 인가하여 트리거링 시키는 방법이다. [그림 9.7]에서와 같이 양극과 음극 사이에 순방향 전압이 인가된 상태에서 게이트 전극에 양전압이 추가로 가하여지면 p_2에 정공이 주입된다. 주입된 정공들로 인하여 j_3를 통하여 음극인 n_2에서 많은 전자가 p_2로 유입될 수 있으며 그 중 많은 전자는 다시 j_2를 넘어 n_1으로 들어갈 수 있다. 이를 통하여 p_1에서 j_1을 통하여 정공이 주입되고 이 정공들이 다시 p_2로 넘어가 그 곳의 전위를 높이게 된다. 결과 적으로 $p_2 n_2$의 순방향 바이어스는 더욱 깊게 걸리고 더 많은 정공이 음극으로 또 더 많은 전자가 p_2 및 n_1으로 유입되어 도통을 일으키는 상태에 도달되는 것이다, [그림 9.7b]에서 알 수 있는바와 같이 게이트에 인가된 전압이 증가할수록 유입되는 게이트전류 I_G가 증가하므로 더욱 작은 양극과 음극 사이의 전압에서 순방향도통 상태에 이르게 된다. 트랜지스터 관점에서 고려할 때도 게이트전류의 증가는 도통상태를 잘 일어나게 함을 알 수 있다. [그림 9.7b]에서 I_G가 첨가되면

$$I_K = I_{E2} = I_{E1} + I_G \tag{9.8}$$

이다. 또한

$$I_{E1} = I_{C1} + I_{C2} \tag{9.9}$$

가 되므로 식(9.1)을 식(9.9)에 대입하고 식(9.8)을 사용하여 정리하면

$$I_{E1} = \frac{\alpha_2 I_G + I_{CO1} + I_{CO2}}{1 - (\alpha 1 + \alpha 2)} \tag{9.10}$$

이 된다. 게이트 전류 I_G가 첨가되므로 SCR의 양극전류가 더 증가함을 알 수 있다.

*pnp*트랜지스터 Q_1과 *npn*트랜지스터 Q_2가 정상적으롤 동작하는데 각각 τ_{t1} 및 τ_{t2} 정도의 지연시간이 필요하므로 전체적으로 약 $\tau_{t1} + \tau_{t2}$의 시간이 요구된다. 따라서 이 시간 동안에는 게이트 단자를 통하여 유입되는 정공은 지속되어야 한다. 일반적으로 게이트 전류는 수 mA이고 트랜지스터들의 동작에 필요한 시간은 수 msec 이므로 SCR을 도통시키는 데는 매우 적은양의 전력이 필요한 게이트 회로가 사용된다. SCR이 도통상태로 전환되면 게이트 전류가 차단되어도 양극-음극사이에 인가된 전압이 0이 되거나 역방향 전압이 걸리지 않는 이상 트랜지스터 Q_1과 Q_2 상호간의 정귀한 작용으로 도통상태는 지속되고 전류는 계속 흐르게 된다. 이와 같은 트리거링을 위해서는 게이트에 짧은 기간 동안의 펄스 신호를 인가하면 된다.

2) 차단상태 트리거링

도통상태를 위한 트리거링과 반대되는 결과가 나타나도록 p_2영역의 정공들을 게이트 단자를 통하여 밖으로 나가게 하면 된다. 도통상태가 유지되는 데는 $\alpha_1 + \alpha_2$가 1로 접근해서 유지되어야 하는데 이 조건이 성립되지 않도록 하는 것이다. 예를 들어 [그림 9.7a]에서 게이트 단자를 접지 혹은 Q_2의 이미터와 단락시키거나, 게이트에 음전압 펄스를 인가하면 Q_1의 컬렉터 전류 I_{C1}이 Q_2의 베이스 전류가 되지 못하고 모두 접지 혹은 이미터로 빠져나오거나 음전압 펄스로 인하여 유입된 전자들과 재결합하여 없어지게 된다. 이 때는 Q_2의 이미터접합인 j_3를 통하여 n_2에서 p_2로 전자유입이 되지 못한다. 이로 인하여 α_2가 0 가까이 접근하게 되고 이것은 다시 트랜지스터 Q_1의 베이스 전류를 흐르지 못하게 하여 결국 Q_1의 전류증폭률 α_1도 0을 향하여 감

소하게 만든다. 따라서 도통상태가 유지되는 데 필요한 기본 조건을 지속시키지 못하고 $\alpha_1+\alpha_2$가 1 이하로 감소하면서 SCR은 차단상태가 되는 것이다. [그림 9.7c]는 이와 같이 한 게이트를 통하여 도통과 차단을 할 수 있는 SCR 등가 모형이며 이것을

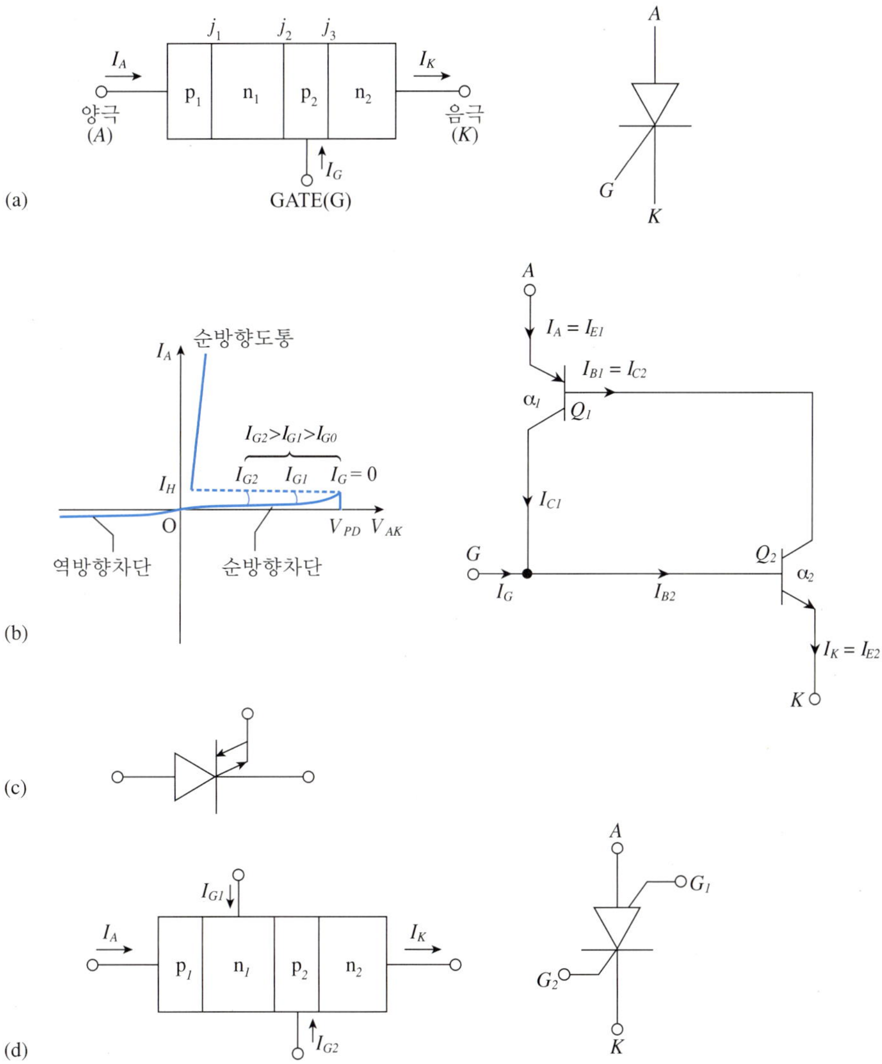

[그림 9.7] 게이트 트리거링

(a) 구조 및 등가 회로도
(b) I–V 특성곡선
(c) 양 · 음 게이트 신호에 의한 도통과 차단
(d) 도통 · 차단 분리형 2-게이트

일명 GTO(Gate turn-off) SCR이라고도 한다. [그림 9.7d]와 같이 게이트 단자를 n_1에 하나 더 추가하여 이곳을 트랜지스터 Q_1의 이미터인 p_1에 연결하면 p_1n_1이 단락되고 양전압 펄스를 인가하면 n_1의 전자들이 빠져나가서 p_1으로부터의 정공주입이 중단되어 SCR을 차단상태로 만들게 된다.

3) SCR 트리거링을 통한 전력공급

SCR을 이용한 전력공급은 여러 가지 형태가 있다. SCR 자체를 정류소자로 사용하는 경우와 이미 다른 다이오드를 통하여 정류된 전원을 SCR 소자의 위상제어 방법으로 트리거링하여 부하에 전력을 공급하는 방법도 있다. [그림 9.8]은 후자의 형태로 교류입력 전압이 다이오드 전파정류기를 통하여 먼저 정류되고 이것을 위상제어방법으로 부하에 전력을 공급하는 것을 보여주고 있다. 게이터 터리거링의 시점을

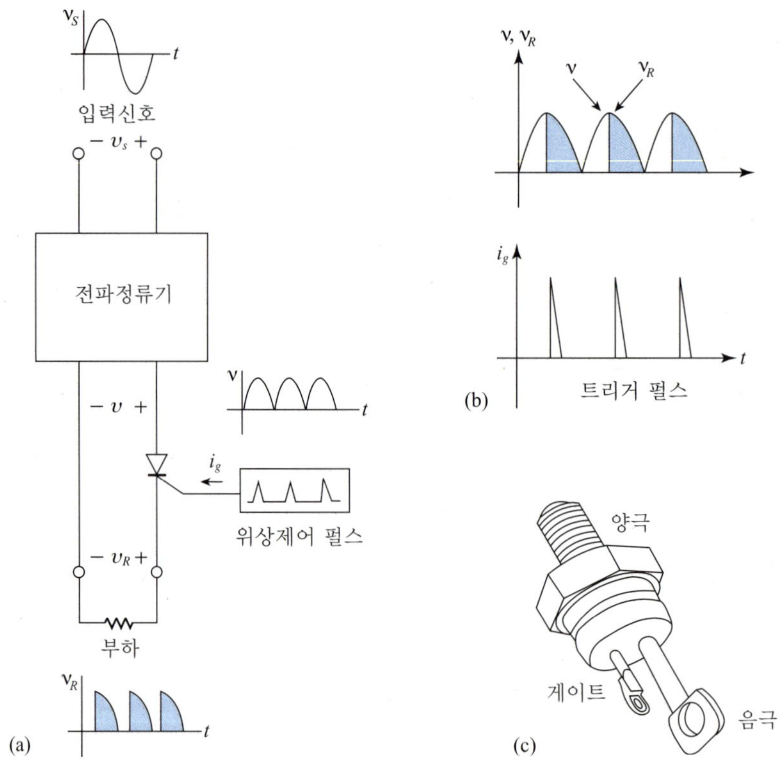

[그림 9.8] 위상제어 SCR 전력공급

(a) 전력공급회로
(b) 공급되는 전압파형과 트리거 펄스
(c) 모형

빠르게 하면 더 오랜 기간 동안 부하에 전력이 공급되지만 트리거링 위상을 뒤로하여 도통기간을 줄이면 반대로 짧은 기간 동안만 전압이 부하에 주어지므로 실제 부하에 공급되는 전력이 적어지게 된다. 이와 같은 방법은 열을 발생시키는 각종 공업용 전기로에 사용되고 있다.

9.2.3 트라이액(Triac: Triode AC switch or bilateral diode switch)

순방향이나 역방향 바이어스 인가되었을 때 대칭적인 스위칭이 일어나는 전력소자가 실질적으로 많은 응용분야에서 필요하다. 이런 종류의 양방향 소자는 사인파 형태의 교류전압이 들어왔을 때 양의 반파와 음의 반파에서 대칭적으로 도통이 일어나게 되며 이것을 트라이액이라고 한다. [그림 9.9a], [그림 9.9b], [그림 9.9c]는 각각 트라이액의 모형, 기호, I–V 특성곡선을 나타내고 있다. 이 구조는 [그림 9.1a]의 $pnpn$ 다이오드 사이리스터와 비슷한 모양이지만 n_2영역이 단지 음극 전체길이의 반으로 되어있으며, 양극 쪽에 새로운 n_3영역이 역시 양극 전체길이의 반으로 만들어져 있다. 이 양측성의 트라이액은 효과적인 측면에서 두 개의 $pnpn$ 다이오드들, 즉 $p_1n_1p_2n_2$와 $p_2n_1p_1n_3$의 다이오드들로 구성되어있는 것과 마찬가지이다. 양극 A가 음극 K에 비하여 양전압으로 바이어스 되어있다면 j_1접합은 순방향으로 바이어스 되고, j_2접합은 역방향으로 바이어스 되어진다. j_3는 음극 쪽 끝인 음극의 접촉금속과 접하고 있다. 만약 우편의 $p_1n_1p_2$ 다이오드의 j_2에서 역전압으로 인한 사태항복이나 Early 효과에 의한 정귀환이 일어나면 p_1에서 주입된 정공들이 j_2를 지나 p_2에 도달한 후 좌측으로 이동하면서 음극에 도달하게 된다. 이 경우 정공들의 이동이 반도체 p_2내부에 전압강하를 일으키고, 음극접촉면에는 음극금속으로 인하여 p_2와 n_2의 전위가 같으므로 p_2n_2로 만들어진 접합의 경계면에 가해지는 바이어스 전압이 p_2n_2 및 음극이 맞닿은 점에서 p_2n_2접합면을 따라 우측으로 이동할수록 증가하여 p_2n_2 다이오드가 도통하기에 충분한 순방향 바이어스가 만들어져서 결국 n_2로부터 전자의 주입이 일어나서 j_2를 지나 n_1으로 들어가게 된다. 이것은 바로 앞서 기술된 $p_1n_1p_2n_2$ 다이오드 사이리스터의 도통조건을 만들게 되고 실질적인 우측 사이리스터의 도통이 일어나게 하는 것이다.

마찬가지로 양극과 음극사이에 역방향으로 전압이 인가되면 $p_2n_1p_1n_3$에서 j_1에 역방향 바이어스 전압이 걸리고 일정 크기의 전압에 도달하면 이곳에서 사태항복과 정귀한 작용이 나타나고 음전압이 걸려있는 양극쪽으로 정공들의 이동과 p_1내에서 발생되는 전압차이로 인한 $n_3 p_1$ 다이오드의 순방향전압 전환으로 인하여 역시 전체 $p_2 n_1 p_1 n_3$ 다이오드 사이리스터의 도통이 일어나게 된다. 따라서 이와 같은 트라이액의 I–V 특성곡선은 [그림 9.9c]와 같이 양극과 음극사이에 가해진 전압이 양전압, 음전압에 관계없이 대칭적으로 도통된 전류가 흐름을 볼 수 있다.

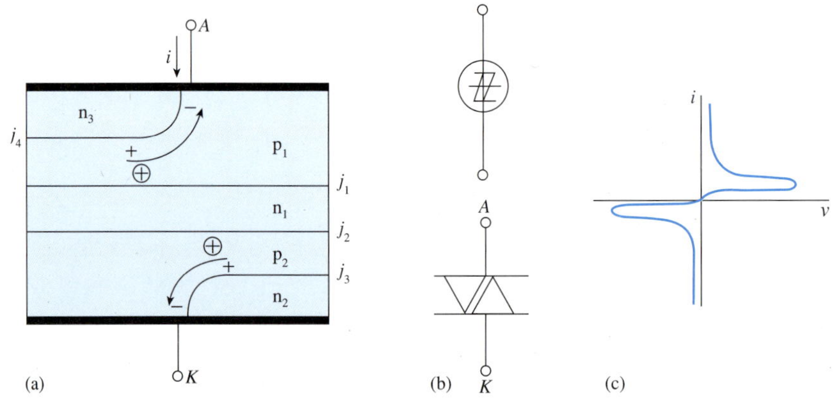

[그림 9.9] Triac 구조와 I–V 특성곡선

(a) Triac 구조
(b) Triac 기호
(c) I–V 특성곡선

9.3 절연게이트 양극성 트랜지스터(Insulated-gate bipolar transistor)

자요트 발리거(B. Jayant Baliga: 1948. 4. 28 –)는 인도에서 태어났으며 인도 공과대학교(Indian Institute of Technology)에서 전기공학을 공부했고 학사, 석사를 각각 1969년과 1971년에 마쳤다. 그리고 미국의 렌슬레어 폴리텍(Rensselaer Polytechnic Institute)에서 전기공학전공으로 1974년 박사학위를 받았다. 그는 미국 과학잡지 《사이언티픽 아메리칸(Scientific American magazine)》에 의해 트랜지스터 발명 후 50년 동안 반도체 분야에서 가장 혁신적인 업적을 남긴 8명 중의 한 사람이라고 지칭되기도 하였다. GE에서 15년 동안 일했으며 1979년 IGBT를 발표하였다. 1988년부터 노스캐롤라이나 주립대에서 교수로 재직하고 있다. 그는 수많은 상들을 수상했으며 2010 오바마 대통령으로부터 미국 과학기술자들의 최고 영예로운 상중 하나인 국가기술혁신메달을 받았다.

IGBT(Insulated gate bipolar transistor)는 1979년 GE의 B. Jayant Baliga에 의해 발명되었다. 스위칭시간은 길지만 전력손실이 적고 큰 전류밀도를 나타내는 바이폴라 트랜지스터와 전력손실은 많지만 빠른 스위칭시간을 가지며 입력저항이 큰 MOSFET의 장점들을 결합시킨 반도체 소자인 것이다. 따라서 IGBT는 큰 입력저항, 큰 전류밀도, 빠른 스위칭 속도 등의 특징으로 인하여 근래에 많은 전력공급회로에 사용되는 소자이다.

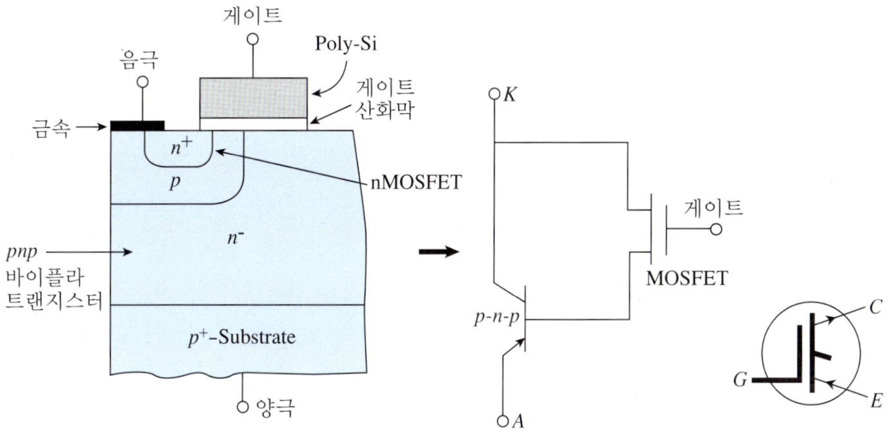

[그림 9.10] IGBT의 구조와 등가회로
(a) 구조
(b) 등가회로
(c) 기호

기본 구조는 [그림 9.10a]와 같이 되어있고 [그림 9.10b], [그림 9.10c]는 각각 등가회로와 기호이다. n채널 MOSFET는 n^+도핑된 음극과 n^-의 베이스영역을 연결해 주는 역할을 한다. 채널길이는 컬렉터인 p영역에 음극으로 확산된 n^+의 확산정도에 의하여 결정된다. IGBT의 주된 부분은 n^-영역이며 이 부분이 바이폴라 트랜지스터의 베이스로 작용하며, $n^+pn^-p^+$로 만들어지는 다이오드 사이리스트에서 차단상태가 되었을 때 도핑농도가 적으므로 큰 역방향 전압이 pn^-에 걸려도 충분히 차단상태를 견뎌낼 수 있다. 도통상태가 되면 낮게 도핑된 n^-영역이 n^+로 도핑된 음극으로부터 유입되는 전자들로, 또 p영역이 p^+에서 온 정공들로 인하여 전기전도도가 증가하게 된다. 증가된 전기전도도는 이 소자의 전압강하를 최소화 시켜 도통상태에 머물러 있게 한다. 게이트전압이 문턱전압 이하로 되면 n^+음극과 n^-베이스가 개방되므로 이 구조는 일반적인 SCR과 같이 되고 도통이 되기 전에는 순방향 차단상태가 되어 매우 적은 전류가 흐른다. 이에 반하여 양극과 음극사이에 인가된 양전압 V_{AK} 가 증가하면 pn^-에서 사태항복이 일어난다. 그러나 양극과 음극사이의 V_{AK} 음전압이 매우 클 때 $n^- p^+$에서 사태항복이 발생하게 되는 것이다.

만약 게이트에 인가된 전압이 문턱전압 이상이 되면 양극과 음극사이에 양의 전압이 인가되는 동안 많은 전류가 흐르게 된다. 이때 나타나는 I–V 특성이 일반적인 MOSFET와 다른 점은 약 0.7V의 오프셋(Offset)이 있는 점이다. 이것은 [그림 9.10a]에서 알 수 있는 바와 같이 p^+n^-에서 순방향으로 일어나는 약 0.7V의 전압강하 이후에 더 증가되는 양극 전압일 때 MOSFET의 드레인에 해당하는 n^- 베이스가 소스역할을 하는 n^+ 음극에 비하여 양의 전압을 갖게 되어 전자가 소스로부터 드레인으로 흐르므로 전류가 드레인인 n^-베이스에서 소스인 n^+로 흐를 수 있기 때문이다. MOSFET의 전류가 바이폴라 트랜지스터의 베이스 전류가 되므로 게이트전압이 문턱전압 이상이면서 V_{AK} 전압이 약 0.7V 이상에서 흐르는 전체전류는 [그림 9.11]과 같이 바이폴라 트랜지스터와 MOSFET를 통하여 흐르며 총 전류로는 아래와 같다.

$$I_A = (1 + \beta_{pnp}) I_{MOS} \tag{9.11}$$

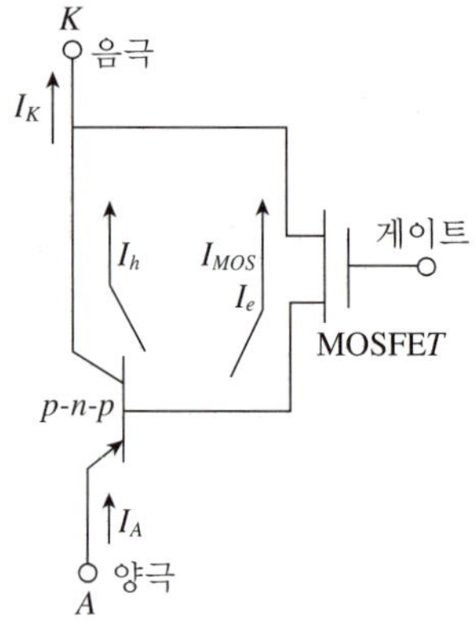

[그림 9.11] 도통상태에서의 전류흐름

IGBT의 I–V 특성곡선은 [그림 9.12]에 나타나 있다. 게이트전압 V_G를 변화시켜 전체전류 I_A를 크게 조절할 수 있다. 매우 큰 전류가 흐르면 [그림 9.10a]의 pnp 바이폴라 트랜지스터의 이미터를 통하여 음극으로 이동하는 정공들이 트라이액에서와 같이 음극 쪽을 향하여 전압강하를 일으키고 음극금속으로 인하여 p와 n^+가 단락되어 있으므로 음극에서 약간 떨어진 pn^+에서는 순방향 전압이 형성되어 $n^+pn^-p^+$ 다이오드 사이리트가 도통상태에 들어가게 된다. 이때는 게이트의 전압을 문턱전압 이하로 다시 낮추어도 차단이 되지 않으므로 게이트전압을 이용한 전류제어가 불가능 해진다. 그러나 전류가 충분히 크게 흐르지 않는 범위 내에서는 이와 같은 $n^+pn^-p^+$ 사이리스트의 도통현상이 일어나지 않으므로 게이트 문턱전압을 낮추어 식(9.11)의 전류 I_{MOS}를 적게 하여 IGBT의 도통을 쉽게 차단시킬 수 있는 장점이 있다. [그림 9.12]는 IGBT의 순방향과 역방향에 대한 I-V 특성곡선을 보여주고 있다. V_{AK}가 매우 크므로 상당히 높은 전압범위까지도 흐르는 전류를 게이트로 제어할 수 있는 특징을 보여준다. [그림 9.13]은 상품화되어 있는 IGBT의 한 모양이다.

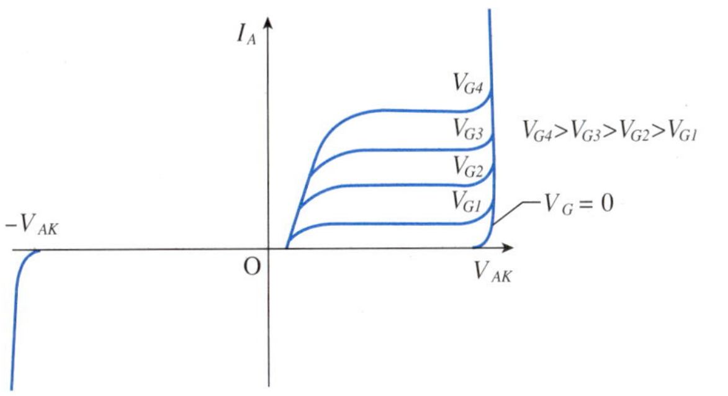

[그림 9.12] IGBT의 I–V 특성곡선

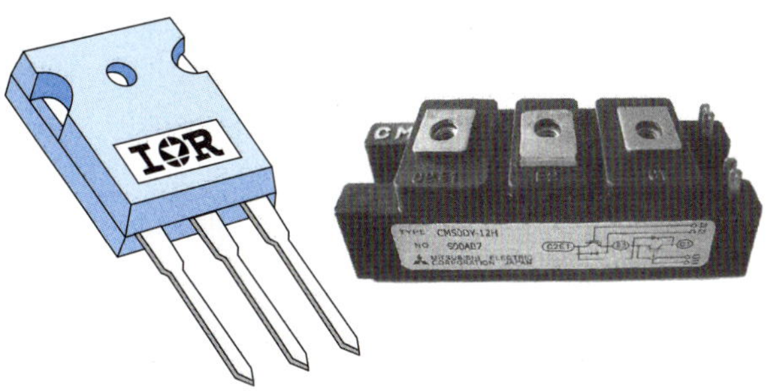

[그림 9.13] IGBT의 모양

연습문제

1. 2단자 *pnpn* 다이오드 구조와 *I–V* 특성곡선을 그리시오.
2. 2단자 *pnpn* 다이오드에서 순방향 도통이 되었을 때를 2개의 트랜지스터 결합구조로 생각하고 해석하시오.
3. [그림 9.2]를 *pnpn* 다이오드의 각 영역에 주입되는 반송자를 고려하여 설명하시오.
4. *dv*/*dt*트리거링에 관하여 말하시오.
5. 양극전류 차단법 2가지를 제시하고 그 방법을 각각 그리시오.
6. 강제전환법에 관하여 설명하시오.
7. SCR이란 무엇인가?
8. [그림 9.7a]에서 I_G가 추가될 때 *pnpn* 다이오드의 전체전류는 어떻게 되는가?
9. GTO(Gate turn–off) SCR을 설명하시오.
10. 전파정류기와 SCR를 사용한 위상제어 SCR 전력공급장치를 그리고 설명하시오.
11. Triac 구조와 *I–V* 특성곡선을 그리고 동작원리를 말하시오.
12. 절연게이트 양극성 트랜지스터(IGBT: insulated–gate bipolar transistor)의 구조를 그리고 등가회로, *I–V*특성곡선 및 동작원리를 말하시오.

CHAPTER

10 마이크로웨이브 반도체소자

CHAPTER

10 마이크로웨이브 반도체소자

1GHz(10^9Hz)에서 100GHz나 그 이상의 주파수 영역인 마이크로웨이브 주파수 영역은 현대의 통신시스템 체계에서 더욱 그 중요성이 더해가고 있다. 고출력의 마이크로웨이브는 아직까지 진공관에 의해 주도되고 있지만, 저출력인 경우 반도체 소자로써 이와 같은 높은 주파수 대역에서 작동하는 소자를 만들 수 있으며, 이미 앞 장들에서 언급된 반도체 다이오드와 트랜지스터 등을 확장해서 마이크로웨이브 영역에서도 사용할 수 있도록 개선한다면 매우 유익한 것이 될 것이다. 본 장에서는 이와 같이 기존의 다이오드와 트랜지스터 등을 변형한 마이크로웨이브용 반도체 다이오드 및 트랜지스터와 더불어 새로운 물리적 개념의 부성저항 특성을 갖는 마이크로웨이브용 반도체 소자들에 관하여 살펴보고자 한다.

10.1 Varactor(Variable reactor)

Varactor는 변화 가능한 리엑터를 말하며 역방향 바이어스 전압이 인가되어있는 *pn*접합다이오드의 커패시턴스를 전압에 따라 변화시킬 수 있는 소자이다. *pn*접합의 커패시턴스에 관한 식은 이미 3.2.2절의 식(3.40)에서 알 수 있는 바와 같이 인가된 전압과 도핑된 도핑농도에 의존한다. 일반적으로 Varactor 다이오드는 라디오 수신기나 TV의 공진기에서 주파수 공진을 위한 커패시터 소자로써 활용될 뿐만 아니라

고조파 발진기, 마이크로웨이브 주파수 증배기(Microwave frequency multiplication), 마이크로웨이브 증폭기(Parametric amplifiers), 능동필터 등에도 사용된다. pn접합이 계단접합이라면 커패시턴스는 식(3.40)과 같이 인가된 역방향전압 V_r의 자승근에 따라 변화하게 된다. 그런데 계단형 접합이 아니고 거리에 따라 변화를 갖는 접합일 때 커패시턴스는

$$C \propto V_r^{-n} \tag{10.1}$$

이 된다. [그림 10.1]에서와 같이 p^+n접합에서 p^+의 도핑농도는 $N = N_a$로 일정하고 n 쪽의 도핑농도는 거리 x에 따라 변화되는 $N = Gx^m$ 농도 구배를 갖고 있다면 $m = 0$일 때 계단형 접합이 된다. 만약 $m = 1$이면 n쪽의 불순물이 선형적으로 변화되는 농도 구배를 갖게 될 것이다. 이미 알고 있는바와 같이 식(10.1)에서 $n = 1/2$이 될 때는 계단형 접합일 때인 것이다. $n > 1/2$일 때를 하이퍼계단형 접합(Hyperabrupt junction)이라고 한다.

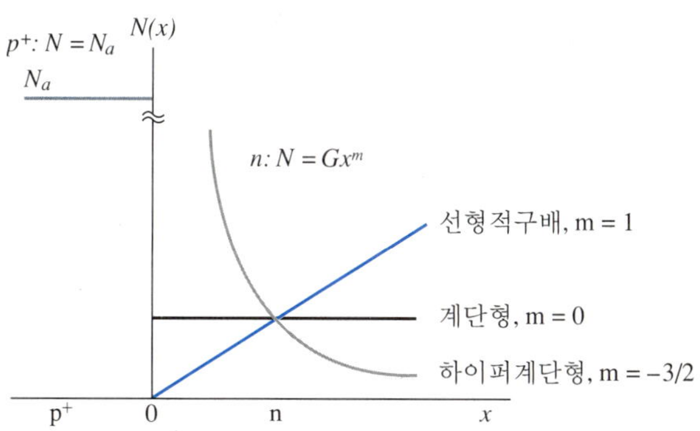

[그림 10.1] p^+n 접합면의 여러가지 경사 도핑프로파일

pn접합에서의 커패시턴스는 접합경계를 중심으로 한 공핍층의 두께에 의하여 그 크기가 결정되므로 3.1.3절에서와 같이 공핍층에서의 Poisson 방정식을 통하여 커패시턴스 값을 구할 수가 있는 것이다. p^+n접합에서 낮게 도핑된 n영역에 Poisson 방정식을 적용하면 식(3.5a)의 도핑농도는 $N = N_d$로 일정하지 않고 $N = Gx^m$으로 대체시킬 수 있다.

전계 $\mathcal{E}$ 대신 전위 φ(혹은 V)로 표시된 Poisson 방정식은 아래와 같다.

$$\frac{d^2\varphi}{dx^2} = -\frac{e}{\varepsilon}Gx^m \tag{10.2}$$

여기서 G는 상수이고, m은 농도구배에 따른 값이다. 식(10.2)의 미분방정식 해를 구하면 $\varphi \propto x^{m+2}$가 되므로 $x \propto \varphi^{1/(m+2)}$가 된다. 따라서 역방향 바이어스가 인가된 p^+n접합의 커패시턴스는

$$C \propto \frac{1}{x} \propto \varphi^{-\frac{1}{m+2}} \propto (V_0 + V_r)^{-\frac{1}{m+2}} \tag{10.3}$$

이 된다. 식(10.1)과 식(10.3)에서 $V_r \gg V_0$이면

$$n = \frac{1}{m+2} \tag{10.4}$$

가 되어 [그림 10.1]의 n 쪽 도핑농도 구배에 따른 m 값을 알면 식(10.1)에서와 같이 역전압 V_r에 따른 커패시턴스의 변화를 알 수 있게 된다.

〈표 10.1〉 p^+n접합다이오드의 n영역 농도분포에 따른 접합종류와 계수

	$m\,(Gx^m)$	$n\left(=\frac{1}{m+2}\right)$
선형변화접합(liner graded junction)	1	$\frac{1}{3}$
계단형접합(abrupt junction)	0	$\frac{1}{2}$
하이퍼계단형접합(hyperabrupt junction)	$-\frac{3}{2}$	2

하이퍼계단형 접합일 경우 $n=2$가 되므로 커패시턴스는 V^{-2}에 비례한다. 이와 같은 커패시턴스를 갖는 p^+n다이오드가 LC 공진회로를 구성하는 커패시터로 사용된다면 공진주파수 f와 인가된 전압 V는 식(10.5)와 같이 선형관계가 됨을 알 수 있다.

$$\omega_r = \frac{1}{\sqrt{LC}} \propto \frac{1}{\sqrt{V_r^{-2}}} \propto V_r \tag{10.5}$$

이와 같은 특성은 TV 주파수 선택회로나 라디오 채널선택회로에서 사용되고 있다. 식(10.5)에서 커패시턴스 C가 도핑농도의 구배에 따라 전압과의 관계를 나타내는 〈표 10.1〉의 n 값에 의하여 달라지므로 공진주파수와 전압과의 관계도 변화된다.

[그림 10.2]는 마이크로웨이브로부터 입력되는 높은 주파수 f_1과 내부로부터 발진된 주파수 f_2를 혼합기에 넣고 처리하여 증폭하기 적합한 중간주파수 f_1-f_2를 만드는 계통도를 나타내고 있다. 이와 같은 처리를 위해서는 [그림 10.2]에서 알 수 있는 바와 같이 내부의 수정발진기에서 발생된 주파수를 체배기에서 체배시키는 과정이 필요하다. 이를 위하여 인가한 전압에 따라 커패시턴스가 변화되는 Varactor 다이오드가 사용된다. 이와 같이 인가전압에 따른 비선형커패시턴스 변화 특성을 갖는 Varactor는 [그림 10.3]과 같이 마이크로웨이브의 증폭에도 사용된다.

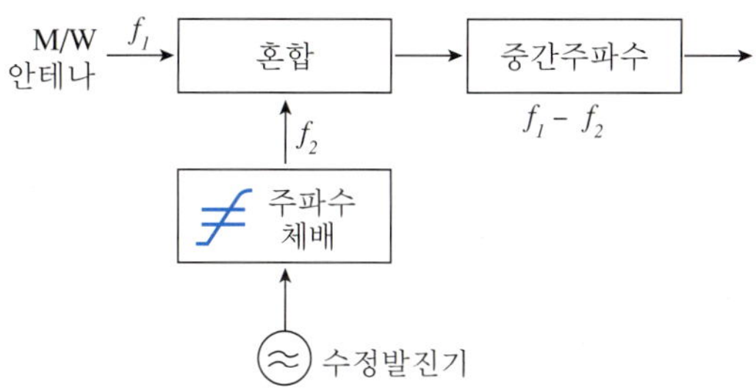

[그림 10.2] 마이크로웨이브 중간 주파수를 위한 Varactor의 사용

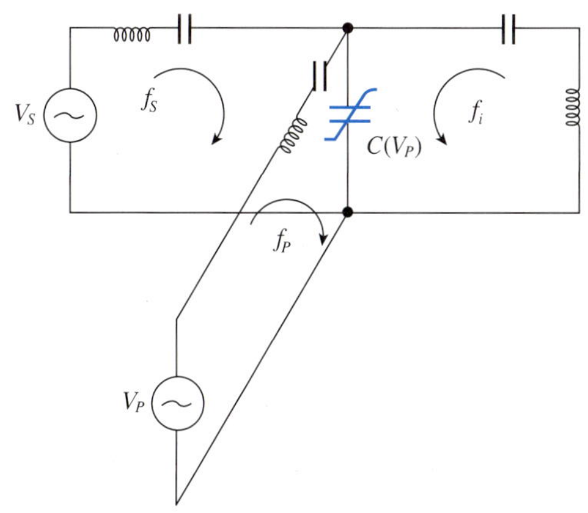

[그림 10.3] 파라메터릭 증폭기의 기본회로

역바이어스 된 pn접합다이오드에 각각 주파수 f_s 및 f_p의 신호와 펌프파들 외에 자체 내에서 만들어진 주파수 f_i를 갖는 아이들러(Idler)파가 걸려있게 되면 에너지가 강력한 펌프의 파로부터 에너지가 Varactor에 축적되고 이것이 공진회로의 한 부분을 이루는 신호회로와 아이들러 회로 속으로 전달되어진다. 실질적으로 단지 펌프 전압만이 국부적으로 발진되어서 3개의 각 공진회로를 구성하는 한 요소가 되는 Varactor에 공급되어지는 것이다. 이때 각 공진회로들은 f_s, f_i 및 f_p에 맞추어지고 단지 이들 공진주파수의 전류들만이 각 회로 내를 흐를 수 있다. 아이들러 전압 v_i는 Varactor가 주파수 f_p로 펌핑되면 자동적으로 형성되는 것이다. 신호소스가 바라보는 입력임피던스는 부성의 실수부를 갖는 것으로 보여 질 수 있다. 이것은 바로 주파수 f_s에서 Varactor로 들어가는 것보다 나오는 에너지가 더욱 많다는 것을 의미하므로 이 소자는 증폭기로서의 기능을 하게 된다. 이와 같은 증폭기를 파라미터릭 증폭기(Parameteric amplifier)라하며 다른 증폭기에 비하여 잡음특성이 뛰어나고 사용대역폭이 넓으며 구조가 간단하여 널리 사용된다.

10.2 터널다이오드(Tunnel diode)

반도체에 확산이나 이온주입 등을 통하여 도핑시킨 불순물 농도가 순수 반도체의 원자농도보다 매우 적은 일반적인 경우에는 도핑된 불순물들이 서로 멀리 떨어져 있어서 도너나 억셉터 준위들이 겹쳐지지 않게 된다. 그러나 매우 높은 농도로 불순물이 도핑 되면 서로 이웃하는 불순물 사이에 전자가 오갈 수 있어 1.3절에서 소개된 결정체의 매우 근접된 원자간격 때문에 발생되는 밴드생성과 마찬가지로 불순물들도 에너지 밴드를 갖게 된다. 특히 전도대의 유효상태밀도 N_c 이상으로 도너가 주입되면 전자가 존재할 에너지준위가 크게 확장되어 전도대 E_C보다 높은 곳에까지 이르게 된다. 이 경우 페르미에너지준위는 전도대 내에 존재하여진다. 마찬가지로 억셉터 농도가 가전자대의 유효상태밀도 N_V 이상으로 주입되면 페르미에너지준위가 가전자대 아래로 내려가게 된다. 이와 같은 경우를 축퇴형 반도체(Degenerated semiconductor)라 한다. [그림 10.4]는 축퇴형 반도체가 되도록 도너와 억셉터 농도를 크게 하여 도핑시킨 p^+n^+접합반도체의 에너지밴드 다이어그램과 I–V 특성곡선을 보여준다.

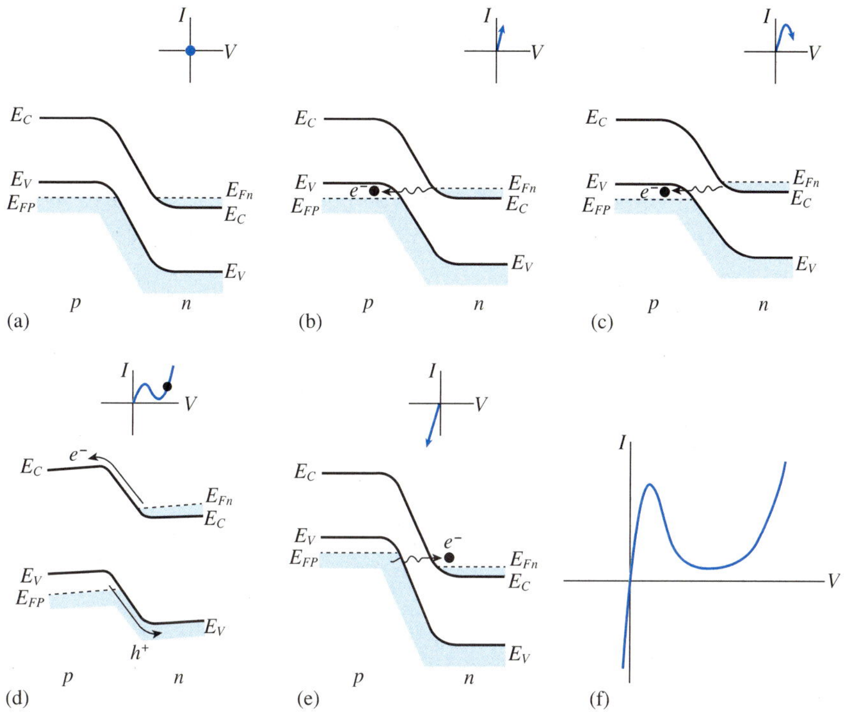

[그림 10.4] p^+n^+ 터널다이오드의 에너지밴드 다이어그램과 I–V 특성곡선

(a) 평형상태
(b) 순방향전압인가
(c) 전류가 감소하도록 순방향전압증가
(d) 더욱 증가된 순방향전압에서의 정상다이오드 동작영역
(e) 역방향 바이어스전압인가
(f) I–V 특성곡선

[그림 10.4a]는 열평형상태이며 [그림 10.4b]는 순방향으로 전압이 인가되었을 때의 모양이다. n 쪽의 전도대에는 페르미에너지준위 아래에 전자가 많이 존재하고 양전압이 가해진 p 쪽에는 전자가 들어올 수 있는 에너지 준위에 해당하는 전자자리가 비어있는 상태이다. p와 n이 축퇴형이 될 정도로 높게 도핑되었으므로 접합경계부근에 발생하는 공핍층의 폭이 매우 작아 약한 전계에 의해서도 전자나 정공이 끌려갈 수 있는 상태가 되어진다. 따라서 양전압이 인가된 p 쪽을 향하여 좁은 공핍층을 뚫고 터널링에 의하여 전자가 이동하고 전류는 전자이동과 반대방향인 순방향으로 흐

르게 된다. 인가되는 순방향 전압을 증가시키면 n영역의 페르미에너지준위 E_{Fn}과 p 영역의 가전자대 E_V 에너지 준위가 점점 가까지 근접하게 되므로 더욱 많은 전자가 터널링을 할 수 있게 되어 전류는 증가하게 된다. 그러나 $E_{Fn} > E_V$가 되면 [그림 10.4c]에서와 같이 n 쪽의 전자 중에서 p 쪽으로 이동할 수 있는 전자수가 감소하므로 전류가 줄어들게 되는 것이다. 계속 순방향 전압을 증가시키면 전류가 더 감소하다가 $E_C > E_V$가 되면 n 쪽에서 p 쪽으로 터널링할 수 있는 전자가 이상 더 없어 일반적인 pn접합다이오드의 전압이 흐르게 되어 [그림 10.4d]와 같은 전류성분이 나타나게 된다. 만약 역방향전압을 인가하면 [그림 10.4e]와 같이 p 쪽의 전자가 n 쪽으로 터널링에 의하여 이동하므로 역방향 전류가 흐르게 된다. 역방향 전압이 증가될수록 더욱 많은 전자의 터널링이 가능하므로 역방향의 전류는 더욱 크게 증가하게 된다. [그림 10.4c]와 같이 전압이 증가하는데도 전류가 증가하지 않고 감소하는 것은 일반 저항체에서는 나타나지 않고 부성저항에서만 일어나는 현상이다. 이와 같은 특성을 보이기 때문에 터널다이오드를 전압제어된 부성저항체(Voltage controlled negative resistance)라고 한다. 또한 [그림 10.4f]의 전체적인 터널다이오드 I–V 특성곡선은 대문자 N과 유사하므로 N형 부성저항체(Type–N negative resistance)라고도 한다.

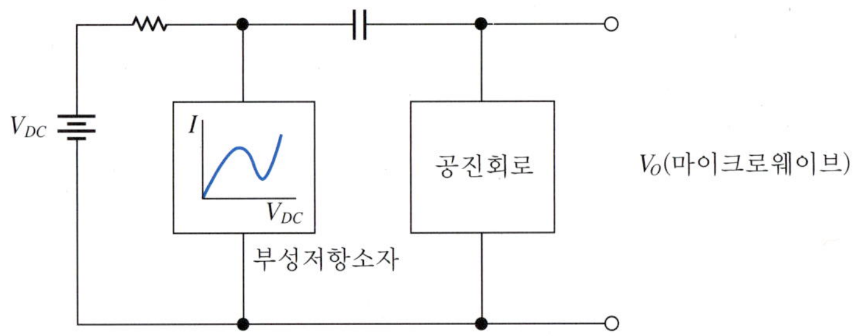

[그림 10.5] 부성저항소자를 사용한 주파수발생기 개략도

[그림 10.5]는 부성저항소자를 사용한 주파수발생기 개략도를 나타내고 있다. 부성저항소자가 공진회로와 병렬로 연결되어 있다. 직류전압 V_{DC}가 인가되면 부성소자에서 먼저 잡음이 발생되고 이 잡음이 병렬로 연결되어 있는 공진회로를 지나 발생시키고자 하는 특정주파수만 다시 부성소자로 입력되고 증폭되어 공진주파수에 해당하는 신호만 출력되어 나오게 된다. 부성저항 특성으로 인하여 터널다이오드는 발진기 및 여러 가지 다른 전자회로들에 사용가능하지만 상대적으로 동작전류가 적어 아직 널리 사용되지는 않고 있다.

10.3 IMPAT(Impact avalanche transit-time) 다이오드

1956년 벨에 근무하던 W. T. Read에 의해 제안된 이 다이오드는 그의 이름을 따서 일명 Read 다이오드라고도 한다. [그림 10.6a]와 같이 n^+pip^+로 도핑된 다이오드에 역방향으로 직류전원 V_{DC}를 인가하면 [그림 10.6b]와 같은 전계가 다이오드에 형성된다.

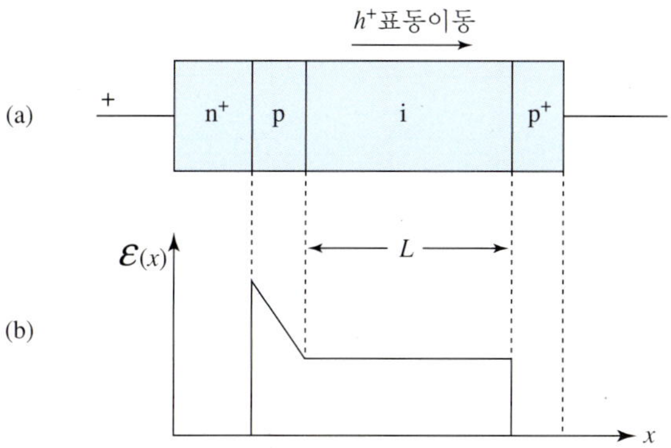

[그림 10.6] IMPAT 다이오드

(a) 기본구조
(b) 역전압이 인가된 다이오드 내의 전계

역방향으로 인가된 전압을 증가시키면 전계는 더욱 증가된다. n^+p의 p영역이 매우 좁을 경우 p영역은 거의 대부분 공핍층이 되고 p영역 내의 전계는 거의 일정하다고 볼 수 있다.

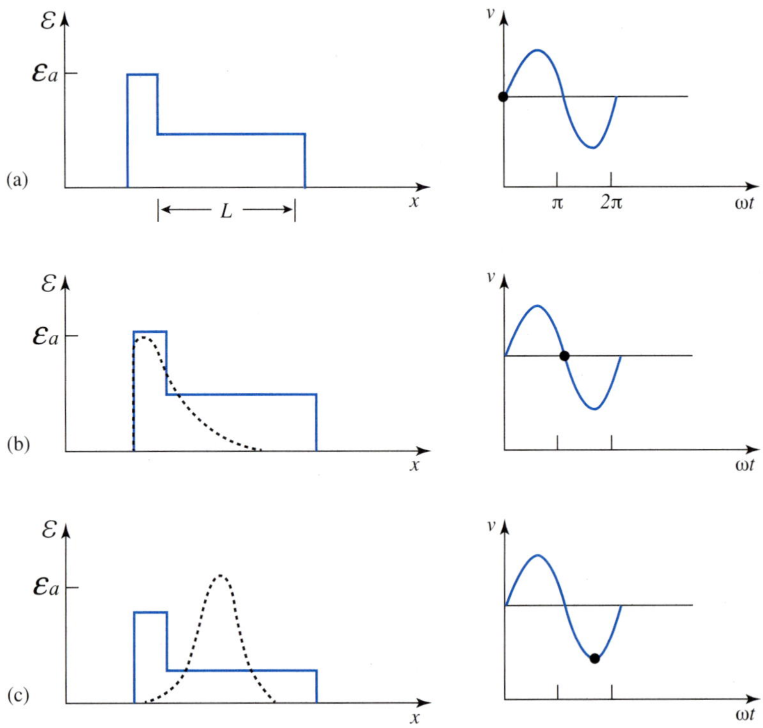

[그림 10.7] IMPAT 다이오드에 공급된 교류전압에 따라 생성된 정공과 그 이동으로 인한 교류전류

(a) $\omega t = 0$
(b) $\omega t = \pi$
(c) $\pi \leq \omega t \leq 2\pi$

[그림 10.7a]와 같이 직류전압을 증가시켜 전 영역이 거의 공핍층으로 된 p층에서의 전계가 사태항복을 일으킬 수 있는 전계 $\mathcal{E}_a$가 되도록 맞춘 후에 크기가 작은 교류전압을 중첩시키면 교류전압이 시작되는 위치 $\omega t = 0$에서부터 교류전압이 양의 값을 가지는 기간 동안 계속해서 사태항복을 일으키는 충돌이 p영역 내에서 일어나게 된다. 교류전압은 다이오드가 공진회로와 같이 연결되었을 때 공진회로를 통하여 발생되어지는 신호이다. 발생된 전자 – 정공쌍 중에서 전자는 양전압이 주어져 있는 바로 옆의 n^+로 빠져나가고 정공만이 점선과 같이 p영역 내에 남게 된다. 시간이 경과함에 따라 [그림 10.7b]와 같이 사태항복으로 인하여 발생되는 전자 – 정공쌍의 수는 증가하고 남아있는 정공의 수는 점차 많아지게 된다. $\omega t = \pi$가 되면 p영역의 전계는 다시 $\mathcal{E}_a$로 내려오게 되고 그 이후에는 [그림 10.7c]와 같이 p내의 전계가 사태항복을 일으킬 수 없게 된다. 이때까지 발생된 후 축적된 p영역의 정공다발이

$\pi \le \omega t \le 2\pi$ 기간 동안 음전압이 인가되어 있는 양극 p^+ 쪽으로 이동한다. 이로 인하여 음극 쪽에서 양극을 향하여 전류가 흐르게 된다. 정공다발이 양극 p^+에 도달되면 직류전원에서 공급되는 전자들과 결합하여 소멸되어진다.

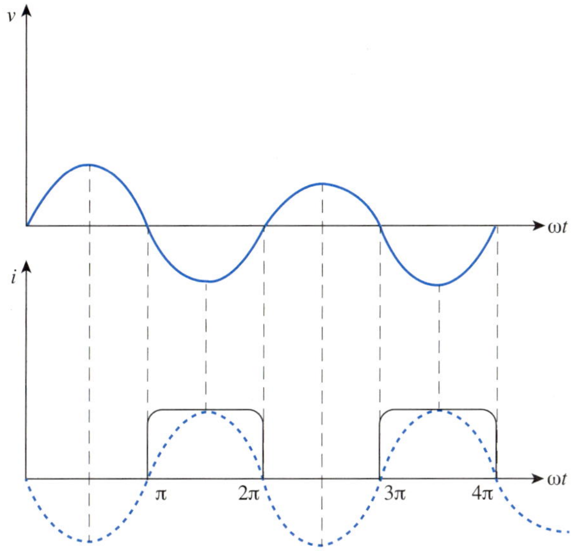

[그림 10.8] IMPAT 다이오드의 교류 전류-전압
-------- Fourier-transform된 펄스의 기본파

[그림 10.8]은 IMPAT 다이오드의 교류 전압과 전류를 보여주고 있다. 전압과 전류펄스의 기본파는 위상이 180° 차이가 난다. 즉 전압이 증가할 때 전류가 감소하고 전압이 감소할 때 전류가 증가하는 것이다. 이것은 해당 주파수에서 부성저항특성을 나타내고 있음을 의미한다. 부성 특성이 정확하게 일어나게 하기 위해선 정공다발이 [그림 10.6] i의 진성영역 내에서 이동해 가는 시간 t가 [그림 10.7]과 [그림 10.8]에서 알 수 있는 바와 같이 교류입력전압의 반 파장에 해당해야 한다. 즉 $\omega t = 2\pi - \pi = \pi$에서 $t = \pi / \omega = 1/(2f)$가 되므로 다이오드의 진성영역 i의 길이 L과 부성저항이 나타나는 교류전압 주파수 f는 식(10.6)과 같이 된다.

$$\frac{L}{v_{drif}} = \frac{1}{2f} \rightarrow f = \frac{v_{drif}}{2L} \tag{10.6}$$

여기서 v_{drif}는 정공의 표동속도이다. 상기 조건들이 만족되면 [그림 10.5]에서와 같이 IMPAT 다이오드를 사용하는 주파수 발생기를 만들 수 있다.

예제 10-1

실리콘으로 만들어진 IMPAT 다이오드가 있다. 정공의 표동속도 $v_{drift} = 10^7$ cm/s 이고, 다이오드의 진성영역길이 $L = 5\mu$m 일 때 어떤 주파수에서 이 다이오드가 부성저항 특성을 나타내는가?

풀이

식(10.6)로부터 $f = \frac{v_{drif}}{2L} = \frac{10^7}{2 \times 5 \times 10^{-4}} = 10^{10}$ Hz

즉 10GHz에서 부성저항이 된다.

10.4 Gunn 다이오드

배티스컴 건(John Battiscombe Gunn: 1928. 5. 13 ~ 2008. 12. 2)은 이집트에서 태어나 부모와 함께 영국으로 이주하였다. 그는 트리니티 대학(Trinity college ombridge)에서 1945년부터 1948까지 물리, 수학, 전기분야의 공부를하고 학사학위를 받았다. 그 후 1956년에 캐나다로 가서 브리티시 컬럼비아 대학에서 조교수가 되었고 1959년 미국으로 이주하여 IBM의 토마스 왓슨(Thomas J. Watson) 연구소에서 일했다. 그는 1962년 건 효과(Gunn effect)를 발견했으며 이것이 건 다이오드(Gunn Diode)를 발명하게 하였다. 건 다이오드를 통하여 마이크로웨이브 발생기가 소형화 될 수 있었던 것이다. 그는 1990년에 IBM을 은퇴하였다.

Gunn 다이오드는 1963년 미국 IBM사의 J. B. Gunn에 의해 발명되었으며 pn접합의 일반적인 다이오드가 아니라 n형 반도체 양 면에 전극을 만들어 사용한다. 부성저항 특성을 보여주며 마이크로웨이브 대역의 발진소자로 이용된다. 낮은 10V 정도의 직류전원을 인가하면 발진하기 때문에 발진회로구성이 매우 간편하지만 온도와 인가전압에 따라 발생되는 주파수가 예민하게 변하므로 보다 안정적인 발진을 위해 공동공진기(Cavity resonator)가 함께 사용된다.

10.4.1 이동전자 메커니즘(Transferred electron mechanism)

2.1절의 유효질량에서 이미 언급된 바와 같이 반도체 내에서 이동하는 전자는 이동방향의 웨이브벡터 k와 에너지준위 E의 상호관계에 의하여 질량이 달라질 수 있다. [그림 2.4]에서 알 수 있는바와 같이 n형 GaAs의 가전자대는 전자로 모두 채워져 있고 전도대의 전자들은 중앙계곡인 $k=0$인 Γ계곡에 들어있다. 일정 범위내의 전계가 가해지면 이동할 수 있는 전자들은 Γ계곡에서 이탈하지 않고 그 계곡에서 주어진 전계방향의 반대방향으로 이동하게 될 것이다. 이때는 k에 따라 가파르게 변화되는 에너지 $E(k)$ 때문에 식(2.19)에 의하여 전자의 질량이 작아지고 식(2.24)에 따라 이동도는 커지게 될 것이다. 그러나 중앙계곡에 있는 전자들이 외부에서 인가한 강한 전계속에 놓이게 되면 전계로부터 에너지를 받아 이웃하는 위성계곡 L계곡으로 이동되어진다. L계곡은 k에 따라 에너지 $E(k)$ 변화가 완만하여 유효질량이 증가하게 된다. 따라서 이곳에서 움직이는 전자는 중앙계곡에서 움직이는 전자에 비하여 작은 이동도를 갖게 되는 것이다. 전계에 의하여 움직이는 전자의 표동속도는 식(2.23)에서 $v_{drif}=\langle v_x\rangle=-\mu_n\mathcal{E}_x$이므로 [그림 10.9]는 표동속도와 전계에 관한 스칼라 값을 보여주고 있다. 전계에 따른 표동속도의 비례상수가 바로 반송자인 전자의 이동도인 것이다. μ_Γ, μ_L은 각각 Γ계곡과 L계곡의 전자이동도 이다.

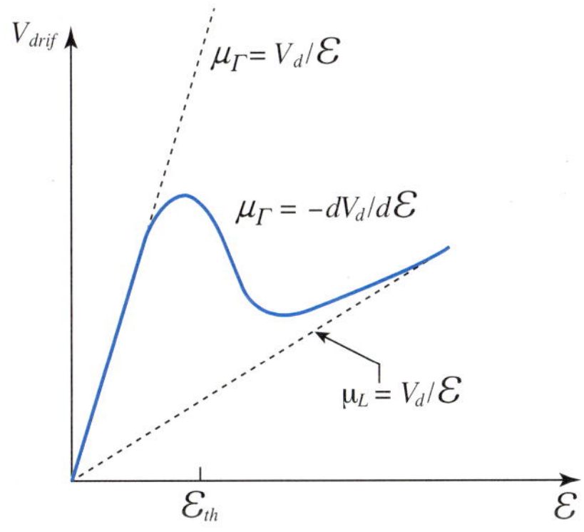

[그림 10.9] 이동전자 메커니즘을 갖는 반도체의 전계에 따른 전자 표동속도

일정전계 $\mathcal{E}_{th}$ 이하에서는 전자가 모두 Γ계곡에 있으므로 유효질량 및 이동도의

변화가 없고 일정한 이동도 $\mu_\Gamma = v_{drif}/\mathcal{E}$를 갖는다. 그러나 $\mathcal{E} > \mathcal{E}_{th}$이면 전자가 Γ 계곡에서 L계곡으로 이동하여 이동도가 감소하고 표동속도 역시 감소하게 된다. 전계를 더욱 증가시키면 더 많은 전자가 L계곡으로 이동하므로 전체적으로 평균 이동도가 더욱 감소하여 표동속도가 줄어들게 된다. 모든 전자들이 Γ계곡에서 L계곡으로 이동하기에 충분한 전계가 주어지면 이상 더 계곡을 이동할 전자가 없으므로 전체 전자의 유효질량은 L계곡전자들만에 의하여 결정되고 이에 따른 일정한 이동도를 갖게 되므로 전계가 증가하면 이에 선형적으로 표동속도가 증가하게 된다. 전자의 표동이동에 의하여 흐르는 전류밀도는 $J = qnv_{drif}\,\mathcal{E}$이다. 전계가 증가하면 전류밀도 및 이로 인한 전류가 증가하는 것이 일반 저항체인 것이다. 그러나 [그림 10.9]에서와 같이 μ_Γ와 μ_L사이에는 전계가 증가할 때 일반 저항체와 반대로 전자의 표동속도 v_{drif}가 감소하므로 전류가 감소하게 된다. 이것은 [그림 10.4]의 터널다이오드 때와 같이 전압(혹은 전계)이 증가할 때 전류가 감소하는 부성저항 특성을 보여주고 있다. Gunn이 GaAs에서 이와 같은 현상을 보여주기 수년 전에 Ridley, Watkins 및 Hilsum 등에 의하여 전자이동을 통한 부성저항 특성의 가능성을 예측했기 때문에 흔히 전자이동 메커니즘을 Ridley-Watkins-Hilsum 메커니즘이라고도 한다. 이런 전자이동 메커니즘은 InP나 GaN 등에서도 나타난다.

10.4.2 공간전하 도메인의 형성과 표동

일반 양성저항성질을 갖고 있는 같은 종류의 물질 어느 한 곳에 만일 국부적인 공간전하가 존재한다면 이 전하는 시간이 지남에 따라 소멸될 것이다. 초기 전하가 Q_0라면 다음과 같이 시간에 따라 기하급수적으로 감소하게 된다.

$$Q(t) = Q_0 e^{-t/\tau_d} \tag{10.7}$$

여기서 $\tau_d = \varepsilon/\sigma$이며 유전이완시간(Dielectric relaxation time)이라고 한다. 전기전도도 σ가 클수록 τ_d가 작아서 빠르게 국부전하 Q가 소멸되어 중성화된다. 만약 $\sigma < 0$이면 $\tau_d < 0$가 되어 국부전하 Q는 시간에 따라 기하급수적으로 증가함을 알 수 있다. 이것은 부성저항을 나타내는 곳에서는 국부적으로 분포된 적은양의 전하들이 순간적으로 큰 전하 영역으로 성장할 수 있음을 의미한다.

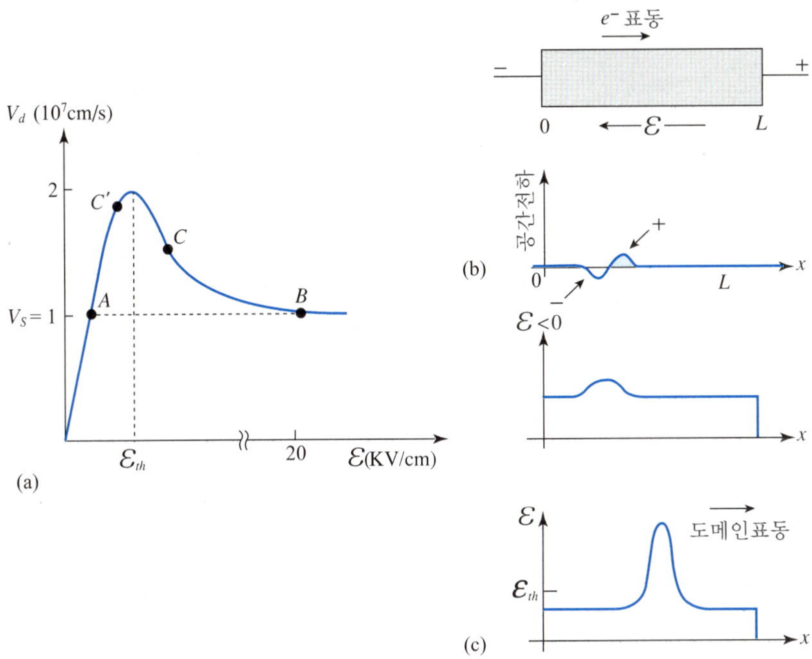

[그림 10.10] n형 GaAs에서의 공간전하 도메인 형성과 표동이동

(a) 속도-전계특성

(b) 쌍극자형성

(c) 부성저항에서의 도메인 성장과 표동이동

[그림 10.10a]에는 n형 GaAs의 전계와 전자속도에 관한 특성이 도시되어 있다. [그림 10.10b]와 같이 길이가 L인 GaAs의 양 단자에 DC 전압을 가할 경우 전계가 우편에서 좌편으로 향하게 된다. [그림 10.10b]의 가운데 있는 것과 같이 만일 어느 한 점에서 전자농도가 약간 한 쪽으로 치우쳐지면 전자가 모인 부분은 (—)전하가, 그리고 전자가 빠져나간 오른쪽의 자리에는 (+)전하가 만들어져 한 쌍극층이 형성될 수 있다. 이들 전하에 의하여 [그림 10.10b]의 가장 아래 부분과 같이 국부적으로 증가된 전계영역이 만들어진다. 정상적인 경우에는 식(10.7)에서와 같이 곧 이 쌍극층이 없어질 것이다. 그러나 만약 부성저항영역이 만들어져 있다면 쌍극 내에 있는 전하와 그로인한 국부적 전계가 [그림 10.10c]와 같이 증가될 것이다. 도메인(Domain)이라고 불리는 이 쌍극자(Dipole)의 국부 전계는 전자들이 음극에서 양극쪽으로 표동이동하여 가면서 함께 이동하고 더욱 성장한다. 결국 표동하는 도메인은 양극에 도달되고 외부단자에 전류펄스로써 에너지를 주게 된다. 부성저항 영역에서 시간에

따라 국부전하가 사라지지 아니하고 오히려 증가하는 현상을 [그림 10.10a]를 통하여 알 수 있다. 처음 외부에서 인가한 DC 전압으로 인한 GaAs 내부의 전계는 부성저항 특성이 일어나는 문턱전계 $\mathcal{E}_{th}$이상 주어져 있어야 한다. 이때 어떤 결정결함이나 도핑불균일 등의 요인으로 발생하는 무작위적인 잡음동요로 인하여 한 곳의 전자가 많아져서 [그림 10.10b]와 같은 도메인이 초기에 만들어지면 $V=-\int \mathcal{E}\,dx$에서 알 수 있는 바와 같이 외부 인가전압 V가 일정한 이상 국부전계가 증가하면 나머지 전체 반도체 영역의 전계는 감소해야 한다. 따라서 초기전계가 $\mathcal{E}_{th}$였다면 도메인 내부전계는 C점으로 이동하는 대신 도메인 외부는 $\mathcal{E}_{th}$보다 조금 낮은 전계 C'로 변화된다. C점의 전자표동속도는 $\mathcal{E}_{th}$보다 조금 낮은 C'점에 해당하는 도메인 외부전계에서의 전자표동속도보다 느리다. 따라서 도메인 좌측으로부터는 빠르게 전자가 유입되고 자체내부전자는 느리게 움직이므로 도메인의 전자는 증가하게 된다. 또한 도메인 우측의 외부영역 전계역시 $\mathcal{E}_{th}$보다 조금 낮으므로 전자가 빠르게 우측으로 빠져나가므로 도메인의 양전하 역시 증가하여 도메인 자체가 성장하게 된다. 이에 따라서 도메인의 전하 및 전계는 더 증가하고 도메인 외부 전계는 더욱 감소한다. 외부길이가 도메인 영역보다 길기 때문에 감소되는 전계는 도메인 내의 증가되는 속도보다 느리게 진행된다. 이와 같은 도메인 내부와 외부의 전계차와 이에 따른 전자의 표동속도 차이로 도메인이 점점 성장하다가 도메인 내부전계가 B점에 이르고 외부전계가 A점에 이르면 도메인으로 들어오는 전자속도나 빠져나가는 전자속도가 같아 안정된 도메인이 만들어 진다. 반도체의 길이가 길어 도메인이 양극에 도달되기 전에 안정된 도메인이 만들어지게 하는 방법의 Gunn 다이오드와 길이가 짧아 도메인이 안정되기 전에 도달되어지는 Gunn 다이오드도 있다. Gunn 다이오드는 10GHz부터 THz 영역까지의 주파수 발생기에 사용된다.

연습문제

1. Varactor를 사용한 라디오 공진주파수 $\omega_r = \frac{1}{\sqrt{LC}} \propto \frac{1}{\sqrt{V_r^{-2}}} \propto V_r$의 관계식을 유도하시오.

2. Tunnel diode에서 부서저항특성이 나타나는 이유를 설명하시오.

3. IMPAT 다이오드를 설명하시오.

4. GaAs에서의 공간전하 도메인 형성과 표동이동을 통한 부성저항 특성을 설명하시오.

CHAPTER

11 집적회로 제작 연속 공정 기초

CHAPTER

11 집적회로 제작 연속 공정

지금까지는 반도체의 기본 물질 특성과 이를 활용한 전자소자들에 관한 이론과 응용들에 관하여 살펴보았다. 뿐만 아니라 반도체를 전자소자인 *pn*접합다이오드나 트랜지스터 등을 만드는데 사용하는 기본 공정들에 관하여서도 간단하게 언급하였다. 본 장에서는 이와 같은 기본 공정들을 이용하여 앞에서 다룬 능동소자인 *pn*접합다이오드, 바이폴라트랜지스터, MOSFET 및 수동소자인 저항, 커패시터 등을 실제 집적회로에 어떻게 집적시키는지 살펴보고자 한다.

11.1 바이폴라 트랜지스터와 다이오드

저항을 가진 바이폴라 트랜지스터는 플레너(Planar) 기술을 통하여 [그림 11.1]과 같은 연속적인 공정을 마친 후 완성된다. *npn* 트랜지스터의 베이스에 저항이 연결된 회로를 제작하려면 기판으로 *p*형 실리콘을 취한다.

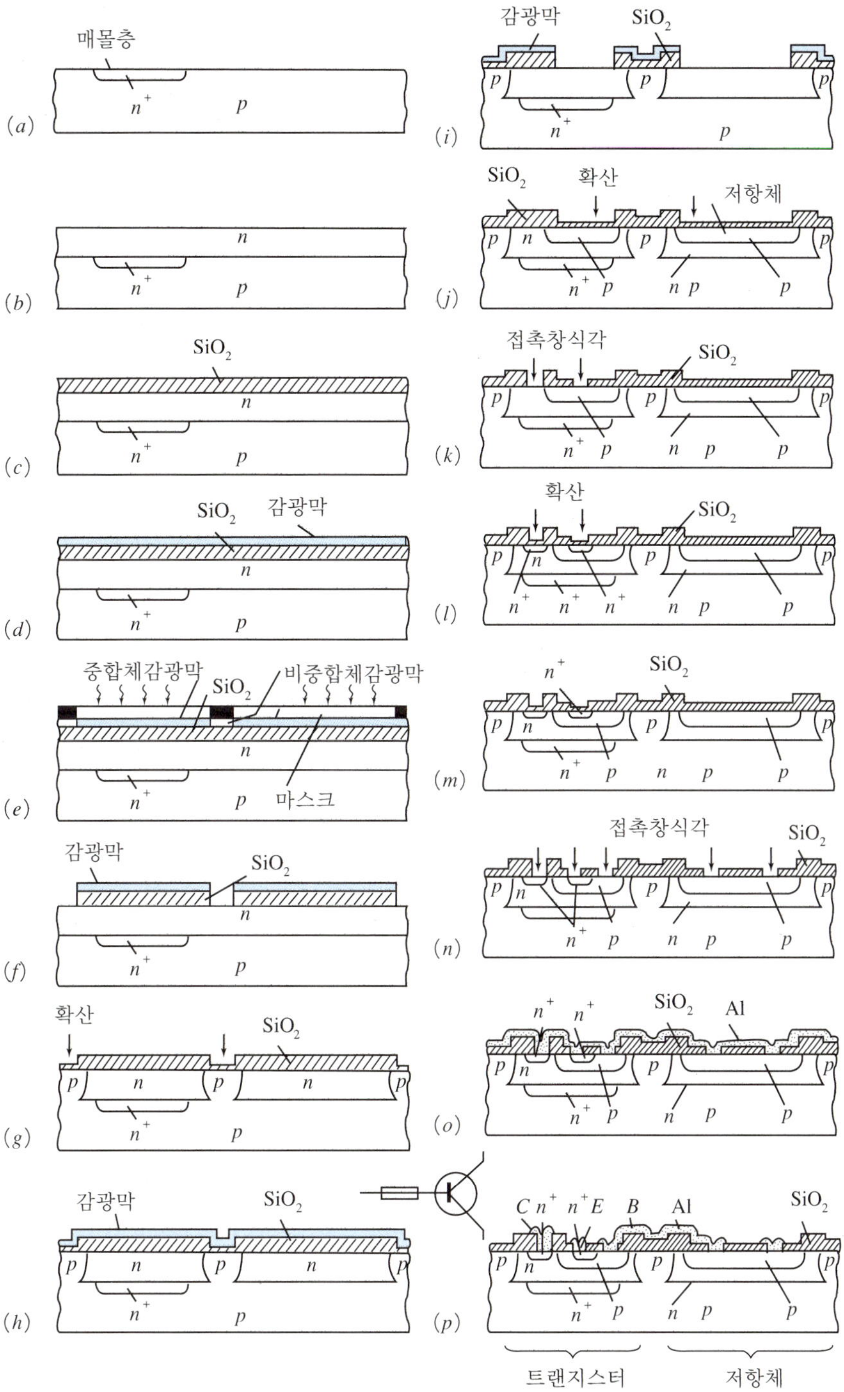

[그림 11.1] 저항과 *npn* 바이폴라 트랜지스터의 집적 회로 제작

[그림 11.1(a)] : p형의 실리콘 웨이퍼를 기판으로 택하여 감광제 막을 만들고, 노광 기술을 이용하여 매몰층(buried layer)을 구획 지은 다음, 고농도의 n형 불순 확산으로 n^+ 매몰층을 완성한다. 매몰층은 고농도로 도핑되어 있기 때문에, 저항 성분이 작아 콜렉터의 저항을 줄여 주는 역할을 한다. 매몰층이 만들어진 후에도 고온의 후속 공정들로 인하여 매몰층에 들어있는 n형의 불순물들이 열 확산되어서 원래의 고농도 특성이 없어질 수 있으므로, 확산 계수가 작은 Sb나 As 등을 불순물로 사용한다. Sb는 실리콘과 격자상수 불일치가 크고 용해도가 낮아 15~20Ω/ㅁ정도의 표면저항 매몰층에 사용된다. 그러나 As는 격자 상수가 실리콘과 잘 일치되고 용해도가 높아 약 5Ω/ㅁ의 표면저항 매몰층에 사용되지만, 증기압이 강하여 밀봉형 확산이나 고에너지 이온 주입 등을 이용한다.

[그림 11.1(b)] : [그림 11.1(a)]의 매몰층은 고농도의 불순물로 인하여 더 이상 이곳에 다른 형태 즉, p형의 불순물을 확산시키기 어려우며, 만약 p형이 도핑된다 할지라도 많은 불순물로 인하여 기계적 응력이 야기되고 불순물에 의한 이동도가 감소하게 된다. 따라서 실질적으로 능동 소자에 사용되는 매몰층 위의 부분은 저 농도를 갖는 단결정 실리콘의 성질을 갖고 있어야 하므로 에피택시 층을 성장시킨다.

[그림 11.1(c)] : 웨이퍼의 전 영역을 산화시킨다.

[그림 11.1(d)] : 음성 감광막을 씌운다.

[그림 11.1(e)] : 소자와 소자 사이의 절연 부분은 불투명, 나머지 부분은 투명한 마스크로써 노광 공정의 빛을 비추면, 투명한 부분 아래의 감광막은 중합체를 형성하게 되고, 빛이 통과되지 않은 부분은 중합체가 형성되지 않는다.

[그림 11.1(f)] : 감광막을 현상한 후 SiO_2 층을 식각한 모양

[그림 11.1(g)] : 감광막을 씻은 후, p형의 불순물을 확산시키면, [그림 11.1(f)]의 산화층이 없는 부분의 에피택시 층은 p형의 불순물로 도핑되므로 인하여 원래의 p형 기판과 같은 형태가 되어서, 좌편의 매몰층 위의 능동 소자 영역과 우편의 수동 소자 영역 n으로 분리되어진다. 산화 분위기에서 확산이 이루어지게 한다.

[그림 11.1(h)] : 다시 감광막을 씌운다.

[그림 11.1(i)] : 베이스인 p형 불순물 확산을 위한 마스크를 가져다 놓고 노광 공정과 식각 공정을 수행한 후의 모양

[그림 11.1(j)] : 산화 분위기에서 p형 불순물의 확산을 행함. 좌편은 npn트랜지스터의 베이스, 우편은 p형으로 된 저항체가 됨

[그림 11.1(k)] : [그림 11.1(j)] 공정 후, 다시 감광막을 씌우고 새로운 마스크로서 노광과 식각 공정을 거친 다음, 고농도의 n^+ 도핑 영역을 위한 확산 영역을 확정한다.

[그림 11.1(l)] : n형 베이스의 단자 접촉저항을 감소시키기 위한 n^+와 에미터 n^+가 고농도 불순물 확산을 통하여 동시에 형성된다.

[그림 11.1(m)] : 트랜지스터 특성 향상을 위하여 에미터를 더 깊이 확산시켜 베이스 폭을 작게 한다.

[그림 11.1(n)] : 에미터, 베이스, 콜렉터 및 저항의 단자 영역을 확정 짓기 위해 새로운 마스크로서 앞의 노광, 식각 공정을 행한다.

[그림 11.1(o)] : 웨이퍼 표면 전체에 알루미늄 막을 증착 시킨다.

[그림 11.1(p)] : 새로운 마스크로써 전기적 연결 금속선과 단자들을 남겨 두고 나머지 알루미늄은 모두 식각 시켜 제거하는 노광 · 식각 공정을 행한다. 이렇게 하면, 트랜지스터와 저항체가 서로 연결된 회로가 완성되어진다.

[그림 11.2]는 모든 공정이 끝난 후, [그림 11.1(p)]의 좌측 npn트랜지스터에서 에미터(E), 베이스, 콜렉터 영역(C), 그리고, n^+ 매몰층 사이에 나타나는 불순물 도핑 농도의 한 예를 보여주고 있다. x축은 에미터에서 벌크 쪽을 향한 방향이다. 고농도의 에미터 다음에는 이보다 낮은 농도의 좁은 폭을 갖는 베이스가 형성되어 있고, 이어서 보다 낮은 벌크 농도의 콜렉터가 있음을 알 수 있다. 더 깊은 곳에는 점선으로 된 n^+의 매몰 층 농도 분포가 표시되어 있다. 매몰층 확산 후에 연속으로 일어나는 고온 공정들로 인하여 실선과 같이 고농도의 n^+가 표면과 벌크 내부 방향으로 동시에 확산되어 재분포 되어진다.

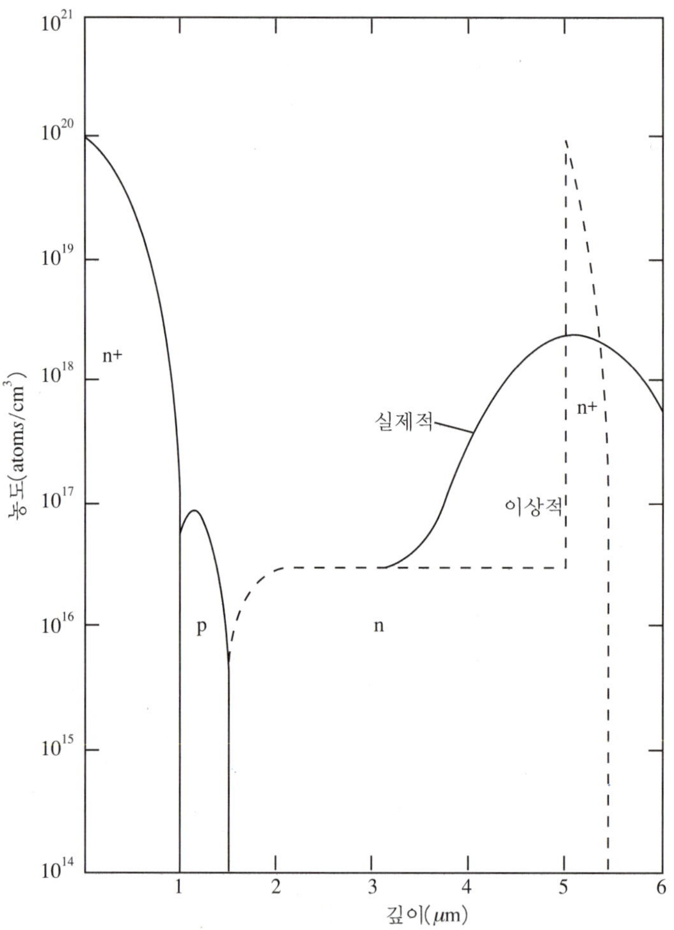

[그림 11.2] 매몰층을 갖는 바이폴라 트랜지스터의 도핑 농도 분포

다이오드는 바이폴라 트랜지스터의 3단자 중 두 단자를 연결하여 한 단자로 하고, 나머지 단자를 다른 한 단자로 하면 된다. 접속 방법에 따라 다른 커패시턴스값을 갖는다.

11.2 *n*MOS 트랜지스터 공정

MOS 트랜지스터 중에서 *n*MOS는 움직이는 반송자가 전자이므로, 정공보다 이동도가 커서 스위칭 속도가 빠른 특성이 있다.

본 절에서는 *n*MOS 트랜지스터의 기본 공정을 소개하고자 한다.

그림 11.3은 4개의 마스크로 이루어진 실리콘 게이트 *n*MOS 공정 순서이다.

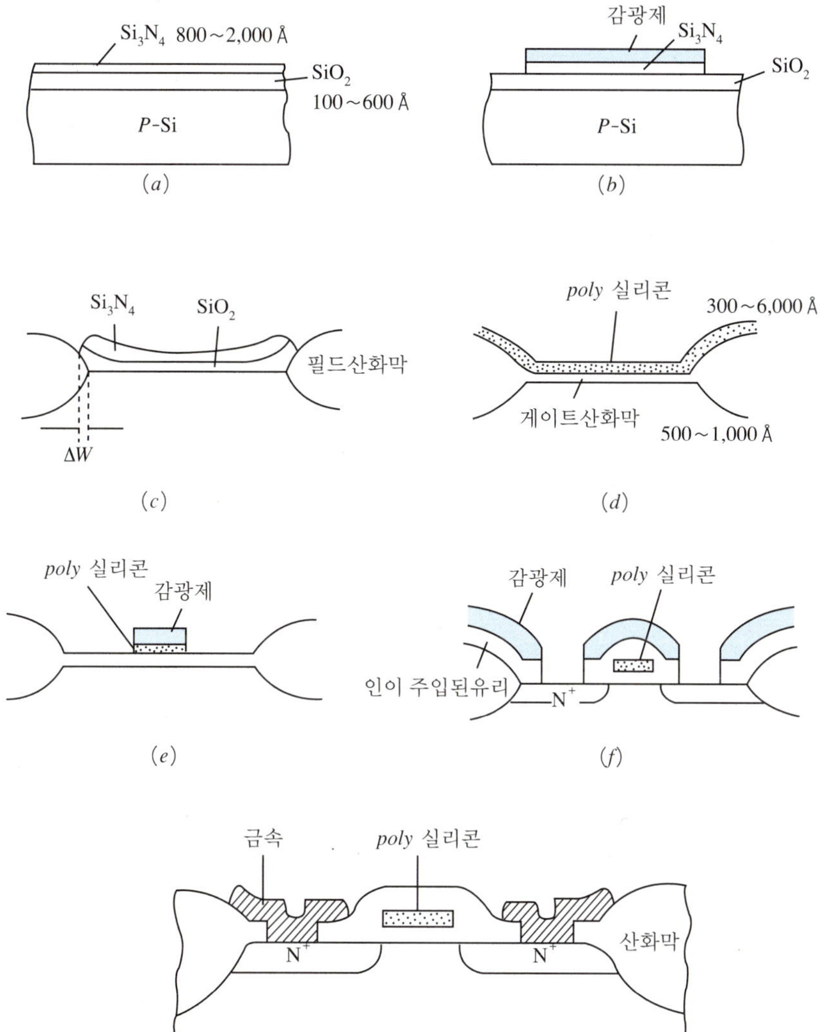

[그림 11.3] 실리콘 게이트 *n*MOS 공정 순서도

[그림 11.3(a)] : *p*형 실리콘 표면에 패드 SiO_2 층을 성장시키고, 그 위에 Si_3N_4 박막을 만든다.

[그림 11.3(b)] : 바이폴라 트랜지스터 공정과 마찬가지로 감광막을 도포하고, MOS 트랜지스터가 실질적으로 만들어질 영역을 확정 짓는 첫 번째 마스크를 가져다 노광 및 Si_3N_4 식각 공정을 거치면 이와 같은 모양이 만들어진다.

[그림 11.3(c)] : [그림 11.3(b)]의 감광막을 없앤 후에 고온에서 장시간 열 산화를 시키면, Si_3N_4 아래에서는 산화가 일어나지 않는 반면 그 외의 영역에서는 산화가 일어나는 두꺼운 필드산화(Field oxide)층이 만들어진다. Si_3N_4 마스크는 구부러지고, 원래 Si_3N_4 마스크 가장자리에서 내부 쪽으로 ΔW만큼 새부리(Bird' s beak) 형태로 필드산화층이 확장되어 들어오는 모양을 갖게 된다. 새부리 모양의 길이가 너무 길어지면 트랜지스터의 길이가 좁아지고, 이웃하는 트랜지스터 사이의 필드산화층 길이가 늘어나 웨이퍼 면적의 많은 부분이 트랜지스터가 아닌 다른 영역이 되므로 실질적인 집적도가 감소하게 된다. 이와 같은 점을 개선하기 위하여 질화막의 두께를 두껍게 한다던가, SiO_2패드 대신 다결정 실리콘 패드를 사용하기도 한다.

[그림 11.3(d)] : [그림 11.3(c)]와 같은 필드 산화층이 만들어진 후 Si_3N_4와 그 아래에 있던 얇은 산화층을 식각하여 내고, 다시 게이트 산화층을 열 산화 공정을 통하여 성장시킨다. 그 다음, 웨이퍼의 전체 표면에 다결정 실리콘 막을 증착시킨다.

[그림 11.3(e)] : 감광막을 도포하고, 두 번째 마스크를 사용하여 노광 및 식각 과정을 거쳐 게이트가 될 부분에만 게이트 산화막이 남아 있게 한다.

[그림 11.3(f)] : [그림 11.3(e)] 공정 후에 드레인과 소스를 위한 인(P) 이온을 주입하면, 잔존하는 감광막과 다결정 실리콘이 마스크가 되어 게이트 영역과 필드 산화막이 아닌 부분의 얇은 산화막을 통과하여 이온 주입이 이루어진다. 그 후에 게이트 위의 감광막을 제거하고 산화막을 다시 만든 후 감광막을 도포 한다. 3번째 마스크를 사용하여 노광 및 식각 공정을 하면, 드레인과 소스의 단자 접촉 부분이 드러나게 된다.

[그림 11.3(g)] : 앞의 공정 후에 잔존하는 감광막을 제거한 후, 웨이퍼 전체에 알루미늄을 증착하고 다시 감광막을 도포한다. 4번째 마스크를 사용하여 역시 노광 및 식각 공정을 하여 단자와 신호 연결선에 해당하는 알루미늄은 그대로 두고 나머지는 모두 제거하면 *n*MOS의 집적회로가 구현된다. 알루미늄 식각 후에는 접촉을 개선하기 위하여 반드시 열처리를 하여야 한다.

트랜지스터의 특성 개선을 위하여는 위에 기술한 기본 공정을 중심으로 하여 여러 가지 변형된 공정들이 사용된다.

11.3 CMOS 트랜지스터 공정

CMOS(Complementary metal oxide semiconductor)는 집적회로 시스템의 기본 트랜지스터 소자로서 능동 소자의 주도적인 역할을 하여 왔다. *n*MOS나 *p*MOS와는 달리 정상 상태에서 소모 전류가 없어 평균 전력 소모가 적다는 것이 CMOS의 가장 큰 장점인 것이다. CMOS는 *n*MOS와 *p*MOS의 게이트가 서로 연결되어 있고, 이들이 입력 단자로, *p*MOS의 드레인과 *n*MOS의 드레인이 결선 되어 이 부분이 출력 단자로 사용된다. [그림 11.4]는 Hewlett-Packard의 p-well CMOS 공정 순서도이다.

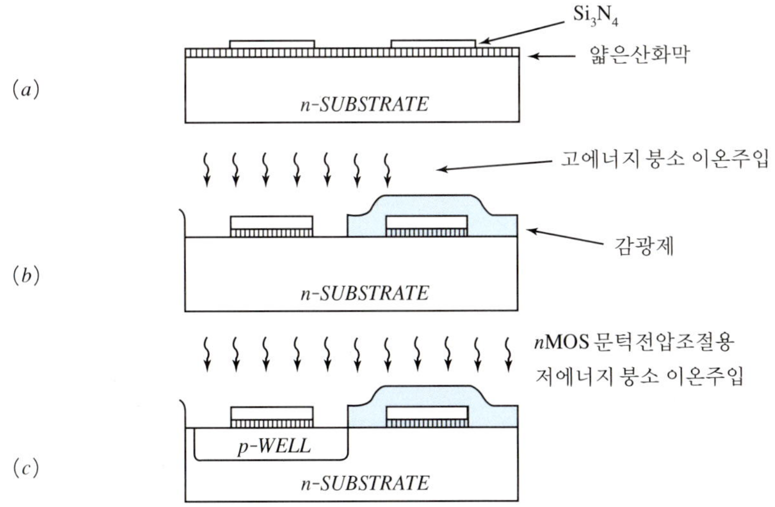

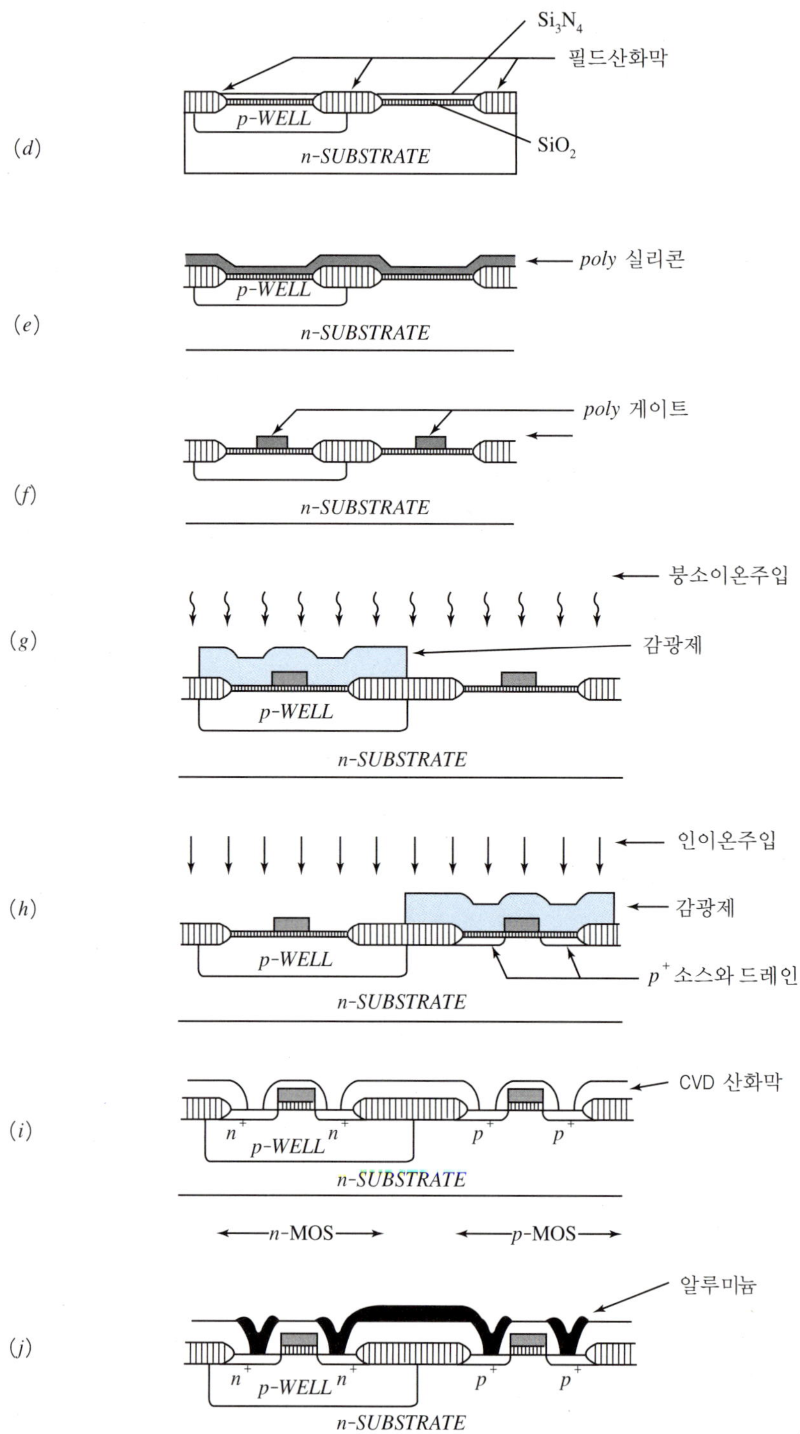

[그림 11.4] Hewlett-Packard의 CMOS 공정 순서도

[그림 11.4(a)] : *n*형 실리콘 기판 표면을 얇은 산화층으로 산화시켜 그 위에 질화막을 증착시킨 후 *n*MOS 공정 때와 같이 능동 소자인 트랜지스터 영역만 남겨 두고 나머지 부분의 질화막들은 식각시킨다(1번째 마스크).

[그림 11.4(b)] : 질화막 아래의 산화막은 남겨 두고 나머지 산화막은 모두 식각한 후, 감광막을 두껍게 도포한다. 2번째 마스크를 사용하여 *n*MOS 트랜지스터가 만들어질 p-well을 확정한다.

[그림 11.4(c)] : 낮은 에너지의 붕소를 이온 주입시켜 *n* 채널 문턱 전압을 조절한다.

[그림 11.4(d)] : 감광막을 제거하고 열 산화 시켜 필드 산화층을 만든다.

다른 공정(예: GE-Intersil의 retrograde *p-well* 공정)에서는 필드 산화층을 먼저 만들고 난 후에 높은 에너지의 이온 주입으로 *p-well*을 만들기 때문에, 수평 방향으로의 확산이 줄어들어 집적도가 증가한다.

[그림 11.4(e)] : 질화막과 산화막을 제거하고 새로이 얇은 산화막을 성장시킨 후, 그 위에 다결정 실리콘 막을 증착시킨다.

[그림 11.4(f)] : 3번째 마스크를 사용하여 다결정 게이트 막의 모형을 만든다.

[그림 11.4(g)] : [그림 11.4(b)] 때의 마스크를 그대로 사용하고, 감광재료를 반대의 것(음이나 양 중에서)으로 하면 [그림 11.1(g)]와 같은 모형이 형성된다. 여기에 붕소를 이온 주입 시켜 *p*MOS 트랜지스터를 만든다.

[그림 11.4(h)] : 2번째 마스크를 다시 사용하여 [그림 11.4(c)] 때의 감광제를 이용하면 [그림 11.4(h)]와 같은 감광제 모형을 얻을 수 있고, 이어서 인을 이온 주입시켜 *p-well* 내에 nMOS 트랜지스터를 만든다.

[그림 11.4(i)] : *n*MOS와 *p*MOS가 다 만들어진 후, 화학 증착법으로 산화층을 만들고 4번째 마스크를 사용하여 접촉 단자를 만든다.

[그림 11.4(j)] : 웨이퍼 표면 전체를 알루미늄으로 증착시키고, 4번째 마스크를 사용하여 도선 모형을 만든다.

CMOS 역시 성능 개선을 위하여 많은 변형된 공정들이 있다.

11.4 수동 소자

집적회로 내에서 주로 사용되는 수동 소자는 저항과 커패시턴스이다. 인덕턴스는 집적화의 어려움 때문에 추가적인 특수 공정을 제외하고는 거의 사용하지 않는다.

11.4.1 저항

집적회로의 저항은 실리콘 기판 표면을 산화하여 노광과 식각 공정을 거친 후, 기판과 반대되는 형의 불순물을 열 확산이나 이온을 주입시켜 만든다. [그림 11.5]는 n형의 에피층이나 낮은 도핑 농도를 갖고 있는 콜렉터 영역에 p형의 불순물을 도핑하고, 양쪽 끝에 접촉 단자를 만들면 저항체가 되는 모양을 보여주고 있다.

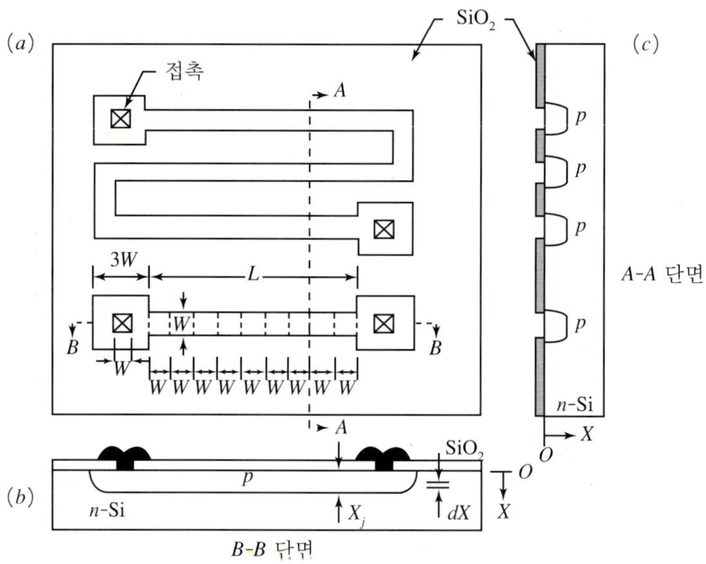

[그림 11.5] 집적화된 저항체

[그림 11.5(b)]와 [그림 11.5(c)]는 각각 [그림 11.5(a)]의 단면 BB, AA를 나타낸다. 저항 값을 결정하기 위해서는 면저항(Sheet resistance)을 사용한다. 면적저항을 알면, 필요한 저항 값에 해당하는 저항 구조를 설계시에 고려할 수 있다.

[그림 11.6]은 면적저항을 정의하기 위한 하나의 저항체를 보여준다.

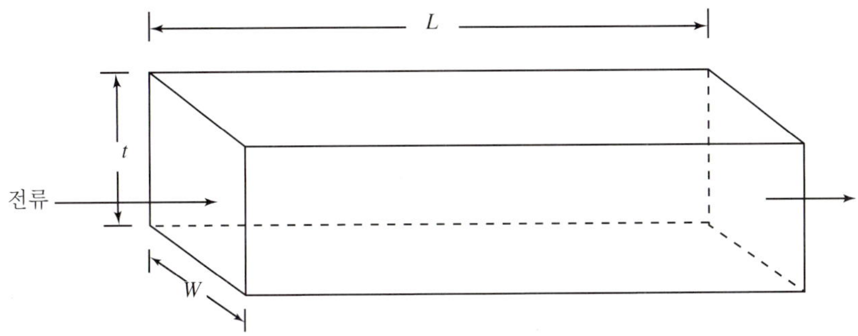

[그림 11.6] 면적저항을 정의하기 위한 저항 구조

[그림 11.6]과 같이 단면 tW에 수직으로 전류가 흐르면, 전체 저항 R은 비저항 ρ, 길이 L, 폭 W, 두께 t에 의하여 다음과 같이 된다.

$$R = \rho \cdot \frac{L}{tW} = R_s \cdot \frac{L}{W} \tag{11.1}$$

여기서,

$$R_s = \frac{\rho}{t} [\Omega/\square] \tag{11.2}$$

이며, R_s를 면저항이라고 한다.

길이 L과 폭 W의 비 $L/W=1$일 때, 저항값은 $R=R_S$가 되므로 R_S의 단위를 단위 정방형(Unit square)당의 저항[Ω / □]으로 정의한다. 따라서, 큰 저항 값을 갖는 저항체를 집적시키고자 하면, R_S가 일정할 때 L/W를 크게 하면 된다.

R_S 값 자체는 비저항 ρ에 비례하고 두께 t에 반비례하므로 도핑 농도와 확산 깊이를 작게 함으로써 큰 값으로 조절 할 수 있는 것이다. [그림 11.5(a)]의 접촉 단자와 저항체의 모서리 부분은 전류의 흐름이 저항체 단면에 수직으로 균일하게 되지 않기 때문에 $L/W=0.65$ 정도로 근사값을 취한다.

[그림 11.5(a)]의 아래 저항체는 $L/W=9$인 내부 영역과 양쪽 접촉 단자 저항 부분

으로 되어 있으므로 전체 L/W=10.3 이 된다.

만약 R_S=1kΩ/□라면 저항 R=10.3kΩ의 값이 됨을 알 수 있다.

모서리 접촉 부분의 보다 정확한 L/W는 컴퓨터 시뮬레이션에 의하여 구할 수 있다. 열 확산에 의하여 만들어진 저항체는 공정상의 재현성이 낮아 R_S 값이 ±50% 정도의 편차를 갖기 때문에 저항 값의 변화가 큰 영향을 주지 않는 경우에 사용한다.

이에 반하여, 이온 주입된 저항체는 보다 정확한 공정 제어가 가능하므로 ±1%의 작은 R_S 편차를 나타낸다. *AD*/*DA* 변환 장치와 같이 정밀 저항체가 요구될 때는 저항 성분의 물질을 진공 증착이나 스파터링 시켜서 얇은 박막을 만들어 사용하기도 한다.

11.4.2 커패시터

집적회로에 사용되는 커패시터는 크게 MOS 구조와 *pn*접합의 두 가지로 분류할 수 있다. [그림 11.7]은 대표적인 두 커패시터의 평면도와 단면도를 보여주고 있다.

[그림 11.7(a)]는 MOS 커패시터, [그림 11.7(b)]는 *pn*접합으로된 커패시터이다.

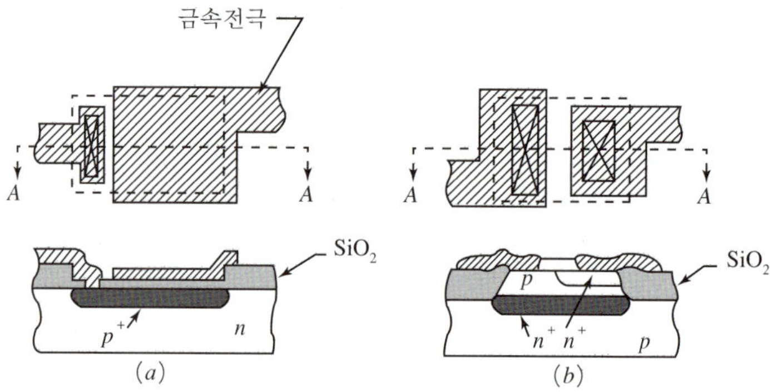

[그림 11.7] 집적회로의 커패시터

(a) MOS 커패시터
(b) *pn*접합 커패시터

MOS 커패시터는 [그림 11.8(a)]와 같이 실리콘 웨이퍼 표면을 산화시킨 후, 저항체에 해당되는 곳을 노광과 식각 공정으로 확정 짓는다. [그림 11.8(b)]는 불순물인 붕소 이온을 주입시키는 과정이며, 그 후에 유전 층인 얇은 산화막을 만든다.

[그림 11.8(c)]와 같이 이온 주입된 층과 전기적 접속이 이루어지는 접촉 부분의

산화막을 식각 시켜 제거하고 전체를 알루미늄으로 증착시킨 후, 필요한 부분만 남겨 두고 나머지는 식각 한다.

[그림 11.8(d)]처럼 위층의 알루미늄 면과 아래의 P^+ 이온 주입된 것 중 서로 겹치는 영역이 커패시터 기능을 하게 되며 유전체는 중간에 들어 있는 SiO_2인 것이다.

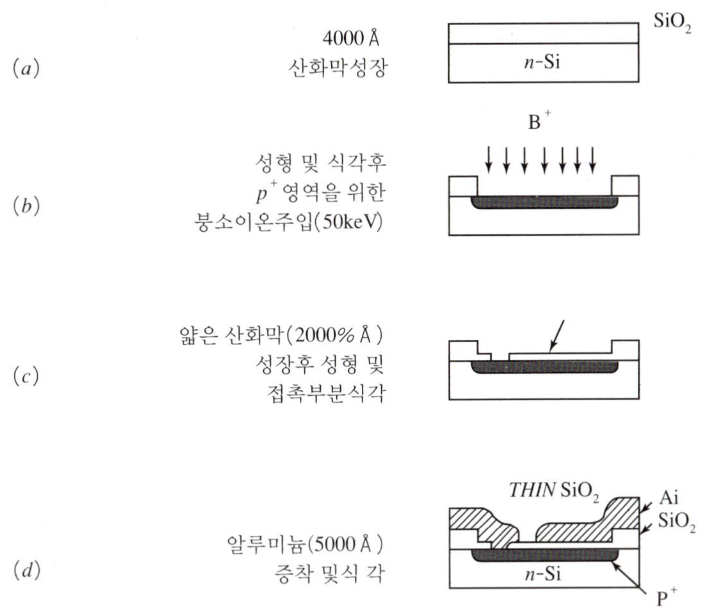

[그림 11.8] MOS 커패시터 제작 공정 순서

단위면적당의 커패시턴스는 다음과 같다.

$$C = \frac{\varepsilon}{d} \qquad \left[F/cm^2\right] \tag{11.3}$$

여기서 d는 유전체의 두께, $\varepsilon = \varepsilon_0 \cdot \varepsilon_r$로써 비유전율과 공기 중에서의 유전률 ε_0를 곱한 값이다. SiO_2는 비교적 작은 값을 갖고 있지만, Si_3N_4나 Ta_2O_5 등은 각각 7과 21의 큰 유전율을 갖고 있어, 이들 물질을 유전 층으로 사용하면 같은 면적에서 보다 큰 커패시턴스를 얻을 수 있다. 집적도가 큰 DRAM(Dynamic random access memory) 구조에서는 면적이 작으면서도 큰 커패시턴스 값을 갖는 커패시터가 필요하므로, 이를 위해 [그림 7.5]에서 이미 언급된바와 같이 표면을 파서 트렌치 모양으로 하여 소요되는 웨이퍼의 평면 면적에 비하여 커패시터의 실제 면적이 증가되게 하는 트렌치 커패시터나, 위로 적층을 쌓는 적층 커패시터(Stacked capacitor) 등이 있다.

[그림 11.7(b)]와 같은 *pn*접합 커패시터는 바이폴라 트랜지스터와 같은 제작 공정을 이용하여 집적시킬 수 있다. *p*와 *n* 사이에 역 바이어스를 인가하면, 인가된 전압의 평방근에 반비례하는 커패시턴스 값을 얻을 수 있다. *pn*접합 커패시터는 MOS 형 커패시터에 비하여 구조상 단자와 커패시터 사이에 직렬로 연결되어 있는 큰 저항 성분이 추가되어져 있다.

연습문제

1. *npn* 바이폴라 트랜지스터의 공정순서를 도시하면서 설명하시오.
2. 일반적으로 다이오드는 어떻게 만드는가?
3. *n*MOS 제작 공정을 순서대로 도시하고 설명하시오.
4. 마스크 4개를 사용한 *p–well* CMOS 제작공정을 도시하고 설명하시오.
5. 면저항이란 무엇인가?
6. $R_S = 1\text{k}\Omega/\square$일 때 $10\text{k}\Omega$의 저항을 만들려고 한다 접촉단자부분을 제외한 저항체의 L/W은 얼마가 되어야 하는가? (단 접촉단자는 $L/W = 0.5\square$로 생각한다.)
7. 집적회로에서 사용되는 MOS 및 *pn*접합 커패시터 구조를 도시하시오.
8. MOS커패시터 제작공정을 순서대로 도시하시오.

APPENDIX

부록

부록1 불순물 원자 에너지 준위

부록2 빛의 단위들

부록3 국제적 단위

부록4 단위 접두어

부록5 그리스어의 알파벳

부록6 물리 상수

부록7 반도체 물질들의 성질(300K에서)

부록8 300K에서 Ge, Si, GaAs의 성질들

부록9 300K에서 SiO_2, Si_3N_4 성질

부록10 원소 주기율표

부록1 불순물 원자 에너지 준위

Si, GaAs의 금지대역 내에서 불순물 원자들이 갖는 에너지 준위

$E_C < E < E_i$: Donor, $E_i < E < E_V$: Acceptor

예외 A: Acceptor, D:Donor

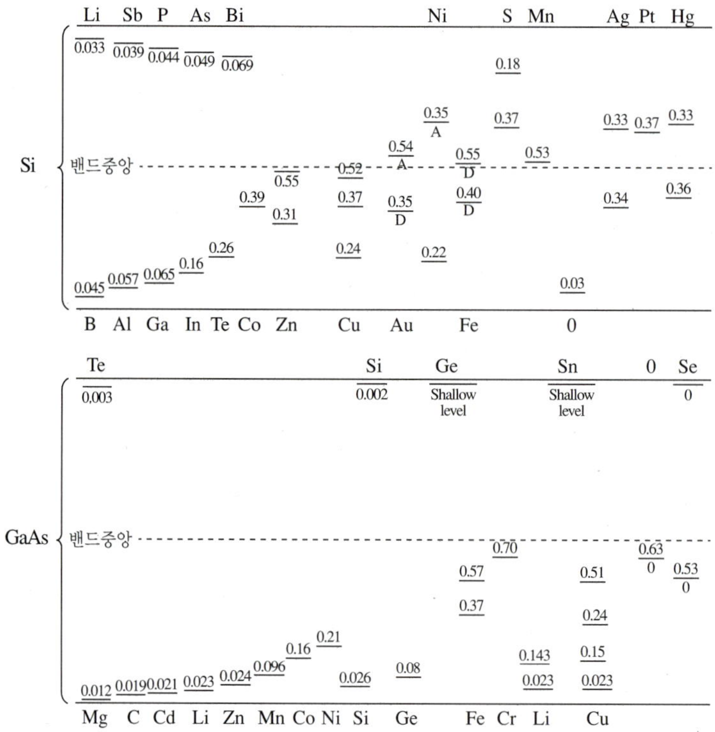

부록2 빛의 단위들

- 1 sr: 1 스테레디언(Steradian)은 [그림 App1.1]과 같이 반경 r로 된 구를 그렸을 때 구의 표면적이 r^2가 되는 입체각을 말한다. 구의 전체면적은 $4\pi r^2$이므로 구는 $4\pi = 12.56\,sr$이다.

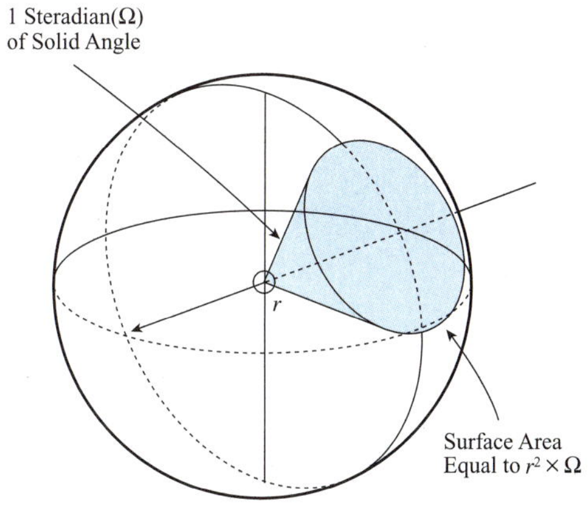

[그림 부록2.1] Steradian

- 루멘(lm): 광학에서 기본이 되는 광선속의 단위이다. 사람의 눈은 556nm(green 색)에서 가장 감도가 높으며 이 파장에서 1Watt(energy/sec)가 680루멘(lumen)에 해당한다.
- 칸델라(cd): 빛의 세기이다. 주어진 한 방향인 단위입체각인 1스테레디안(sr)으로 540 THz(=556nm)단파장의 광원에서 나오는 빛이 비춰졌을 때, 그 세기가 1/683 watt/sr 일 때의 광원 세기를 말한다. 따라서 1cd의 광원이 1sr으로만 비춰졌을 때는 1sr에서는 1lm이 됨을 알 수 있다[(1/683)680 lm/sr=1 lm/sr]. 즉 1cd=1 lm/sr이 된다.
- 럭스(lux): 빛의 밝기인 조도를 의미한다. 1cd 광원으로부터 나오는 모든 빛이 1m 거리에 1m^{2}면적에 수직으로 입사될 때의 밝기를 1럭스(lux)라 한다. [그림 App1.2]와 같이 만약 1cd로부터 1sr방향으로 집중된 빛이 거리 1m 떨어졌을 때 그 곳의 밝기는 1sr으로 만들어지는 구면이 1m^2 이므로 1lm/m^{2}가 된다. 만약 광

원이 점광원이 되어 전 방향으로 고르게 빛을 방사시키면 1m 거리에서 $1lm/m^2$의 조도를 얻기 위해선 구의 면적이 4π배가 더 넓으므로 광원이 4π=12.56cd가 되어야 한다. 그렇게 되어야 전체 빛의 플럭스 중에서 $1/4\pi$만이 광원에서 1m 떨어진 곳에 입체각 1sr을 이루는 곳에 수직으로 비춰져 $1lm/m^2$인 조도 즉 1lux를 얻게 된다.

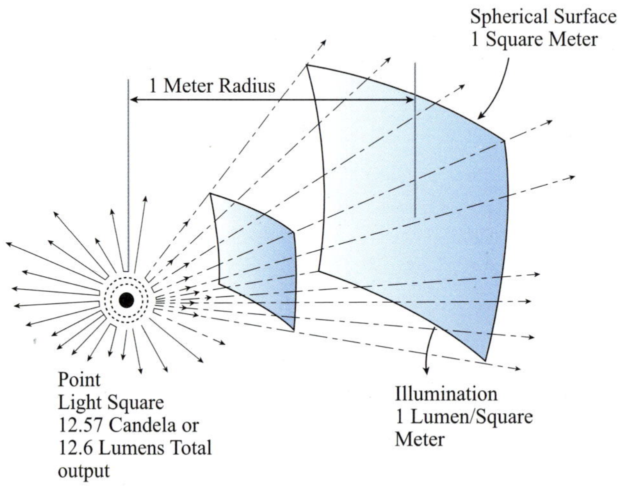

[그림 부록2.2] 점광원에 의한 빛의 조사

- 빛의 세기: 광도는 빛의 세기를 나타내며 단위는 칸델라(cd)이다. 이것은 단위시간에 단위입체각 스테레디안(sr) 방향으로 광원에서 나오는 빛의 양으로 정의된다. 진동수 540 THz의 단색광을 방출하는 광원이 1W/sr의 세기를 나타낸다.

부록3 국제적 단위

양	단위	심벌	디멘션
Length	meter	m	
Mass	kilogram	kg	
Time	second	s	
Temperature	kelvin	K	
Current	ampere	A	
Frequency	hertz	Hz	1/s
Force	newton	N	kg–m/s^2
Pressure	pascal	Pa	N/m^2
Energy	joule	J	N–m
Power	watt	W	J/s
Electric charge	coulomb	C	A • s
Potential	volt	V	J/C
Conductance	siemens	S	A/V
Resistance	ohm	Ω	V/A
Capacitance	farad	F	C/V
Magnetic flux	weber	Wb	V • s
Magnetic induction	tesla	T	Wb/m^2
Inductance	henry	H	Wb/A

부록4 단위 접두어

Multiple	Prefix	Symbol	Multiple	Prefix	Symbol
10^{18}	exa	E	10^{-1}	deci	d
10^{15}	peta	P	10^{-2}	centi	c
10^{12}	tera	T	10^{-3}	milli	m
10^{9}	giga	G	10^{-6}	micro	μ
10^{6}	mega	M	10^{-9}	nano	n
10^{3}	kilo	k	10^{-12}	pico	p
10^{2}	hecto	h	10^{-15}	femto	f
10	deka	da	10^{-18}	atto	a

부록5 그리스어의 알파벳

글자	소문자	대문자	글자	소문자	대문자
Alpha	α	A	Nu	ν	N
Beta	β	B	Xi	ξ	Ξ
Gamma	γ	Γ	Omicron	o	O
Delta	δ	Δ	Pi	π	Π
Epsilon	ε	E	Rho	ρ	P
Zeta	ζ	Z	Sigma	σ	Σ
Eta	η	H	Tau	τ	T
Theta	θ	Θ	Upsilon	υ	Y
Iota	ι	I	Phi	ϕ	Φ
Kappa	κ	K	Chi	χ	X
Lambda	λ	Λ	Psi	ψ	Ψ
Mu	μ	M	Omega	ω	Ω

부록6 물리 상수

량	심벌	값
Angstrom unit	Å	$1\text{Å} = 10^{-4}\,\mu\text{m} = 10^{-8}\,\text{cm}$
Avogadro constant	N_{AVO}	$6.02204 \times 10^{23}\,\text{mol}^{-1}$
Bohr radius	a_B	0.52917Å
Boltzmann constant	k	$1.38066 \times 10^{-23}\,\text{J/K}\,(\text{R/N}_{\text{AVO}})$
Elementary charge	q	$1.60218 \times 10^{-19}\,\text{C}$
Electron rest mass	m_0	$0.91095 \times 10^{-30}\,\text{kg}$
Electron volt	eV	$1eV = 1.60218 \times 10^{-19}\,\text{J}$ $= 23.053\text{kcal/mol}$
Gas constant	R	$1.97819\text{cal mol}^{-1}\text{K}^{-1}$
Permeability in vacuum	μ_0	$1.25663 \times 10^{-8}\,\text{H/cm}\,(4\pi \times 10^{-9})$
Permittivity in vacuum	ϵ_0	$8.85418 \times 10^{-14}\,\text{F/cm}\,(1/\mu_0 c^2)$
Planck constant	h	$6.62617 \times 10^{-34}\,\text{J} \cdot \text{s}$
Reduced Planck constant	$\hbar$	$1.0545 \times 10^{-34}\,\text{J} \cdot \text{s}\,(h/2\pi)$
Proton rest mass	M_p	$1.67264 \times 10^{-27}\,\text{kg}$
Speed of light in vacuum	c	$2.99797 \times 10^{10}\,\text{cm/s}$
Standard atmosphere		$1.01325 \times 10^{5}\,\text{N/m}^2$
Thermal voltage at 300K	kT/q	$0.0259\,\text{V}$
Wavelength of 1-eV quantum	λ	$1.23977\mu\text{m}$

부록7 반도체 물질들의 성질(300K에서)

종류	밴드형 및 결정구조	E_g (eV)	μ_n (cm^2/V-s)	μ_p (cm^2/V-s)	m_n^*/m_o (m_l, m_f)	m_p^*/m_o (mlli, m_l)	격자상수 a(Å)	ε_r	밀도 (g/cm^3)	융점 (℃)
Si	(i/D)	1.11	1350	480	0.98, 0.19	0.16, 0.49	5.43	11.8	2.33	1415
Ge	(i/D)	0.67	3900	1900	1.64, 0.082	0.04, 0.28	5.65	16	5.32	936
Sic(α)	(i/W)	2.86	500	–	0.6	1.0	3.08	10.2	3.21	2830
AlP	(i/Z)	2.45	80	–	–	0.2, 0.63	5.46	9.8	2.40	2000
AlAs	(i/Z)	2.16	1200	420	2.0	0.15, 0.76	5.66	10.9	3.60	1740
AlSb	(i/Z)	1.6	200	300	0.12	0.98	6.14	11	4.26	1080
GaP	(i/Z)	2.26	300	150	1.12, 0.22	0.14, 0.79	5.45	11.1	4.13	1467
GaAs	(d/Z)	1.43	8500	400	0.067	0.074, 0.50	5.65	13.2	5.31	1238
GaN	(d/Z, W)	3.4	380	–	0.19	0.60	4.5	12.2	6.1	2530
GaSb	(d/Z)	0.7	5000	1000	0.042	0.06, 0.23	6.09	15.7	5.61	712
InP	(d/Z)	1.35	4000	100	0.077	0.089, 0.85	5.87	12.4	4.79	1070
InAs	(d/Z)	0.36	22600	200	0.023	0.025, 0.41	6.06	14.6	5.67	943
InSb	(d/Z)	0.18	10^5	1700	0.014	0.015, 0.40	6.48	17.7	5.78	525
ZnS	(d/Z, W)	3.6	180	10	0.28	–	5.409	8.9	4.09	1650
ZnSe	(d/Z)	2.7	600	28	0.14	0.60	5.671	9.2	5.65	1100
ZnTe	(d/Z)	2.25	530	100	0.18	0.65	6.101	10.4	5.51	1238
CdS	(d/W, Z)	2.42	250	15	0.21	0.80	4.137	8.9	4.82	1475
CdSe	(d/W)	1.73	800	–	0.13	0.45	4.30	10.2	5.81	1258
CdTe	(d/Z)	1.58	1050	100	0.10	0.37	6.482	10.2	6.20	1098
PbS	(i/H)	0.37	575	200	0.22	0.29	5.936	17	7.6	1119
PbSe	(i/H)	0.27	1500	1500	–	–	6.147	23.6	8.73	1081
PbTe	(i/H)	0.29	6000	4000	0.17	0.20	6.452	30	8.16	925

i: indirect D: diamond W: wurtzite

d: direct Z: zinc-blende H: halite

부록8 300K에서 Ge, Si, GaAs의 성질들

성질	Ge	Si	GaAs
원자/cm^3	4.42×10^{22}	5.0×10^{22}	4.42×10^{22}
원자무게	72.60	28.09	144.63
파괴전계(V/cm)	$\sim10^5$	$\sim3\times10^5$	$\sim4\times10^5$
결정구조	Diamond	Diamond	Zincblende
밀도(g/cm^3)	5.3267	2.328	5.32
유전상수	16.0	11.9	13.1
전도대역 유효상태 밀도, N_c(cm^{-3})	1.04×10^{19}	2.8×10^{19}	4.7×10^{17}
가전자대역 유효상태 밀도, N_c(cm^{-3})	6.0×10^{18}	1.04×10^{19}	7.0×10^{18}
유효질량, m^*/m_o 전자	m_l^*=1.64 m_l^*=0.082	m_l^*=0.98 m_l^*=0.19	0.067
정공	m_{lh}^*=0.044 m_{hh}^*=0.28	m_{lh}^*=0.16 m_{hh}^*=0.49	m_{lh}^*=0.082 m_{hh}^*=0.45
전자친화도, x(V)	4.0	4.05	4.07
에너지갭(eV) at 300K	0.66	1.12	1.424
진성반송자농도(cm^{-3})	2.4×10^{13}	1.45×10^{10}	1.79×10^{6}
진성 디바이 길이(㎛)	0.68	24	2250
진성 비저항(Ω-cm)	47	2.3×10^{6}	10^8
격자상수(Å)	5.64613	5.43095	5.6533
선형열팽창계수 ΔL/LΔT(℃$^{-1}$)	5.8×10^{-6}	2.6×10^{-6}	6.86×10^{-6}
융점(℃)	937	1415	1238
소수반송자수명(s)	10^{-3}	2.5×10^{-3}	$\sim10^{-8}$
이동도(표동)(cm^2/V · s)	3900 1900	1500 450	8500 400
비열(J/g · ℃)	0.31	0.7	0.35
300K에서 열전도율(W/cm · ℃)	0.6	1.5	0.46
열확산도(cm^2/s)	0.36	0.9	0.44
증기압(Pa)	1 at 1330℃ 10^{-6} at 760℃	1 at 1650℃ 10^{-6} at 900℃	100 at 1050℃ 1 at 900℃

부록9 300K에서 SiO_2, Si_3N_4 성질

부도체:	SiO_2	Si_3N_4
구조	비정질	비정질
융점(℃)	~1600	-
밀도(g/cm^3)	2.2	3.1
굴절률	1.46	2.05
유전상수	3.9	7.5
파괴전계(V/cm)	10^7	10^7
원적외선 흡수대역(㎛)	9.3	11.5–12.0
애너지갭(eV)	9	~5.0
열팽창계수($℃^{-1}$)	5×10^{-7}	-
열전도도(W/cm-K)	0.014	-
비저항(Ω-cm) at 25℃	10^{-14}–10^{16}	$\sim10^{14}$
at 500℃	-	$\sim2\times10^{13}$
희석된 HF° 에서의 식각률	1000	5–10

희석된 HF: 34.6% (wt.) NH_4F, 6.8% (wt.) HF, 58.6% H_2O.

부록10 원소 주기율표

← 금속 ———— 비금속 →

IA	IIA	IIIB	IVB	VB	VIB	VIB	VIII			IB	IIB	IIIA	IVA	VA	VIA	VIIA	0
1 H 1.00797																1 H 1.0079	2 He 4.0026
3 Li 6.939	4 Be 9.012											5 B 10.811	6 C 12.011	7 N 14.007	8 O 15.9994	9 F 18.998	10 Ne 20.183
11 Na 22.990	12 Mg 24.312											13 Al 26.98	14 Si 28.086	15 P 30.97	16 S 32.064	17 Cl 35.453	18 Ar 39.95
19 K 39.102	20 Ca 40.08	21 Sc 44.96	22 Ti 47.90	23 V 50.94	24 Cr 52.00	25 Mn 54.94	26 Fe 55.85	27 Co 58.93	28 Ni 58.71	29 Cu 63.54	30 Zn 65.37	31 Ga 69.72	32 Ge 72.59	33 As 74.92	34 Se 78.96	35 Br 79.91	36 Kr 83.80
37 Rb 85.47	38 Sr 87.62	39 Y 88.91	40 Zr 91.22	41 Nb 92.91	42 Mo 95.94	43 Te 99	44 Ru 101.07	45 Rh 102.91	46 Pd 106.4	47 Ag 107.87	48 Cd 112.40	49 In 114.82	50 Sn 118.69	51 Sb 121.75	52 Te 127.60	53 I 126.90	54 Xe 131.30
55 Cs 132.91	56 Ba 137.34	57-71 La series*	72 Hf 178.49	73 Ta 180.95	74 W 183.85	75 Re 186.2	76 Os 190.2	77 Ir 192.2	78 Pt 195.1	79 Au 196.97	80 Hg 200.59	81 Tl 204.37	82 Pb 207.19	83 Bi 208.98	84 Po 210	85 At 210	86 Rn 222
87 Fr 223	88 Ra 226	89- Ac series†	104	105	106	107	108	109	110	111	112	113	114	115	116	117	118

*	58 Ce 140.12	59 Pr 140.91	60 Nd 144.24	61 Pm 145	62 Sm 150.35	63 Eu 151.96	64 Gd 157.25	65 Tb 158.92	66 Dy 162.50	67 Ho 164.93	68 Er 167.26	69 Tm 168.93	70 Yb 137.04	71 Lu 174.97
†	90 Th 232.04	91 Pa 231	92 U 238.03	93 Np 237	94 Pu 242	95 Am 243	96 Cm 247	97 Bk 249	98 Cf 251	99 Es 254	100 Fm 253	101 Md 256	102 No 253	103 Lw 257

참고문헌

[1.1] B. G. Streetman, S. K. Banerjee, *Soild State Electronic, Devices 6th Edition*, Pearson Prentice Hall, 2006

[1.2] C. R. Barrett, W. D. Nix, A. S. Tetelman, *The Principles of Engineering Materials*, Prentice-Hall

[1.3] C. Weissmantel, C. Hamannn, *Grundlagen der Festkoerperphysik*, Springer Verlag, 1979

[1.4] E. Spenke, *Elektronische Halbleiter 2 Auflage*, Springer-Verlag, 1955

[1.5] M. Lovel, A. Avery & M. Vernon, *Physical Properties of Molecules*, ELBS, 1979

[1.6] R. A. Smith, *Semiconductors*, Cambridge univ. Press., 1978

[1.7] S. M. Sze, *Physics of Semiconductor Devices 2nd Edition*, A Wiley-Interscience Publication, 1981

[1.8] 이영근, 전자공학의 기초, 광림사, 1971

[1.9] 青木昌治 저, 장보현, 박원구, 박대원 역, 응용물성론, 교문사, 1989

[2.1] A. Moeschwitzer, K. H. Diener, D. Landgrage-Dietz, E. Koehler, *Halbleiterelektronik,* Dr. Alfred Huethig Verlag, 1974

[2.2] A. Moeschwitzer, K. Lunze, *Halbleiterelektronik*, Dr. Alfred Huethig Verlag, 1973

[2.3] B. G. Streetman, S. K. Banerjee, *Soild State Electronic, Devices 6th Edition*, Pearson Prentice Hall, 2006

[2.4] C. C. Hu, *Modern Semiconductor Devices for Integrated Circuits*, Pearson, 2010

[2.5] M. Lovel, A. Avery & M. Vernon, *Physical Properties of Molecules*, ELBS, 1979

[2.6] R. A. Smith, *Semiconductors*, Cambridge univ. Press., 1978

[2.7] S. M. Sze, *Physics of Semiconductor Devices 2nd Edition*, A Wiley-Interscience Publication, 1981

[2.8] 이영근 , 전자공학의 기초, 광림사, 1971

[2.9] 황호정, 반도체공정기술 개정판, 2009

[3.1] B. G. Streetman, S. K. Banerjee, *Soild State Electronic, Devices 6th Edition*, Pearson Prentice Hall, 2006

[3.2] C. C. Hu, *Modern Semiconductor Devices for Integrated Circuits*, Pearson, 2010

[3.3] M. Lovel, A. Avery & M. Vernon, *Physical Properties of Molecules*, ELBS, 1979

[3.4] R. A. Smith, *Semiconductors*, Cambridge univ. Press., 1978

[3.5] R. Paul, *Halbleiterphysik*, Dr. Alfred Huethig Verlag Heidelberg, 1775

[3.6] R. Paul, *Halbleiter-sonder-bauelemente*, VEB Verlag Technik Berlin, 1981

[3.7] S. M. Sze, *Physics of Semiconductor Devices 2nd Edition*, A Wiley-Interscience Publication, 1981

[3.8] S. O. Kasap, *Principle of Electronic Materials and Devices 2nd Edition*, McGraw-Hill, 2002

[3.9] 이영근 , 전자공학의 기초, 광림사, 1971

[4.1] A. F. Bogenschuetz, *Aetzpraxis fuer Halbleiter*, Carl Hanser Verlag, Muenchen, 1967

[4.2] B. E. Deal, A. S. Grove, "General Relationship for the Thermal Oxidation of Silicon." *J. Appl. Phys.*, 36, p3770, 1965

[4.3] B. I. Boltaks, *Diffusion in Semiconductors*, Academic Press, New York, 1963

[4.4] C. F. Powell, J. H. Oxley, J. H. Bloocher, *Vapor Deposition*, Wiley, New York, 1996

[4.5] H. Ryssel, I. Ruge, *Ionen-Implantation*, Yeubner Stuttgart, 1978

[4.6] H. S. Park, J. H. Lee, H. J. Hwang, "Analytical Model of Implanted Impurity Profiles in Silicon for Shallow Juction Devices," *ICVC, Seoul, Korea, 1991*

[4.7] I. Ruge, *Halbleiter Technologie*, Springer verlag, Berlin,Heidelberg, New York, 1975

[4.8] J. L. Vossen, W. Kern, *Thin Film Processes*, Academic Press, New York, 1978

[4.9] J. P. Langan, Electron Package Prod.6, No.6, 1970

[4.10] K. A. Valiev, *The Physics of Submicron Lithography*, Plenum Press, New york and London, 1992

[4.11] L. I. Maisell, R. Glang eds., *Handbook of Thin Film Technology*, McGraw-Hill, New York, 1970

[4.12] pressW. M. Moreau, *Semiconductor Lithography Principles, Practices, and Materials*, Plenum Press, New York and London, 1988

[4.13] S. K. Ghandi, *VLSI Fabrication Principles Silicon and Gallium Arsenide*, Jhon Wiley & Sons, 1983

[4.14] S. M. Sze, *Physics of Semiconductor Devices 2nd Edition*, A Wiley-Interscience Publication, 1981

[4.15] S. M. Sze, *Semiconductor Devices*, Wiley, New york, 1985

[4.16] S. M. Sze, *VLSI Technology, 2nd Edition*, McGraw-Hill, New York, 1988

[4.17] S. Walf, R. M. Tauber, *Silicon Processing for VLSI Era Vol.1*, Lattice Press, 1986

[4.18] S. Walf, R. M. Tauber, *Silicon Processing for VLSI Era Vol.2*, Lattice Press, 1990

[4.19] W. Kern, RCA Review, 31, 1970

[4.20] 박화식, 이준하, 황호정, "해석모델을 이용한 3차원 이온주입 시뮬레이터개발," 대한전자공학회 논문지, 제30권 A편 제12호, pp.1023-1030, 1993

[4.21] 한국반도체연구조합, "첨단 디바이스용 봉지재의 개방현황," 제4권2호, 반도체, 1991

[4.22] 황호정, 반도체공정기술 개정판, 2009

[5.1] A. Bar-Lev, *Semiconductor and Electronic Devices 3rd Edition*, Prentice Hall, 1993

[5.2] A. Moeschwitzer, K. Lunze, *Halbleiterelektronik*, Dr. Alfred Huethig Verlag, 1973

[5.3] B. G. Streetman, S. K. Banerjee, *Soild State Electronic, Devices 6th Edition*, Pearson Prentice Hall, 2006

[5.4] C. C. Hu, *Modern Semiconductor Devices for Integrated Circuits*, Pearson, 2010

[5.5] D. A. Neaman, *an Introduction to Semiconductor Devices*, McGraw-Hil, 2007

[5.6] R. A. Smith, *Semiconductors*, Cambridge univ. Press., 1978

[6.1] A. Bar-Lev, *Semiconductor and Electronic Devices 3rd Edition*, Prentice Hall, 1993

[6.2] A. Moeschwitzer, K. Lunze, *Halbleiterelektronik*, Dr. Alfred Huethig Verlag, 1973

[6.3] A. Mukherjee, *Introduction to nMOS & CMOS VLSI Systems Design*, Prentice-Hall, 1985

[6.4] B. G. Streetman, S. K. Banerjee, *Soild State Electronic, Devices 6th Edition*, Pearson Prentice Hall, 2006

[6.5] C. C. Hu, *Modern Semiconductor Devices for Integrated Circuits*, Pearson, 2010

[6.6] D. A. Neaman, *an Introduction to Semiconductor Devices*, McGraw-Hil, 2007

[6.7] D. G. Ong, *Modern MOS Technology Processes, Devices, & Design*, McGraw-Hill, 1984

[6.8] D. J. Hamilton, W. G. Howard, *Basic Integrated Circuit Engineering*, McGraw-Hill, 1975

[6.9] R. A. Smith, *Semiconductors*, Cambridge univ. Press., 1978

[7.1] A. Mukherjee, *Introduction to nMOS & CMOS VLSI Systems Design*, Prentice-Hall, 1985

[7.2] B. G. Streetman, S. K. Banerjee, *Soild State Electronic, Devices 6th Edition*, Pearson Prentice Hall, 2006

[7.3] C. C. Hu, *Modern Semiconductor Devices for Integrated Circuits*, Pearson, 2010

[7.4] D. A. Neaman, *an Introduction to Semiconductor Devices*, McGraw-Hil, 2007

[7.5] D. A. Neamen, *Semiconductor Physics & Devices Basic Principles 2nd. Edition*, IRWIN, 1997

[7.6] D. G. Ong, *Modern MOS Technology Processes, Devices, & Design*, McGraw-Hill, 1984

[8.1] A. Yariv, *Introduction to Optical Electronics 2nd Edition*, Holt, Rinehart and Winston, 1976

[8.2] B. G. Streetman, S. K. Banerjee, *Soild State Electronic, Devices 6th Edition*, Pearson Prentice Hall, 2006

[8.3] B. L. Sharma and R. K. Purohit, *Semiconductor Heterojuctions*, Pergamon Press, 1974

[8.4] C. C. Hu, *Modern Semiconductor Devices for Integrated Circuits*, Pearson, 2010

[8.5] D. A. Neaman, *an Introduction to Semiconductor Devices*, McGraw-Hil, 2007

[8.6] M. Bleicher, *Halbleiter-Optoelektronik*, Dr. Alfred Huethig Verlag Heidelberg, 1976

[8.7] P. Bhattacharya, *Semiconductor Optoelectronic Devices*, Prentice-Hall *International, Inc.*,1994

[8.8] S. M. Sze, *Physics of Semiconductor Devices 2nd Edition*, A Wiley-Interscience Publication, 1981

[9.1] B. G. Streetman, S. K. Banerjee, *Soild State Electronic, Devices 6th Edition*, Pearson Prentice Hall, 2006

[9.2] C. C. Hu, *Modern Semiconductor Devices for Integrated Circuits*, Pearson, 2010

[9.3] D. A. Neaman, *an Introduction to Semiconductor Devices*, McGraw-Hil, 2007

[9.4] S. M. Sze, *Physics of Semiconductor Devices 2nd Edition*, A Wiley-Interscience Publication, 1981

[10.1] A. Bar-Lev, *Semiconductor and Electronic Devices 3rd Edition*, Prentice Hall, 1993

[10.1] B. G. Streetman, S. K. Banerjee, *Soild State Electronic, Devices 6th Edition*, Pearson Prentice Hall, 2006

[10.1] C. C. Hu, *Modern Semiconductor Devices for Integrated Circuits*, Pearson, 2010

[10.1] D. A. Neaman, *an Introduction to Semiconductor Devices*, McGraw-Hil, 2007

[10.1] M. Shur, *GaAs Devices and Circuits*, Plenum Press, New York, 1987

[10.1] S. M. Sze, *Physics of Semiconductor Devices 2nd Edition*, A Wiley-Interscience Publication, 1981

[11.1] I. Ruge, *Halbleiter-Technologie*, Springer-Verlag, 1974

[11.2] S. M. Sze, *Physics of Semiconductor Devices 2nd Edition*, John Wiley & Sons, 1981

[11.3] S. K. Ghandhi, *VLSI Fabrication Principles Silicon and Gallium Arsenide*, John Wiley & Sons 1983

[11.4] D. E. Hackleman, N.L. Johnson, C.S. Lage, J.J. Victor, R.L. Tillman, "CMOS :Low Power Technology for Personal Computers," *Hewlett-Packard Journal*, Vol.34, No.1, January 1983

[11.5] R. S. Combs, "Scaleable Retrograde P-well CMOS Technology," *IEDM 81*, p.346, 1981

[11.6] A. Olivi, "Optimized Miniature Thin-film Planar Inductors, Compatible with Integrated Circuits," *IEEE Trans. Parts, Materials Packaging*, Vol. PMP-5, p.71, 1969

[11.7] S. M. SZE, *Semiconductor Devices-Physiscs and Technology*, John wiley & Sons, 1985

[11.8] L. I. Maisell, R. Glang eds., *Handbook of Thin Film Technology*, McGraw-Hill, New York, 1970

[11.9] J. L. Vossen, W. Kern eds., *Thin Film Processes*, Academic, New York, 1978

[11.10] L. Holland, ed., *Thin Film Microelectronics*, Willey, New York, 1965

[11.11] S. J. Hillenius, "VLSI Process Integration"(in *VLSI Technology*, 2nd Ed. S.M. Sze ed.), McGraw-Hill, New York, 1988

[11.12] H. Sunani. Tech. Dig. IEDM, p.694, 1985

[11.13] 황호정, 반도체 공정기술 개정판, 생능출판사, 2009

연습문제 정답

chapter 1

1. 전체 공간격자의 원래 모양이 그대로 유지되는 최소부분
2. 격자점 사이의 간격을 말함. [그림 1.1] 참조
3. 단결정, 비정질, 다결정
4. 면심입방 브라베격자 외에 각 원자 위치에서 결정축에 따라 (1/4, 1/4, 1/4)이 되는 곳에 새로운 원자가 첨가되어 있는 구조를 하고 있다. 구조는 [그림 1.5]
5. 다이아몬드 구조에서 원자와 결정축 방향으로 1/4씩 이동한 위치에 있는 원자가 다른 종류일 때를 말하며 [그림 1.6]과 같다. 대표적인 예는 GaAs 이다.
6. [그림 1.7] 참조
7. 세 결정축을 지나는 점으로 연결된 평면인 경우 결정축을 지나는 점들을 각각 격자상수로 나누고 이 값들의 역수를 취하여 그들의 비를 정수로 나타낸 후 최대공약수로 약분한 결과를 h, k, l 이라하고 이를 Miller 지수라 한다. 이 결정면은 (h k l)로써 나타낸다. Miller 지수로써 면을 표기하면 결정면이 서로 평행일 때 같은 표기를 갖는다.
8. 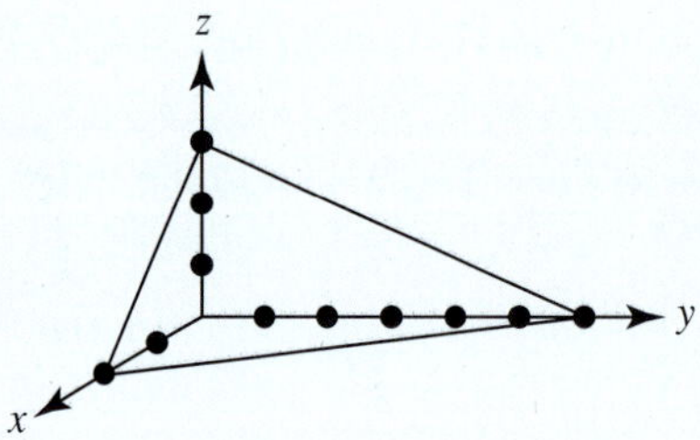

9. 〈표 1.3〉 및 〈표 1.4〉 참조, $1s^2 2s^2 2p^6$
10. 전자가 스핀을 달리한 것을 제외하곤 동일한 에너지를 가진 같은 양자상태에 존재할 수 없다.
11. 전도대와 가전자대의 사이에 있는 에너지대로서 전자가 허용되지 않는 영역
12. 반도체내에서 원자와 원자사이를 결합하고 있는 궤도전자가 빠져나간 곳에 전자와 같은 전하량을 갖는 양의 성질을 가지면서 자유롭게 움직이는 전자와 같은 가상적 입자
13. 에너지에 따라 전자가 존재하는 확률을 나타내는 함수를 페르미디랙 분포함수라 하며 이는 식(1.11)과 같고 온도에 따라 계산하여 그린 것이 [그림 1.18]이다.
14. 1/2

15. 진성반도체: 가전자대에서 에너지를 받아 전도대로 올라간 자유전자 및 전자가 빠져나간 자리에 남게 되는 정공에 의하여 전기전도도가 나타나는 반도체로서 전도대의 전자수와 가전자대의 정공수가 같다.
외인성반도체: 순수한 반도체에 불순물을 넣어 전기적 성질이 불순물 종류 및 농도로써 결정되지는 반도체이며 n형과 p형을 만들 수 있고 도핑된 불순물 농도에 따라 전자와 정공의 수가 조절되어진다.
16. $N_C e^{-(E_c - E_f)/kT} = N_v e^{-(E_f - E_v)/kT}$로부터 구할 수 있음

chapter 2

1. 결정체내에서 이동하는 전자운동은 내부 결정원자들의 주기적인 전위로부터 만들어진 전계의 영향을 받는데 단지 외부에 인가한 전계영향만을 받는 것 같은 표현법으로 나타낼 때의 변형된 질량부분을 유효질량이라 한다. 식(2.1) 참조
2. 식(2.2) 참조
3. 위상속도: 일정 주파수 혹은 일정 파장을 가진 파가 진행할 때의 파의 어느 특정 동일 위상의 시간에 따른 속도를 위상속도라고 한다. 식(2.9) 참조
군속도: 여러 개의 파가 중첩된 파군의 진행속도를 군속도라 한다. 식(2.14) 참조
4. 식(2.9) 및 식(2.14)유도를 참조
5. 입자의 이동속도는 군속도 v_g이므로 식(2.15)부터 식(2.19)의 관계로부터 구할 수 있다.
6. [그림 2.7]과 식(2.30), 식(2.31) 참조
7. 식(2.34) 및 식(2.35)참조
8. 2.5.2절 참조
9. 1) p형 반도체
2) 식(2.46)에서 $p = \frac{IB}{eV_H d} = \frac{(4\times10^{-3})(5\times10^{-5})}{(1.6\times10^{-19})(5\times10^{-3})(2.5\times10^{-2})} = 10^{17}\,\text{cm}^{-3}$
3) $R_H = \frac{1}{ep} 62.5\text{cm}^3/\text{C}$
4) $\mu_p = R_H\sigma = \frac{R_H}{\rho} = \rho\frac{170}{4}\cdot\frac{0.025\times5\times10^{-3}}{0.25} = 0.02125\Omega\,\text{cm}$
따라서 $\mu_p = 2941\text{cm}^2/\text{Vs}$

chapter 3

1. 온도가 균일하고 빛이나 바이어스 전압 등과 같은 전자나 정공농도를 변화시키는 외부

요인들이 없을 때를 말함

2. [그림 3.1]과 식(3.2) 및 식(3.3) 참조
3. 식(3.16), 식(3.19), 식(3.23) 및 식(3.24)–식(3.26)으로부터 식(3.27)을 유도할 수 있음
4. [그림 3.5] 참조
5. [그림 3.7] 참조
6. 식(3.32)–식(3.33) 및 식(3.35) 참조, $Q_p = I\tau_p$
7. 식(3.12) 및 식(3.37)–식(3.41) 참조
8. a) [그림 3.10] 참조

   b) 3.3.1절 참조

   c) [그림 3.12] 참조

   d) [그림 3.11] 참조
9. 일함수에 의한 저항성 접촉과 터널링에 의한 저항성 접촉

   3.3.2절 참조
10. 3.3.3절 참조

chapter 4

1. [그림 4.1] 참조
2. $\frac{\partial C}{\partial t} = D\frac{\partial^2 C}{\partial x^2}$, $F = -D \cdot \partial C/\partial x$와 $\partial C/\partial t = -\partial F/\partial x$을 이용하여 구함
3. a) 4.1.1절 참조

   b) 선확산: $C(x, t) = C_o\, erfc\left[\frac{x}{2\sqrt{Dt}}\right]$

   후확산: $C(x, t_2) = \frac{Q}{\sqrt{\pi D_2 t_2}} exp\left[-\left(\frac{x}{2\sqrt{D_2 t_2}}\right)\right]$

   $$= \frac{2C_o}{\pi}\sqrt{\frac{D_1 t_1}{D_2 t_2}}\, exp\left[-\frac{x}{4D_2 t_2}\right]$$

   c) [그림 4.2b]와 [그림 4.3] 참조
4. 식(4.3) 참조
5. 실리콘 표면이 공기중에 노출되면 즉시 몇 개의 이산화실리콘 층으로 된 15~20Å정도의 산화막이 형성되는데 이것을 자연발생산화층이라 함
6. 건식: $Si + O_2 \rightarrow SiO_2$, 습식: $Si + 2H_2O \rightarrow SiO_2 + 2H_2$
7. 이온도즈: 단위면적당 주입된 이온 수, $N_{\square} = \frac{I}{q_i} \cdot \frac{t}{A}$이므로 전류와 시간을 통하여 조절 가능함

8. 4.3.1절 및 [그림 4.8] 참조
9. 자외선에의한 광노광기술기술, X-선 전자빔 혹은 이온빔 등에 의한 방사노광기술, 담금펜이나 나노각인에 의한 비광노광기술
10. 종류: 접촉인쇄법, 근접인쇄법 [그림 4.12]
11. [그림 4.16] 참조
12. 4.5.1절 및 식(4.15)-식(4.17) 참조
13. [그림 4.18] 참조
14. 식(4.18)-식(4.20) 참조
15. 확학기상증착, 물리기상증착, 원자층 화학기상증착, 전기도금
16. 4.6.2절 참조
17. 플라스틱, 초자
18. TH-형, 표면실장형(SMT)
19. 4.7.1절 참조
20 [그림 4.26] 참조
21 4.7.2절 참조

chapter 5

1. [그림 5.1c] 참조
2. [그림 5.2b, c, d c] 참조
3. 5.3.2절과 [그림 5.4] 참조
4. 5.3.3절 참조
5. 식(5.10)유도 참조
6. [그림 5.5]의 실선, 베이스 영역에서 정공의 재결합관련 설명
7. 식(5.22)-식(5.23) 참조
8. 5.5.1절 참조
9. [그림 5.9b]
10. 5.5.2절 Hybrid- 모델 참조
11. 5.5.2절 차단주파수 참조
12. 5.6.1절 참조
13. 5.6.3절 참조
14. [그림 5.13] 참조
15. 5.6.4절 및 [그림 5.9a]와 [그림 5.14] 참조
16. 5.6.4절 참조
17. 5.7절 참조

18. 식(5.49) 참조
19. 식(5.51) 참조

chapter 6

1. [그림 6.3] 참조
2. 6.1.1절 강반전 참조
3. 식(6.2)–식(6.5) 및 [그림 6.4] 참조
4. 6.1.1절과 [그림 6.5] 참조
5. [그림 6.6] 참조
6. 식(6.7) 및 6.1.2절 참조
7. 식(6.8)
8. [그림 6.11] 및 6.1.2절 참조
9. 6.1.3절 참조
10. enhancement mode 와 depletion mode로 구분
11. 6.2.2절 참조
12. $g=\dfrac{\partial I_D}{\partial V_D}=\dfrac{Z\mu_n C_{ox}}{L}(V_G-V_T)$
13. $g_m=\dfrac{\partial I_D}{\partial V_G}=\dfrac{Z\mu_n C_{ox}}{L}V_D$
14. 식(6.16)과 식(6.18)로부터 $I_D(sat)=\dfrac{\mu_n C_{ox} Z}{2L}(V_G-V_T)^2=\dfrac{Z\mu_n}{2L}C_{ox}V_D^2(sat)$

    포화영역 전달컨덕턴스: $g_m(sat)=\dfrac{\partial I_D(sat)}{\partial V_G}=\dfrac{Z\mu_n}{L}C_{ox}(V_G-V_T)$
15. 6.3.1절에서 $I_D=ZC_{ox}(V_G-V_T)v_s$
16. 6.3.2절 및 [그림 6.15] 참조
17. 6.3.3절 참조
18. [그림 6.17] 참조
19. 6.3.5절 참조 및 식(6.26) 참조
20. 6.3.6절 참조
21. 6.3.6절 참조
22. 6.3.7절 참조
23. [그림 6.20] 참조
24. 6.3.8절 및 식(6.30) 참조

chapter 7

1. [그림 7.2]
2. 7.1.1절 쓰기와 [그림 7.3] 참조
3. 7.1.2절 참조
4. [그림 7.7] 참조
5. [그림 7.8] 및 [그림 7.9] 참조
6. [그림 7.10] 참조
7. [그림 7.11] 참조
8. [그림 7.12] 및 7.1.4절 참조
9. CCD촬상소자: 광자를 전자로 변화시키는 부분과 이 전하를 이동시키는 부분이 모두 MOS임, 그러나 이동시키는 MOS가 CCD구조를 하고 있음(참조 다이오드구조의 광전 변환 부분을 갖고 있는 CCD도 있음)
   CMOS촬상소자: 빛에 의하여 발생된 전자를 CMOS 공정을 사용하여 만들어진 MOSFET에서 증폭하여 전기신호로 변화시키고 이것을 출력하여 영상을 만드는 소자임
10. 7.2.2절과 [그림 7.15] 참조
11. [그림 7.16] 참조
12. [그림 7.18] 참조
13. 7.3.1절 참조
14. [그림 7.20a]로부터 [그림 7.20b, c]를 구하면 됨
15. [그림 7.21]과 식(7.7)–식(7.9) 참조

chapter 8

1. 8.1절 및 [그림 8.1] 참조
2. 빛과 열의 발생에 관한 원인설명([그림 8.4])
3. 8.2.1절 참조
4. RGB 집적방식, Blue LED와 RG 형광체 집적방식, OLED 방식
   8.2.2절 및 [그림 8.5], [그림 8.6] 참조
5. 식(8.6) $V_{oc} \approx \frac{kT}{q} ln\left[\frac{L_n}{(L_n/\tau_n)} g_{op} + 1\right] \approx \frac{kT}{q} ln \frac{\tau_n N_a g_{op}}{n_i^2}$에서 밴드갭이 클수록 n_i 값이 작아지므로
6. 8.3.1절 참조

7. 필펙터 $=\frac{I_m V_m}{I_{sc} V_{oc}}$ 및 8.3.1절 참조
8. 텐덤태양전지, [그림 8.10] 참조
9. light amplification by stimulated emission of radiation
10. 방향성, 동위상, 단일주파수 등
11. 8.4.1절과 [그림 8.12] 및 식(8.11)-식(8.14) 참조
12. [그림 8.14] 참조
13. [그림 8.15] 참조

chapter 9

1. [그림 9.1] 및 [그림 9.2] 참조
2. $I_E=\frac{\alpha_2 I_G+I_{CO1}+I_{CO2}}{1-(\alpha_1+\alpha_2)}$ 유도과정을 [그림 9.4]로써 해석
3. 9.1절 전체를 참조
4. 9.2.1절 도통상태 트리거링을 참조
5. 차단법: 스위치 개방법, 병렬스위치 단락법
   [그림 9.5a, b]
6. [그림 9.6] 참조
7. SCR(silicon controled rectifier)은 2단자 *pnpn* 다이오드인 사이리스터에 게이트에 해당하는 새로운 단자를 하나 더 첨가한 형태의 *pnpn* 사이리스터를 통칭한다.
8. $I_{E1}=\frac{\alpha_2 I_G+I_{CO1}+I_{CO2}}{1-(\alpha_1+\alpha_2)}$
9. [그림 9.7c] 및 9.9.2절 참조
10. [그림 9.8] 및 9.2.2절
11. 9.2.3절 참조
12. [그림 9.10], [그림 9.12] 및 9.3절 참조

chapter 10

1. 식(10.1)-식(10.4) 참조
2. 10.2절 및 [그림 10.4] 참조
3. 10.3절 참조
4. [그림 10.9], [그림 10.10] 및 10.4.2절 참조

chapter 11

1. 1. 11.1절 및 [그림 11.1] 참조
2. 트랜지스터의 3 단자 중 이웃하는 두 단자를 연결하여 한 단자로 하고 나머지 단자를 다른 한 단자로 함
3. 11.2절 및 [그림 11.3] 참조
4. 11.3절 및 [그림 11.4] 참조
5. $L/W=1$일 때의 저항 값
6. 접촉단자 : $0.5\times2=1\square$, $10k\Omega/1k\Omega=10\square$, $10\square-1\square=9\square$
   $L/W=9$ 즉 폭과 길이 비는 9가 되어야 함
7. [그림 11.7] 참조
8. [그림 11.8] 참조

찾아보기

저 자 약 력

황호정
한양대학교 전자공학과 공학사
독일 칼스루헤공대 공학석사
독일 뮌헨공대 공학박사
독일 프라운호프연구소 연구원
중앙대학교 조교수, 부교수, 교수
현) 중앙대학교 CAU-Fellow/명예교수

반도체 공학

황호정 지음

초 판 인 쇄 : 2014. 6. 25
초 판 발 행 : 2014. 7. 7
발 행 인 : 김 승 기
발 행 처 : (주)생능출판사
신 고 번 호 : 제406-2005-000002호
신 고 일 자 : 2005. 1. 21
I S B N : 978-89-7050-796-5(93560)

413-120
경기도 파주시 광인사길 143
대표전화 : (031)955-0761, FAX : (031)955-0768
홈페이지 : http://www.booksr.co.kr

* 파본 및 잘못된 책은 바꾸어 드립니다.

정가 23,000원